试验设计与数据分析
——从宏观到微观

张文庆 等 编著

科学出版社

北京

内 容 简 介

本书系统介绍了生物学试验设计的特点、试验设计原则和数据分析原理，并列举了典型案例，编著上力求创新。大部分案例选取顶级期刊如 *Nature*，*Science*，*Cell* 中经典文章，分析其试验设计思路与数据分析方法，展示优秀科研成果产生过程。全书分两篇十二章。第一篇介绍试验设计原则及案例分析，包括试验设计概述、常用试验设计方法、生态学试验设计典型案例、农业科学试验设计典型案例、动物学试验设计典型案例、分子生物学试验设计典型案例、细胞生物学试验设计典型案例以及转录组学试验设计典型案例；第二篇介绍数据分析原理及应用软件，包括数据分析的基本原理、利用 Excel 进行统计分析、利用 SASs 进行数据分析以及 R 语言实践。本书还提供配套的数字化教学资源，包括数据文件及软件分析过程和结果。

本书可供高等院校和科研院所的生物学、生态学、农学及相关专业的研究生作为教材使用，也可作为相关专业的教师和科研工作者的参考书。

图书在版编目（CIP）数据

试验设计与数据分析：从宏观到微观/张文庆等编著. —北京：科学出版社，2022.8
ISBN 978-7-03-072805-0

Ⅰ.①试… Ⅱ.①张… Ⅲ.①生物学-试验设计-高等学校-教材 Ⅳ.①Q-33

中国版本图书馆 CIP 数据核字（2022）第 140862 号

责任编辑：刘　畅／责任校对：郝甜甜
责任印制：赵　博／封面设计：迷底书装

科学出版社 出版

北京东黄城根北街 16 号
邮政编码：100717
http://www.sciencep.com

三河市骏杰印刷有限公司印刷
科学出版社发行　各地新华书店经销
*

2022 年 8 月第　一　版　　开本：787×1092　1/16
2025 年 2 月第三次印刷　　印张：19 1/2
字数：505 600

定价：89.00 元
（如有印装质量问题，我社负责调换）

编著者名单

(以姓名汉语拼音为序)

陈柏洪（中山大学）

付永贵（中山大学）

刘海英（中山大学）

刘徐兵（中山大学）

熊远妍（中山大学）

张文庆（中山大学）

周　强（中山大学）

前　言

　　试验设计的总体目标是用较少的人力、物力和时间获得尽可能多且可靠的数据资料。通过试验、网络或文献获得数据后，需要对数据进行合适的统计分析，才能获得可靠的结论。目前，我国正在贯彻落实新发展理念，科技创新日益重要。作为科技创新的主力军之一，庞大的研究生队伍需要加强对试验设计和数据分析方面的训练。

　　本教材的写作是在编者多年从事本科生和研究生教学的基础上完成的。内容的编排既参考了国内外优秀教材，又力求突出生物学、生态学和农学等学科的特色。本教材的特点主要体现在：①针对研究生的需求，突出试验设计、数据分析和结果呈现等3个科研工作的关键环节；②选择生态学、农学、动物学、分子生物学、细胞生物学、转录组学等6个学科（方向），阐述其试验设计特点，并分析典型案例；③介绍数据分析的基本原理及3种数据分析软件（Excel、SASs和 R），以适合多层次的需求。全书分两篇十二章，其中第一篇介绍试验设计原则及案例分析，第二篇介绍数据分析原理及应用软件。七位编著者合作完成了本教材的撰写，其中张文庆教授编写了第一章，第二章第二、第三和第七节，第四章，第五章和第十章，刘徐兵教授编写了第二章第一和第四节，第三章和第十二章，周强教授编写了第二章第五和第六节，第十一章，陈柏洪博士编写了第六章，刘海英副教授编写了第七章，熊远妍副教授编写了第八章，付永贵教授编写了第九章。每章均附有延伸阅读资料和思考练习题，供读者参考。此外，本教材还提供配套的数字化教学资源，包括数据文件及软件分析过程和结果。

　　在编写过程中，得到了中山大学生命科学学院诸多老师和学生的大力支持。华南农业大学吴伟坚教授等审阅了部分稿件。在出版过程中，得到了科学出版社的大力支持，特别是刘畅编辑做了大量工作。在此一并表示感谢。

　　由于编者水平的限制，本书难免会有不妥之处，敬请读者批评指正，以供日后修订完善。

编著者

2022 年 8 月

目　录

第一篇　试验设计原则及案例分析

第一章　试验设计概述 …………………………………………………………………2
第一节　生物学试验设计的特点、基本要素与注意事项 …………………2
第二节　试验设计的基本原则 ……………………………………………5
第三节　试验误差及其控制途径 …………………………………………8
第四节　试验设计的基本程序 ……………………………………………11
【延伸阅读】 ………………………………………………………………14
【思考练习题】 ……………………………………………………………14

第二章　常用试验设计方法 ……………………………………………………15
第一节　抽样调查 …………………………………………………………15
第二节　随机区组设计 ……………………………………………………18
第三节　平衡不完全区组设计 ……………………………………………21
第四节　裂区设计 …………………………………………………………23
第五节　拉丁方设计 ………………………………………………………26
第六节　正交设计 …………………………………………………………28
第七节　二进制在试验设计中的应用 ……………………………………31
【延伸阅读】 ………………………………………………………………34
【思考练习题】 ……………………………………………………………34

第三章　生态学试验设计典型案例 ……………………………………………35
第一节　生态学试验设计的特点及主要类型 ……………………………35
第二节　种群动态与种间关系 ……………………………………………36
第三节　群落结构、动态与功能 …………………………………………42
第四节　生态系统能量流动与物质循环 …………………………………48
【延伸阅读】 ………………………………………………………………55
【思考练习题】 ……………………………………………………………56

第四章　农业科学试验设计典型案例 ························· 57

　第一节　农业科学试验设计的特点及主要类型 ················· 57

　第二节　作物育种 ······································· 58

　第三节　有害生物控制 ··································· 64

　第四节　重要农艺性状的分子和遗传基础 ··················· 73

　【延伸阅读】 ··· 79

　【思考练习题】 ··· 79

第五章　动物学试验设计典型案例 ·························· 80

　第一节　动物学试验设计的特点及主要类型 ················· 80

　第二节　嗅觉与动物定向和聚集 ··························· 81

　第三节　味觉与动物取食 ································· 86

　第四节　动物对逆境的适应 ······························· 89

　【延伸阅读】 ··· 95

　【思考练习题】 ··· 95

第六章　分子生物学试验设计典型案例 ···················· 96

　第一节　分子生物学试验设计的特点及主要类型 ············· 96

　第二节　生物大分子相互作用 ····························· 97

　第三节　生物大分子修饰 ································· 107

　第四节　生物大分子数量变化 ····························· 112

　第五节　基因编辑技术 ··································· 118

　【延伸阅读】 ··· 124

　【思考练习题】 ··· 125

第七章　细胞生物学试验设计典型案例 ···················· 126

　第一节　细胞生物学试验设计的特点及主要类型 ············· 126

　第二节　细胞增殖与细胞周期 ····························· 127

　第三节　细胞凋亡 ······································· 131

　第四节　细胞衰老 ······································· 137

　第五节　肿瘤细胞恶性程度的评估 ························· 142

　第六节　细胞信号的传导 ································· 146

　【延伸阅读】 ··· 151

　【思考练习题】 ··· 152

第八章　转录组学试验设计典型案例 ······················ 153

　第一节　转录组测序试验设计的特点及文库类型 ············· 153

　第二节　转录组数据库及分析流程 ························· 160

　第三节　可变 polyA 测序 ································· 168

第四节 选择性启动子测序 ……………………………………………… 175

第五节 小 RNA 测序 …………………………………………………… 179

【延伸阅读】………………………………………………………………… 186

【思考练习题】……………………………………………………………… 187

第二篇 数据分析原理及应用软件

第九章 数据分析的基本原理 ……………………………………………… 190

第一节 数据的描述 ………………………………………………………… 190

第二节 假设检验原理 ……………………………………………………… 193

第三节 参数检验 …………………………………………………………… 199

第四节 非参数检验 ………………………………………………………… 204

第五节 卡方检验分析 ……………………………………………………… 209

第六节 线性回归分析 ……………………………………………………… 215

第七节 检验的功效和样本大小 …………………………………………… 224

第八节 多重检验校正 ……………………………………………………… 227

【延伸阅读】………………………………………………………………… 229

【思考练习题】……………………………………………………………… 229

第十章 利用 Excel 进行统计分析 ………………………………………… 231

第一节 Excel 简介及常见操作技巧 ……………………………………… 231

第二节 方差分析 …………………………………………………………… 233

第三节 回归分析 …………………………………………………………… 236

第四节 相关分析 …………………………………………………………… 239

第五节 试验结果解读与呈现 ……………………………………………… 243

【延伸阅读】………………………………………………………………… 245

【思考练习题】……………………………………………………………… 245

第十一章 利用 SASs 进行数据分析 ……………………………………… 246

第一节 SASs 背景与基础操作 …………………………………………… 246

第二节 探索性数据分析 …………………………………………………… 251

第三节 参数估计与假设检验 ……………………………………………… 252

第四节 相关和回归分析 …………………………………………………… 261

第五节 多元统计分析 ……………………………………………………… 263

【延伸阅读】………………………………………………………………… 268

【思考练习题】……………………………………………………………… 268

第十二章 R 语言实践 ……………………………………………………269

第一节 R 的原理与基础操作 ………………………………………269

第二节 探索性数据分析 ……………………………………………272

第三节 假设检验与参数估计 ………………………………………280

第四节 多元统计分析 ………………………………………………290

【延伸阅读】 ………………………………………………………292

【思考练习题】 ……………………………………………………292

主要参考文献 ……………………………………………………………293

附录 …………………………………………………………………………294

附录 1 数据文件及电子文档 ………………………………………294

附录 2 Box 汇总表 …………………………………………………295

附录 3 实用价值较大的平衡不完全区组设计方案 ……………296

附录 4 常用标准拉丁方 ……………………………………………298

附录 5 常用正交表 …………………………………………………299

第 一 篇

试验设计原则及案例分析

第一章 试验设计概述

在 20 世纪 20 年代至 40 年代初，英国科学家费希尔（R.A.Fisher）运用拉丁方设计解决了长期未能解决的试验条件不均匀问题，并将这一方法应用于农业生产。随后，英、美、苏等工业化国家将试验设计及其分析方法推广到工业领域。日本统计学家田口玄一博士于 1949 年创造了正交试验设计方法。我国学者王元、方开泰等于 1978 年创立了均匀试验设计方法。目前，试验设计作为相对独立的一门学科，正在生物、医药、农业、工业等领域发挥越来越大的作用。

第一节 生物学试验设计的特点、基本要素与注意事项

一、生物学试验设计的特点

生物是有生命的，存在节律特性，以及取食、生长、代谢、发育、繁殖等生理活动，受环境影响较大。因此，控制非处理因素很重要。

生物学试验设计的主要特点包括以下几点。

（1）试验材料个体差异较大。一般来说，获取纯合一致的试验材料不易，有时（如大动物）甚至很困难。因此，常常需要利用局部控制原则，对非处理因素进行局部控制，随机区组设计是常用的试验设计方法。

（2）取样时间很关键。因为生物常常具有特定的节律性，因此取样时间不仅要固定在一天的某个时间，而且取样时间要有针对性（针对所研究的问题）。在冈比亚按蚊中，至少有 2000 个以上的基因具有节律性表达特性。一些农药在每天不同时间点具有不同的杀虫效率，例如，吡虫啉在中午 12：00 对褐飞虱的防治效果比下午 16：00 高约 20%，敌蝇威对蟑螂的毒性在夜间相对较大。又如，在分析食物消耗和大鼠活动的数据之后发现，作为夜行生物的大鼠进食大部分是在黑暗的时候，在晚上 11 点～早上 5 点这个时间段中，大鼠的食物消耗变动很少，因此在研究食物对大鼠某些指标的影响时，在凌晨 4 点左右取样较好。

（3）经常需要利用突变体材料作为对照，特别是研究基因功能时。一种方法是通过基因敲除或过表达获得突变体（然后测定各种生物学参数或指标），另一种方法是筛选自然变异材料。

（4）需要设置稍多的重复数。在试验过程中，有时会出现生物发育不正常甚至死亡等现象，因此在实际操作时通常需要设置稍多的重复数，以确保有足够的有效重复数，以便获得可靠的观测指标值。

（5）试验周期较长。有些生物（如酵母、大肠杆菌、果蝇等）世代发育时间较短，因此

作为试验材料有一定的优势。有些生物（如杨树）的生长期很长，获得试验数据的难度就较大。

二、试验设计的基本要素

试验设计的基本要素包括试验因素、试验单元和试验效应。

1. 试验因素

试验因素简称为因素或因子，是试验中所研究的影响试验效应的原因或原因组合，常用大写英文字母表示。因素的具体取值称为水平，可用 A_1、A_2、A_3 等表示。确定因素水平的数量及具体数值需要专业知识，常常需要阅读文献来确定。在缺乏文献时，可以先做预试验。因素水平选取得过于密集，试验次数就会增多，许多相邻的水平对结果的影响十分接近，将会浪费人力、物力和时间，降低试验的效率。

因素可分为固定因素（可控因素）和随机因素（非可控因素）。例如，人为设置的温度是固定因素，大麦中的水分是随机因素。

2. 试验单元

试验单元是试验中能接受不同试验处理的独立的试验载体，实际上就是根据研究目的而确定的观测对象。例如，比较不同水稻品种的产量时，水稻是试验单元；比较毕赤酵母处理前后的抑菌效果时，毕赤酵母是试验单元；比较褐飞虱不同地理种群的抗药性时，褐飞虱是试验单元。

在医学和生物学试验中，试验单元也称为受试对象，选择受试对象不仅要依照统计学原理，还要考虑到生理和伦理等问题。例如，在选择动物为受试对象时，要考虑动物的种属品系、窝别、性别、年龄、体重、健康状况等。

3. 试验效应

试验效应是试验因素作用于试验单元的反应，是研究结果的最终体现。观察或获取体现试验效应的指标时，要特别注意随机的重要性。例如用 A_1、A_2、A_3、A_4 和 A_5 五种饲料饲喂家鸡，一个月后称重。如何体现称重对象的随机性就很重要，因为家鸡存在代谢活动，人为的称重早或称重晚都会导致结果不正确。

而且，试验效应要具体，不能模糊。例如，研究三种饲料对生猪增重的影响，其效应是增加的体重，很明确。又如，研究温度对赤眼蜂的影响，试验效应就不够具体，到底是什么影响，没有清晰说明。

三、生物学试验设计的注意事项

制定生物学试验计划时，需要注意以下五点。

1. 试验目的要明确

试验目的明确，就是要明确该试验需要解决的科学问题。科学问题的重要性决定了试验的价值。试验目的常常通过具体的观测指标来实现，因此观测指标要具体，例如鉴定某个受体的配体。在研究生介绍研究计划时，有时会出现观测指标不明确的现象，例如研究某个条件对某种生物的影响。此外，该试验是初筛还是详细研究？也需要事先确定，因为初筛往往只设置 1 个重复，并且观测指标少一些，而详细研究则需要多个重复且有更多的观测指标。

2. 试验材料要满足要求

生物学试验材料的获取往往有一定难度。例如，保护性动物（如大熊猫）的样品获取需要仔细思考实施方案，获取遗传背景一致的大型养殖动物（如猪）比较困难。我们在制订研究计划时，需要根据试验材料选取合适的试验设计方案。

3. 试验条件要有代表性

试验条件要能够代表将来准备推广该试验结果的地区的生产、经济和自然条件。只有这样，试验结果才能符合实际。例如，研究温度对水稻生长的影响，该温度梯度就不好：25℃、26℃、27℃、28℃、29℃，不仅因为不同温度水平之间只相差 1℃，试验仪器的精度通常难以保证达到要求，而且温度幅度太窄，缺乏代表性。

试验条件的选取很重要。一般来说，我们可查阅文献获得一些基本信息，例如水稻生长的适合温度通常在 25～30℃，因此可以此区间为中点设计温度梯度，如 16℃、20℃、24℃、28℃、32℃、36℃。如果是原创性研究，没有相关文献可供借鉴，通常设置幅度较宽的水平梯度（如 0℃、20℃、40℃、60℃、80℃、100℃），然后利用正交设计进行初筛，然后再进行详细研究。

4. 试验结果要可靠

高度的责任心和科学的态度是保证试验结果可靠性的必要条件。在试验过程中，要严格按试验要求和操作规程执行各技术环节，避免发生人为的错误和系统误差，尤其要注意试验条件的一致性，减少误差，提高试验结果的可靠性。一个试验如果需要多人完成，要保证每人完成固定的步骤。试验指标的测量如果有多台仪器，尽量使用同一台仪器进行测量。

为了保证试验结果能够重演，要对试验过程进行详细、完整、及时和准确的记录，以便分析各种试验结果产生的原因。

5. 试验设计方案要能反映预定试验目的

在制订试验方案时，要确保能实现预定的试验目的。在试验过程中，对试验方案进行优化或修改也很常见，这个阶段也要紧盯最初的试验目的。下面通过一个例子加以说明。

试验目的：摄食足以引起肥胖的高脂肪的大鼠和正常饮食的大鼠相比，肝脏哪些基因的表达发生了变化？

研究者最初的试验设计方案如下。①试验方法：成对试验；②饲喂时间：利用高脂肪的饲料和正常饲料饲喂大鼠 12 h，然后取大鼠的肝脏用于转录组测序，取样时间：早上 7 点，设 10 次重复；③利用转录组测序获得差异表达基因。通过这一试验方案，可获得摄食高脂肪 12 h 后大鼠肝脏中的差异表达基因。但是，与最初的试验目的相比，两者并不一致。因此，研究者应该思考原因，发现应该等到高脂肪饮食后大鼠变得肥胖再开始试验。

在肥胖大鼠肝脏中，对于不同的表型"标记"，基因表达变化也会不同。这些"标记"有：体重的增加、对胰岛素不敏感、肝酶的变化、脂肪肝等。在研究者的试验中，利用 2 个月的体重增加量和对胰岛素的不敏感度来定义"肥胖"。然后，研究这个阶段的基因表达变化。因此，选择一个清晰的"标记"或标准来定义相关的结果，可以保证采用的试验方案能够反映预定试验目的。最终的试验设计方案如下：①10 只大鼠饲喂正常饲料，10 只大鼠饲喂高脂肪饲料，即重复 10 次；②每组中的大鼠按年龄、性别和起始体重配对；③每周测量大鼠体重和血清化学参数。当大鼠呈现肥胖和胰岛素不敏感时，取出大鼠肝脏用于转录组测序；④取样时间：凌晨 4：30（详见本节生物学试验设计的特点）；⑤分析差异表达基因并进行验证。

第二节　试验设计的基本原则

试验设计的总目标是用较少的人力、物力和时间获得尽可能多且可靠的数据资料。因此，需要考虑人力、物力和时间等需求，观测指标具体且做了合理安排，重要的非处理因素都得到了有效的控制。对试验的操作方法、试验数据的收集、整理、分析方式都已经确定了科学合理的方法。此外，试验中可能出现的各种意外情况都已考虑在内并有相应的对策。从涉及的统计要求看，一个完善的试验设计方案应该明确试验因素、试验单元和试验效应，并充分体现随机、重复、对照和局部控制四个基本原则。

一、随机化原则

随机化是指每个处理以概率均等的原则，随机地选择试验单元。例如用 A_1、A_2、A_3、A_4 和 A_5 五种饲料饲喂家鸡，每种饲料 30 只鸡。在实际分组时可以采用抽签的方式，把 150 只家鸡按任意的顺序编为 1～150 号，用外形相同的纸条写出 1～150 个号码，从中随机抽取 30 个号码，对应的 30 只鸡分配给 A_1 组，类似地可完成其他组的动物分配。一个月后称重时也要体现随机化原则。如果每只鸡是单独饲养的，可通过产生随机数的方式抓取对应编号的鸡称重。如果各组的 30 只鸡是混合饲养的，可采取分层随机的方式。首先在 1～5 之间产生一个随机数（假设是 3），然后在 A_3 组中随机抓取 1 只鸡称重；接下来再产生一个随机数（假设是 2，如仍是 3 则重新产生），在 A_2 组中随机抓取 1 只鸡称重，依此可完成一个循环：在五组中各随机抓取 1 只鸡称重。重复这个循环即可完成其他动物的称重。

如果违背随机的原则，不论是有意或无意的，都会影响试验结果的正确性，给试验结果带来偏差。如果我们在上述称重过程中，按 A_1 至 A_5 的顺序依次称重（首先称重 A_1 组的 30 只，最后称重 A_5 组的 30 只），则会人为导致 A_5 组的动物体重偏低等偏差，因为动物的消化等生理活动导致一段时间后的体重会相对低一些。随机化试验就是避免此类偏差的有效手段。

随机化原则的另外一个作用是有利于应用各种统计分析方法，因为统计学中的很多方法都是建立在独立样本的基础上的，用随机化原则设计和实施的试验就可以保证试验数据的独立性。

二、重复原则

重复是指在试验中，将一个处理实施在 2 个或 2 个以上的试验单元上。在相同的处理条件下对不同的试验单元做多次试验，这是人们通常意义下所指的独立重复试验。通过重复，可以计算试验误差，可以从统计学上对处理的效应给以肯定或予以否定。

从统计学的观点看，重复数越多试验结果的可信度就越高，但是这就需要花费更多的人力、物力和时间。因此，重复数的多少，应根据试验的要求和条件来确定。如果是初筛试验，可以只做一个重复（$n=1$），找到比较可能的条件后再增加重复数。如果试验效应值的方差较大，一般需增加重复数。有些试验由于其重要性（例如开发人类某种疾病的诊断方法），通常需要较多重复数。此外，发表论文时，不同的刊物对试验重复数的要求也不尽相同。在获得部分试验数据后，利用 R 语言的 pwr 包可以估算在某一概率条件下获得显著差异试验结果所需要的重复数。

针对重复数，是否有一个客观的标准呢？答案是肯定的。这时，我们需要实施的试验重复数（m）要大于最少重复数（n），即 $m>n$。然后我们对 m 个重复的试验结果数据进行子集分析，即每次任意减少一个重复的数据，然后比较任何一个更小的数据组能否得出与 m 个数据组相同的结果，直至不能减少为止。这样，最后那个与 m 个数据组的结果相同的数据组的重复数即为最少重复数。也就是说，要获得最少重复数通常需要做更多的试验，因此这种方法不常用。有时，我们需要建立一个预测模型，用于某种疾病的临床诊断，就有必要确定客观的重复数，以便确保诊断的有效性。

研究者有时候会混淆技术重复和独立重复，从而出现假重复现象。例如在毕赤酵母中转入某种抗菌肽基因，然后测定其对某种致病菌的抗菌效果。在这个案例中，毕赤酵母是试验单元，如果只是培养 1 瓶毕赤酵母，从中选取几个样品测定抑菌活性，这样的重复是技术重复不是独立重复。类似地，比较 3 个水稻品种对害虫褐飞虱的抗性水平时，如果只是简单地每个品种种植 1 块稻田，然后每块稻田通过五点取样法获得褐飞虱的数量，也是技术重复。

在本书中，重复指的是独立重复。在生物学等领域就是生物学重复。

三、对照原则

俗话说有比较才有鉴别，对照是比较的基础。有了足够多的对照，才能对试验结果做出正确的、没有疑问的判断或结论。对照主要包括阳性对照、阴性对照、标准对照等，可根据研究目的和内容加以选择。

阳性对照是指其有效性已经是明确的，即应该得出正面的结果。阳性对照与要进行的试验内容很相似但不相同。阳性对照能够提供一个对比，通过这一对比，首先能够显示出该试验体系的有效性，还能够比较阳性对照与试验处理和阴性对照之间在试验效应方面的差异大小。通常，我们很重视后一种作用，对试验体系有效性的重视程度相对较低。试验体系的有效性包括试验材料的有效性、试验方法的有效性等。对一个新手来说，检验试验体系的有效性是很重要的。例如，利用 qPCR 技术检测褐飞虱某味觉受体基因的组织表达特性，结果显示在脂肪体、卵巢、中肠等组织的表达量差不多。这时，我们需要思考两种可能性，其一，试验材料有污染，导致在各组织中的表达量差不多；其二，结果确实如此。因此，我们需要补充一个阳性对照，即利用同样的试验材料验证一个已知基因的组织表达特性。如果该基因在各组织的表达水平与预期的相同，则说明味觉受体基因的组织表达特性结果是可靠的；如果与预期的结果不一致，则说明试验材料很可能有污染。类似地，利用抗体检测某一组织中是否存在指定蛋白时，也需要阳性对照。还有，检测微生物的培养液是否具有抑菌作用时，需要用一种已知的抑菌物质作为阳性对照，以保证试验方法的有效性。研究 A 基因对昆虫产卵量的影响时，最好也设置阳性对照（如某个已知对昆虫产卵量有影响的基因）。

阴性对照通常有多种。

1. 空白对照

对照组不施加任何处理因素。例如，测定农药对褐飞虱的防治效果时，需要空白对照，以保证对照组的虫子生长发育正常。但在人类药物的临床疗效观察时，一般不宜采用此种对照，因为容易引起试验组与对照组在心理上的差异。

2. 安慰剂对照

对照组要采用一种无药理作用的安慰剂，这是因为精神心理因素也会对机体与疾病产生重要影响。据估计临床疗效约 30% 来自患者对医护人员与医疗措施的心理效应。安慰剂对照可以看作试验条件对照的一个特例。

3. 试验条件对照

对照组不施加处理因素，但施加与处理因素相同的试验条件。例如考察 A 基因对昆虫产卵量的影响，可通过注射 A 基因某个片段的 dsRNA 到昆虫体内，试验条件阴性对照组有 2 个：注射不相关基因的 dsRNA（如 dsGFP）和注射双蒸水（dsRNA 的浓度通过双蒸水调节）；还可设置阳性对照（如某个已知对昆虫产卵量有影响的基因）。利用抗体检测某蛋白的表达部位时，可以利用基因敲除突变体材料作为阴性对照，因为突变体中应该不能检测到该蛋白。

4. 标准对照

对照组采用某些标准材料或现有的标准方法。例如，审定作物新品种时常与现有的标准品种进行比较，开发新的检测方法时常与现有的标准方法对比。标准对照也是试验条件对照的特例。

首次做某类试验时，通常需要较多对照。随后，可通过引用文献从而减少对照的数量。例如，首次研究褐飞虱基因的 RNAi 效果时，需要 3 个对照，其中试验条件对照 2 个（dsGFP 和双蒸水）、空白对照 1 个。查阅已发表的论文后，发现上述 3 个对照的结果没有显著差异，因此考察褐飞虱其他基因的 RNAi 效果时，可只设一个对照：dsGFP。

> **Box 1-1：研究基因功能时常花费大量时间构建对照**
>
> 　　研究果蝇、小鼠、拟南芥、水稻等生物的基因功能时，常常需要利用基因敲除和过表达技术构建对照生物材料，然后进行生物测定。在这类研究中，获得对照生物材料至关重要。

四、局部控制原则

任何试验都是在一定的时间、空间范围内并使用一定的设备进行的，把这些试验条件都保持一致是最理想的，但是这在很多场合是办不到的。解决的办法就是把整个试验环境分解成若干个相对一致的小环境，称为区组、窝组或重复，再在小环境内分别设置一套完整的处理，在局部对非处理因素进行控制，称为局部控制。区组因素也是影响试验指标的因素，但并不是试验者所要考察的因素，也称为非处理因素。由于小环境间的变异可通过方差分析剔除，因而局部控制可以最大限度地降低试验误差。

在田间试验中，所安排的试验单元称为试验小区（简称为小区）。田间试验中常采用局部控制原则。例如，测定几个作物品种的产量时，由于不同地方的土壤肥力不一致，常通过区组设计加以解决。以大动物为受试对象的试验，由于较难获得非处理因素一致的试验材料，常依据遗传背景、体重、性别等条件把试验材料分为若干个区组。有时，由于工作量大，试验的所有重复不是在同一时间完成，而是在几个时间完成的，这样的重复也相当于区组。在对数据分析进行统计分析时，区组也作为一个试验因素。

试验设计的四个原则之间有密切的关系，局部控制原则是核心，贯穿于随机化、重复和对照原则之中，相辅相成、互相补充。有时仅把随机化、重复和对照称为试验设计的三个原则，这并不是意味着局部控制不是重要的原则，而是说局部控制是贯穿于这三个原则之中的一个原则。随机化与重复相结合，试验就能提供无偏的试验误差估计值。试验设计四个原则的主要作用见图 1-1。

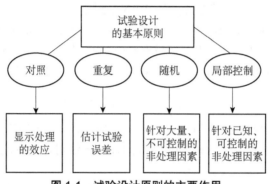

图 1-1　试验设计原则的主要作用

第三节　试验误差及其控制途径

一、试验误差的分类及其检验

试验误差简称误差，是指观测值偏离真值的差异。误差可分为三大类：随机误差、系统误差和过失误差。

1. 随机误差

数值大小与性质具有随机性，无规律且不固定的误差，称之为随机误差。统计上的试验误差通常就是指随机误差。随机误差是由于试验中许多无法控制的偶然因素所造成的试验结果与真值之间的差异，是不可避免的，一般具有统计规律性，服从正态分布，在多次的重复测定中，绝对值相同的正、负误差出现的概率大致相等，大误差出现的概率比小误差出现的概率小。随机误差使测试数据产生波动，测量的精密度是随机误差离散程度的表征，系统的随机误差越小，表示测量结果越精密。随机误差不能用试验的方法来消除，但由于随机误差中正、负误差相互抵偿的特性，多次测定误差的平均值趋向于 0，故可通过多次测量取平均值来减少随机误差，且并不影响测定结果的准确性。可以通过增加抽样或试验次数降低随机误差，但不能完全消除随机误差。

2. 系统误差

系统误差是由测试系统产生的误差，这种误差一般恒定不变或遵循一定的规律而发生变化，是指在同一条件下，多次测量同一量时，误差的绝对值和符号保持恒定，或在条件改变时，按某一确定规律变化的误差。主要是由于试验周期较长、测量条件控制不一致、测量的仪器设备不准确、测量方法本身存在误差、标准材料和试剂不标准、各批次药品间的差异、不同操作者操作习惯的差异等。测量的正确度可以反映系统误差的大小和程度，表示测试数据的平均值与被测量真值的偏差。系统误差在某种程度上是可以控制的，只要试验工作做得精细，是可以避免的。

试验结果有无系统误差，必须进行检验。相同条件下多次重复试验并不能发现系统误差，只有改变系统误差条件才能发现系统误差。

可采用多种方法检验系统误差，包括 u 检验、t 检验、卡方检验，以及秩和检验法。例如，为了检验 NanoDrop 仪器维修后是否存在系统误差，可用同一批样品在维修前后进行测定。假设仪器维修前测定的褐飞虱 1 日龄雌成虫 RNA（单头）浓度（ng/μL）为 709、659、775、623、671、680、721、715、685 和 726，维修后测定结果为：742、665、809、603、635、670、780、756、680 和 755。一般来说，RNA 浓度值符合正态分布，可用成对数据的 t 检验法检验两组数据平均数的差异显著性，然后判断仪器维修后是否存在系统误差。经检验，两组数据的平均数无显著性差异，说明仪器维修后不会产生系统误差。

又如，有两组数据 x_{11}, x_{12}, $\cdots$, x_{1n_1} 与 x_{21}, x_{22}, $\cdots$, x_{2n_2}，其中 n_1 和 n_2 分别是两组数据的个数。假设两组数据相互独立，且总体不符合正态分布，且 $n_1 < n_2$，已知第一组数据无系统误差。可采用秩和检验法进行检验，将所有数据（共 $n_1 + n_2$ 个）按从小到大的次序排列，每个试验值在序列中的次序为该值的秩。将属于第一组数据的秩相加的和（秩和）记为 R_1，同样求得第二组的秩和 R_2。对于给定的显著性水平 α，根据已知的 n_1 和 n_2，查秩和临界值表（表 1-1），如 $R_1 > T_2$ 或 $R_1 < T_1$，则两组数据有显著差异，第二组数据有系统误差。如 $T_1 < R_1 < T_2$，则无系统误差。

3. 过失误差

过失误差是一种显然与客观事实不相符的误差，没有一定的规律可循，主要是由操作者的失误引起的，如操作错误、读数错误、计算错误等。属于过失误差的数据在数据处理时，应该去掉。可用莱特准则（或 3σ 原则）判断，在 3σ 之外的数据通常属于过失误差。因为随机误差的变化规律是符合正态分布规律的，误差小的出现的概率大，误差大的出现的概率小。在多次测量中，观测值的随机误差介于 $(\mu-3\sigma, \mu+3\sigma)$ 范围内的概率为 99.73%，处在 3σ 之外的概率仅为 0.27%，即测量 330 次才遇上一次。对于常规一般仅进行几十次的测量，如处在 3σ 之外则可以认为不属于随机误差，而是属于过失误差，也称为异常值或离群值。值得注意的是，对于测量次数超过 200~300 次的时候，就有可能遇上超过 3σ 的随机误差，这时就不应该舍弃。由此可见，对数据的合理误差范围是同测量次数有关的，当试验次数不多时，则不必达到 3σ 即已可能出现过失误差，这就是肖维纳判断。当试验次数 $n < 10$ 时，用 $3S$ 作为判断准则，即使有异常数据，也难以剔除；此时，可用 $2S$ 作为判断准则。

表 1-1　秩和的临界值表

n_1	n_2	T_1	T_2	n_1	n_2	T_1	T_2	n_1	n_2	T_1	T_2
		α=0.05				α=0.05				α=0.05	
2	4	3	11	4	4	12	24	6	6	28	50
	5	3	13		5	13	27		7	30	54
	6	4	14		6	14	30		8	32	58
	7	4	16		7	15	33		9	33	63
	8	4	18		8	16	36		10	35	67
	9	4	20		9	17	39	7	7	39	66
	10	5	21		10	18	42		8	41	71
3	3	6	15	5	5	19	36		9	43	76
	4	7	17		6	20	40		10	46	80
	5	7	20		7	22	43	8	8	52	84
	6	8	22		8	23	47		9	54	90
	7	9	24		9	25	50		10	57	95
	8	9	27		10	26	54	9	9	66	105
	9	10	29	10	10	83	127		10	69	111
	10	10	31								

二、试验误差的控制途径

1. 科学控制非处理因素

非处理因素通常对试验结果有影响。例如，测定多个作物品种的产量时，作物品种是处理因素，土壤肥力等是非处理因素，因此，试验小区应选择土壤肥力等非处理因素尽量一致的小区。如果难以达到这一要求，可根据局部控制原则，将其分成若干个区组，使组内尽量均匀一致，组间允许存在差异。

2. 精心选择试验材料

开展生物学试验时，尽量选择遗传背景相同、发育阶段和重量等指标相近的试验材料。但是，由于各种条件的限制，获得较多遗传背景相同的生物材料通常很困难。这时，可按遗传背景、体重、性别等条件把试验材料分为若干个区组，把同一档次规格安排在同一区组中，通过局部控制减少试验误差。

3. 采用合适的试验设计方法

针对某个具体的试验目的，通常可采用几种试验设计方法。具体采用哪种试验设计方法需要依据可获取的试验材料、试验场地，以及人力和物力等因素来确定。例如，测定多个作物品种的产量时，如果拥有足够的土壤肥力等非处理因素相对一致的小区，可采用完全随机设计；如果没有满足上述条件的小区，可采用随机区组设计。详见本章第四节。

4. 规范化操作

制订详细的试验操作规程，并规范化操作，可有效降低试验误差。如有多个重复，尽量采用同一台仪器测量试验指标。此外，一个试验尽量由尽可能少的人在尽可能短的时间内完成。

第四节 试验设计的基本程序

一、试验设计的主要类型

根据试验目的，可把试验设计大致划分为以下五种类型。

1. 演示实验

实验目的是演示一种科学现象。中小学和大学实验课所做的实验多数是这类实验。由于实验效应是已知的，主要是演示正确的实验条件和实验操作流程。例如，鲎是一种海洋节肢动物，其血液中含有一种有核变形细胞，这种细胞的细胞质中含有凝固酶原和凝固蛋白原。在加入内毒素（LPS）后，凝固酶原成为凝固酶，从而使凝固蛋白原（溶解状态）变成凝固蛋白（凝胶状态）。演示实验时，取 2 支鲎试剂，分别加入 0.1mL 鲎试剂溶解水，使之溶解；然后在一支中加入 0.1mL 内毒素（实验组），在另一支中加入 0.1mL 溶解水（对照）；垂直放入 37℃ 温箱，30min 可观察到结果：实验组出现凝固现象，对照组不出现凝固现象。

2. 验证实验

实验目的是验证一种科学推断或方法的正确性，有时候是为了让学生掌握实验操作方法。例如 1996 年第一头克隆羊"多莉"问世之后，世界各地的生物学家纷纷做验证实验。研究生新生可能会做一些验证实验，主要是训练实验技能，同时可验证以前的结果。例如，学习转录组数据的分析方法时，可找 2～3 篇已发表的论文，按照同样的分析方法和流程重复他们的工作，如果能获得相同的结果，说明已初步掌握转录组数据的分析方法，从而可开展自己的数据分析工作。又如，学习基因克隆技术，可以实验室已发表的某个基因为对象，重复该基因的克隆工作。在正交设计中，通过统计方法推断出最优试验条件，然后对这些推断出来的最优试验条件作补充的验证试验给予验证。

3. 比较试验

试验目的是比较两种或多种处理的效果。例如，比较两种饲料对生猪增重的影响，可选择遗传背景、性别、体重等条件尽量一致的 2 头生猪作为 1 对，随机分配饲料开展试验，必要时设若干对。这样的试验结果可用成对试验的 t 检验加以分析。审定作物新品种时常与现有的标准品种进行比较，也属于比较试验。

4. 优化试验

试验目的是高效率地找出试验问题的最优试验条件。例如，利用酿酒酵母生产啤酒的效率受原材料等多种因素的影响，确定其最优生产工艺条件就是一个优化试验。正交试验设计是开展优化试验最常用的方法。

5. 探索试验

对未知事物的探索性科学研究试验称为探索试验，其目的往往是探索未知世界。科研院所、高等学校等机构开展的科研工作很多是属于这一类型的，如生物大分子是如何相互作用的？控制水稻产量的关键基因及其单核苷酸多态性（SNP）位点有哪些？哪些信息素导致蝗虫聚集？等等。

二、试验设计的基本程序

广义的试验设计包括试验目的、试验方案、数据分析、结果呈现等环节。下面用一个例子阐述试验设计的基本程序。

研究者已鉴定出褐飞虱味觉受体基因 32 个，拟从水稻粗提物中筛选出味觉受体 NlGr23a 的配体。

1. 明确试验目的

褐飞虱味觉受体 NlGr23a 是一个未知功能受体，其配体也未明确。目前，从植物粗提物中筛选寄主昆虫味觉受体的配体的报道很少。该试验的目的是从水稻粗提物中筛选出味觉受体 NlGr23a 的配体。

2. 确定检测指标

利用 Fura-2 作为细胞的钙离子指示剂，以细胞内钙离子浓度的变化作为配体与受体结合的标准。检测指标为细胞内钙离子浓度。

3. 明确试验材料

需要使用的生物材料包括某种水稻和 Sf 9 细胞。水稻用于提取代谢物，细胞用于测定钙离子浓度。

4. 确定试验因素及水平

该试验为单因素试验，因素为水稻提取物或组分。在检测水稻粗提物中是否存在 NlGr23a 的配体时，水平数为 2（其中 1 个为对照）；在检测水稻粗提物各组分中是否存在 NlGr23a 的配体时，水平数=组分数+1；研究配体草酸的剂量效应时，水平数为 5。

Box 1-2：确定因素水平值的三种方法

（1）等差法，即各相邻两个水平值之差相等，例如 2、6、10、14、18。

（2）等比法，即各相邻两个水平值之比相同。

（3）选优法。先确定因素水平的最大值和最小值，以 $G=$（最大值-最小值）$\times 0.618$ 作为水平间距，用（最小值+G）和（最大值-G）确定试验因素另外 2 个水平。当试验指标的观测值与试验因素水平之间呈抛物线关系时，用这种方法可以找到试验因素的最优水平，故称为选优法。

---

5. 确定试验设计方法，制订试验方案

把试验设计的 4 个原则体现在试验方案中。①处理和对照。处理为水稻提取物或组分，对照为双蒸水。②重复。利用不同批次的 Sf 9 细胞重复检测 5 次。③随机。随机选择处理或

对照进行检测。④局部控制。所有处理和对照采用同一批次培养的细胞，在同一时间内完成，作为一个重复或区组。考虑到需要利用不同时间培养的 Sf 9 细胞进行钙离子浓度检测，因此该试验是随机区组设计。

主要试验步骤包括：①在 Sf 9 细胞中稳定表达 NlGr23a；②水稻代谢物提取和初步分离；③利用钙离子检测系统检测细胞内钙离子浓度，如添加水稻分离物的钙离子浓度值与对照相比有显著变化，则认为测试样品中存在 NlGr23a 的配体；④利用 HPLC 进一步分离代谢物并检测钙离子浓度；⑤利用质谱仪鉴定配体化合物；⑥检测配体的剂量效应。

6. 优化试验方案并开展正式试验

在正式试验前，通常会通过预试验确定一些试验参数，如细胞试验中水稻提取物的上样量、HPLC 试验中两种溶剂的百分比变化程序等。优化试验方案后开展正式试验，并收集相关数据。

7. 分析试验结果

研究发现褐飞虱 NlGr23a 的配体存在于甲醇和乙酸乙酯分离组分中，利用 HPLC 分离获得进一步的组分并经过生物测定和质谱鉴定，初步确定草酸是 NlGr23a 的配体。草酸标准品的试验结果证实：草酸是 NlGr23a 的配体（图 1-2）。

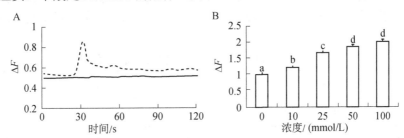

图 1-2 草酸是褐飞虱味觉受体 NlGr23a 的配体

A. 添加草酸标准品后 Sf 9 细胞中的钙离子浓度；B. 添加 5 种浓度草酸后 Sf 9 细胞中的钙离子浓度，数据为平均数+标准误，不同小写字母表示差异显著（Duncan 法，$P < 0.05$）

8. 结论

草酸是褐飞虱味觉受体 NlGr23a 的配体。

三、选用合适的试验设计方法

针对某个试验目的，通常不止一种试验设计方法。选择依据包括可获取的试验材料、试验场地，以及人力和物力等。

1. 单因素多水平试验

例如，评价五种饲料对乳牛产乳量的影响（设 5 次重复），可根据获取试验动物的难易程度选用 3 种试验设计方法：完全随机设计、随机区组设计和拉丁方设计。其中，拉丁方设计所需要的试验材料最少，而且 5 头乳牛的年龄和体重等条件可以不同（表 1-2）。这三种试验设计方法的原理与特点等详见第二章。

表 1-2　三种试验方法对乳牛要求的主要区别

试验方法	乳牛数量 / 头	具体要求
完全随机设计	25	25 头母牛的年龄、体重等尽可能一致
随机区组设计	25	分 5 个区组，同一区组内的 5 头母牛尽可能一致
拉丁方设计	5	不要求母牛尽可能一致

2. 多因素多水平试验

例如，评价温度、湿度和光照 3 个因素对褐飞虱雌成虫产卵量的影响（设 3 次重复），可考虑 3 种试验设计方法：完全随机设计、随机区组设计和正交设计。在多因素多水平情况下，正交设计一般可减少试验材料的数量。不考虑交互作用时，该题可采用正交表 $L_9(3^4)$ 安排试验，只需要 9 个处理组合，3 次重复共需要 27 只褐飞虱雌成虫（表 1-3）。不过，该正交设计未考虑交互作用，而表中的完全随机设计和随机区组设计可分析因素间的交互作用。如果在正交设计中考虑因素 A×B、A×C 以及 B×C 之间的交互作用，则需要选择正交表 $L_{27}(3^{13})$，3 次重复也需要 81 只褐飞虱雌成虫。

为了减少工作量，常利用正交设计对多因素多水平进行初筛（重复数=1），获得初步结果后再对有潜力的因素组合进行详细试验，以便获得优化的试验方案。正交设计的原理与特点详见第二章。

表 1-3　三种试验方法对褐飞虱成虫要求的主要区别

试验方法	褐飞虱数量 / 只	具体要求
完全随机设计	81	81 只褐飞虱雌成虫的年龄、体重等尽可能一致
随机区组设计	81	分 3 个区组，同一区组内的 27 只褐飞虱雌成虫尽可能一致
正交设计	27	27 只褐飞虱雌成虫尽可能一致

【延伸阅读】

刘文卿. 实验设计. 2005. 北京：清华大学出版社.

庞超明，黄弘. 2018. 试验方案优化设计与数据分析. 南京：东南大学出版社.

【思考练习题】

1. 简述生物学试验设计的主要特点。

2. 试验设计的原则主要有哪几点？并举例说明。

3. 在野外调查 500 棵榕树上某种害虫的数量，现有 5 位调查者。试问每人调查 100 棵树时通常会出现哪类误差？如何操作可减小该类误差？

4. 针对各自的研究领域，举例说明试验设计的主要步骤。

第二章　常用试验设计方法

试验设计的总体目标是用较少的人力、物力和时间获得尽可能多且可靠的数据资料。本章重点介绍抽样调查方法、随机区组设计、平衡不完全区组设计、拉丁方设计、裂区设计、正交设计等常见试验设计方法。在本章最后，介绍二进制在试验设计中的应用，说明生物学试验设计不仅需要统计学知识，还需要生物学知识。

第一节　抽　样　调　查

一、原理与特点

抽样调查（sample survey）是指从研究对象的全部单位中抽取一部分单位进行考察和分析，并用这部分单位的数量特征去推断总体特征的一种调查方法。抽样调查的对象往往是没有添加人为处理的自然生态系统，其与控制试验是相互补充的。通过野外调查获得初步信息并发现规律，然后在控制条件下进行试验，验证野外调查的结果，明确自然现象和格局的形成机制。由控制试验所获得的结果，也可以回到自然生态系统进行调查验证，并检验该结果是否具有普遍性。

Box 2-1：常用的抽样单位

面积：每平方米草地内的生物量、生产力、植物物种数、动物物种数。为便于野外操作，常用铁丝或木料制成测框供调查时套用。

器官：植物种子的千粒重、百粒重；每张叶片的病斑数。

时间：单位时间内见到的某种动物的个体数；每天开始开花的植株数。

器械：一捕虫网的虫数，一个诱蛾灯下的虫数，一个显微镜视野内的细菌数、孢子数、花粉发芽粒。

容量或重量：每升或每千克种子内的混杂种子数，或害虫头数。

其他：一块草地、一片森林等概念性的单位。

抽样调查中被研究对象的全部单位称为"总体"，和试验研究一样，调查研究的目的是对所调查的总体作出估计和推断；从总体中抽取出来，实际进行调查研究的这部分对象所构成的群体称为"样本"。用样本的统计数估计总体的参数，便存在所获统计数的准确性和精确性的问题，因此，抽样方法和样本数的确定最为关键。抽样单位（sample unit）随着研究目的不同而有变化，可以是一种自然的单位（如动植物个体），也可以是若干个自然单位归并成的单

位（如种群），还可以用人为确定的大小、范围或数量作为一个抽样单位（如一定面积样方内的所有生物个体）。抽样单位的确定与调查结果的准确度、精确度有密切关系，不同类型、不同大小的抽样单位效果不一样。

二、抽样调查的基本步骤和常用方法

根据样本抽选方法的不同，抽样调查可以分为概率抽样和非概率抽样两类。概率抽样是按照概率论和数理统计的原理从调查研究的总体中，根据随机原则来抽选样本，并据此对总体的数字特征做出估计和推断，且对推断中可能出现的误差可以从概率意义上加以控制。通常我们习惯上将概率抽样称为抽样调查。抽样调查的一般步骤包括：①界定总体，即明确特定研究需要调查的全部对象及其范围，这是抽样调查的前提和基础。②决定样本规模，综合调查精度需求和实际成本等因素确定样本容量，通常采用理论和实际相结合的方法，通过理论计算在给定的调查精度要求下，利用公式计算出满足条件的最小样本量，再结合给定的调查人力物力等实际可行性情况下，按单位调查成本确定最大有效的样本量。③决定抽样方法，首先确定抽样的技术（随机抽样或非随机抽样、一次性抽样或连续性抽样等），再根据研究目的和可行性选择合适的抽样方法，必要时可以进行试调查。④确定调查的信度和效度，从调查者、测量工具、调查对象和调查环境及其他因素等方面对调查所获取的数据质量进行评估，一方面可以检测出调查工作中需要注意和改进之处，另一方面可以让数据使用者在后续数据分析过程中了解数据本身的局限性。常用的抽样方法包括如下几种。

（1）系统抽样（systematic sampling），又称顺序抽样，按照某种既定的顺序抽取一定数量的抽样单位组成样本（图 2-1）。系统抽样在操作上较方便易行。能编号的，先给总体各单位编号，然后按固定数量间隔依次抽取。不方便编号的，可每隔一定距离抽取一个抽样单位。常用的有对角线式、棋盘式、分行式、平行线式、Z（或 S）形等。

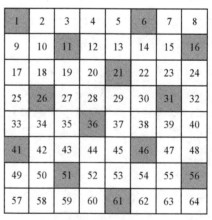

按个位数是1依次抽取　　　　每间隔4个数依次抽取

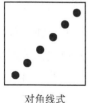

对角线式　　　棋盘式　　　分行式　　　平行线式　　　Z形式

图 2-1　系统抽样的几种常见方式

（2）典型抽样（typical sampling），又称代表性抽样，指按调查目的从总体内有意识地选取一定数量有代表性的抽样单位，要求所选取的单位能代表总体的大多数。例如：在森林或草地生态系统的抽样调查中，可以通过踏查目测，选择有代表性的几个地段上建立群落调查样地。该抽样方法也较为简便易行，但可能因调查人员的主观片面性而存在偏差。

（3）随机抽样（random sampling），又称等概率抽样，其最主要的特征为总体内各单位有同等机会被抽取。随机抽样要遵循一定的随机方法，除了简单随机抽样法（总体各单位被抽取的概率相同），随着随机性的程度不同，还有一系列衍生的随机抽样法：分层随机抽样法、整群随机抽样法、分级随机抽样法、双重随机抽样法等。

抽样调查方法的选用需要考虑总体和样本的自然属性，同时考虑尽量降低抽样的时间和人力物力成本，并尽可能采用无偏抽样方法，即总体中所有的个体都有相同的概率被抽取到，且样本可以很好地代表总体特征，并具有尽量小的抽样误差。

三、案例及数据分析方法概述

案例 2-1　土壤理化性质的测定。在生物学和生态学的野外调查中，经常需要测定一定区域或面积内的土壤理化性质和环境因子指标，包括土壤温度、湿度、pH、氮磷钾含量等。

【解】由于这些指标都是面源数据，其总体属于无限总体（包含无限个单元的总体），而抽样单位只能是不同采样点上特定体积或重量的土壤样品，为点源数据。因此，采样前需要考虑结合特定的空间统计方法，通过样本的点数据估算总体的面数据。

水平方向上，可以采用系统抽样与随机抽样相结合的方法。比如要采集并测定一个 25 公顷（500 m×500 m）的森林群落样地中林下土壤的理化性质，可设置如图 2-2 所示的采样点设计。其中，288 个灰色采样点为系统抽样设计，以相同的间隔均匀分布于整个样地中，确保土样能覆盖样地的全部区域，使土样具有较好的代表性。在此基础上，设置 175 个聚集采

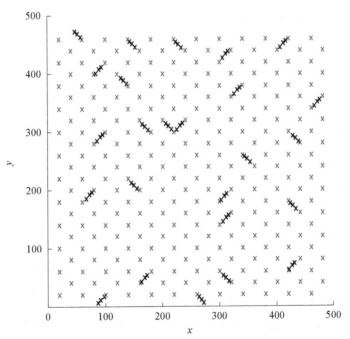

图 2-2　森林群落中林下土壤理化性质测定的取样点设计

样点（黑色），其设置方法为随机选择 25 个灰色采样点，以此为基点在随机方向上向外设置五个距离逐渐增加的采样点，以此量化测定指标随着空间距离的变异程度，并可进一步通过克里金空间插值法等空间统计学方法将点源数据转化为面源数据。

垂直方向上，可同时采取分层随机抽样的方法，一般将每个取样点的表层土壤分为 0～10cm，10～20cm，20～30cm 三层，每层分别取样。

第二节　随机区组设计

一、原理与特点

随机区组设计（randomized blocks design）是控制性试验中最为常用的设计方法之一，指根据局部控制和随机原则将试验单元按性质不同分成与重复数一样多的区组（窝组），使区组内非试验因素差异最小而区组间非试验因素差异最大，每个区组均包括全部的处理。同时，区组内各处理随机排列，各区组独立随机排列。

随机区组设计通过划分区组降低对试验单元的整体要求，只要求各区组内非试验因素条件尽量一致，能有效减少非试验因素的单向差异，降低试验误差，广泛应用于生物试验设计。但该方法也存在不足之处，即不允许处理数太多，最好在 10 个以内。当处理数太多，必然导致区组规模增大，组内误差相应增大，就达不到局部控制的效果。

随机区组设计还可应用于这样一种场景：试验单元满足试验的整体要求，即各试验材料差异很小，且材料充足。但试验的重复数较多，在一次试验中难以完成。因此，试验者可分批次进行试验，根据自身情况合理分配每一批次试验的重复数，从而将繁重的工作平均分配到各批次试验。

二、随机区组设计的基本步骤

随机区组设计主要通过三步完成。①划分区组。根据局部控制原则，将试验材料和其他可控的非处理因素一致性较好的划为同一组，进而将整个试验单元划分为若干组。②区组内所有处理随机化。在区组内将所有试验处理随机排列，可采用抽签法和随机数字法，这个过程需要在每个区组内进行一次，即对所有区组逐个进行随机化设计。③区组随机排列。采用随机数字法对区组内各处理进行随机排列的方法如下。首先，将所有处理进行编号。当有 n 个处理时，将每个处理分别编号为 1，2，…，n；其次，将各处理进行随机排列。在随机数表中随意一点，从点到的位置开始两位数读数，将大于处理数的两位数除以处理数保留余数，然后依次去掉 0 和重复的数字，直到所有处理编号出现。随机数也可以通过 R 等统计软件来实现。

在对随机区组设计的试验结果进行统计分析时，把区组看作一个因素（随机效应），和试验因素一起做方差分析，即是比试验因素多一个因素的方差分析。如是单因素随机区组设计，按二因素无重复观测值的方差分析方法进行。如是二因素随机区组设计试验，需要做三因素的方差分析，可利用 SPSS、SAS 或 R 软件进行多因素方差分析。因为 Excel 软件只有二因素的方差分析功能，所以需要自己计算部分结果。第一步，参照有重复数据的二因素方差分析的要求重新整理数据。第二步，利用 Excel 中有重复数据的二因素方差分析进行数据分析，获得 A 因素、B 因素和 A×B 互作的平方和、自由度和方差。第三步，重新计算区组和误差的平方和、自由度和方差。第四步，计算 F 值并进行显著性检验。

三、案例及数据分析方法概述

案例 2-2 利用注射法 RNAi 技术研究 5 个基因（A、B、C、D 和 E）对褐飞虱产卵量的影响，设阳性对照 1 个（卵黄原蛋白基因 Vg），阴性对照一个（GFP）。主要试验步骤如下。①准备试验材料：褐飞虱 1 日龄成虫和分蘖期水稻。②由于工作量较大，每次完成 1 个试验重复（共 3 个重复）。随机选择 1 个基因，注射 40 头褐飞虱成虫，每头注射一定浓度的 dsRNA，共完成 7 个基因的 dsRNA 注射；24h 后把褐飞虱移至水稻苗上让其产卵，7d 后换一次水稻苗。③解剖两批水稻苗，统计每头褐飞虱的产卵量，数据见表 2-1。试比较 5 个基因对褐飞虱产卵量的影响。

表 2-1 褐飞虱 7 个基因被注射 dsRNA 后的产卵量

	产卵量（粒）						
	GFP	Vg	A	B	C	D	E
区组 1	415	132	215	262	375	406	333
区组 2	463	153	231	260	392	432	351
区组 3	432	150	243	284	401	460	312

注：每个区组的产卵量是 30 头以上褐飞虱成虫产卵量的平均值

【解】 本题中，3 个重复在不同的时间完成，所使用的试验材料也有所不同，因此，这是一个单因素随机区组设计。在 Excel 数据分析模块中，选择"无重复双因素方差分析"，结果表明：褐飞虱基因这一因素的计算 F 值为 156.48，$P<0.0001$，说明 7 个褐飞虱基因对其产卵量的影响有极显著差异。具体哪些基因之间的产卵量差异显著则需要进行多重比较后才能获得。

案例 2-3 某试验基地测试 5 个水稻品种（用 B_1 至 B_5 表示）在 3 种种植密度（用 A_1、A_2 和 A_3 表示）下的产量。主要试验步骤如下：①准备 5 个品种的秧苗；②准备 3 块田，每块田准备 15 个小区（3m×3m）；③在每块稻田，随机把 A_1B_1，A_1B_2，…，A_3B_5 共 15 种组合种植在上述 15 个小区；④肥水管理等农事措施一致，稻谷黄熟后测产，数据见表 2-2（D2_1_随机区组_水稻产量.csv）。

表 2-2 五个水稻品种在 3 种种植密度下的小区产量

组合	产量 / (kg/小区)			组合	产量 / (kg/小区)		
A_1B_1	8.0	8.2	6.1	A_2B_4	8.3	8.3	6.5
A_1B_2	10.0	9.6	7.8	A_2B_5	11.3	11.4	9.3
A_1B_3	9.2	9.5	7.3	A_3B_1	7.2	7.3	5.0
A_1B_4	9.5	9.8	7.3	A_3B_2	8.2	8.7	6.8
A_1B_5	10.1	9.9	8.2	A_3B_3	6.3	6.7	4.9
A_2B_1	8.6		6.3	A_3B_4	7.2	7.5	5.6
A_2B_2	11.2	11.3	8.8	A_3B_5	13.5	13.6	11.3
A_2B_3	8.3	8.0	6.9				

【解】本题中，3块稻田的土壤肥力可能不一样，因此，这是一个两因素随机区组设计。在进行方差分析时，把区组作为一个因素，具体分析过程和结果见第十章第二节案例10-4。

Box 2-2：成对试验

即1个处理和1个对照，要求同一对的2个试验单元的条件尽可能一致，且随机分配到处理组和对照组。

成对试验是随机区组设计的特例，随机区组设计通常有多个处理和对照（图2-3）。成对试验可用成对数据的t检验进行显著性检验。

Box 2-3：完全随机设计

每个处理随机地选取试验单元，这种方式适用于试验的例数较大或试验单元差异很小的情况。

要求所有试验单元的条件尽可能一致，已知可控制的非处理因素尽可能一致，所有试验单元（含重复）随机排列，并且要求同时完成所有试验（含重复）。

完全随机设计与随机区组设计的区别见图2-3（以例2-3为例）。

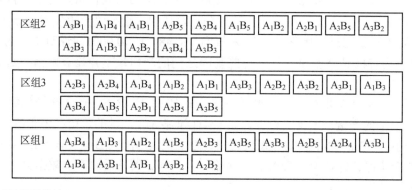

图2-3 完全随机设计与随机区组设计的区别

主要区别如下。①非处理因素。随机区组设计：每个区组内尽可能一致；完全随机设计：所有45个处理组合尽可能一致。②试验材料。随机区组设计：每个区组内尽可能一致；完全随机设计：所有45个处理组合尽可能一致。③试验时间。随机区组设计：每个区组在同一时间开展；完全随机设计：所有组合在同一时间开展。④随机排列。随机区组设计：在同一区组内，15个处理组合随机排列；完全随机设计：所有45个组合随机排列

第三节　平衡不完全区组设计

一、原理与特点

在随机区组设计中，每一区组内都包含全部的处理。有时，由于试验材料的均一性难以保证（如遗传背景一致的动物头数），或者某些非试验因素的均一性难以满足（如土壤肥力的均一性），每个区组内难以包含所有的处理；或者，由于试验时间的限制或其他原因，在某些区组中没有包含所有的处理。为解决这一矛盾，可以通过采用减小区组容量的方法，进行不完全区组设计。

平衡不完全区组设计（balanced incomplete block design, BIB 设计）是一种不完全区组设计，每一区组只包含一部分处理。其特点是：①每个处理在每一区组中至多出现一次；②每个处理在全部试验中出现次数均等；③任意两个处理都有机会出现于同一区组中，且在全部试验中任意两个处理出现于同一区组中的次数均等。

设 v 为试验处理数，k 为每一区组中包含的处理数，r 为每一处理的重复数，b 为区组数，λ 为任意两个处理在同一区组中相遇的次数（整数），根据平衡不完全区组设计的特点，各参数间满足：$rv = bk$，$\lambda = r(k-1)/(v-1)$，$b \geqslant v$。不言而喻，对于不同的参数值就会有不同的设计方案，且并非任意参数值都可构成平衡不完全区组设计。为了便于使用，附录 3 列出了一些实用价值较大的平衡不完全区组设计方案。

平衡不完全区组设计的优点是利用不完全区组安排试验处理，而仍可做出各处理间的正确比较。其主要缺点是试验精确度低一些。与随机区组试验相比，平衡不完全区组设计中两个处理间比较的精确度仅为随机区组设计的 $E\%$，$E=100 \cdot [1-(1/k)]/[1-(1/v)]$。因而，只有当难以进行随机区组试验时才采用平衡不完全区组设计。有时，可把平衡不完全区组设计作为一种补救措施使用。

二、平衡不完全区组设计的基本步骤

平衡不完全区组设计的基本步骤如下：①根据参数值选择合适的平衡不完全区组设计方案；②区组内各处理随机排列；③区组随机排列。

平衡不完全区组设计的试验结果可进行方差分析，可自行计算 F 值并进行显著性检验。

首先，对平方和与自由度进行分解。总平方和与总自由度均可分解为区组、处理和误差的相应部分，即：

$$SS_T = SS_r + SS_{t(调整的)} + SS_e$$

$$df_T = df_r + df_t + df_e$$

各项的计算公式为：$SS_T = \sum_{i=1}^{v}\sum_{j=1}^{b} x_{ij}^2 - C$，$C = \dfrac{T^2}{N}$，$N = rv$

$$SS_r = \frac{\sum_{j=1}^{b} R_j^2}{k} - C$$

$$SS_{t(调整的)} = \frac{\sum_{i=1}^{v} Q_i^2}{\lambda k v}，\quad Q_i = kV_i - T_i$$

其中，SS_T 为总平方和；SS_r 为区组间平方和；$SS_{t(调整的)}$ 为处理间平方和；SS_e 为误差平方和；自由度分解公式中各项的含义类似；x_{ij} 为第 i 处理第 j 区组的观察值；T 为所有观察值的总和；R_j 为第 j 区组各观测值的总和；V_i 为第 i 处理各观测值之和；T_i 为第 i 个处理所有区组的 R_j 值之和。

自由度的计算公式为：$df_T = N-1$，$df_r = b-1$，$df_t = v-1$

F 检验：

$$F = \frac{s_{t(调整的)}^2}{s_e^2}$$

进行多重比较时，需要调整平均数 $\overline{v_i}$：

$$\overline{v_i} = \frac{Q_i}{\lambda v} + \frac{T}{N}$$

其标准误 $s_{\overline{v}}$ 为：

$$s_{\overline{v}} = \sqrt{s_e^2 \cdot \frac{k}{\lambda v}}$$

三、案例及数据分析方法

案例 2-4　在例 2-2 中，每个区组需要注射 280 头褐飞虱成虫，共 3 个区组。如果在第一次注射时，出现突发情况（如仪器故障），最后只完成了 3 个基因的 dsRNA 注射。这时，操作者面临两个选择：①如果继续采用随机区组设计，本次注射只能作废（因为该区组没有包括所有的处理和对照）；②采用其他试验设计方法补救。如果选择方案 2，则可以采用平衡不完全区组设计。

【解】本题中，$v=7$，$k=3$。查附录 3，选择设计 12（$r=3$，$b=7$，$\lambda=1$）：

1 2 4
2 3 5
3 4 6
4 5 7
5 6 1
6 7 2
7 1 3

通过对区组和处理随机排列，以及处理 1 至处理 7 与 7 个基因随机匹配后，开展试验并获得结果见表 2-3（D2_2_平衡不完全区组_昆虫产卵量.csv）。

表 2-3　褐飞虱 7 个基因被注射 dsRNA 后的产卵量（平衡不完全区组）

区组	基因							R_j
	A	B	C	D	E	Vg	GFP	
I		262			333		415	1010
II	215				351	132		698
III	231	260	375					866
IV	243			406			463	1112
V			392			153	432	977

续表

区组	基因							R_j
	A	B	C	D	E	Vg	GFP	
Ⅵ		284		432		150		866
Ⅶ			401	460	312			1173
V_i	689	806	1168	1298	996	435	1310	689
T_i	2676	2742	3016	3151	2881	2541	3099	2676
Q_i	−609	−324	488	743	107	−1236	831	−609
$\bar{v}_i$	232.14	272.86	388.86	425.29	334.43	142.57	437.86	232.14

利用 Excel 软件，计算获得：

$C = 2138895$

$SS_T = 222775$

$SS_r = 52010.5$

$SS_{t(调整的)} = 166465$

$SS_e = 3977.4$

$df_T = 20$

$df_r = 6$

$df_t = 6$

$df_e = 8$

进行 F 检验，$F=58.4$。查 $F_{0.01(6,8)}=6.63$，所以各基因对褐飞虱产卵量的影响存在极显著的差异。

进一步进行多重比较，SSR 检验的结果表明：基因 D 被注射 dsRNA 后，褐飞虱的产卵量与 GFP 相比没有显著降低，其他四个基因被干扰后产卵量均显著降低；五个基因对产卵量的影响程度均不及阳性对照（Vg）。详见数据分析文件 D2_2.xlsx。

第四节 裂 区 设 计

一、原理与特点

裂区设计（split-plot design）是指在试验因素分级后，将试验小区按次级因数的水平数分裂成面积更小的副区，再应用设置重复、局部控制和随机排列三项原则设计的多因子试验设计。在多因素试验中，如果各个试验因素的效应同等重要，可依据实际情况采用前述的完全随机设计、随机区组设计或拉丁方设计，但在下列情况下建议使用裂区设计。

（1）一个因素的各种处理比另一因素的处理需要更大的面积。例如：施肥、灌溉等试验，施肥、灌溉等处理作为主区；而另一因素（如品种），可设置为副区。

（2）某一因素的效应比另一因素的效应更为重要，而要求更精确的比较。将要求更高精确度的因素作为副处理，另一因素作为主处理。

（3）根据以往研究，得知某些因素的效应比另一些因素的效应更大时，将可能表现较大差异的因素作为主处理。

二、裂区设计的基本步骤

裂区设计主要通过三步完成：①划分区组，根据局部控制原则，将试验材料和其他可控的非处理因素一致性较好的划为同一组，进而将整个试验单元划分为若干组；②区组内按照第一个因素设置各个处理（主处理）的小区，主处理的各个水平在小区内随机排列，可采用抽签法和随机数字法，这个过程需要在每个区组内进行一次，即对所有区组逐个进行随机化设计；③在主处理的小区内引入第二个因素的各个处理（副处理）的小区。

按主处理所划分的小区称为主区（main plot），也称整区；主区内按各副处理所划分的小区称为副区（sub-plot），亦称裂区（split-plot）。从第二个因素来讲，一个主区就是一个区组，但是从整个试验所有处理组合讲，一个主区仅是一个不完全区组。副区之间比主区之间更为接近，因而副处理间的比较比主处理间的比较更为精确。

裂区设计在小区排列方式上可有变化，主处理与副处理亦均可排成拉丁方，这样可以提高试验的精确度。尤其是主区，由于其误差较大，能用拉丁方排列更为有利。但两者的结合，有时会使小区数量增加很多。

裂区设计的试验结果进行统计分析时一般也采用方差分析，但与随机区组设计不同的是，裂区设计方差分析时有两个误差项，区组和主处理是同一个误差，而裂区副处理和交互作用则用另外一个误差项，对于裂区来说主区则相当于是区组处理（blocks）。以二因素裂区为例，其变异来源见表 2-4。

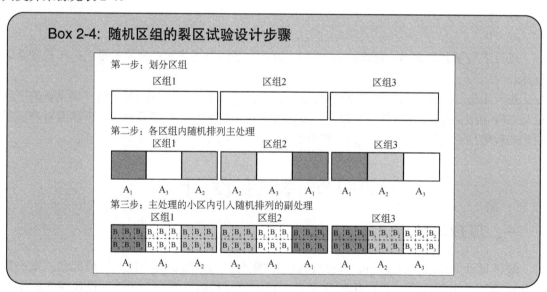

表 2-4　二因素裂区试验的变异来源

变异来源	自由度	平方和	均方	F 值
区组 R 间 主区因素 A 间 误差Ⅰ	df_R df_A df_{e1}	SS_R SS_A SS_{e1}	$MS_R=SS_R/df_R$ $MS_A=SS_A/df_A$ $MS_{e1}=SS_{e1}/df_{e1}$	 MS_A/MS_{e1}
裂区因素 B 间 A×B 互作 误差Ⅱ	df_B df_{AB} df_{e2}	SS_B SS_{AB} SS_{e2}	$MS_B=SS_B/df_B$ $MS_{AB}=SS_{AB}/df_{AB}$ $MS_{e2}=SS_{e2}/df_{e2}$	MS_B/MS_{e2} MS_{AB}/MS_{e2}
总变异	df_T	SS_T		

三、案例及数据分析方法概述

案例 2-5 R 软件的 MASS 程序包中有一套自带的数据集 oats，记录了一个裂区设计田间试验的燕麦产量数据（D2_3_裂区设计_燕麦产量.csv）。该试验中包含 3 个不同的燕麦品种和 4 个不同水平的氮元素处理，共计包含了 6 个区组，每个区组内由 3 个主区组成，每个主区又分成了 4 个副区。不同品种的处理应用于主区，而不同的施肥处理则应用于裂区（图 2-4）。

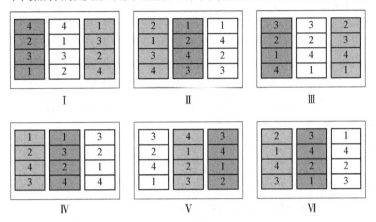

图 2-4 燕麦产量田间试验的裂区设计示意图

【解】通常我们可以使用混合效应模型来拟合裂区设计的试验数据：

$$Y_{ijk} = \mu + \alpha_i + \eta_{k(i)} + \beta_j + (\alpha\beta)_{ij} + \varepsilon_{k(ij)}$$

其中，Y_{ijk} 为燕麦产量；α_i 为燕麦品种的固定效应；$\eta_{k(i)}$ 为主区的随机效应，即在同一个主区内的试验对象具有相同的主区误差，且该误差服从 $N\left(0, \delta_\eta^2\right)$ 的正态分布；β_j 为氮处理的固定效应，$(\alpha\beta)_{ij}$ 为氮处理与燕麦品系的交互作用，$\varepsilon_{k(ij)}$ 为裂区的随机效应误差项。

本例中，影响因变量燕麦产量 Y 的固定效应包括品种（varieties, V）；氮处理（nitrogen treatment, N）；区组（blocks, B）以及品种和氮处理的交互作用（V：N）。在 R 中我们可以使用 lmer 函数进行模型拟合，分析各因素对燕麦产量的影响。在模型中包含了一个额外的随机效应，以控制不同品种在不同区组中可能存在的随机误差。线性混合模型输出结果如下：

```
> fit.lme <- lmer(Y ~ B + V * N + (1 | B:V), data = oats)
> anova(fit.lme)
Analysis of Variance Table of type III  with  Satterthwaite
approximation for degrees of freedom
     Sum Sq Mean Sq NumDF DenDF F.value    Pr(>F)
B    4675.0   935.0     5    10   5.280   0.01244 *
V     526.1   263.0     2    10   1.485   0.27239
N   20020.5  6673.5     3    45  37.686 2.458e-12 ***
V:N   321.8    53.6     6    45   0.303   0.93220
```

由上述结果可知，氮元素处理对燕麦产量的影响最大，达到了极显著的水平（$P<0.001$），而区组的处理也显著影响了该试验中燕麦的产量（$P<0.05$），燕麦品种以及品种与氮处理的交互作用均对产量没有显著影响。值得注意的是，本例中主区因子品种 V 的自由度为 2 和 10，而裂区处理 N 的自由度为 45。如前所述，在裂区设计中主区因子的效应检测敏感性更低，而将要求更高精确度的因素作为副处理。

第五节　拉丁方设计

一、原理与特点

拉丁方设计（latin square design）由费希尔（R. A. Fisher）提出，它以 k 个拉丁字母为元素，作 k 阶方阵，若这 k 个拉丁方字母在这 k 阶方阵的每一行、每一列都出现一次，则称该 k 阶方阵为 $k\times k$ 阶拉丁方。拉丁方设计用于只有一个处理因素和两个区组因素时的水平比较，是析因设计、正交设计和均匀设计的起源。拉丁方设计从横行和直列两个方向进行双重局部控制，使得横行和直列两向皆成单位组，每一行或每一列都成为一个完全单位组，而每一处理在每一行或每一列都只出现一次，即试验处理数=横行单位组数=直列单位组数=试验处理的重复数。试验过程根据小区大小和因素的水平数量，选择对应的拉丁方表格，按照表格进行试验。

拉丁方表格有多种形式，最基本的是标准方，即第一直列和第一横行均为按照顺序排列字母的拉丁方。标准方的数量随 k 值（处理数）的增加而增加，如 2×2 和 3×3 只有一个标准方，4×4 有 4 个，5×5 则有 56 个。每个标准方还可以将其横行和直列进行随机对换，从而衍生出更多的拉丁方。常用的标准方表格见附录 4。

拉丁方设计试验的统计分析能将横行、直列二个单位组间的变异从试验误差中分离出来。拉丁方设计比随机单位组设计多一个单位组的设计，因而拉丁方设计的试验误差比随机单位组设计小，试验精确性比随机单位组设计高。

拉丁设计中，横行单位组数、直列单位组数、试验处理数与试验处理的重复数必须相等，且不存在交互作用。这样，除田间试验外，其他领域的研究工作比较难满足这些条件。此外，在处理数少的情况下，重复数可能不够，导致估计试验误差的自由度小，影响检验的灵敏度。采用 4 个以下处理的拉丁方设计时，为了使估计误差的自由度不少于 12，可采用"复拉丁方设计"，即同一个拉丁方试验重复进行数次，并将试验数据合并分析，以增加误差项的自由度。若处理数多，则重复数也多，横行、直列单位组数也多，可能导致试验工作量大，因此拉丁方设计一般控制在 5～8 个处理的试验。

拉丁方试验设计的统计分析以方差分析为基础，按三因素（两个单位因素和试验因素）试验单独观测值进行方差分析，平方和与自由度公式如下。

$$SS_T = SS_A + SS_B + SS_C + SS_e$$

$$df_T = df_r + df_t + df_e$$

其中，处理因素为 A，行单位为 B，列单位为 C。

F 检验：$F_A = \dfrac{MS_A}{MS_e}, F_B = \dfrac{MS_B}{MS_e}, F_C = \dfrac{MS_C}{MS_e}$。

二、拉丁方设计的基本步骤

拉丁方设计最常用于需要控制土壤差异的试验，也可用于需要控制来自两个方面的系统误差的试验中。当试验处理数与试验处理的重复数相等时，可以考虑进行拉丁方设计。基本步骤如下。①选择标准拉丁方，根据试验的处理数以及横行和直列单位组数先确定拉丁方的阶数（k），选择对应的标准型拉丁方。例如，在田间比较五个不同品种水稻的产量，可以选择 5×5 的任意一个标准方。②对标准方进行随机处理，不同处理数的拉丁方随机处理方式不同，4×4 拉丁方随机所有直列及第 2、3、4 横行，也可以随机所有横行和直列。5×5 及以上拉丁方，随机调换所有横行、直列和处理。

> ### Box 2-5: 不完全拉丁方设计
>
> 如果只能用拉丁方的一部分来安排试验，或拉丁方设计中的某一行/列缺失部分数据，即称为不完全拉丁方设计。由于各水平间的平衡性被打破，需用校正模型进行数据分析。SAS 软件的 GLM 过程中选用平方和类型 SS1，强调模型中因素的顺序，可用于分析不完全拉丁方设计的试验数据。

三、案例及数据分析方法概述

拉丁方设计在纵横两个方向都应用了局部控制，加上试验因素，统计分析过程比随机区组多一项区组间变异。将两个单位组因素与试验因素一起，在此 3 个因素之间不存在交互作用的前提下，进行三因素方差分析。

案例 2-6 研究 5 种植物源挥发物（1～5 号）对水稻产量的影响，采用 5×5 拉丁方设计，每小区面积为 1 m²，每小区间隔大于 2 m，从水稻抽穗期开始，每 10 d 喷施挥发物一次。待水稻成熟收获后，记录单株穗重，试分析不同植物源挥发物对水稻产量的影响。

【解】 为在两个方向消除土壤差异对试验的影响，试验采用拉丁方设计，需要测试的是 5 种挥发物，确定拉丁方的阶数（k=5），故选用 5×5 拉丁方设计（图 2-5 Ⅰ）。对标准方的直列进行随机排列（图 2-5 Ⅱ），对横行进行随机排列（图 2-5 Ⅲ），对试验处理进行随机排列，把字母替换为试验处理（挥发物号），最终可获得用于安排试验的拉丁方设计表（图 2-5 Ⅳ）。也可以选择已经做好随机处理的拉丁方设计表，按照表格进行试验。

A	B	C	D	E		A	D	E	C	B		E	B	A	D	C		3	5	2	1	4
B	A	E	C	D		B	C	D	E	A		A	D	E	C	B		2	1	3	4	5
C	D	A	E	B		C	E	B	A	D		B	C	D	E	A		5	4	1	3	2
D	E	B	A	C		D	A	C	B	E		D	A	C	B	E		1	2	4	5	3
E	C	D	B	A		E	B	A	D	C		C	E	B	A	D		4	3	5	2	1
Ⅰ. 选择标准方					→	Ⅱ. 随机直列					→	Ⅲ. 随机横行					→	Ⅳ. 随机处理				

图 2-5　5×5 拉丁方试验设计的过程

Ⅳ中数字代表试验中的不同处理；Ⅱ按随机数 1，4，5，3，2；Ⅲ按随机数 5，1，2，4，3；Ⅳ按随机数 2，5，4，1，3

根据试验设计表（图 2-5 Ⅳ）安排和实施试验。试验结果填入试验记录表，用于进一步的分析，具体的数据见数据文件：D2_5_拉丁方_水稻产量.csv。

用 SASs（SAS 学术版）软件中的任务-线性模型-N 因子 ANOVA，进行（行/列/处理）3 因素方差分析。F 检验结果表明横和列间差异不显著，各处理间差异显著（F=8.34，

$P=0.0019$）。事后检验多重比较（Tukey's HSD）法比较处理间差异（$P<0.05$），各处理平均单株穗重相互比较的统计分析结果表明：第 3 号挥发物处理下的单株穗重最高，与 1、2 和 5 号挥发物有明显差异，与 4 号挥发物的差异不明显。具体试验数据分析过程和分析结果见第十一章第三节（4）。

第六节　正交设计

一、原理与特点

科学试验中，单因素对比法是比较常用的方法，这种方法在固定其他因素的条件下，只考虑一个因素的变动情况，试验结果明确试验条件也比较容易控制。但在复杂的试验中，只考虑单一因素，所得的结果往往有片面性，在推广到复杂情况下时，可能得不到预期的效果。如果实施多因素和多水平的全部试验组合，可以分析出因素作用的大小和发现较优方案，但因素和水平过多的前提下，工作量过大，甚至会出现不可能完成的情况。正交设计正是针对上述两种情况的一种优化设计方法。利用正交表安排试验的方法，称为正交试验设计法。正交表是根据均衡分散的原则，运用组合数学理论在拉丁方的基础上构造的一种表格。正交设计能对多个因素同时进行考察，在各个因素都处于变动的情况下，以较少的试验次数，找出试验范围内的主要因素和较优方案。

正交试验设计利用正交表的均匀分散性和整齐可比性，既保持析因设计的特点，又克服试验次数过多之不足。正交试验设计适合多因素全面试验，无须每个因素的每个水平都相互搭配进行试验，既可分析每个因素对试验指标的单独作用，也可确定主要因子及交互作用，试验结果可提供试验最优方案。如 3 因素 3 水平的全因子试验设计，要做 27 次试验，而选择合适的正交试验设计只需要进行 9 次试验。

正交试验设计的关键是选择合适的正交表。通常情况下，因素的组合数是相应析因设计组合数中的一部分，设计有时整个用量(水平)可能选偏，通常需作预备试验。试验对象不能死亡或丢失，即不可有缺失数据。

正交表按因素、水平和试验次数的搭配分为普通（等）正交表和混合（不等）正交表。普通正交表是各因素水平数相等的正交表，如 $L_9(3^4)$ 的通用正交表名称为 $L_n(r^m)$，L：正交表代号；n：正交表横行数（试验次数）；m：正交表纵列数（最多能安排的因素个数）；r：因素水平数。$L_9(3^4)$ 正交表即试验次数为 9，最多可安排 4 个因素，因素的水平等级为 3。普通正交表中任一列，不同的数字出现的次数相同；表中任意两列，各种同行数字对（或称水平搭配）出现的次数相同。具体研究工作中可能会遇到对各因素的水平数不完全相同的情况，此时可以选择混合水平正交表。混合水平正交表中任一列，不同数字出现次数相同；每两列，同行两个数字组成的各种不同的水平搭配出现的次数是相同的，但不同的两列间所组成的水平搭配种类及出现次数不完全相同。正交试验设计中交互作用被视为单独的因素，且占有规定的单独的列，可用交叉法确定交互作用列的位置。常用的正交表：$L_4(2^3)$，$L_8(2^7)$，$L_9(3^4)$，$L_{16}(4^5)$，$L_{16}(4^4+2^3)$，$L_{16}(2^{15})$，$L_{25}(5^6)$ 等。其他常用正交表见附录 5。

> **Box 2-6: 重复试验和重复取样的正交试验**
>
> 　　正交试验设计可以有效地减少试验次数,试验的重复性则体现在对多个处理可以获得试验指标的多个数据。为了提高试验的精度和更好地估计试验误差,可以采用对同一个处理组合进行多次重复试验的方法。如果试验得出的结果可以多次测量,也可以采用多次重复取样的方法。一般统计软件处理这两种带重复设计的方法与无重复正交试验相同,但误差的组成和来源需要谨慎判断。

二、正交设计的基本步骤

　　正交试验设计包括确定试验因素和水平、选定正交表、确定试验方案表和统计处理等步骤。

(一)确定试验因素和水平

　　一个试验项目中,因受各方面条件的限制,不可能同时考虑过多的因素和水平。应根据试验目的和前期经验,主要考察与试验目的关系紧密的因素,而对一些与试验目的关系比较次要的、比较难于控制和了解比较清楚的因素进行固定,即选定这些因素的一般值,尽量减少它们对试验的影响。

　　根据试验目的和实际情况选定试验中因素的水平。能用数量表现的因素,它的水平之间的差值不一定相等。水平之间的具体差值的选定,要根据它们能对试验结果影响有明显的差异为原则。

(二)选定正交表

　　根据需要考察的因素数、水平数、交互作用的个数(以专业知识为依据),以及最少试验次数,选择同等级的正交表。混合水平有两种处理方式,一种是尽量选择对应的混合正交表,当无法匹配时,可以根据试验的具体情况,增减水平数量。选定水平后,再看因素。从已经列出的正交表中找和因素数对应的表格,原则上可以选择等于或者大于实际试验因素数的正交表。为了对试验结果进行方差分析或回归分析,一般留一个空白列,作为“误差”列,在极差分析中要作为“其他因素”列处理。

　　选好正交表后,需要把试验中确定研究的各因素填到正交表的表头各列。其原则如下。①不要让主效应间、主效应与交互作用间有混杂现象。由于正交表中一般都有交互列,因此当试验因素数少于列数时,尽量不在交互列安排试验因素。②当存在交互作用时,需查交互作用表,将交互作用安排在合适的列上。二水平时,交互作用只占1列;三水平时,交互作用占2列。完成表头设计后,把排有因素的各列中的数字换成相应的实际水平。

(三)确定试验方案表

　　对照正交表所排列的组合,删除未安排因素的列,获得试验方案表。为了避免试验因素外的其他因素对试验的影响,试验实施的顺序须按照随机化的原则。依照随机化处理后的正交表实施试验,记录所得数据。

（四）统计处理

正交试验结果的分析有直观分析法和方差分析法。直观分析法通过极差（R）的大小来评价各因素对试验指标影响的程度，该方法简便易行，可以快速提供初步的试验结果，具体包括单指标极差法，综合平衡法和综合评分法等。正交设计是多因素试验设计，一般包含 3 个以上的因素，其方差分析法以多因素方差分析为基础，通过离差平方和分解，F 检验，生成方差分析表，可以对极差大小及交互效应进行显著性检验。无重复正交试验结果方差分析的平方和与自由度公式如下（以三因素为例）：

$$SS_e = SS_T - SS_A - SS_B - SS_C$$

$$SS_T = \sum \left(y_i - \bar{y}\right)^2, \quad SS_A = \sum n_i \left(\bar{T}_{ai} - \bar{y}\right)^2$$

$$SS_B = \sum n_i \left(\bar{T}_{bi} - \bar{y}\right)^2, \quad SS_C = \sum n_i \left(\bar{T}_{ci} - \bar{y}\right)^2$$

式中，SS_e：组内离差平方和；SS_T：全部试验数据与总平均值的差的平方和；SS_A、SS_B 和 SS_C：组间离差平方和；$\bar{y}$：y_i 的平均数；n_i：第 i 水平下的试验次数；$\bar{T}_{ai}$：因素 A 的第 i 水平下各 y_i 值之和。

$$df_e = df_T - df_A - df_B - df_C$$

$$df_T = n - 1, \quad df_A = a - 1, \quad df_B = b - 1, \quad df_C = c - 1$$

式中，df_e：组内自由度；df_T：总自由度；df_A、df_B 和 df_C：各组间自由度；试验数据个数为 n，A、B 和 C 因子的水平数为 a、b 和 c。用 F 检验法计算 F_A、F_B、F_C。

对 k 次重复试验，计算 K_i 等值时需要统计重复值，空白列也作为一个因素参与计算。有重复正交试验结果方差分析的平方和与自由度公式如下：

$$SS_T = \sum \left(y_i - \bar{y}\right)^2, \quad SS_{因} = \sum n_i \left(\bar{T}_{因i} - \bar{y}\right)^2, \quad SS_{eP} = SS_T - \sum SS_{列}$$

式中，SS_T：全部试验数据与总平均值的差的平方和；$SS_{因}$：该因素组间离差平方和；SS_{eP}：组内离差平方和；y_i：包括重复试验的值；n_i：第 i 水平下所做试验的次数；$\bar{T}_{因i}$：（该因素第 i 水平下各 y_i 值之和）/n_i；$\sum SS_{列}$：正交表各列的平方和，包括因素、交互作用和空白列。

$$df_{eP} = df_T - \sum df_{列}, \quad df_T = n - 1, \quad df_{因} = a - 1$$

式中，df_{eP}：组内自由度；df_T：总自由度；$df_{列}$：正交表各列的自由度；$df_{因}$：该因素的自由度；n：试验数据个数（含重复次数）；a：该因子的水平数。

三、案例及数据分析方法概述

案例 2-7 为建立高产的水稻种植技术，探求品种(杂优 1 和杂优 2)、播种时间（早和晚）、浇水量（200 和 300）和施肥量（10 和 20）4 个因素的最佳组合方案，根据本地的实际自然条件，选择上述 4 个因素的 2 个水平，用正交设计的方法分析各因素的重要性，在考虑品种与播种时间的相互作用的前提下，求优化的生产条件（见数据文件：D2_5_正交设计_四因素.csv）。

【解】本题中，4 个因素及水平分别是水稻品种 A（杂优 1 和杂优 2）、播种时间 B（早和晚）、浇水量 C（200 和 300）和施肥量 D（10 和 20）。选择 $L_8(2^7)$ 正交表进行试验设计，可以满足 4 因素和 2 水平的要求。在两水平时，第 1 列（A 因素）和第 2 列（B 因素）的交互作用在第 3 列（A×B）。因此，因素 C 安排在第 4 列。考虑到第 1 列和第 4 列的交互作用在第

5 列，第 2 列和第 4 列的交互作用在第 6 列，当试验因素数少于列数时，尽量不在交互列安排试验因素，因此把因素 D 安排在第 7 列（表 2-5）。

依照随机化处理后的正交表实施试验，如，第三次试验 $A_1B_2C_1D_2$，表示第三个试验小区，小区中种植杂优 1 品种，播种时间为晚，浇水量 200 单位面积，施肥量 20 单位面积。成熟后抽样记录每一小区的单穗重量，各试验组合的平均单穗重量见表 2-5。

用直观分析法分析正交试验数据。极差直观分析法中正交试验数据分析表中 R 越大，表示因素越重要，K 越大，表示产量越高。各因素的顺序：浇水量（C）、品种与播种时间的交互作用（A×B）、播种时间（B）、品种（A）和施肥量（D）。A×B 的 R 值较大，表明不同品种与不同播种时间的组合比浇水量外的其他因子更能影响产量，第 6 列（空白列）的 R 值大于 D，表明可能还存在一个大于施肥量的因子（表 2-5）。按照因素的重要性及其最大值给出优化方案，首先考虑 R 值排第一的因素浇水量 C，选择 K 值较大的水平 2，不考虑交互作用的情况下，据此优化方案为 $C_2B_1A_1D_2$。考虑品种与播种时间的交互作用（A×B），交互作用 A×B 比因素 A、B 和 D 对试验指标的影响更大，应确保因素 A 和 B 不同水平搭配得到最大值为标准来决定 A 和 B 的水平。因 B_1A_2 组合的穗重值大于 A 和 B 的其他组合，最终的优化种植条件是 $C_2B_1A_2D_2$，即浇水量 300 单位面积，播种时间为早，杂优 2 品种，施肥 20 单位面积。

表 2-5 正交试验设计和数据分析表

试验号	列号							试验结果 / g
	A	B	A×B	C			D	
1	1	1	1	1	1	1	1	75
2	1	1	1	2	2	2	2	86
3	1	2	2	1	1	2	2	81
4	1	2	2	2	2	1	1	84
5	2	1	2	1	2	1	2	80
6	2	1	2	2	1	2	1	87
7	2	2	1	1	2	2	1	72
8	2	2	1	2	1	1	2	78
K_1	326	328	311	308	321	317	318	
K_2	317	315	332	335	322	326	325	
R	9	13	21	27	1	9	7	

$K=$ 因素所在列中相同水平所对应的指标值之和，$R=\max\{K_1, K_2\} - \min\{K_1, K_2\}$

用方差分析法分析正交试验数据。SASs 中任务-线性模型-N 因子 ANOVA，按照表头顺序选择变量，模型选择 4 个主效应加 A×B。最后根据 P 值大小进行因子排序，由效应 A×B 的最小二乘均值决定考虑交互作用的情况下的水平选择，得到最优组合。具体 SASs 分析过程和分析结果见第十一章第三节（5）。

第七节　二进制在试验设计中的应用

二进制是指以 2 为基数的计数系统，通常用两个不同的符号 0 和 1 来表示。我们常用的是十进制。一个十进制数转换为二进制数要分整数部分和小数部分分别转换，最后再组合到一起。

整数部分采用"除 2 取余，逆序排列"法。具体做法是：用 2 整除十进制整数，可以得到一个商和余数；再用 2 去除商，又会得到一个商和余数，如此进行，直到商为 0 为止，然后把先得到的余数作为二进制数的低位有效位，后得到的余数作为二进制数的高位有效位，依次排列起来。以 6 为例，把十进制转换成二进制的步骤如下。第一步：6/2，商为 3，余 0；第二步：3/2，商为 1，余 1；第三步：1/2，商为 0，余 1，所以，6 的二进制编码为 110。

应用二进制可减少试验单元的数量，也就是说可减少工作量。而且，试验方案的优化还需要扎实的生物学知识。下面举三个例子加以说明。

案例 2-8 有 8 瓶水，其中 1 瓶有毒。拟用小鼠做试验，确定哪瓶水有毒。假设仅进行一次试验（所有小鼠在同一时间开始试验），试问最少需要多少只小鼠？

【解】8 瓶水的十进制和二进制编码见 Box 2-7。如果采用十进制，至少需要 7 只小鼠。如果采用二进制，至少需要 3 只小鼠，分别编号 A、B 和 C。其中，每只小鼠饲喂 4 瓶水的混合物（Box 2-7 中每一列中出现 1 的那 4 瓶水）。

Box 2-7: 八瓶水的二进制与十进制编码

十进制	二进制
0	000
1	001
2	010
3	011
4	100
5	101
6	110
7	111

第 A 只小鼠：100, 101, 110, 111（4 瓶水混合）。

第 B 只小鼠：010, 011, 110, 111。

第 C 只小鼠：001, 011, 101, 111。

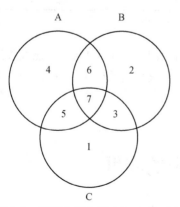

图 2-6 根据 3 只小鼠（A、B 和 C）的生存状况判定的有毒水编号

根据死亡或有中毒迹象小鼠的只数（0～3）及具体情况，即可判断哪瓶水有毒（图 2-6），如小鼠 A 和 B 死亡但小鼠 C 不死，则十进制编号为 6 的水有毒。如没有小鼠死亡，则十进制编号为 0 的水有毒。

在本题中，结合生物学知识，可利用小鼠肝脏等组织或细胞开展试验，利用毒物对组织或细胞的影响判断出有毒的水。具体操作如下：先杀死 1 只小鼠，取其肝脏，分成 8 份或 24 份（3 次重复），利用完全随机设计的方法把每份肝脏浸泡在某一瓶水中，观察肝脏颜色的变化（必要时补充其他检测指标）。这样，只需要 1 只小鼠。该方法特点是：从个体到组织（或细胞），从而可减少个体（小鼠）的数量。

案例 2-9　某小麦品种在田间出现自然变异植株的概率为 0.0045。①期望有 0.99 的概率获得 1 株或 1 株以上变异植株，试计算至少应调查多少株？②假设变异植株的判定标准是某个基因片段的一个已知的单核苷酸多态性（SNP），如何找出变异植株？

【解】（1）本题中，小麦植株是否出现变异满足二项分布，因此可通过二项分布概率计算。$p=0.0045$，$q=1-p=0.9955$，$P(x \geq 1)=1-P(0)=0.99$，所以 $P(0)=0.01$。通过计算，$n=1021$，即至少应调查 1021 株。

本题还可利用泊松分布求解，因为小麦品种在田间出现自然变异植株的概率很小。通过计算，$n=1023$，即至少应调查 1023 株。可见，两种方法的计算结果很接近。

（2）利用二进制找出变异植株的初步思路。第一步，考虑到 $2^{10}=1024$，因此在田间随机选取 1024 株小麦植株（十进制编号 0～1023）；第二步，把 1024 株按二进制编号；第三步，分 10 组，其中，第 1 组是二进制第 10 位数为 1 的植株（1000000000，1000000001，…，1111111111）；第 2 组是二进制第 9 位数为 1 的植株（0100000000，0100000001，…，1111111111），依次类推。第四步，针对每一组，取每一植株某组织（基因在该组织高表达）的一定数量提取 DNA，然后把该组所有植株（共 512 株）的 DNA 等量混合后进行高通量测序。最后，根据测序结果即可判断哪一植株有 SNP 变化（变异），判别方法可参考例 2-8。但是，由于同组样品中的变异植株理论上可能大于 1 株，因此实际确定变异植株时可能会增加一点工作量。考虑到变异植株的概率只有 0.45%，因此该思路仍然是可行的。

从生物学角度看，存在一个灵敏度问题。高通量测序有 1 个上样量，混合 DNA 的植株越多，意味着上样量中每株的 DNA 越少。即 512 株的 DNA 等量混合后通过目前的测序技术能否找出 SNP？具体而言，至少需要考虑 2 个预试验：①利用某个已知基因的某个 SNP 为材料，评估可混合多少株的 DNA？也可参考类似的文献；②找出频率很低的 SNP，需要多少测序深度（多少乘）？这些预试验的结果将用于完善上述试验方案。

> **Box 2-8: 确定理论样本量的意义和作用**
>
> 在例 2-9 中，明白至少要调查 1021 株，有何意义或作用？
> （1）根据试验方法，可估算所需要的条件和大致时间。
> （2）树立信心。在植物学研究中，有时需要变异植株作为试验材料。如果调查了几百株还没有获得突变株是正常的，不要怀疑试验方法，因为调查的数量还不够。

案例 2-10　2020 年新型冠状病毒（简称新冠病毒）在全球暴发。我国武汉市和北京市相继在短时间内检测了近 1000 万人。试分析北京市大规模检测新冠病毒的方法及相关生物学基础。

【解】以北京市为例。2020 年 6 月 8 日国家卫生健康委员会发布《关于加快推进新冠病毒核酸检测的实施意见》，在第四条第（一）项中指出："进行较大规模人群检测时，可采用将 5 至 10 份标本混检进行初筛的方法，提高检测效率，降低检测成本。"所谓混检，是将多个待测样本混合在一起检测，如果是阴性则无问题，如果是阳性需要回溯样本池，进行逐个检测，直至发现阳性样本。混检是在预判感染率较低的情况下，综合考量效率和经济因素而采取的检测方式。如果一千万人，实行逐个检测，很可能要几个月才能出检测结果，考虑到人群存在再次感染的因素，结果将不准确。混检策略并不是一个新的想法，二战时期，美国哈佛大学经济学家罗伯特·多夫曼（Robert Dorfman）就开发了混合测试的方法来检测美军的梅毒感染情况。数十年后，混合测试又用于筛查血液样本中的艾滋病病毒和肝炎病毒。

对北京市来说，北京市卫生健康委员会给的标准是单检或者是 3∶1 样本混检，即 3 个人的样本混在一起检测一次。后来，随着样本量不断扩大，改为了 5∶1。据北京市卫健委新闻发言人介绍，截至 2020 年 6 月 14 日，北京核酸检测机构共检测 76499 人，结果阳性为 59 份，阳性率为 0.077%。所以，北京开展大规模核酸检测时，混检是一种行之有效的方法。

混检有两种模式。一种是在采样时，将几个人分别采样后，放至同一采样管中，这种模式也叫作"混合采样"或称"混采"。在这种模式下，单个标本的病毒浓度不受影响。北京多数情况下采用这种模式。另一种则是先将采样后得到的样本放在各自的采样管中，再从各自采样管中取一定的均等体积保存液进行混合（简称"混样"）。而这样的话，病毒浓度就会被稀释，影响检测的灵敏度。

在空白对照、阴性对照、阳性对照及 RNP 内参均满足质控要求的前提下按照以下标准判断结果。同时检测两个基因靶标，混检中 *ORF1ab* 和 *N* 基因均为阴性，则结果判为阴性，相关留样结果均判为阴性。*ORF1ab* 和 *N* 基因任何一个基因检测结果为阳性的，需将该混检样本相关的全部留样取出灭活和逐一检测，分别记录和报送每一个留样的检测结果。

"混样"面临着一个重要的问题就是"灵敏度"，经过混样后的样本混合液，原有的病毒浓度在一定程度上被稀释，核酸检测试剂如何保证检出，是目前应该关注的问题。而且更重要的一点是现有数据表明无症状感染者的病毒载量并不高，大多是低浓度的感染者，采取什么样的混样比例、混样技术方案能够最大限度发现这些无症状感染者才是关键。这里就涉及一个权衡，混样量的增加，势必造成样本的稀释，灵敏度的下降，但是混样的样本越多，检测效率越高，检测成本越低。除了病毒稀释问题，还需要注意的是假阳性和假阴性问题。

需要说明的是，在北京市的大规模新冠病毒检测中，应用二进制并不能减少检测次数，主要是因为北京市的病毒感染率很低。以病毒感染率 1% 为例，按 4∶1 混检的话，1000 万人的最多检测次数为 260 万（=1000/4+250×0.01×4 万）；而采用 8 个样品按二进制编号的话（4 个样品混合为 1 个进行检测），需要检测的最少次数为 375 万（=1000×3/8 万），因为 8 个样品中不一定刚好只有 1 个阳性样品，因此需要额外增加检测次数。

【延伸阅读】

李春喜, 姜丽娜, 邵云, 等. 2013. 生物统计学. 5 版. 北京：科学出版社.

【思考练习题】

1. 简述抽样调查的主要步骤及注意事项。

2. 简述随机区组设计与完全随机设计的主要区别。

3. 以两因素四水平为例，以图的形式描述随机区组设计和裂区设计的区别。

4. 比较 6 种不同类型饲料对奶牛产乳量的影响，如果试验用奶牛数量只有 6 头，且个体间差异较大，该如何做试验设计？

5. 现有 A、B 和 C 三个因素，考虑 B 与 C 的交互作用。试完成正交试验的表头设计。

6. 举例说明，如何利用生物学知识减少试验工作量？

第三章　生态学试验设计典型案例

得益于研究手段的进步和研究主题的发展,现代生态学的研究层次在宏观和微观两个方向都取得了显著的进步。而由于研究对象的复杂性,以及在经济社会发展过程中对生态环境保护的迫切需求,生态学现已发展为一个庞大的学科体系。根据研究性质,生态学研究可以划分为理论生态学和应用生态学两大体系。其中,理论生态学研究重视所选课题对学科发展的重要性,强调研究成果的创新性和前瞻性;而应用生态学则着重研究其对未来生产发展的作用和潜力,重点解决生态环境问题、推进生态文明建设。从生态学研究的对象来看,可以分为个体生态学、种群生态学、群落生态学、生态系统生态学、景观生态学和全球生态学。本章将从种群、群落和生态系统三个经典层次,分别选取具有代表性的研究案例来阐述生态学研究的常用试验设计和研究方法。

第一节　生态学试验设计的特点及主要类型

一、生态学试验设计的特点

生态学试验与其他自然科学研究一样,其基本过程包括:选定拟探讨的研究方向,查阅文献了解国内外研究进展,提出科学问题或形成科学假说,进行试验设计,开展研究工作获取研究数据,有目的地分析数据对科学问题或假说进行检验,解释数据分析结果形成结论,撰写论文或报告发布自己的发现与结果。其中,设计一个完善合理的、切实可行的试验方案是保证顺利地完成科研任务的关键,而通过以往观察的积累或对文献进行分析,提出一个具有创新性的科学问题或假说很大程度上决定了研究成果的水平。一项科学研究的目的和预期结果总是和一个问题(或假说)相关联的,没有形成问题或假说的研究,常常是含糊的、目的性不甚明确的,也很难深入。

生态学来源于生物学,其研究对象是生物与环境之间的相互关系,因此本书中其他章节中介绍的研究方法和技术,特别是分子生物学、组学等相关领域的研究手段,常常被借鉴到生态学尤其是进化生物学和分子生态学的研究中。同时,由于生态学研究对象均与特定自然生境密不可分,任何一个自然现象和生态学过程都是多种生物因素和环境要素共同作用的结果,因此生态学试验具有综合性、整体性、层次性和复杂性,不仅要通过野外的观测和实地调查研究,还需要通过严格的控制试验来验证自然的生态过程并明确揭示其内在机制,最后基于野外调查和控制试验获取的数据建立生态学模型,对生态过程的历史变化和未来动态进行预测。此外,宏观生态学试验大多属于田间试验,涉及众多生物和非生物因素,而生物要素通常存在着个体差异和遗传变异,同时气候和土壤等环境因子存在着明显的空间和时间上的差异。因此,生态学试验存在较大系统误差和随机误差的可能性,尤其需要重视重复原则、随机原则、局部控制原则等试验设计的基本原则在生态学研究中的应用。

二、生态学试验的基本类型

生态学研究通常包括三个主要的方面，一是野外的调查和观察；二是控制试验，包括室内和野外的控制性试验；三是模型预测。在开展生态学研究时，如果能将野外调查、控制试验和模型预测三者相结合，或者其中的两个方面获得一致的结果，从而使得野外观测的自然现象、控制试验揭示的内在机制和模型预测的未来规律互为印证，将是最为理想的。

1. 观测性试验（observational experiments）

是指对生态学单元的一些测量。无需对有机体或样方进行任何处理，而只是测量现存的事实和现象。

观测性试验的优点包括：①试验条件受人为操控影响小，对自然状况有最好的代表性和普遍性；②样品的采集在空间尺度和对象的选择上有较大余地，减轻了管理和试验成本的限制；③试验时间的约束较小，可避免因试验和观测时间不足而得出错误结论；④对于一些大尺度的生态学现象和过程来说，对比观测试验也许是目前唯一可行的研究途径，如森林火烧干扰下的景观生态效应和森林演替格局。同时，观测性试验也有一些缺陷，包括：①缺乏处理前观测和空间上可靠的对照；②由于受空间和环境异质性的影响而难以重复；③非观测因子的影响及多因子之间的交互作用难以排除。这些不足降低了基于野外观测试验结果的统计推断的可靠性。

2. 控制性试验（manipulative experiments）

涉及对试验单元或样方的一些处理；并且至少需要两个以上的处理，以通过处理间的对比揭示生态学现象和过程的产生机制。

控制性试验的优点包括：①要求试验单元的均质性和一致性，试验结果的差异可直接归因于处理的效果；②不同试验单元接受不同处理；每一种处理的试验单元有足够重复；③安排时、空对照来排除外来因素的干扰；④处理对试验单元的操作是随机或分散安排的；⑤试验设计的景观大小适合研究对象的时空尺度；⑥处理后的取样时间足够长，以确保观测到试验的滞后效应。同时，生态学控制性试验的操作也存在一些限制，包括：①试验单元内部和彼此之间的空间异质性难以保证真正的重复；②在野外很难控制多个独立的变量；③研究对象的大尺度可能给试验操作带来难以克服的困难。

不论是选择观测性试验还是控制性试验，均需要科学合理地安排试验设计，不仅能减少试验次数，缩短试验周期，提高工作效率和经济效益；还可以通过选择合适的设计模型，达到分清影响因素的主次、了解因素间交互作用的目的。

第二节　种群动态与种间关系

种群（population）是指在一定时期内占有一定空间的同种生物个体的集合，种群生态学主要研究种群大小或数量在时间和空间上的变动规律和调节机制。自然种群在正常生长发育条件下具有四个基本的特征，分别是数量特征、空间特征、遗传特征和系统特征。数量特征包括种群大小（个体数量）、年龄结构、种群动态及其影响因素，包括迁入、迁出、出生和死亡等。种群的空间特征是指种群占据一定的空间范围，且种群内的个体在空间上呈现一定的分布规律，包括聚集分布、随机分布和均匀分布。此外，在地理范围上还会形成地理分布格局，是生物地理学研究的重要内容。种群是同种个体的集合，具有一定的遗传组成并组成基因库，不同种群基因库不同，种群的基因遗传频率世代传递，同时在进化过程中通过改变基因频率以提高自身对环境波动的适应能力。种群是一个自组织、自调节的系统，是以一个特定的生物种群为中心，以作用于该种群的全部环境因子为空间边界所组成的系统，比如很多种群具有社会等级、领域边界等。种群生态学通常从系统的角度来研究种群内在因子与生境对种群动态的影响，从而进一步解释种群数量变化的机制和规律。

种群生态学的研究内容主要包括：定量研究种群大小和密度变化；探讨种群动态调节机制，阐明种群动态波动的因素及种群存在发生发展的规律；研究种群内各成员之间及其与周围环境中的生物与非生物因子间的相互关系及作用规律。种群生态学的基本研究方法包括通过野外调查掌握资料、试验研究验证假说、数学模型进行理论推导和预测。

一、种群动态的调查和测定

种群动态指种群数量在时间和空间上的变动规律，种群结构的要素包括种群的数量、年龄、性比、密度、高度等特征，其数量特征大致分为三类：种群的密度；初级种群参数，包括出生率、死亡率、迁入率和迁出率；次级种群参数，包括性比、年龄结构和种群增长率等。

种群密度是种群动态描述的基本工具，指单位空间内某种群的个体数量。种群密度存在阿利氏规律（Allee's law），指种群密度过疏或过密对种群的生存与发展均不利，每一种生物种群都有自己的最适密度。在某些种群增长中，种群较小时个体的存活率最高；在某些种群中，种群密度中等大小时增长率最高。种群密度的统计方法主要包括样方法、标记重捕法和间接估计法。样方法是在需测定的陆地或水域随机划出若干一定大小的样方，统计每个样方的全部个体，以所有样方的种群密度平均值作为种群密度，一般用于统计分布范围大、个体较多的种群。标记重捕法适用于比较稳定的种群，对于调查的种群有以下假定：①调查种群在调查期间没有明显的迁移现象；②调查种群在调查期间出生率和死亡率相近或没有出生与死亡；③标记的个体能充分与原种群混合，标志不影响重补率。间接估计法常用于统计动物洞穴、粪便、皮毛收购量等数量间接推断种群个体总量。在鸟类研究中，通常用鸟的叫声来估算种群大小和活动规律，而昆虫学的研究中常用昆虫的粪便或蜕皮数量来推算，植食性昆虫还可以通过昆虫对植物的破坏程度来分析其种群大小。

种群增长速率有两个理论模型，包括指数增长（exponential growth）和逻辑斯蒂增长（logistic growth）。指数增长描述了在不受限制的繁殖速率和资源承载力条件下，以恒定的内禀增长率呈无限制的 J 形增长曲线（图 3-1）。逻辑斯蒂增长模型是与密度有关的种群增长模型，当种群在增长到一定规模时受到食物空间和其他

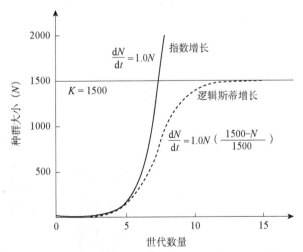

图 3-1　种群增长速率的两种模型：指数增长（J 形）和逻辑斯蒂增长（S 形）

生物非生物因素的限制，增长速率随着种群大小的增加而降低，总体上呈现出 S 形的增长曲线，最终种群大小达到或接近环境最大容载量（通常以 K 来表示）后趋于稳定（图 3-1）。

种群动态还受到不同物种生活史对策的影响，不同生物在长期的自然选择过程中演化出了各不相同的生活史性状（life history traits）。有机体的生活史性状反映了其生存和繁殖的时间表，包括性成熟的年龄、繁殖的频率、每个繁殖周期内产生的后代数量等。种群生存曲线（survivorship curve）能展示种群内不同个体在不同年龄阶段的存活比例，包括如图 3-2 所示的三种主要的类型。

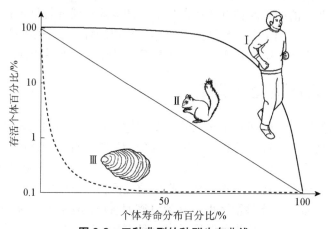

图 3-2　三种典型的种群生存曲线

纵坐标展示的比例尺是经对数转换的

在繁殖策略上，有些物种选择终生一胎（semelparity，或 big-bang reproduction），积累大量资源繁殖一次之后个体死亡，另外一些物种则是反复生殖（iteroparity，或 repeated reproduction）。在急剧变化或者不易预测的环境条件下，大爆发式的一次繁殖更有利，而在稳定可靠的环境中采取反复生殖策略的物种有更好的适应性。同时，由于受资源限制的影响，生物体的生活史策略中通常存在生存和繁殖的权衡，在亲本存活率和后代繁殖数量上存在此消彼长的不同选择。比如在欧洲茶隼的种群中就存在明显的存活-繁殖权衡，当亲本当年育雏的数量越多时，由于投入了较多资源到后代养育中，其自身能顺利度过冬天的存活率就越低（图 3-3）。

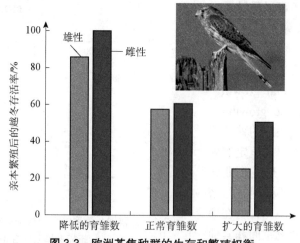

图 3-3　欧洲茶隼种群的生存和繁殖权衡

二、种群空间分布格局

种群生态学除了关注在一定空间内个体的数量和密度，还会关注种群个体在其生活空间内的位置状态或分布格局。种群的空间分布格局是指一定时间内一个特定种群内的个体在空间上的相对位置和分布模式。自然种群中通常存在三种空间分布格局（图3-4），分别是均匀分布（uniform distribution）、随机分布（random distribution）和聚集分布（clumped distribution）。

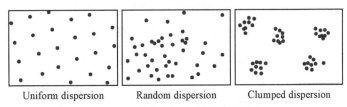

| Uniform dispersion | Random dispersion | Clumped dispersion |

图 3-4 种群空间分布的三种格局

均匀分布指种群在空间按一定间距均匀分布产生的空间格局，其根本原因是在种内斗争与最大限度利用资源间的平衡。自然种群中，一些植物可以通过化感物质等有毒代谢产物来抑制个体周围一定范围内同种的定植和生长，以确保对该范围内的水分、营养等资源的占有。动物种群中的均匀分布常见于一些有领地意识的大型动物。

随机分布中个体的分布是完全随机和不可预测的，常见于传播能力强、对资源需求较少从而种内竞争水平较低的物种。比如草坪中的一些蒲公英和其他野花，它们的种子都是风媒传播的，因而在整块草地这个空间尺度上几乎没有传播限制，同时草地的生境能提供足够的土壤、水分、营养和光照等环境条件，这些个体较小的植株也没有受到明显的种内种间竞争的抑制，最终种群内的个体随机分布于草地中。

聚集分布的种群中，个体由于传播限制，比如壳斗科植物通常具有较大的通过重力传播的种子，或者群居和社会性的动物，比如鱼群、兽类和大象等，聚集分布能够提高整个种群防御天敌、繁殖、捕食等的成功率。聚集分布也发生于一些斑块状分布的资源和生境中，比如藤壶等大量聚集分布于海岸带斑块状的岩石上、稀树草原中许多动物聚集分布在水源附近区域等。

三、种内与种间关系

种内和种间关系是认识生物群落结构和功能的重要基础。种内关系是指存在于生物种群内部个体间的相互关系，种内关系包括密度效应、动植物性别生态、领域行为、社会等级、通信行为以及利他行为等。种内关系中最为常见的竞争关系，对于个体而言是有害的，因为需要消耗资源且存在竞争失败的风险，但对于整个种群来说，种内竞争有利于淘汰较弱的个体，有利于种群的繁荣和进化。种内关系的作用强度往往与种群密度相关，种群密度越高往往意味着更为强烈的种内竞争（包括直接的资源竞争和间接的似然竞争），比如植物种群中十分常见负密度制约效应（negative density-dependent effects）。同时，当种内竞争的强度高于种间竞争时，不同物种之间才能够实现稳定共存，进而有利于群落内部的物种共存和多样性维持。种间关系是在一定区域内同时出现的不同物种间的相互作用或相互关系，通常是围绕物质、能量、信息和栖息地等方面来展开的。生物种间关系十分复杂，根据互作双方的收益情况概括起来有几种主要形式，一类是种间互助性的相互关系，包括原始合作、偏利共生、互利共生等；一类是种间对抗性的相互关系，包括偏害共生、寄生、捕食、竞争等；共存个体和物种间存在的这些种间关系是在时间上和空间上有规律重复出现的现象，是生物界长期进化的结果，进而构建了在矛盾对立统一中息息相关、生生不止、共存共荣的稳定生态系统。

案例 3-1

种内负密度制约效应与种间共存

本案例介绍 Liu 等 2012 和 2015 年发表在 *Ecology Letters* 和 *Ecology* 杂志上的相关研究。Janzen-Connell 假说描述了一个由专一性自然天敌导致的同种个体间的密度和/或距离制约效应（图 3-5），能够很好地解释多样性维持机制，并在热带森林、亚热带森林、温带森林和草地中得到大量试验证据的支持。食草昆虫、啮齿动物、哺乳动物和土壤病原菌等聚集于目标成树周围并会优先攻击高密度的种子和幼苗斑块，被认为是导致 Janzen-Connell 效应的驱动因素。真菌病原菌能导致大量幼苗的立枯病，因此被认为是森林群落中驱动密度依赖和/或距离依赖幼苗死亡的主要因素。研究证明，母树附近（比如 0～5m 以内）的土壤，对同种幼苗的存活具有非常强烈的制约作用。

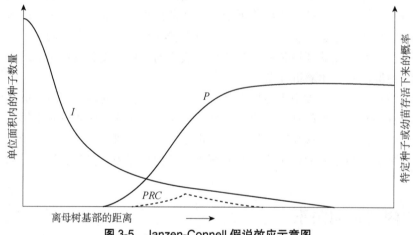

图 3-5 Janzen-Connell 假说效应示意图

针对种子扩散和种子及幼苗的距离依赖死亡，该假说指出，随着与母树距离的增加，单位面积内的种子数量 (*I*) 急剧下降，但是扩散后的种子或幼苗在成熟前逃脱寄主专一性捕食者的概率 *P* 随着与母树距离的增加而增加。由 *I* 和 *P* 曲线形成的种群增补曲线 (*PRC*) 形成了一个与母树有一定距离的单峰结构，在峰顶处有最大的可能出现同种个体增补

Janzen-Connell 假说的一个重要前提假设是，病原菌或者食草动物具有很强的寄主专一性。然而，最近的研究发现病原菌和食草动物很少是单食性的，它们通常会侵袭多个亲缘关系相近的寄主。如果将一个特定植株周围的邻近个体简单地分为同种或不同种两类，会由此忽视了不同物种在亲缘关系远近上所存在的差异。一个更加合理的假设应该是，亲缘关系相近的邻体间比亲缘关系更远的邻体间有更强的制约作用。同时，大多数的研究都是在种群或者群落的水平开展的，而没有考虑到个体之间的变异。然而控制多样性的生态学过程往往发生于个体水平，且个体水平的变异能对群落动态和物种共存产生显著的影响。

种群内不同个体之间可能存在巨大的变化而很少是完全相同的（图 3-6），同一物种不同个体的抗捕食能力、抗侵染能力、对非生物环境条件的容忍能力、资源使用和竞争能力等都会存在较大差异。因此，我们在广东黑石顶地带与非地带性森林生态系统教育部野外科学观测研究站开展了一系列的试验研究，探讨 Janzen-Connell 效应的种间和种内差异。研究以黧蒴（*Castanopsis fissa*）和橄榄（*Canarium album*）两个常见物种为研究对象，将种内的遗传多样性和个体间的功能性状差异作为衡量同一种群内部个体变异的指标，通过幼苗控制试验探讨同种不同种群间负密度制约效应强度的变化趋势。

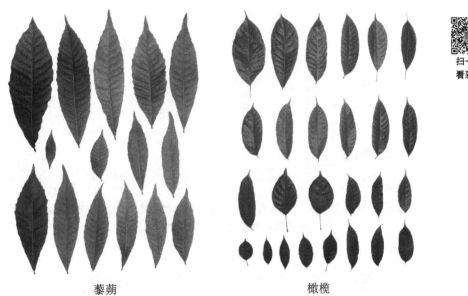

黧蒴　　　　　　　　　　　橄榄

图 3-6　黧蒴（*Castanopsis fissa*）和橄榄（*Canarium album*）不同种群中
个体叶片形状和大小的差异

种内的遗传多样性被认为对种内相互作用、群落结构、捕食者-猎物或者寄主-寄生物系统等许多生态学过程具有很大影响。树种幼苗对疾病的抗侵染能力与寄主种群间的遗传多样性密切相关：具有更高遗传多样性的寄主能够抵抗更强烈的疾病压力这一观点已经被理论分析和试验研究所证实（图 3-7）。遗传距离是用来衡量物种之间或同一物种的群体之间的遗传差异（基因组差异）的程度，并且以某种数值进行度量，种群间遗传距离的大小通常可以基于 DNA 条形码测序技术［图 3-7（A），（D）］。同时，研究植物性状种间和种内变异的工作表明，性状的变异能产生显著的生态学影响（图 3-6）。几个关键的性状被认为在寄主易感性和抵抗病原菌侵染中扮演了关键的角色，包括生理和形态的性状比如比叶面积（specific leaf area, SLA），木材密度（wood density），干种子质量（dry seed mass），叶片氮含量（leaf nitrogen concentration，LNC）和光合作用速率（photosynthetic rate）。

本研究的结果表明，有限相似性原理（limiting similarity）可能不仅仅发生于种间水平，而且也适用于种内水平。有限相似性原理指的是允许两个物种共存时它们之间生态位重叠的最大限度：形态学和/或生态学上相似的物种需要在形状、大小或其他变量上有足够大的差异以使得种间竞争最小化（群落范围的性状发散，community-wide trait overdispersion）；而更加相似的同种种群之间有更强烈的负密度制约作用，表明个体间的性状差异比随机情况预期的差异更大（种群范围的性状发散，population-wide trait overdispersion）。

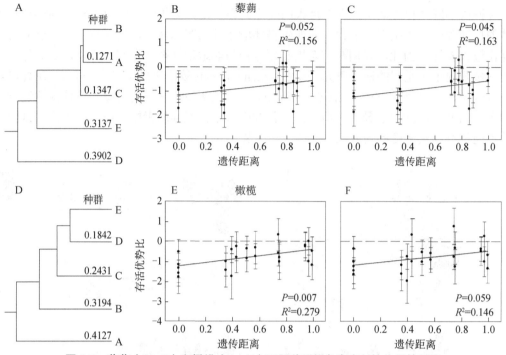

图 3-7　藜蒴（A～C）和橄榄（D～F）不同种群间负密度制约作用的强度
随着种群间遗传距离的增加而减弱

第三节　群落结构、动态与功能

群落（community）是指在一定时间、一定空间或生境中共存的各种生物种群所构成的集合，比如在一个池塘中，既有各种大型的水生动物、水生植物，也有各种浮游生物，还有细菌、真菌等微生物，所有这些生物共同生活在一起，彼此之间有着紧密的联系，这样就组成了一个生物群落。群落生态学的研究通常包括群落的物种组成和多样性，群落的时空结构，包括空间上的水平结构和垂直结构、时间上的季节变化和演替过程，以及群落的功能等。

一、群落的组成和结构

种类组成是决定群落性质最重要的因素，也是鉴别不同群落类型的基本特征，群落学研究一般都从分析种类组成开始。群落成员型分类包括优势种、常见种、伴生种和稀有种，一般是根据物种在群落中的个体数和相对多度等数量指标来进行划分。优势种（dominant species）是对群落结构、环境的形成有明显控制作用的物种，其特征是个体数量多、投影盖度大、生物量高、体积较大、生活能力较强。群落的不同层次可以有各自的优势种，比如森林群落中，乔木层、灌木层、草本层、地被层分别存在各自的优势种。优势层（如森林的乔木层）的优势种，称为建群种（constructive species）。亚优势种（subdominant），又称常见种，指个体数量与作用都次于优势种，但在决定群落性质和控制群落环境方面仍起着一定作用的物种。在复层群落中，它通常居于下层，如大针茅草原中的小半灌木冷蒿就是亚优势种。伴生种（companion species）：为群落的常见种类，它与优势种相伴存在，但不起主要作用。稀有种（rare species）是那些在群落中出现频率很低的种类，多半是出于种群本身数量稀少的缘故。稀有种可能偶然地由人们带入或随着某种条件的改变而侵入群落中，也可能是衰退中的残遗种。有些稀有种的出现具有生态指示意义，有的还可作为地方性特征种来看待。

群落的数量特征包括三个主要方面，分别是种的个体数量指标（多度、密度、盖度、频度）；种的综合数量指标（优势度、重要值、综合优势比）；群落的综合指标（生物多样性，包括丰富度、均匀度等）。

Box 3-1：生物群落基本特征

（1）具有一定的外貌，比如在植物群落中，通常由其生长类型决定其高级分类单位的特征，如森林群落、灌丛群落或草地群落等类型。

（2）具有一定的种类组成，每个群落都是由一定的植物、动物、微生物种群组成的，种类组成是区别不同群落的首要特征，是度量群落多样性的基础。

（3）具有一定的结构，生物结构包括形态结构、生态结构及营养结构。

（4）具有自己的内部环境，生物群落对其居住环境产生重大影响，并形成群落环境，比如森林小的环境与周围裸地就有很大的不同。

（5）共存物种之间的相互影响，群落中的物种间有规律的共处，而非任意组合，经过生物对环境和生物种群间的相互适应、相互竞争形成。

（6）具有一定的动态特征，作为生态系统中具生命的部分，生命的特征是不停地运动，群落也是如此，包括季节动态、年际动态、演替与演化。

（7）具有一定的分布范围，任一群落分布在特定地段或特定生境上，不同群落的生境和分布范围不同。

（8）具有群落的边界特征：有些群落间具有明显的边界；有的则不具有明显边界，处于连续变化中。在多数情况下，不同群落间都存在过渡带，被称为群落交错区（ecotone），并导致明显的边缘效应。

群落的结构特征则包括垂直结构、水平结构和时间结构。群落垂直结构主要由陆地植物群落的地上成层性引起的，陆地植物群落地上的垂直结构（vertical pattern），主要指群落分层现象，与光的利用有关。层的分化主要决定于植物的生活型，陆生群落的成层结构是不同高度的植物（或不同生活型的植物）在空间上垂直排列的结果。例如森林群落的林冠层吸收了大部分光辐射，往下光照强度渐减，并依次发展为乔木层、灌木层、草本层、地被层等层次。成层现象是各种群之间相互竞争、生物与环境之间相互选择的结果，可以缓解物种之间争夺阳光、空间、资源的矛盾，也增加了对空间、资源的利用范围和利用率，因此提高了生态系统的功能。群落的水平结构（horizontal pattern）是指群落的配置状况或水平格局，又称为群落的二维结构，群落水平格局的形成与构成群落的成员的分布情况有关。群落的时间结构（temporal pattern）包括季节变化和演替。季节变化是指群落外貌和结构随气候的季节性交替而发生的周期性变化，而演替是随着时间的推移，生物群落中一些物种侵入，另一些物种消失，群落组成和环境向一定方向产生有顺序的发展变化。

二、群落的动态

动态（dynamic）一词包含的意义十分广泛，生物群落的动态主要包括两个方面的内容：①群落的内部动态（包括日、年、季节的变化）；②群落的演替。顶级群落的内部动态主要表现为波动（fluctuation），群落内各物种的个体数量（或生物量）的比例上发生一些变化，是短期的可逆的变化，其逐年的变化方向常常不同，一般不发生新种的定向代替。在群落波动中，其生产力、各组分的数量比、群落的外貌与结构都会发生明显变化。一般说来，木本植物占优势的群落较草原植物稳定一些，常绿木本群落要比夏绿木本群落稳定一些，群落定性特征（如种类组成、种间关系等）较定量特征（如密度、盖度、生物量等）更加稳定。

演替（succession）是一个群落代替另一个群落的过程，是朝着一个方向的连续的变化过程，其群落的基本性质发生了改变，这是群落动态的最重要特征。按照演替的主导因素可以将其划分为原生演替、次生演替、内因性演替和外因性演替。原生演替（primary succession）是开始于原生裸地（完全没有植被并且也没有任何植物繁殖体存在的裸露地段）上的群落演替。原生演替系列包括从岩石开始的旱生演替和从湖底开始的水生演替。次生演替（secondary succession）是指开始于次生裸地（不存在植被，但在土壤或基质中保留有植物繁殖体的裸地）上的群落演替。内因性演替群落中生物的生命活动，导致其生境发生改变，然后被改造了的生境又反作用于群落本身，如此相互促进，使演替不断向前发展。内因性演替是群落演替的最基本、最普遍的形式。外因性演替是由于外界环境因素的作用所引起的群落变化。其中包括由气候变化、地貌变化、土壤变化、火灾、人类活动引起的演替。同一气候区内，无论演替的初期条件多么不同，植被总是趋向于减轻极端情况而朝向顶极方向发展，从而使得生境适合于更多的植物生长。于是，旱生的生境逐渐变得中生一些，而水生的生境逐渐变得干燥一些。演替可以从千差万别的生境上开始，先锋群落可能极不相同，但在演替过程中植物群落间的差异会逐渐缩小，逐渐趋向一致并最终处于稳定状态，这一规律称为群落演替的顶极学说。

三、自然群落的调查

由于自然群落是一个定性概念，不同群落间的边界往往较为模糊，同时根据研究对象和尺度的不同对群落的界定也存在差异，实践中往往不能对整个群落进行全面的调查和分析，而通常采用抽样调查的方法选取有代表性区域进行研究，从而以尽可能低的代价获取较大的信息量。因此，群落结构的调查研究需要根据目标群落的类型和研究尺度，重点关注代表性地段的选取、样地的范围和大小、取样的方法等。本书的第一、二章对试验设计的原则和抽样调查的方法进行了详细的阐述，这些原则和方法同样适用于群落生态学的试验设计。

1. 植物群落调查

植物群落的调查一般采用样地法，通过在目标群落内部设置一个或若干个具有代表性的取样单位开展群落学调查。样地位置的确定一般可通过对目标群落进行初步观察或路线踏查。样地的形状通常为正方形，又称为样方（quadrat）。调查草本群落时也可以采用圆形样地以减少边缘效应的影响，而考虑环境梯度或地形梯度对群落结构的影响时也常设立长条形样地，称为样带（transect）。样地的大小和数量应该以目标群落的特征为基础，在人力和时间允许的条件下设置尽量大而多的样地，保证调查对象能够准确客观地反映自然群落的数量指标。对于单个样方的大小，草本群落或乔木幼苗样方的大小通常为 1 m²，灌木或森林林下小树群落为 10 m²，森林乔木群落为 100 m²。

样地的最小总面积可以通过"种–面积曲线"来确定，以实现通过最小的成本实现对群落特征的确切调查。绘制群落的种–面积曲线可以采用巢式样方法（图 3-8），设置一组面积成倍扩大的巢式样方逐一调查，统计每个样方中的物种数目，然后以物种数为纵坐标，样方面积为横坐标绘制种–面积曲线（Box 3-2）。样地的排列参见本书第二章相关的内容。

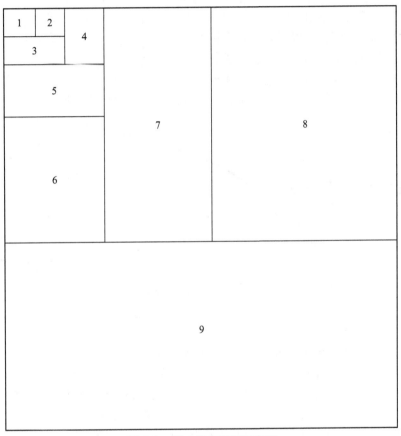

图 3-8 巢式样方设置示意图

案例 3-2

全球森林群落大型固定监测样地

为了系统地研究热带和温带森林群落的多样性、结构和功能，科学家们组建了全球范围内的森林监测样地网络（Forest Global Earth Observatory，ForestGEO），该网络已在全球五大洲建成 72 个森林研究样地（https://forestgeo.si.edu/），并累计调查了近 13000 个树种六百万株个体的存活和生长情况。其中，中国森林生物多样性监测网络（CForBio）作为 ForestGEO 的子网络，已在我国北方林、针阔混交林，落叶阔叶林，常绿阔叶林以及热带雨林共建成 23 个大型森林动态监测样地和 60 个面积 1～5 公顷的辅助样地，总面积达到 665.6 公顷，标记胸径≥1cm 的木本植物 268.54 万株 1893 种，覆盖了中国从寒温带到热带多样的地带性森林类型，成为中国乃至全球重要的森林生物多样性监测网络。

Box 3-2：种–面积曲线（species-area curve）

种-面积曲线（图 3-9）用于描述群落中物种数量与栖息地面积的关系。当面积越大时，物种的数量也倾向较多，且两者的关系依循一套系统数学关系，比如常用的指数函数 $s=ca^z$。以种-面积曲线来估计样方内最少的物种数量，足以使样方充分展示群落的特征。计算曲线下的面积，当使用较大的样方时只得出多些许物种之后，就称为"群落最少面积"，而圈起群落最少面积的样方则称为"抽取样区"，故种-面积曲线又被称为"抽取样区法"。种-面积曲线是群落生态学的一个普适法则，描绘了物种集合在空间上的分布规律及其背后蕴含的机制，可应用于群落调查中的抽样误差、岛屿生物地理学理论、生境异质性和生态位分化理论，以及预测物种灭绝速率等诸多领域。

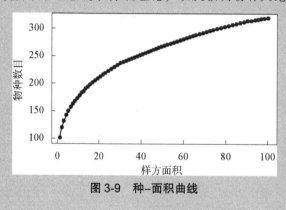

图 3-9　种–面积曲线

ForestGEO 森林群落永久监测样地平台的标准样地大小为 50 公顷（1000m ×500m），部分样地受限于特殊地形和生境样地面积较小，但也确保了能充分反映出目标群落的特征，比如弄岗喀斯特地区因地形复杂样地为 15 公顷，长白山温带针阔混交林样地因地势平坦、群落结构相对均一，其样地面积设为 20 公顷。此外，多数森林大样地都设置了多个 1～5 公顷的卫星样地，作为大样地外生境和植被类型的补充。ForestGEO 网络有一整套完整且细致的森林群落调查方法和标准（https://forestgeo.si.edu/protocols），包括了森林群落普查和复查、个体存活和生长、功能性状测定、地上生物量调查、种子雨和幼苗动态、凋落物和土壤碳循环、大型动物红外相机监测、DNA 条形码等各个方面，各样地的群落调查工作均严格按照规范开展，使得网络内不同样地内的数据具有很好的可比性，进而有利于开展全球范围内大尺度的生物多样性研究。

2. 动物生态学野外观测

动物是生态系统中的重要组成部分，其种类多，分布范围广，生活方式和行为各异，因此对其研究具有一定的困难。动物生态学的研究主要包括：①动物个体形态特征及其与环境适应性；②动物空间分布及其种群增长动态；③动物行为及其相互作用关系；④动物食物网及营养级；⑤动物物种多样性与群落演替。传统的动物野外生态学研究方法包括总体计数法、样方计数法、标记重捕法等，近年又发展出了 GPS 项圈定位、红外相机监测等技术。

　　野生动物监测自动相机技术（automated camera wildlife monitoring technology）或红外相机技术（camera-trapping）是指通过自动相机系统，如被动式/主动式红外触发相机或定时拍摄像机等，来获取野生动物照片和视频等图像数据。这些图像数据可用来分析野生动物群落的物种组成、分布、种群数量、行为和生境利用等基础信息，从而为野生动物保护管理和资源利用提供重要参考资料。作为一种非损伤性的取样技术，红外相机监测技术正广泛应用于兽类和地栖性鸟类的监测与研究。野生动物多样性是生物多样性监测与保护管理评价的关键指标。开展野生动物监测将有助于了解野生动物与森林植被动态之间的关系。例如，食果动物可通过取食、扩散种子等行为过程来影响植物种群更新及其分布，它们也是森林生态系统中物种多样性维持的重要驱动因子。对野生动物进行长期监测是中国森林生物多样性监测网络 CForBio 等大尺度生物多样性监测研究计划的一个重要组成部分。其具体监测目标包括以下两点。①掌握森林野生动物多样性及群落的动态变化，揭示并评价影响其动态变化的关键因子。但我国多数区域缺乏详细的野生动物本底资料，因此需要首先对每个监测区的物种进行清查，初步掌握它们的分布、种群大小和活动规律等，建立物种名录及其分布数据库。②揭示野生动物群落构成、种群动态与植被动态之间的相互关系。随着资料的积累和完善，可开展动植物相互关系等研究。

案例 3-3

中国亚热带森林生物多样性与生态系统功能试验研究

　　在检验物种多样性和生态系统功能关系，揭示作用机制的"生态箱"试验、微宇宙试验都由于种种问题而遭到质疑甚至是严厉的批评，即便是那些草地控制试验，也面临空间异质性不足的问题。因此，它们得到的结论有时与自然观测研究的结果不一致，很难达成真正的共识。自然状态下，由于生态系统在不同维度上的复杂性，有太多共同变化的因素导致通过科学研究确定因果关系变得非常困难——究竟是物种多样性影响着系统生产力还是夹杂着别的条件？因此，一个理想的生态系统试验，就是要在尽可能逼近自然界中自在的状态，同时，又具有人为的和自我的控制，从而找到独立的因果关系。它的难度可想而知。以往美国和欧洲的试验更多集中在草地群落中，对陆地生态系统中生产力最高、组成复杂的森林群落的研究起步很晚，数量也很少。

　　2008 年起，中国国家自然科学基金委员会和德国科学基金会联合资助了"中国亚热带森林生物多样性与生态系统功能试验研究（Biodiversity-Ecosystem Functioning Experiment China，简称 BEF-China）"项目（Bruelheide et al., 2014），其中在江西德兴市新岗山镇建立了一个 40 公顷（约 600 亩）的大型森林控制试验样地。之所以选择在那里，因为该地区的条件得天独厚，是拥有世界上亚热带森林生物多样性最热点的区域。研究人员在两大自然坡地上，分别建立了样地 A 和样地 B，两个样地都以 1 亩为基本单元样方进行幼苗种植，共计 566 个，其中样地 A 有 271 个，样地 B 有 295 个。在 1 亩的基本样方中，乔木物种水平分别是 1、2、4、8、16 和 24 种。此外，样地设置了 64 个超级样方，由 4 个 1 亩样方组成，同时配置有灌木，物种水平分别为 2、4、8 种（图 3-10）。也就是说，物种水平最高的样方会有 16 种乔木和 8 种灌木或者 24 种全部为乔木。

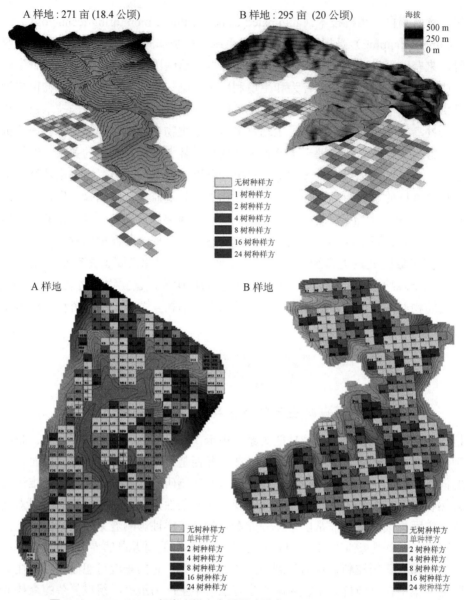

图 3-10　BEF-China 新岗山样方布置图（引自 Bruelheide et al., 2014）

　　森林生物多样性的生态系统功能试验较之草地系统的一个突出优势是，树木生长时间长，可以帮助科学家更加充分地观察到物种间及其与环境间的相互作用随时间的变化，其研究意义更大。同时，要想在一个完整生命周期得到科学研究的科考结论所需要的时间也就多得多。目前，BEF-China 并不只有群落生产力的研究方向，还涉及个体生长、功能形状、遗传多样性、氮循环、土壤、微生物、植物与昆虫、枯死木分解等，且随着时间的延长，研究方向还在不断增加。

第四节　生态系统能量流动与物质循环

　　生态系统（ecosystem）是在自然界中一定的空间和时间内生物与环境构成的统一整体。

在这个统一整体中，生物与环境之间通过能量流动、物质循环和信息传递而相互影响、相互制约，并在一定时期内处于相对稳定的动态平衡状态。在有机体的生命过程中，无不贯穿着物质、能量和信息的有序流动。能量的转化和物质的循环是生态系统的基本功能，是地球上所有生命赖以生存和发展的基础。植物利用来自太阳的辐射能，同时吸收土壤中的营养物质和空气中的气体，进行光合作用产生有机物。这些有机物质所蕴含的能量在生态系统中通过食物链和食物网，从一个营养级传递到另一个营养级，实现能量的转化和流动。许多基础物质在生态系统中不断循环，其中碳循环与全球温室效应密切相关；而外来入侵种可能会改变本土生态系统的食物网结构和稳定性，进而对生物多样性和生态系统功能造成较大损伤。

一、食物链和食物网

生态系统所具有的保持和恢复自身结构和功能相对稳定的能力，即为生态系统的稳定性（stability of ecosystem）。这种稳定性表现在两个方面：一方面是生态系统抵抗外界干扰并使自身的结构与功能保持原状而不受损害的能力，称为抵抗力稳定性（resistance stability）；另一方面是生态系统在受到外界干扰因素的破坏后恢复到原状的能力，叫作恢复力稳定性（resilience stability）。生态系统内部具有自我调节能力，结构越复杂、物种数目越多，自我调节能力就越强。

食物网是生态学中研究最早、最多的网络类型，它表征了物种之间通过捕食而形成的复杂网络关系。食物网表明生态系统的营养结构和过程具有高度的复杂性，这一复杂性是生态系统进行物质循环和能量流动的基础。阐明食物网结构与功能之间的关系，既是生态学领域的基本理论问题，也是预测全球变化背景下生态系统响应的重要依据。生态学家提出了大量指标来衡量食物网的结构。在整个食物网水平上，三个量化生态系统复杂性的常用指标是：总物种数（S，即食物网中所有动物和植物的物种数）；总连接数（L，即食物网中具有捕食关系的所有连接数）和连通度（connectance，L/S^2）。此外，模块性（modularity）度量了食物网的分室特征（compartment），具体指食物网内由不同物种集合形成的子模块，模块内物种有较紧密的交互关系，模块间的交互关系相对较少或较弱。

全球环境变化和生物入侵等因素可能改变食物网的结构和动态，气候和土地利用变化、富营养化、生物入侵等因素会显著改变不同类型的种间作用关系，包括植食、捕食、竞争、互惠等，但改变的方向在不同系统中存在较大差异。深入理解全球变化对食物网的结构与功能的影响，是预测生态系统对全球变化响应的基础。

案例 3-4

滇西北高山草甸的植物–传粉者作用网络

人们在不同类群的植物中观察到一种传粉动物，往往会在多种开花植物上觅食。传粉者访问群落中的多种植物，可能造成花粉在不同植物物种之间传递。异种花粉传递不仅减少了花粉到达同种植物柱头的机会，同时植物雌性结构——柱头上落置异种花粉，也将影响同种花粉在柱头的萌发、生长乃至受精。传粉者在种间的混访，可能一定程度上提高了传粉者的觅食效率，但混访引起的异种花粉传递对花粉供体、花粉受体植物双方都不利。

　　黄双全教授等科学家在滇西北高山草甸群落进行了多年的传粉网络结构与动态研究，2013 年发表在 *Ecology* 杂志的结果表明一种植物往往依赖多种昆虫授粉，一种传粉者往往在多种植物上采集食物（花蜜或花粉），群落中植物与传粉昆虫之间构成了一个复杂的传粉网络系统。如果一种植物接受多种传粉者的访问，传粉者带来同种植物花粉的同时，也可能携带不同种的花粉。异种花粉落置到植物的柱头上，造成生殖干扰，对有性生殖不利。为进一步探讨群落中物种主要为泛化的传粉网络是如何共存的，他们研究了异种花粉传递的网络。通过定量分析群落中植物柱头上落置的花粉种类，包含 74 种植物，410 条连接（图 3-11）。并使用有向网络分析方法，量化网络结构特点、植物在网络中的作用，以及与花粉输出和花粉输入相关的花部特征和传粉者类群。发现柱头的伸出程度、花冠开口大小、柱头面积和植物的泛化程度都会影响异种花粉的接收能力。运用模块分析发现，同一模块内的植物有共同的传粉者偏好，因此彼此之间更容易传递花粉。共享同类型传粉者的植物之间，花粉流通常是单向而非双向的，这很大程度降低了花粉干扰。该成果在国际上构建了第一个植物之间异种花粉流动的有向网络，表明了群落中花粉干扰的模式和结构以及影响因素，将传粉网络的研究深入到了花粉流层面，为植物群落的构建模式提供了依据。

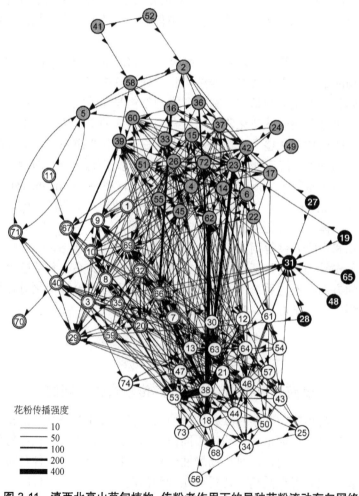

花粉传播强度
——— 10
——— 50
——— 100
——— 200
——— 400

图 3-11　滇西北高山草甸植物–传粉者作用下的异种花粉流动有向网络

中国科学院昆明植物研究所王红研究员带领团队在中国西南山地的玉龙雪山开展了不同海拔梯度（2700～3900m）的高山草甸群落传粉网络的研究。Zhao 等 2019 年发表在 *Oikos* 杂志的研究利用野外昆虫访花调查，构建了该区域内 20 目 27 科 63 属 102 种植物的花粉形态数据库，并通过携带花粉精准分析以明晰昆虫的传粉角色（传粉者或盗窃者，图 3-12）。

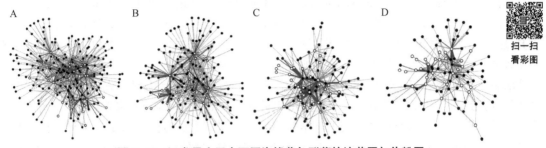

图 3-12 玉龙雪山四个不同海拔草甸群落的访花网与传粉网

A. 2725 m; B. 3235 m; C. 3670 m; D. 3910 m。空心圆代表植物，实心圆代表昆虫。线代表植物‐昆虫发生相互作用，灰线为传粉链接，红线为访花非传粉链接，线的宽度与访问频率成正比

研究发现访问网络中有 11%～17% 的非传粉链接（盗窃者‐植物链接），去除这些非传粉链接后传粉网络的物种丰富度和嵌套结构显著降低，而特化和模块水平显著升高。理论研究表明具有较高的物种丰富度和嵌套结构，以及较低的特化水平和模块结构时互惠网络越稳定。因此该研究提出仅利用访问网络研究植物‐传粉者关系会高估互作的冗余度，从而低估物种互作受到气候变化等干扰的威胁。

二、气候变化

全球气候变化（climate change）包括了由于人类活动增加温室气体排放导致的全球变暖（global warming），以及由此引发的气候格局的大尺度变化。自然界本身排放着各种温室气体，也在吸收或分解它们。在地球的长期演化过程中，大气中温室气体的变化是很缓慢的，处于一种稳定循环过程。碳循作为一个非常重要的化学元素的自然循环过程，大气和陆生植被，大气和海洋表层植物及浮游生物每年都发生大量的碳交换。从天然森林来看，二氧化碳的吸收和排放基本是平衡的。人类活动极大地改变了土地利用形态，特别是工业革命后，森林植被面积迅速减少，化石燃料使用量也以惊人的速度增长，人为的温室气体排放量相应不断增加。从全球来看，从 1975 年到 1995 年，能源生产就增长了 50%，二氧化碳排放量相应有了巨大增长。世界各国因此出现了几百年来历史上最热的天气，厄尔尼诺现象也频繁发生，给各国造成了巨大经济损失。

全球平均气温略有上升，就可能带来频繁的气候灾害——过多的降雨、大范围的干旱和持续的高温，造成大规模的灾害损失。全球气候变暖导致的海水体积膨胀和两极冰川融化，还导致海平面上升，危及全球沿海低海拔地区，特别是那些人口稠密、经济发达的河口和沿海低地。全球气温和降雨形态的迅速变化，也可能使世界许多地区的农业和自然生态系统无法适应或不能很快适应这种变化，使其遭受很大的破坏性影响，造成大范围的森林植被破坏和农业灾害。由于大气温度升高，导致热带传染病向高纬度扩散，而过去在低温下难以存活的病毒随着冬季温度上升，有全年活动的可能，增加传染病传播风险，影响人类健康。

案例 3-5

气候变化影响下的全球森林微生物共生关系图谱

本案例介绍 Steidinger 等 2019 年发表于 *Nature* 杂志的一篇论文。本研究利用全球森林生物多样性研究中心（Global Forest Biodiversity Initiative，GFBI）组建的森林数据库，率先建立了全球森林分布图，并在此基础上阐释了森林变化以及气候在这些转变中所发挥的作用。GFBI 由基于大数据开展前沿生物多样性研究的科学家组成，主要目标是协助森林经营以及相关领域的政策制定，为全球各地区提供服务、教育和研究平台。目前已经拥有覆盖除南极洲以外所有大洲，涵盖 110 多个国家、120 余万块样地的森林数据。本研究先将 GFBI 数据中树种类型划分到 5 个共生体类型中，然后使用随机森林（random forest）来看气候、土壤化学、植被和地形等变量对每个共生体类型丰富度的影响。研究人员专注于绘制三种最常见的共生关系：丛枝菌根真菌（arbuscular mycorrhizal fungi）、外生菌根真菌（ectomycorrhizal fungi）和固氮细菌（nitrogen-fixing bacteria）。这些类型中的每一种都包含数千种真菌或细菌，它们与不同的树种形成独特的伙伴关系。

研究小组将该数据库中 3100 万棵树的位置以及共生真菌或细菌最常与这些物种相关联的信息输入到一个学习算法中，该算法确定了气候、土壤化学、植被和地形等不同变量如何影响每个共生体的流行率。由此，他们发现固氮细菌可能受到温度和土壤酸度的限制，而这两种真菌共生体严重受到影响分解速率的变量的影响，决定环境中有机物质分解的速率，比如温度和湿度。这项研究支持了里德的假设：丛枝菌根真菌位于温暖的森林，在寒冷的森林中发现外生菌根真菌——根据影响分解的变量的逐渐变化，从一种共生类型到另一种共生类型的生物群落的转变比预期的要突然得多。研究人员认为，这支持了另一个假设：外生菌根真菌改变了它们的局部环境，从而进一步降低分解率。这一反馈回路可能有助于解释为什么研究人员在模拟碳排放持续到 2070 年时，看到外生菌根真菌减少了 10%。温度升高会迫使外生菌根真菌越过气候转折点，超出它们可以改变的环境范围。这张地图背后的数据代表了来自 70 多个国家的真实树木和由普渡大学的 Jingjing Liang、瑞士苏黎世联邦理工学院的 Tom Crowther 所领导的背后数百名讲不同语言、研究不同生态系统和面对不同挑战的研究人员之间的合作。

根据研究结果，科学家们预测，如果碳排放持续不减，到 2070 年共生体将发生变化，导致较冷地区的一种真菌相关树种生物量减少 10%。这样的损失可能会导致大气碳排放更多，因为这些真菌会增加土壤的碳储存量。该模型预测了世界森林共生状态的巨大变化，这种变化可能会影响人类的子孙后代所生存的环境和气候。研究发现气候是影响菌根真菌分布的重要因素，气候变暖将导致与外生菌根真菌共生的树种多样性下降 10% 左右，这种变化将显著地改变森林的生态足迹，特别是寒带与暖带之间的交界地带——北方温带生态区。相反，由于真菌能够增加土壤碳储量，与外生菌根真菌共生树种的损失也会对气候变化产生一定的影响。研究结果对深入认识全球范围森林物种组成、森林科学经营管理都具有重要意义。

三、生物入侵

生物入侵指生物由原生存地经自然的或人为的途径侵入到另一个新的生态系统，对入侵地的生物多样性、农林牧渔业生产以及人类健康造成经济损失或生态灾难的过程，或定义为：

生物入侵是指某种生物从外地自然传入或人为引种后成为野生状态，并对本地生态系统造成一定危害的现象。外来物种的"外来"是以生态系统来定义的，对于特定的生态系统与生境来说，任何非本地的物种都叫作外来种（alien species）。外来种是指那些出现在其过去或现在的自然分布范围及扩散潜力以外的物种、亚种或以下的分类单元，包括其所有可能存活、继而繁殖的部分、配子或繁殖体。外来入侵种（invasive species）具有生态适应能力强，繁殖能力强，传播能力强等特点；被入侵生态系统具有足够的可利用资源，缺乏自然控制机制，人类进入的频率高等特点。

生态学家们提出了多种理论假说来解释生物入侵机制。天敌逃逸假说（enemy release hypothesis）认为，外来种能够成果入侵到新的生境，是由于其脱离原产地中存在的自然天敌（包括捕食者、竞争者和病原体等）的控制作用，从而对本地种产生显著的竞争优势，进而导致外来种分布范围的扩大和多度的急剧增加。新式武器假说（novel weapons hypothesis）指出，部分入侵物种通过产生本土生境中不存在的化感、防御或抗病物质，进而形成对本地种的排挤和竞争，从种间化学关系的角度来解释外来植物入侵。多样性阻抗假说（diversity resistance hypothesis）认为在本地多样性贫乏的群落更易受到外来种的入侵，而多样性较高的群落则对生物入侵有较强的抵抗力。该假说在小尺度上得到了较多试验和理论的支持，比如农田和人工林易受入侵、而热带雨林等原始林则天然能抵抗入侵生物的暴发。渐崩共生假说（degraded mutualisms hypothesis）则关注植物与菌根真菌的共生关系，入侵种作为非菌根植物降低了入侵地菌根真菌的丰富度，从而使得那些强烈依赖菌根共生的本土植物与菌根的互利共生作用逐渐崩溃，进而实现外来种的入侵。氮分配进化假说（the evolution of nitrogen allocation hypothesis）认为植物入侵后氮资源的分配部位发生改变，倾向于从细胞壁（防御部位）转到叶绿体（生长部位），而且提高了氮向光合作用方向的转移，这种独有的能量方式能够增加入侵物种叶片的光合氮利用率、光合能量利用效率及光合能力。

案例 3-6

渐崩共生假说的试验证据

Vogelsang 等人通过对美国加利福尼亚州草地生态系统的研究，发现非菌根植物的入侵降低了本地群落中丛枝菌根真菌的丰富度，从而使得本土那些强烈依赖菌根共生的本地种在与入侵的非菌根植物竞争时，在营养元素吸收等环节受到竞争排挤，最终使得入侵种能够成功定植并扩张。这种入侵方式主要是由于外来种使本地种与土壤和根系微生物间的互利共生关系逐渐崩溃，因此被称为渐崩共生假说。同时，其他例如 Wolfe 等 2008 年针对北美入侵植物葱芥（*Alliaria petiolata*）的入侵机制也为该假说提供了证据。葱芥入侵北美森林生态系统后，不仅明显减少了入侵地的丛枝菌根真菌密度，强烈削弱了依赖丛枝菌根真菌的本地林冠树种的营养获取和生长，而且大大降低了上层树种根系中的外生菌根真菌的数量，从而破坏了外生菌根真菌树种与菌丝体的互利共生。进一步研究表明，葱芥通过向土壤中分泌具有化感作用的次生代谢产物来抑制土壤和根围菌根真菌的繁殖。

针对菌根真菌介导的生物入侵机制，生态学家们开展了大量的控制性盆栽试验。通过将入侵种与本地种移栽到一起开展共存试验，同时设置不同的物种组合和物种多样性梯度，进而区分物种多样性的作用和物种组分的作用。菌根真菌与寄主植物的互作通常以引入原土作为接种处理，再加以灭菌土的对照处理，以揭示菌根真菌在改变本地种和入侵种竞争能力中所起的作用。在针对一些模式物种或简单互作系统的研究中，也可以通过接种纯培养的菌种至植物根系，从而更为明确的解释菌根真菌的作用（图3-13）。

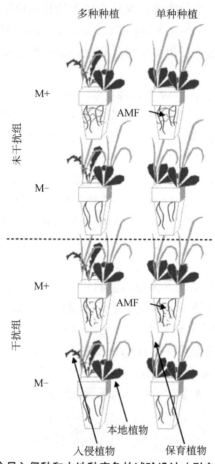

图 3-13　丛枝菌根真菌介导入侵种和本地种竞争的试验设计（引自 Řezáčová et al., 2020）

　　此外，许多研究还采用不同孔径的尼龙网来控制菌根真菌在共存个体间的联结（如 Liang 等 2020 年发表在 *Nature Communications* 上的研究）。根据植物根系和菌根菌丝体在直径上的差异，通常采用 0.5μm 孔径的尼龙网作为对照隔离处理，菌丝和细根均无法穿过，而水分和营养元素等几乎不受影响；采用 20~50μm 的尼龙网可以控制植物根系，而菌丝体可以自由通过，进而可以直接揭示菌根真菌在入侵种和本地种种间竞争中的媒介作用（图3-14）。也可以使用较大孔径尼龙网（20~50μm）加定期旋转生长环的方法，对菌丝连接进行切割处理，对照组则不旋转以保证菌根真菌与幼苗的互利共生作用，进而实现在排除植物根系作用的基础上阐明菌根真菌介导的生物入侵机制（图3-15）。相比于菌株接种而言，尼龙网生长环的控制方法能够更加完整的揭示土壤中菌根真菌群落的整体作用，而不仅仅是单一菌株，更接近于自然条件下的作用机制。大小孔径处理的对比，直接地控制了菌根菌丝体的连接作用而对病原菌等其他自由生长的土壤微生物影响较小，因而相对于原土和杀菌土的对比来说处理作用更为明确。因此，该研究方法也被用于自然群落林下的幼苗控制试验，探讨菌根真菌组成的地下网络在群落物种共存和多样性维持机制中的重要作用。

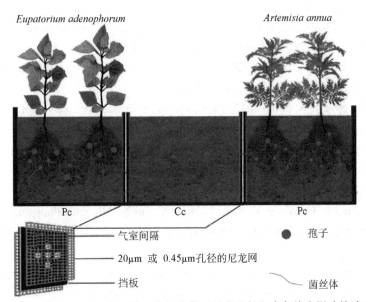

图 3-14 通过不同孔径尼龙网控制菌根真菌对幼苗生长和竞争能力影响的试验装置
（引自 Shen et al., 2020）

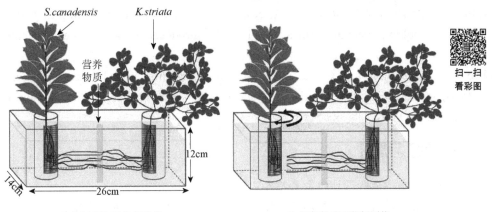

图 3-15 通过尼龙网和定期旋转切割控制菌根真菌对幼苗营养吸收和入侵能力影响的试验装置
（引自 Awaydul et al., 2019）

【延伸阅读】

Awaydul A, Zhu W, Yuan Y, et al. 2019. Common mycorrhizal networks influence the distribution of mineral nutrients between an invasive plant, *Solidago canadensis*, and a native plant, *Kummerowa striata*. Mycorrhiza, 29: 29-38.

Bruelheide H, Nadrowski K, Assmann T, et al. 2014. Designing forest biodiversity experiments: general considerations illustrated by a new large experiment in subtropical China. Methods in Ecology and Evolution, 5: 74-89.

Fang Q, Huang SQ. 2013. A directed network analysis of heterospecific pollen transfer in a biodiverse community. Ecology, 94(5): 1176-1185.

Liang M, Johnson D, Burslem D F R P, et al. 2020. Soil fungal networks maintain local dominance of ectomycorrhizal trees. Nature Communications, 11: 2636.

Liu X, Etienne R S, Liang M, et al. 2015. Experimental evidence for an intraspecific Janzen-Connell effect mediated by soil biota. Ecology, 96(3): 662-671.

Liu X, Liang M, Etienne R S, et al. 2012. Experimental evidence for a phylogenetic Janzen-Connell effect in a subtropical forest. Ecology Letters, 15: 111-118.

Řezáčová V, Řezáč M, Gryndlerová H, et al. 2020. Arbuscular mycorrhizal fungi favor invasive Echinops sphaerocephalus when grown in competition with native Inula conyzae. Scientific Reports, 10: 20287.

Shen K, Cornelissen J H C, Wang Y, et al. 2020. AM Fungi Alleviate Phosphorus Limitation and Enhance Nutrient Competitiveness of Invasive Plants via Mycorrhizal Networks in Karst Areas. Frontiers in Ecology and Evolution, 8: 125.

Steidinger B S, Crowther T W, Liang J, et al. 2019. Climatic controls of decomposition drive the global biogeography of forest-tree symbioses. Nature, 569: 404-408.

Vogelsang K M, Bever J D. 2009. Mycorrhizal densities decline in association with nonnative plants and contribute to plant invasion. Ecology, 90(2): 399-407.

Wolfe B E, Rodgers V L, Stinson K A, et al. 2008. The invasive plant *Alliaria petiolata* (gralic mustrad) inhibits ectomycorrhizal fungi in its introduced range. Journal of Ecology, 96(4): 777-783.

Zhao Y H, Lázaro A, Ren Z X, et al. 2019. The topological differences between visitation and pollen transport networks: a comparison in species rich communities of the Himalaya-Hengduan Mountains. Oikos, 128(4): 551-562.

【思考练习题】

1. 简述生态学试验设计的主要特点。

2. 论述生态学研究中野外调查、控制试验和模型预测各自的主要优点，以及在具体生态学研究中采用多种研究方法相结合的必要性。

3. 讨论生态学研究的常用空间和时间尺度，如何根据研究目的和研究对象确定合适的研究尺度？

第四章　农业科学试验设计典型案例

农业是国民经济的基础产业，首要任务是保障粮食安全，并在此基础上兼顾食品品质和环境安全。在科技日益发展的今天，我们需要统筹考虑粮食安全、食品品质和环境安全，实现农业的可持续发展。农业领域最重要的是种业，其次是有害生物控制，再次是耕作或饲养方式和技术等。本章以农作物为例，阐述农业科学试验设计的主要特点、作物育种及有害生物控制的发展趋势和典型案例，并简要介绍作物重要农艺性状的分子和遗传基础。

第一节　农业科学试验设计的特点及主要类型

一、农业科学试验设计的主要特点

农业生产对象的多样性和生产条件的复杂性，决定了农业科学的范围广泛和门类繁多，其中有侧重基础理论的，也有侧重应用技术的。本节以农作物为例简要阐述农业科学试验设计的主要特点。

（1）基础研究与应用相结合。基础研究常在植物培养箱等室内控制条件下进行，便于鉴定表型以获得突变体以及其他生物测定工作。研究成果在应用前必须进行田间试验。

（2）田间试验是农业科学研究的主体。由于田间试验是在田间自然土壤、气候条件下进行的，与大田生产条件最为相似，因此其试验结果可直接在类似生产条件下的大田中示范推广。一些理论层次的研究首先在温室或者实验室的控制条件下进行，但任何一项新的栽培措施、新品种、新肥料、病虫害控制技术等在大面积推广应用前，都必须进行田间试验。在田间试验中，作物有时会出现发育不正常、倒伏甚至死亡等现象，因此实际操作时应该设置稍多一点的重复数，以确保有足够的有效重复数，以便获得可靠的观测指标值。此外，由于气候等随机因素的影响，田间试验数据常用二因素或多因素方差分析。例如，作物新品种的田间试验需要在多点多年进行，方差分析时有三个因素（品种、地点和年份）；又如，评价昆虫性诱剂的田间诱虫效果时，需要考虑不同试验地块的害虫基数的影响，因此方差分析时需要把害虫基数作为一个因素。

（3）注重局部控制原则。在农业领域常常用到近等自交系作为试验材料，目的就是使试验材料之间的差异尽可能少（局部控制），这样易于获得试验结果。此外，由于田间试验小区之间的差异，也需要采用局部控制原则，常用随机区组设计。

（4）经常需要利用突变体材料。一种方法是通过基因敲除或过表达获得突变体，然后测定各种生物学参数或指标。另一种方法是筛选自然变异（突变体）。例如，在研究黄瓜葫芦素 C 生物合成调控的分子机制时，从 6 万多株黄瓜突变体库中鉴定获得了 2 个非苦味突变体。如果有明显的表型（如株高、苦味等），可以直接筛选。如果有分子标记，可以参考第二章第七节的二进制方法提高筛选效率。此外，如果已知自然变异的概率，可以利用二项分布或泊松分布计算需要调查的最少样本数，这样可预估所需要的大致研究时间、经费和场地等条件，并有助于树立研究信心（即未达到最少样本数时可能没有阳性结果）。

二、农业科学试验的主要类型

种业是农业的核心。传统的育种方法是杂交，但育种效率低。随后，作物分子设计育种应运而生，通过分子标记辅助大大提高了聚合优异农艺性状的效率，实现从传统的"经验育种"到定向、高效的"精确育种"的转化。一般来说，调控作物产量的数量性状位点很多，而决定谷物品质的基因较少。因此，通过提高高产低质品种的品质来选育高产优质优良品种要比相反的做法容易得多。案例 4-1 即是以超高产籼稻品种'特青'为目标品种，通过聚合'日本晴'和'93-11'的优良品质性状，培育出高产优质水稻新品种。随着基因组重测序成本的降低，基因组设计育种成为可能。该方法的主要特点包括：①在育种的每一个阶段，通过个体基因组重测序选择父本和母本；②打破有害和优良等位基因之间的紧密连锁，详见案例 4-2。

育种过程中需要分子标记，因此很多农业领域的研究是关于重要农艺性状的分子和遗传基础的，以便为育种提供分子标记。全基因组关联分析（GWAS）是常用的研究方法，通过对大量个体进行基因组重测序获得单核苷酸多态性（SNP）等数据，然后通过相关分析鉴定出潜在的调控农艺性状的基因或变异位点。农作物的重要农艺性状主要包括高产、优质、抗逆和养分高效利用等四大类，第四节的 3 个案例分别涉及水稻产量、氮素利用和抗病三个方面。

农作物在田间不仅受到有害生物的危害，还受气候、土壤等环境因子的影响。合适的栽培是保障作物高产优质的重要环节。栽培措施（如轮作、种植密度、施肥等）对作物病虫害发生也有显著影响。在植物物种多样性和遗传多样性（不同品种）高的生境，病虫害通常发生较轻。案例 4-3 就是利用水稻不同品种来控制稻瘟病。案例 4-4 利用转基因棉花控制棉铃虫，案例 4-5 发现烟粉虱利用植物自身基因代谢植物产生的有毒次级代谢产物。

第二节　作物育种

为了解决人口和粮食供求矛盾而引起的可能饥荒问题，20 世纪 50 年代开始出现第一次绿色革命，首期重点就是两种最重要的粮食作物（水稻和小麦）的矮化育种。利用一个半矮秆性状基因适度降低了小麦和水稻的株高，克服了株高过高易倒伏的问题，使小麦和水稻的产量大幅度提高。1959 年广东省农业科学研究所（广东省农业科学研究院前身）科学家首次通过人工杂交成功培育出第一个籼型矮秆高产水稻品种'广场矮'，标志着我国水稻矮化育种成功，使水稻产量在过去高秆品种的 3.0～3.75 t/hm² 迅速提高到 5.25～6.0 t/hm²，为解决人们的温饱问题发挥了巨大作用。20 世纪 70 年代，以袁隆平院士为代表的我国科学家成功实现了水稻杂交育种理论与技术的突破，使我国水稻产量实现了第二次飞跃；80 年代，生物技术的发展促生了分子标记辅助选择育种，使常规遗传育种有了一定的可跟踪性。进入二十一世纪以来，随着遗传学、基因组学、分子生物学等领域的快速发展，分子设计育种的理念逐渐得到丰富和完善。分子设计育种是在解析作物重要农艺性状形成的分子机理的基础上，通过品种设计对多基因复杂性状进行定向改良，以达到综合性状优异的目标。

育种实践表明，迄今为止，通过育种提高作物产量，只有两条有效途径：一是形态改良，二是杂种优势利用。单纯的形态改良，潜力有限；杂种优势不与形态改良结合，效果必差。其他育种途径和技术，包括基因工程在内的高技术，最终都必须落实到优良的形态和强大的杂种优势上，否则，就不会对提高产量有贡献。但是，另一方面，育种要进一步向更高层次发展，又必须依靠生物技术的进步。

统计数据表明，1979～2018 年，我国省级以上共审定水稻品种 9563 个，生产上大面积应用品种 4159 个，品种的单产得到提高，食味品质提升。籼稻骨干亲本多为杂交稻保持系和恢复系，但杂交稻的使用也降低了亲本多样性。此外，水稻品种对稻瘟病的抗性得到了显著增强，对白叶枯病的抗性有改善但不明显。对褐飞虱抗性方面，近 15 年来鲜有抗性水稻品种，仅在 2005 年有 1 个中抗品种 '富优 1 号'，2004、2005 和 2009 这 3 年各有 1 个中感品种，其他品种则均为感或高感。

一、杂交水稻

杂种优势现象在生物界普遍存在，其最早于 1717 年被托马斯·费尔柴尔德（Thomas Fairchild）发现，科尔罗伊特（Joseph Koelreuter）于 1761 年利用。自 20 世纪 30 年代成功应用于杂交玉米的大规模生产以来，杂种优势现象已经被广泛地运用到农作物及家禽家畜的品种培育和生产实践中。杂交玉米种子的通用制种方法是利用雌雄异花特性实现的，即人工（或利用机械）去除母本自交系的雄花，以另一自交系（父本）的花粉进行授粉获得杂交种子，其操作相对简单易行。故玉米的杂种优势利用得早，且体系成熟，应用广泛。而雌雄同花植物（如水稻和小麦）无法通过去除母本的花粉途径实现大规模制备杂交种子，因此，利用具有花粉不育特性的植株作为母本制备杂交种子的技术体系成为雌雄同花植物杂种优势利用的唯一途径。

稻属植物是禾本科植物中最重要的植物种群，包含 23 个物种，即亚洲栽培稻（*Oryza sativa* L.）、非洲栽培稻（*O. glaberrima* Steud.）和 21 个野生种。水稻杂种优势现象首先于 1926 年被美国学者琼斯发现，随后引起了一大批研究者的关注。

我国是世界上第一个推广杂交水稻的国家。1964 年袁隆平先生开始水稻雄性不育的研究，1971 年全国开展杂交水稻研究大协作，1973 年实现水稻雄性不育系、保持系和恢复系"三系配套"，1974 年育成强优势组合，1975 年建立了较完善的制种技术体系，1976 年杂交水稻开始推广应用。三系杂交水稻突破了自花授粉作物杂种优势利用的技术瓶颈，开辟了大幅度提高水稻产量的新途径。这一开创性成果，不仅是育种上的重大技术突破，而且促进了栽培技术的创新和水稻产业的发展。

所谓"三系法"中的三系就是指核质互作雄性不育系、保持系和恢复系。"三系法"杂种优势利用的技术途径是：利用核质互作雄性不育系为母本、以保持系为父本批量化繁殖仍保持不育特性的种子；用不育系为母本、以恢复系为父本大规模生产恢复花粉可育性且具杂种优势的杂交种子，该杂交种子用于生产杂交稻。

"两系法"杂交育种技术的基本原理是：同一水稻株系，在一定条件下花粉可育，利用其可育性繁殖不育系种子；在另一特定条件下花粉不育，利用其不育性与父本杂交，制备杂交种子。随后研究证明，光温敏不育材料在长日高温条件下不育，在短日低温条件下可育，改变光温度条件即可实现不育的繁殖或制备杂交种子，大大简化了育种的流程。

"一系法"：即培育不分离的 F1 杂种，将杂种优势固定下来，免除制种。陈建三 2014 年提出了"一个植物无性生殖遗传规律的发现"，阐述了固定杂种机理，并基于该无性生殖遗传规律培育出多个水稻品种，均是杂种 F2、F3 遗传稳定的，这说明杂种 F1、F2 已经纯合。远缘杂种优势，三系法和两系法都无法实现，只有通过一系法才能利用。

杂交水稻育种从三系法到两系法，再到一系法，由此使杂交水稻的育种方法由复杂到简单，育种效率不断得到提高；从利用杂种优势效应来看，杂交水稻育种首先立足于利用品种间杂种优势效应，进而利用亚种间杂种优势效应，最后利用物种间杂种优势效应，由此使杂交水稻的育种效果由小到大，水稻的产量潜力得到不断挖掘。

Box 4-1："杂交水稻之父"袁隆平

袁隆平（1930.9.7～2021.5.22），男，汉族，江西九江人，1953 年毕业于西南农学院。是享誉海内外的著名农业科学家，中国杂交水稻事业的开创者和领导者，"共和国勋章"获得者，湖南省政协原副主席，原国家杂交水稻工程技术研究中心主任，中国工程院院士，美国国家科学院外籍院士，被誉为"杂交水稻之父"。

2016 年，综合利用基因组学、数量遗传学、计算生物学等领域的技术手段，详细研究了三系法、两系法和亚种间杂种优势的遗传机制。结果表明，这些遗传位点在杂合状态时大多表现出不完全显性，通过杂交育种产生了全新的基因型组合，从而在杂交一代高效地实现了对水稻花期、株型、产量各要素的理想搭配，实现杂种优势，对推动杂交稻和常规稻的精准分子设计育种实践有重要意义。

二、分子设计育种

对大多数作物的育种来说，育种家可供利用的亲本材料有几百甚至上千份，可供选择的杂交组合有上万甚至更多。由于试验规模的限制，一个育种项目所能配置的组合一般只有数百或上千，育种家每年花费大量的时间去选择究竟选用哪些亲本材料进行杂交；对配制的杂交组合，一般要产生 2000 个以上的 F2 分离后代群体，然后从中选择 1%～2%的理想基因型，中选的 F2 个体在遗传上是杂合体，需要做进一步的自交和选择，每个中选的 F2 个体一般需产生 100 个左右的重组近交家系才能从中选择到存在比例低于 1%的理想重组基因型。育种早期选择一般建立在目测基础上，由于环境对性状的影响，选择到优良基因型的可能性极低，统计表明，在配制的杂交组合中，一般只有 1%左右的组合有希望选出符合生产需求的品种，考虑到上述分离群体的规模，最终育种效率很低，一般不到百万分之一。

作物分子设计育种将在多层次水平上研究植物体所有成分的网络互作行为和在生长发育过程中对环境反应的动力学行为；继而使用各种"组学"数据，在计算机平台上对植物体的生长、发育和对外界反应行为进行预测；然后根据具体育种目标，构建品种设计的蓝图；最终结合育种实践培育出符合设计要求的农作物新品种。设计育种的核心是建立以分子设计为目标的育种理论和技术体系，通过各种技术的集成与整合，对生物体从基因到整体不同层次进行设计和操作，在实验室对育种程序中的各种因素进行模拟、筛选和优化，提出最佳的亲本选配和后代选择策略，实现从传统的"经验育种"到定向、高效的"精确育种"的转化，以大幅度提高育种效率。

　　水稻作为模式植物和世界上最重要的粮食作物之一，其基因组学研究一直走在其他作物的前列，是第一个完成测序的重要农作物。我国在 2002 年完成了世界首张籼稻基因组草图，根据水稻基因组精确测序结果，水稻基因组大小为 389 Mb，预测编码大约 32000 个基因。2018 年，由我国主导完成了 3010 份亚洲稻群体重测序，提升了水稻基因组研究水平，加速了水稻规模化基因发掘和水稻复杂性状的分子改良。

　　在作物育种中，株型改良一直是高产品种培育的核心指标之一。为提高水稻的产量潜力，育种学家较早提出了新株型/理想株型的概念，其重要特征包括分蘖数适中、没有无效分蘖、穗粒数多、茎秆强壮、根系发达。因此，要利用分子设计育种理念培育高产水稻品种，核心是在分子层面上解析清楚这些影响株型形成的关键因素。2003 年克隆了水稻中首个调控株型的基因 *MOC1*；2010 年成功发掘和鉴定了具有理想株型的水稻遗传材料，发现了理想株型形成的关键基因 *IPA1*（ideal plant architecture 1），解析了 *IPA1* 介导的株型发育分子机理与调控网络，发现了独脚金内酯信号通路的关键负调控因子 *D53*，揭示了水稻株型形成的分子基础。*IPA1* 同时参与了水稻稻瘟病抗性的调控，通过调控 *WRKY45* 的表达增强水稻对稻瘟病的广谱抗性。

　　抗病虫是作物育种的另一目标。针对水稻重要害虫褐飞虱，于 2009 年分离获得了水稻中第一个抗褐飞虱主效基因 *Bph14*，该基因编码一个典型的 CC-NB-LRR 家族蛋白。褐飞虱侵染水稻后，*Bph14* 激活水杨酸信号通路，诱导韧皮部细胞中胼胝质沉积以及胰蛋白酶抑制剂的产生，从而降低了褐飞虱的取食、生长速率和寿命。利用分子标记辅助选择将水稻抗褐飞虱基因 *Bph14* 和 *Bph15* 同时导入到'汕优 63'的亲本'明恢 63'和'珍汕 97B'中，以改良'汕优 63'的褐飞虱抗性；同时将抗稻瘟病基因 *Pi1* 和 *Pi2* 导入到已改良的'珍汕 97B'中，育成的水稻品种对褐飞虱和稻瘟病均有抗性，且其产量未受影响甚至更高。

　　高产与优质是水稻育种的两大重要目标，但是"高产不优质，优质不高产"是水稻育种中的一个瓶颈问题。20 世纪 90 年代，我国科学家率先在国际上克隆了水稻蜡质基因 *Wx*，该基因控制稻米中直链淀粉的合成，是影响稻米蒸煮与食味品质非常关键的基因。随后，利用关联分析等手段解析了直链淀粉含量、胶稠度、糊化温度的相关性，发现了决定这 3 个性状的主效基因和微效基因及它们之间的作用关系，从而揭示了调控稻米食用和蒸煮品质的精细调控网络。进一步将这些重要基因用于分子设计育种，通过将粳稻中稻米品质基因导入到高产籼稻品种 93-11 中，育成高产优质的'广两优'系列品种，实现了"籼稻产量，粳稻品质"的育种目标。

　　2017 年，经过精心设计，多个研究组联合以超高产但综合品质差的品种'特青'作为受体，以蒸煮和外观品质具有良好特性的品种'日本晴'和'93-11'为供体，对涉及水稻株型、稻米外观品质、蒸煮食味品质和生态适应性的 28 个目标基因进行优化组合，经过多年的努力，利用杂交、回交与分子标记定向选择等技术，成功将优质目标基因的优异等位聚合到受体材料，并充分保留了'特青'的高产特性（详见案例 4-1）。

　　2021 年，黄三文团队建立了杂交马铃薯基因组设计育种技术，将马铃薯从无性繁殖的四倍体转化为种子繁殖的二倍体杂交马铃薯。这一原创性工作将马铃薯育种从缓慢、非累积模式转变为快速迭代模式（详见案例 4-2）。

案例 4-1

高产优质水稻的合理设计

本案例介绍 Zeng 等（2017）发表于 *Nature Plants* 的 1 篇论文。作物育种的目标是通过将高产、优质、抗病虫和耐环境胁迫等多种优良性状组合成一个单一品种，从而培育出超级品种。为克服传统表型选择育种效率较低的缺点，该论文提出了合理设计育种方法。在实践中，合理设计基本上依赖于对农艺性状的精确遗传解剖和高分辨率的染色体单倍型。由于调控作物产量的网络比调控品质的网络复杂得多，该论文选择了改良高产低质'特青'品种的品质。这一策略使作者仅用 5 年时间就成功培育出了高产优质超级稻品种，比传统育种周期短得多。

水稻产量是一个典型的数量性状，目前已知数百个水稻产量的数量性状位点（QTL），但仅有少数 QTL 得到了明确的鉴定。与产量不同，决定谷物品质的调控网络已经得到了很好的表征。因此，通过提高高产低质品种的品质来选育高产优质优良品种要比相反的做法容易得多。'特青'是我国于 1984 年培育的超高产籼稻品种，但品质差。'日本晴'的食用与蒸煮品质优良但产量较低，'93-11'是近十年广泛栽培的中高产和优质杂交种培矮的亲本系。该论文以'特青'为目标品种，通过聚合'日本晴'和'93-11'的优良品质性状，以培育出高产优质水稻品种。

基于前期研究结果和基因型鉴定，该团队选择了 28 个靶标基因，其中控制稻米品质的基因 21 个（图 4-1，前 3 列），调节水稻产量的基因 7 个（图 4-1，最后 1 列）。首先，将'日本晴'中控制优良食用与蒸煮品质（ECQ）性状的有益等位基因和'93-11'中控制良好外观品质的等位基因分别导入'特青'；然后，通过杂交将这些有益等位基因聚合起来。具体而言，在'特青'分别与'日本晴'或'93-11'杂交后，其 F1 代分别与'特青'进行回交。进而在每一步均鉴定基因型，并选择携带源自'日本晴'的淀粉合成相关基因基因型的株系与'特青'回交，以确保这些'特青'株系不仅拥有优良 ECQ 而且高产；同样地，选择源自'93-11'的 *GS3* 和 *qSW5* 基因（控制粒形和粒重）的株系与'特青'回交，从而保证良好的外观质量。在连续四次回交之后，将携带优良 ECQ 和外观品质优良基因的品系再次杂交，随后自交获得纯合子。最后，获得了产量和品质均达到期望的 3 个水稻品系（'RD1'、'RD2'和'RD3'），他们均含有'93-11'的 *GS3* 和 *qSW5* 以及'日本晴'的两个主要 ECQ 基因（*Wx* 和 *ALK*）。田间试验的结果表明，这 3 个水稻品系的产量与'特青'相当，而品质显著提高。最终经过五年多的精心设计，成功培育出高产优质水稻品种。

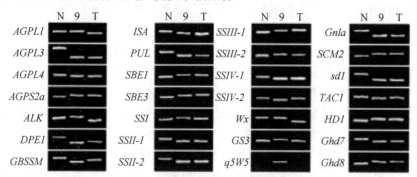

图 4-1　3 个水稻品种中 28 个靶标基因的多态性（引自 Zeng et al.，2017）

N：'日本晴'；9：'93-11'；T：'特青'

该案例的主要试验步骤如下：

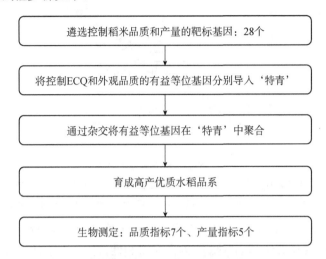

遴选控制稻米品质和产量的靶标基因：28个

将控制ECQ和外观品质的有益等位基因分别导入'特青'

通过杂交将有益等位基因在'特青'中聚合

育成高产优质水稻品系

生物测定：品质指标7个、产量指标5个

案例 4-2

杂交马铃薯的基因组设计

本案例介绍 Zhang 等（2021）发表于 *Cell* 的 1 篇论文，旨在将马铃薯育种从缓慢、非累积的模式转变为快速迭代的模式，从而为农民和消费者带来广泛的利益。

马铃薯是世界第四大粮食作物，全球有 13 亿人以马铃薯为主食。与谷物类粮食作物不同，栽培马铃薯是依靠薯块进行无性繁殖的同源四倍体物种。四倍体马铃薯的基因组高度杂合，遗传信息复杂，导致马铃薯的遗传改良进程缓慢，一些百年老品种仍然在大面积种植。马铃薯产业面临的第二个挑战是薯块繁殖，存在繁殖系数低、储运成本高、易携带病虫害等问题。

要实现二倍体杂交马铃薯育种，需克服两个关键障碍：自交不亲和与自交衰退。在前期研究中，该团队通过基因组编辑和筛选突变体的方式已经解决了自交不亲和的问题。马铃薯原本是异交作物，将其改造成自交作物之后，衰退非常严重，这主要是由于有害突变引起的。与自交不亲和由少数基因控制不同，自交衰退涉及大量基因，也更难克服。该团队对自交衰退进行了系统解析，发现有害突变镶嵌分布在马铃薯的两套基因组中，无法通过重组将它们彻底淘汰。但是，不同马铃薯中的有害突变具有个体差异性，可以通过对遗传背景差异大的自交系进行杂交来掩盖杂交种中有害突变的效应。

在此基础之上，该论文利用基因组大数据进行育种决策，建立了杂交马铃薯基因组设计育种技术，包括四个环节。①选择或创建合适的自交亲和的育种起始材料，基因组杂合度低和有害突变少是选择起始材料的两个标准。②对自交群体进行遗传分析，鉴定大效应有害突变和优良等位基因。③通过基因组辅助选择和连续自交，淘汰大效应有害等位基因，聚合优良等位基因，获得自交系。该步骤特别要注意打破有害和优良等位基因之间的紧密连锁，并利用背景选择加快自交系的纯化速度。④选择基因组互补性强的不同自交系进行杂交，选育杂种优势显著的 F1 杂交种。

起始育种材料的另一个关键特征是有害突变的数量。通过分析 153 个二倍体克隆的基因组，发现基因组杂合度与有害突变的数量呈正相关（图 4-2）。在该论文使用的四个克隆中，PG6359 和 E86-69 的突变相对较少。利用这两个无性系，可以成功地培育出高纯合的自交系。

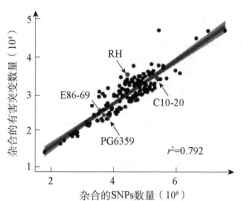

扫一扫
看彩图

图 4-2　153 个二倍体克隆的基因组杂合度与有害突变的相关性（引自 Zhang et al., 2021）
其中红色圆点是该论文使用的四个克隆（PG6359、E86-69、RH 和 C10-20）

特别重要的是，该文设计了一个消除有害或不良等位基因以及堆叠有益等位基因的流程。首先，选择携带 4 个有益等位基因（*Ss11* 为自交亲和性，*YL1* 为正常叶片，*FBA1* 为育性，*Y* 为黄色果肉）的 S1 个体进行自交。其次，评估 S2 植株的表现和纯合度，以选择具有较高的纯合度和所需性状的个体进行种子收集。最后，在相同的选择标准下，再进行 2～4 次自交，最终获得高纯合度的自交系。根据马铃薯的生长势、坐果率和块茎相关性状，选择了 116 个 S2 个体进行基因组重测序，发现在染色体 12 的末端存在一个杂合区峰值。进一步研究表明：单倍型 B 携带有害等位基因 *yl1*，单倍型 A 中含有影响纯合子存活的大效应有害突变 *led1*。为了培育自交系，需要打破这两种有害突变的连锁。由于染色体 12 末端相对较高的重组率，通过分析 S1 重组体及其 S2 子代的基因型和表型，在 S2 群体中获得了 9 个在耦合阶段携带有益等位基因 *LED1* 和 *YL1* 的个体。利用这些个体，已经培育出了第一代高纯合度自交系(>99%)和概念性杂交种'优薯 1 号'，不仅产量较高，干物质和类胡萝卜素含量也高。

> **Box 4-2：打破有害和优良等位基因之间的紧密连锁**
>
> 　　育种过程中，常常会出现有害和优良等位基因紧密连锁的现象，导致作物高产性状与抗逆性状难以同时满足。借助案例 4-2 中的方法，通过基因组分析和选择，打破有害和优良等位基因之间的紧密连锁，将有可能把更多的优良性状聚合在一起，从而培育出更好的优良品种。

第三节　有害生物控制

有害生物包括害虫（含昆虫和蜱螨）、病原微生物、杂草、害鼠等，对农作物、森林、园林、畜禽、水产动物等造成很大危害。有害生物的防治方法主要有农业防治、物理防治、化学防治、生物防治，以及综合防治等。在我国"新发展理念"的指导下，绿色发展已成为农业的发展趋势和目标。在绿色农业领域，生物防治技术是关键核心技术。

病虫害的及时和准确监测是有效防控有害生物的前提。田间调查是最常用的病虫害监测方法。对那些有性信息素产品的害虫，利用性信息素监测害虫不仅可降低劳动强度，而且可提高监测数据的可靠性。地中海实蝇以其寄主范围之广、繁殖力之高和危害程度之大，被世界公认为最具毁灭性的农业害虫。一旦传入，由于它造成的危害以及其他国家和地区针对疫情地区的贸易禁运带来的损失不可估量。因此，世界上很多国家都有地中海实蝇的监测网。我国自1994年起在全国口岸大面积开展对地中海实蝇的监测，1997年的监测范围监测点达到360个，覆盖全国18个省、市、自治区的28个地区。近年来，一些新兴技术开始用于农业病虫害的监测。例如，采用数字图像处理方法对水稻害虫的虫体面积、虫体周长、偏心率、形状参数、似圆度、叶状性、球形性等几何形状特征进行提取，采用支持向量机分类器对水稻害虫二化螟、三化螟、稻飞虱、稻纵卷叶螟进行分类，识别率达90%以上。又如，利用远程查询磁弹性传感器对表皮葡萄球菌进行定量分析，利用柔性阻抗免疫传感器检测大肠杆菌等。

一、害虫生物防治

有害生物控制的哲学思想主要有消灭哲学和容忍哲学两种，前者强调尽可能多的杀死有害生物，化学防治即采用该策略；后者的目的是使有害生物数量维持在一个可以接受的水平，生物防治是该策略的代表。以下主要介绍害虫生物防治。

1. 生物防治的生态学基础

生物防治就是利用生物及其产物防治有害生物，是一门以应用为导向的学科。生物多样性是生物防治的基础。生物多样性包括遗传多样性、物种多样性和生态系统多样性。生物群落的生物防治功能取决于其结构，捕食（寄生）作用在生物防治中非常重要。

研究表明，增加植被多样性多数有利于天敌而不利于害虫。如果在增加植被多样性之前，对潜在的植物种类的功能展开深入研究，那么就可以选择那些能更有效地增加天敌的数量或多样性或重建速度的植物种类，或者减少害虫数量或多样性或重建速度的植物种类。这样的植被多样性的增加，将显著增强天敌的效能，减轻害虫的危害。在森林生态系统，混交林的虫害明显少于纯林。在森林培育过程中，选择高多样性的树种组合、健康育苗、注重生物防治方法，将可能实现从森林虫害的被动防治转变为主动治理。在水稻生态系统中，与抗病品种混合种植的敏感水稻品种的产量大幅提高，而稻瘟病的发生程度则大幅降低（详见案例4-3）。

2. 生物防治资源

生物防治资源包括寄生性天敌、捕食性天敌、病原微生物、抗性植物、生物农药等。根据营养关系，前三者是害虫的天敌，抗性植物作为害虫的食物。

寄生性天敌主要包括寄生蜂、寄生蝇等。寄生蜂是最主要的寄生性天敌，附肢产卵器和腹柄是寄生蜂最重要的解剖特征。捕食性天敌主要包括蜘蛛、捕食螨、捕食性昆虫，以及鸟类、两栖类、鱼类动物等。捕食性天敌通常整个生命周期都具有捕食性，但专一性不强，多为广食性。捕食性天敌具有寄生性天敌所没有的优点，即捕食者不需要与猎物的某一个敏感发育阶段同步。

病原微生物包括病毒、真菌、细菌、线虫、微孢子虫等，其侵染昆虫一般要经历传送、进入、增殖和逸出四个阶段。昆虫病原细菌主要是产生特异性的杀虫毒素来破坏害虫的代谢平衡，或者是通过营养体在虫体内的繁殖而引起昆虫发生流行病，从而引起昆虫的死亡。概括而言，昆虫病原微生物侵染昆虫的主要特点如下。①病毒：专一性较强，杀虫范围窄，可经卵传递或经卵巢传递，需要活体培养，对人畜安全，包涵体有抗性，常形成流行病。②真菌：能离体培养，孢子储存持久，容易扩散，常形成流行病。③细菌：不少种类能产生毒素，杀虫速度快范围广，大多便于工业化生产，不常形成流行病。④线虫：对人畜安全，能主动进入寄主体内，并可规模化培养生产。⑤微孢子虫：对人畜安全，只能活体培养，一般由昆虫卵传递，抗性较强。

苏云金芽孢杆菌（*Bacillus thuringiensis*）（简称 Bt)是一种革兰氏阳性菌，是目前研究最为深入，使用最为广泛的昆虫病原微生物。苏云金芽孢杆菌在生长代谢过程中，可以产生多种对昆虫有致病性的杀虫毒素，包括内毒素与外毒素两大类。外毒素是该菌在生长过程中分泌到胞外的代谢产物；内毒素亦称为晶体毒素，是以蛋白质晶体结构的形式存在于细胞内，并随芽孢囊的破裂和芽孢的释放而释放到胞外，是主要的杀虫毒素。苏云金芽孢杆菌的杀虫机理已研究清楚。第一，Bt 毒素晶体被敏感昆虫吞食后，在其中肠高 pH 和蛋白酶的作用下酶解而被激活；第二，被激活的毒素识别和结合中肠上皮细胞表面特异受体，然后插入细胞质膜，使上皮产生小孔，昆虫停止进食；第三，上皮细胞肿胀和溶解；第四，昆虫死亡，同时产生大量 Bt 芽孢和晶体。由于苏云金芽孢杆菌的杀虫机理明确、安全性好，所以 *Bt* 基因成为转基因抗虫植物的主要外源基因。

昆虫病原真菌在生物防治中使用最广的是白僵菌和绿僵菌。被白僵菌侵染的昆虫，虫体坚硬，体表长有白色菌丝层，通常称为"白僵病"或"硬化病"。绿僵菌能侵染昆虫 8 目 30 科约 200 多种，也能寄生螨类，可诱发昆虫产生绿僵病，尤其是对鞘翅目昆虫（如金龟子幼虫）的防治效果好。昆虫病毒主要包括核多角体病毒、质多角体病毒和颗粒体病毒。昆虫病毒经口侵入虫体后，通过在敏感细胞内大量复制子代病毒，紊乱和破坏细胞正常代谢功能，使昆虫致病，直至死亡。常用于防治害虫的线虫主要属于斯氏线虫科斯氏线虫属（*Steinernema*）和异小杆线虫科异小杆线虫属（*Heterorhabditis*）。当线虫接触到寄主后，通过昆虫的口、肛门、气门或是节间膜进入寄主，然后穿透肠壁或气管壁进入血腔。进入寄主几小时后，将共生菌释放于寄主血腔，细菌繁殖产生毒素，使昆虫在较短时间内死亡。在工业化国家生物农药市场上，这类线虫的市场销售额仅次于苏云金芽孢杆菌，占第二位。微孢子虫是专性细胞内寄生的单细胞原生动物，是一类重要的昆虫病原微生物。1857 年在家蚕中发现微孢子虫并命名。微孢子虫可侵染 400 种以上的昆虫，几乎整个昆虫纲的各个目的昆虫均有发现被寄生者。国际上研究较多的昆虫微孢子虫有蝗虫微孢子虫、玉米螟微孢子虫等，其中蝗虫微孢子虫在草原蝗虫治理中发挥了重要作用。

选育和种植抗性植物防治病虫害，方法简便、安全、无污染、经济有效，是一种重要的生物防治措施。同一作物的不同品种，往往受害损失程度不同。受害重、损失大的称为感虫品种。能避免或耐受或受害后有补偿能力的称为抗性品种。抗性可分为免疫（不受害）、高抗、抗、中抗、低抗、感、高感等多个等级（通常分 0～9 级，9 级为高感）。植物抗性是进化的产物，是适应性的一种表现，是寄主植物与其植食性昆虫或病原体在共同进化中相互适应、互为选择而形成的一种遗传特性。作物抗虫性的主要类型如下。①拒避性：害虫不嗜好；②抗生性：作物含有次生化合物以减轻害虫的危害；③耐害性：作物对害虫危害有一定耐害力。抗性植物品种可以通过杂交选育、基因工程、辐射诱变等技术获得。转基因植物已在棉花等作物害虫生物防治中发挥了重要作用（详见案例 4-4）。

3. 生物防治的途径和方法

害虫生物防治的途径和方法主要包括天敌引进、天敌保护与助增、天敌的大量生产与应用、抗性作物的利用、不育雄虫的利用等。天敌引进是指将天敌从一个国家移引至另一个国家，是一种传统的害虫生物防治技术，如美国从澳大利亚引进澳洲瓢虫。到 20 世纪末，全世界已引进 5000 多种次天敌防治外来节肢动物，引进 8000 余种次天敌防治外来入侵杂草。引进天敌的程序包括：国外天敌采集与鉴定、天敌筛选、检疫处理、风险评估和潜力评估等研究、野外释放、效果评价等。引进天敌时需要遵循所在国家的法律法规。保护和利用天敌防治害虫，是生物防治的主要措施。一般简单易行，效果也较好。据估计，天敌的保护利用占整个生物防治面积的 80%左右。保护利用天敌的主要措施包括：增加非作物生境中的植物多样性、为自然天敌提供避难所和食物、控制自然天敌的天敌，以及合理使用杀虫剂等。

大量生产与应用的天敌主要有两类，一类是寄生性和捕食性天敌，另一类是昆虫病原微生物。目前，已经商品化生产的寄生性和捕食性天敌有 130 余种，主要种类为赤眼蜂、丽蚜小蜂、草蛉、瓢虫、中华螳螂、小花蝽、捕食螨等。其中，赤眼蜂（*Trichogramma*）是世界上防治对象较多、效果较好、成本较低、应用面积最大的寄生性天敌，将不同发育阶段的赤眼蜂卵混合使用，可使赤眼蜂的出蜂期达 15d 左右。捕食螨是应用最广的捕食性天敌，成本也较低。昆虫病原微生物的大量生产主要采用人工培养基增殖和活体增殖两种方式，其中细菌和真菌可用半固体发酵和液体深层发酵大量生产，而病毒和微孢子虫则只能活体增殖，线虫可采用上述两种方式。天敌优良品系、饲料或培养基、机械化生产设备等是天敌大量生产的关键。天敌应用的两种主要形式是大量释放（inundative release）和接种性释放（inoculative release），前者主要用于控制有害生物的短期危害，后者主要用于预防有害生物的后期暴发。

利用抗性作物最简单的方法是在田间合理种植。如同化学农药能引起病虫抗药性一样，长期种植单一（类）抗性品种也能使病虫害产生适应性，从而使抗性品种失去利用价值。为了延缓病虫害对抗性品种产生适应性，应提倡抗性品种的交替使用，避免大面积种植单一抗性品种。转基因抗性品种应按要求提供合理大小的避难场所。

昆虫不育技术是生物防治方法中唯一有可能灭绝害虫的有效手段，其中需要大量释放不育雄虫。该技术成功的关键之一是释放的不育雄虫与野生雄虫的交配竞争力。利用辐射方法获得不育雄虫是经典的方法，利用沃尔巴克氏体（*Wolbachia*）生产不育雄虫的方法也已经小范围试验成功。2016～2017 年，研究人员把辐射不育技术与 *Wolbachia* 的胞质不相容技术相结合，在广州市沙仔岛和大刀沙岛大量释放不育的白纹伊蚊（*Aedes albopictus*）雄蚊后，野生蚊子的数量大幅减少。

4. 生物防治的效果评价

选择科学的方法评价生物防治的效果，对生物防治方案的成功实施和不断完善是十分重要的。如果仅仅把对有害生物的短期防治效果作为评价指标，那么就是片面的，也是不科学的。生物防治方案的效果评价，应该遵循以下两个原则。第一，短期防治效果与长期效益相结合。对有害生物的短期防治效果是重要的，可以即时减轻其危害，减小损失。但是应该看到，防治措施的长期效益也很重要。化学农药通常收效迅速，可在短期内大量杀灭有害生物，但是其缺点也很明显，主要包括害虫的抗药性、农药残留和次要害虫的再猖獗。生物防治的长期效益好，例如引进澳洲瓢虫可长期将吹绵蚧控制在一个较低的种群密度。一般来说，连续采取生物防治措施 3～5 年后，其成本与化学防治的成本相当或更低。第二，采用多个指标进行综合评价。至少应该包括以下四方面的指标：①有害生物的数量及造成的损失；②有益生物（天敌）的数量及其控害作用；③化学农药用量及其农田环境质量；④产品质量及其市场前景。

案例 4-3

水稻遗传多样性与病害控制

本案例介绍 Zhu 等（2000）发表于 *Nature* 的 1 篇论文。利用水稻遗传多样性能很好地控制稻瘟病，是一种大面积高效的病害生态控制方法，有助于作物生产的可持续性。

在中国云南省，糯米用于制作甜点和其他特色菜肴，比其他类型的大米具有更高的市场价值，但产量较低，而且极易受稻瘟病的危害。杂交水稻品种对稻瘟病的易感程度较低，但也被部分稻瘟病小种危害。1998 年以前，研究区 98%的稻田都是单作种植杂交水稻'汕优 22'和'汕优 63'。论文作者进行了大规模田间试验，通过与数千名稻农的合作，研究常见的 2 个糯稻和 2 个杂交水稻品种的混合种植对稻瘟病发生的影响。基于当地农民的实践，将单行糯稻分散种植在四行杂交水稻之间（图 4-3），期望提高糯稻的产量和抗病性。在试验的第一年（1998），在 812 公顷范围内混合种植了上述 4 个水稻品种。由于品种混合种植对稻瘟病有很好的防治效果，当年只喷了一次叶面杀菌剂。1999 年扩展至 3342 公顷的稻田，除没有施用叶面杀菌剂外，其他均与 1998 年相同。

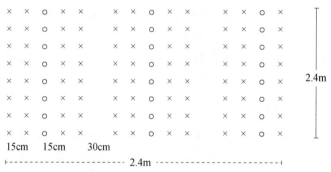

图 4-3 抗病杂交稻（x）与感病糯稻品种（o）的混合种植模式（引自 Zhu et al., 2000）

水稻品种多样性显著减轻了稻瘟病的危害程度。1998 年，糯稻品种单作时的穗瘟发生程度平均为 20%，但糯稻与杂交稻混合种植后降至 1%。1999 年的结果非常相似。在单株产量方面，混合种植的糯稻平均比单作糯稻高 89%。因此，也大幅提高了种植区的经济效益。

"绿色革命"使农作物产量有了显著的提高，但也产生了一些问题，包括作物遗传多样性的丧失。该论文的研究结果表明，大规模混合种植不同类型的作物品种，不仅可大幅减轻病虫害发生程度，而且可提高作物和综合经济效益。

案例 4-4

Bt 棉对棉铃虫的长期控制作用

本案例介绍 Wu 等（2008）发表于 *Science* 的 1 篇论文。携带杀虫剂的转基因作物已成为全球害虫管理的重要工具。作为最早商业化种植的转基因作物，Bt 棉花（转 *Bt* 基因棉花）2007 年在全球种植 1400 万公顷，其中中国 380 万公顷。Bt 棉花可以抑制棉铃虫、棉红铃虫等鳞翅目害虫的数量，但其长期和更广泛的生态后果是未知的。该论文通过 16 年的长期研究，发现棉铃虫在多种作物中的区域性暴发明显减少与 Bt 棉的种植有关。

论文作者在中国六省（河北、山东、江苏、山西、河南、安徽）的多种作物田中，长期和大规模监测了棉铃虫的种群数量，研究结果表明：在 1997～2006 年间，棉田棉铃虫的卵密度和其他主要作物田棉铃虫的幼虫密度均与引入 Bt 棉花种植后的年数负相关。在 Bt 棉花商业化种植之前（1992～1996），棉铃虫在棉花和其他寄主作物上的种群数量是相当高的。但棉铃虫的种群密度随着 Bt 棉花的引入而急剧下降，特别是在 2002～2006 年间。逐步回归分析的结果表明，在所有六个省份，Bt 棉花种植面积对棉铃虫密度降低的贡献最大；针对 1997～2006 年间的第二和第三代棉铃虫，Bt 棉对棉铃虫密度的抑制作用大于温度和降水，是六省棉铃虫密度长期被抑制的关键因素。

1998～2007 年间还在河北省廊坊试验站的棉田系统调查了棉铃虫数量，发现 Bt 和非 Bt 棉田的棉铃虫卵密度均随 Bt 棉花种植而逐年直线降低，非 Bt 棉田的幼虫密度也逐年直线降低；而 Bt 棉田的幼虫密度均维持在低水平。这些结果表明，Bt 棉花的种植抑制了棉铃虫在中国北方主要寄主作物上的区域性发生。

案例 4-5

烟粉虱劫持了植物解毒基因

该案例介绍 Xia 等（2021）发表于 *Cell* 的 1 篇论文。该论文发现了世界重大入侵害虫烟粉虱中存在植物源的水平转移基因 *BtPMaT1*，并揭示了其解毒植物毒素从而导致烟粉虱广泛寄主适应性的分子机制。

　　在植物和昆虫的共进化过程中，植物能够产生有毒的次级代谢物来防御昆虫的侵害。酚糖是一类最为丰富的植物次生代谢产物，也是非常常见的植物防御化合物。利用生物信息学和分子生物学的方法，作者发现在烟粉虱基因组存在一个酚糖丙二酰基转移酶基因*BtPMaT1*，并证实该基因为植物源的水平转移基因，而且在烟粉虱成虫的中肠特异性表达。

　　虽然酚糖是植物的防御化合物，但过量的酚糖对植物本身生长发育不利，植物利用酚糖丙二酰基转移酶代谢酚糖，以降低对其自身不利的影响。烟粉虱中的 BtPMaT1 蛋白是否具有类似的酚糖解毒功能呢？作者通过毒力生物测定的方法证明了特定的酚糖对烟粉虱有明显的致死作用，且不同种类的酚糖对烟粉虱毒力差异较大。利用饲喂法干扰 *BtPMaT1* 基因，能够显著抑制 *BtPMaT1* 基因表达，并显著增加部分酚糖对烟粉虱的致死效果，而且利用 VIGS 持续干扰 *BtPMaT1* 基因能够显著增加烟粉虱成虫的死亡率并降低其繁殖力。构建表达 *BtPMaT1*基因片段发夹 RNA 的转基因番茄品系，取食转基因番茄的烟粉虱蜜露中一部分黄酮糖类物质的含量增加且部分黄酮糖的酰基化产物的量降低。进一步的生物学测定发现，转基因番茄品系能够完全控制烟粉虱为害，而对非靶标节肢动物蚜虫和二斑叶螨没有影响，说明其控害效果好且安全性较高。该论文的主要试验步骤如下：

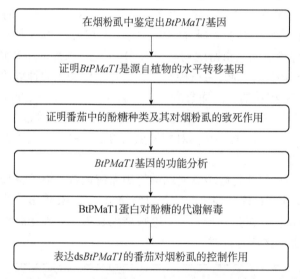

该论文发现烟粉虱利用植物自身基因代谢植物产生的有毒次级代谢产物。烟粉虱正是通过这种巧妙的进化方式（图 4-4），使其具有广泛寄主适应性。

图 4-4　烟粉虱利用植物的矛（*BtPMaT1* 基因）攻击植物的盾（酚糖）（张友军团队供图）

> **Box 4-6：水平基因转移**
>
> 水平基因转移（horizontal gene transfer）是指在不同生物个体之间，或单个细胞内部细胞器之间所进行的遗传物质的交流。水平基因转移是相对于垂直基因转移（亲代传递给子代）而言的，它打破了亲缘关系的界限，使基因流动的可能变得更为复杂。

二、基于 RNAi 的生物农药

有害生物控制既要效果好，又要安全性好，其策略也是从广谱性到选择性再到专一性。RNAi 技术可实现对有害生物的专一性控制；更重要的是，基于 RNAi 的生物农药不依赖于有毒物质来控制有害生物，应用前景广阔。

RNAi 是植物，动物（含昆虫、线虫），真菌等真核生物的一种强有力的基因表达抑制途径。当 dsRNA 进入细胞后会被核酸内切酶 Dicer 切割成 21～23bp 的干扰小 RNA（siRNA），然后 siRNA 与一种由多个分子组成的 RNA 诱导沉默复合体（RISC）结合，在 ATP 提供能量的情况下，siRNA 中的反义链找到与其碱基互补的 mRNA 序列并由 RISC 中的 Argonaute 蛋白进行切割，使 mRNA 降解并最终起到降低靶标基因表达的作用。RNAi 技术具有简便、高效和特异性强等优势，已广泛应用于不同类型生物的基因功能研究，取得了不少原创性的重要成果。随着对 RNAi 作用机制的深入研究，以 RNAi 为基础的应用技术逐渐在医药、农业等多个领域展现出巨大的发展潜力。通过干扰控制病虫发育或重要行为的关键基因，可实现对病虫害的精准防控。

基于 RNAi 的病虫控制方法包括靶标基因筛选、作用机制研究、安全性评价和应用技术研发等环节。这里主要阐述靶标基因和应用技术。

1. 靶标基因

RNAi 靶标基因的筛选应遵循以下 3 个原则：①靶标基因被 RNAi 沉默后对病虫具有明显的负面影响，最常见的负面影响是当病虫的靶标基因被 dsRNA 沉默后，其正常的生长和发育受到阻碍并最终导致死亡。②靶标基因对非靶标生物具有较高的安全性。合格的靶标基因必须对非靶标生物安全，即对人类、哺乳动物、鸟类、鱼类、两栖类、天敌昆虫以及其他非靶标生物安全。对靶标基因的安全性进行评价主要包括以下几个方面：第一，RNAi 靶标基因对人类不具有潜在的毒性和过敏性，选取的靶标基因片段不能与已知对人类有毒性或致敏性的基因具有过高的同源性；第二，靶标基因具有较高的特异性，其序列片段要与人类以及其他非靶标生物的基因序列存在较大的差异，以防止出现脱靶现象；第三，RNAi 靶标基因具有一定的遗传稳定性。③靶标基因具有较高的剂量敏感度，即在低剂量 dsRNA 下可实现好的 RNAi 效果。

靶标基因的筛选方法主要有三种。①基因组筛选法，即在全基因组水平筛选 RNAi 靶标基因，因此工作量巨大。目前，仅有黑腹果蝇（*Drosophila melanogaster*）和赤拟谷盗（*Tribolium castaneum*）完成了基因组水平的 RNAi 靶标基因筛选。②同源搜索法，即根据在其他昆虫中已经发现的基因序列进行同源比对，在目标昆虫中进行 RNAi 验证，绝大多数研究都属于此类。③KEGG 通路法。根据昆虫生长发育所需的关键信号通路筛选候选 RNAi 靶标基因。

目前已报道一些具有应用潜力的 RNAi 靶标基因（蛋白），包括几丁质合成酶、海藻糖合成酶、几丁质酶、蜕皮激素受体、保幼激素受体、HSP90、*Snf 7*、氨肽酶、色氨酸加氧酶、精氨酸激酶、酪氨酸羟化酶、*V-ATPase*、丝氨酸蛋白酶、乙酰胆碱酯酶、细胞色素 P450、谷胱甘肽-*S*-转移酶等的相关基因。这些靶标基因主要可分成三类：①昆虫特有的靶标基因（如几丁质合成酶基因），这类基因的安全性较好，需要重点寻找防治效果好的基因片段；②高效安全的持家基因（如 *Snf 7* 基因），需要遴选合适的靶标基因片段来保障其安全性；③提高农药防治效果的靶标基因（如 P450 基因），期望在 RNA 干扰此类靶标基因后能提高农药的防治效果，进而减少农药用量。明确了防治效果好的靶标基因后，还要阐明靶标基因的作用机制，这样才能确保其安全性。有时候，需要在防治效果和安全性之间寻找平衡点。

昆虫通常有 2 个几丁质合成酶基因，其中基因 A 拥有交替外显子。由于该基因不存在于高等生物中，因此理论上其作为 RNAi 靶标基因的安全性较好，但这方面的实验证据仍然缺乏。此外，几丁质合成酶基因 A 是非中肠基因，确定其能否作为 RNAi 靶标基因，需要首先证明饲喂该基因的 dsRNA 可成功下调靶标基因的表达量。2009 年首次证实甜菜夜蛾几丁质合成酶基因 A 可作为 RNAi 靶标基因，为同类研究奠定了基础。目前，几丁质合成酶基因 A 已在十几种害虫中成功实现 RNA 干扰，发现干扰后不仅可导致蜕皮畸形及死亡，而且成虫的产卵量降低，卵孵化率也很低。可见，几丁质合成酶基因 A 是一个很有潜力的 RNAi 靶标基因，但不是对所有害虫都有效。而且，需要选择最优的目标序列，以增强 RNAi 效果，并保证其安全性。

Snf 7 是一个持家基因，广泛存在于酵母、线虫、果蝇、拟南芥、小鼠等真核生物及人类。Snf 7 蛋白由 226 个氨基酸组成，是转运必需内吞体复合物Ⅲ亚基（ESCRT-Ⅲ）的一个组成部分。ESCRT-Ⅲ的主要功能是促进被泛素标记的膜蛋白的降解，在跨膜蛋白的内化、转运、分选和溶酶体降解过程中有重要作用。作为 RNAi 靶标基因的一个经典案例，玉米根萤叶甲（*Diabrotica virgifera virgifera*）的 *DvSnf 7* 基因的研究较为全面，包括干扰片段的选择、RNAi 效果、作用机制、安全性评价以及产业化等。第一，通过生物信息学分析选择一段特异性片段（240bp），最大限度地降低其对非靶标生物的影响。第二，通过饲喂不同浓度的 dsRNA，发现 *DvSnf 7* 基因对玉米根萤叶甲很有效。第三，阐明了 *DvSnf 7* 基因的 RNAi 作用机制。dsRNA 进入玉米根萤叶甲中肠后可被中肠细胞摄取，而且 24h 即可传递至其他组织，从而显著降低靶标基因的表达量及蛋白水平。第四，*DvSnf 7* 基因的 dsRNA 的杀虫谱很窄，也未发现 *DvSnf 7* 对蜜蜂和哺乳动物有不利影响。第五，在产业化方面与 Bt 作物联合使用。

由于化学农药的大量使用，不少害虫对农药产生了抗药性，有些抗性倍数甚至高达几千倍。抗药性相关基因（包括羧酸酯酶、P450、谷胱甘肽-*S*-转移酶等）的高表达是导致害虫抗药性增强的重要原因之一。如果下调抗药性相关基因的表达量，则害虫对农药的抗性降低，导致其死亡率升高。因此，对 P450 等解毒酶基因进行 RNA 干扰，可提高农药的防治效果，从而减少农药用量。

2. 应用技术

RNAi 技术应用于有害生物控制的途径主要有两类：直接喷施 dsRNA 或者在某种生物中表达 dsRNA。由于 dsRNA 在自然条件下稳定性较低、在体外或生物体内极易被降解，因此喷施 dsRNA 时常常需要与载体混合使用。目前应用较为成熟的核酸纳米载体包括壳聚糖、脂质体、聚乙烯亚胺、聚酰胺–胺树枝状聚合物和层状双氢氧化物等。壳聚糖存在带正电荷葡糖氨基，可与带负电荷核酸产生静电吸附作用，形成多聚复合物，已广泛应用于 dsRNA 和 siRNA 的递送。例如，壳聚糖可以与冈比亚按蚊（*Anopheles gambiae*）几丁质合成酶基因 1 的 dsRNA 稳定结合，饲喂 dsRNA 与壳聚糖的混合物后，幼虫靶标基因表达下调了 62.8%。喷施 dsRNA 还需要能穿透昆虫体壁的载体。2019 年报道的一种荧光壳核型纳米载体，可以结合并携带外源 dsRNA 快速穿透蚜虫体壁，进入活体细胞（<1h），极显著降低靶标基因的表达量，起到了良好的种群控制效果。

在植物或微生物中表达靶标基因的 dsRNA 来控制病虫害，已显示出明显的应用潜力。2007 年，研究人员在玉米和棉花中分别表达了玉米根萤叶甲和棉铃虫基因的 dsRNA，显著降低了靶标基因的表达量。最近，同时表达玉米根萤叶甲 *Snf7* 基因 dsRNA 和 *Bt* 基因的转基因玉米已完成安全性试验等，并已获得美国环保署批准，近期有望开展商业化种植。与传统的植物细胞核转化方式不同（T-DNA 随机插入到植物的核基因组中），质体转化是将外源基因定点整合到质体的基因组中，因而具有优势。2015 年，在马铃薯叶绿体中表达马铃薯甲虫致死基因 *β-Actin* 的 dsRNA，叶片中 dsRNA 的积累量达到了叶片总 RNA 量的 0.4%，其效果要远优于普通的细胞核转化方式。由于植物叶绿体之中缺乏 Dicer 酶，从而使表达的长链 dsRNA 能够不被切割而在植物细胞内不断累积，最终达到沉默昆虫靶标基因所需足够量的 dsRNA 分子。在植物质体中表达 dsRNA 的新方法，有效提升了昆虫可摄取的 dsRNA 分子数量，将会显著增强 RNAi 作物对咀嚼式口器和一些能够进行细胞取食的刺吸式口器害虫的控制效果。

已有报道表明，在大肠杆菌等细菌中表达 dsRNA 可用于 dsRNA 的工业化生产，也可以直接喷施表达 dsRNA 细菌用于防治对 RNAi 敏感的食叶类咀嚼式口器害虫。在绿僵菌等昆虫病原真菌中表达害虫关键基因的 dsRNA，可以提高昆虫病原真菌的防治效果。利用表达蚊虫 shRNA 的工程酵母饲喂埃及伊蚊（*Aedes aegypti*）和冈比亚按蚊，幼虫的致死率很高，应用前景广阔。

第四节　重要农艺性状的分子和遗传基础

农作物的重要农艺性状主要包括四大类：高产、优质、抗逆和养分高效利用，具体的性状指标则有十几个。

全基因组关联分析（GWAS）为高效准确地鉴定复杂性状相关基因提供了思路和方法，实现了优异种质资源的高效挖掘与利用。为充分利用丰富多样的水稻遗传资源，我国科学家在大规模、系统性收集稻种资源和创制遗传材料的基础上，建立了水稻复杂性状的全基因组关联分析方法。2010 年完成了对中国水稻 517 个地方品种的低丰度测序，构建出首个高密度的水稻单倍型基因图谱。通过性状考察分析，对 14 个重要的农艺性状进行了全基因组关联分析，并以高分辨率定位了农艺性状相关基因的候选位点。2011 年开展了抽穗期和产量相关性状的全基因组关联分析。通过对 950 份代表性中国水稻地方品种和国际水稻品种材料进行基因组重测序，构建了一张精确的水稻高密度单倍型基因图谱，进而在粳稻和籼稻群体中进行了全基因组关联分析，鉴定到多个新的关联位点和部分候选基因。2017 年利用水稻自然群体中所检测的黄酮代谢组数据进行全基因组关联分析，确定了 4 个控制氧糖基黄酮自然变异的位点。这些调控水稻重要农艺性状基因的自然变异，为进一步开展高效的水稻分子设计育种奠定了理论基础并提供了具有重要价值的遗传资源。

Box 4-7：全基因组关联分析（GWAS）

是应用基因组中数以百万计的单核苷酸多态性(SNP)为分子遗传标记，进行全基因组水平上的对照分析或相关性分析，通过比较发现影响复杂性状的基因变异的一种新策略。

一、作物产量和品质

水稻产量性状是由多基因控制的复杂数量性状，容易受到环境变化的影响。水稻产量主要由每株有效分蘖数、每穗粒数和粒重 3 个因素决定。首个克隆获得的调控水稻分蘖的基因 *MOC1* 编码一个 GRAS 家族蛋白，功能缺失后水稻表现出分蘖芽无法形成的单秆表型。GS5 是一个水稻籽粒大小的正调控因子，通过影响水稻颖壳细胞分裂来调控粒宽，间接影响灌浆，最终使得粒重增加。水稻 microRNA 也能正向调控水稻产量，OsmiR397 的过表达增加了籽粒大小，促进了穗分枝，在田间试验中的总产量提高了约 25%（详见案例 4-6）。

Ghd7 是从优良杂交水稻中分离出的一个数量性状位点 (QTL)，对水稻的一系列性状包括单穗粒数、株高和抽穗期都产生重要影响。在长日照条件下，增强 *Ghd7* 的表达可延迟抽穗期、增加株高和穗大小。但另一方面，*Ghd7* 功能减弱的自然变异可使水稻能在温和及较冷地区种植。这些结果表明，*Ghd7* 在调节水稻产量和适应性方面具有重要作用。根据 GHD7 蛋白序列可以把 *Ghd7* 分为 5 个等位基因，它们具有明显的地理分布规律。*Ghd7-1* 和 *Ghd7-3* 效应较大，主要分布于热带和亚热带地区栽种的品种中；*Ghd7-2* 存在于温带地区的粳稻品种中；完全缺失的 *Ghd7-0* 和蛋白质翻译提前终止的 *Ghd7-0a* 均是没有功能的等位基因，*Ghd7-0* 存在于华中和华南的早稻品种中，*Ghd7-0a* 则分布在我国黑龙江省的品种中。

GW8 可同时提升稻米产量和品质，该基因的高表达可以促进细胞分裂，使得水稻籽粒变宽，并且提高灌浆速率，增加千粒重，从而提高水稻产量。但 *GW7* 可明显提高稻米品质，但不影响产量。通过对 400 多份水稻种质资源的总蛋白以及贮藏蛋白含量分别进行测定，发现胚乳中谷蛋白含量的变异是水稻总蛋白变异的决定因子，并克隆了控制稻米蛋白质含量变异的关键位点 *qGPC-10*，该基因编码稻米贮藏蛋白中的谷蛋白前体，能够显著影响稻米蛋白质含量并最终影响稻米的营养品质。

案例 4-6

OsmiR397 提高水稻产量

该案例介绍 Zhang 等（2013）发表于 *Nature Biotechnology* 的 1 篇论文。水稻产量是一个复杂的性状，它与谷粒大小和每穗粒数直接相关。该论文发现 OsmiR397 通过调控其下游漆酶靶基因的表达，从而提高水稻的产量。这是首次有关小分子 RNA 在控制植物种子大小和谷粒产量中发挥正调控作用的报道。

首先，在水稻种子中鉴定表达的 miRNAs。发现几个 miRNAs，尤其是 OsmiR397，在水稻种子中高表达但在胚胎后期发育时期下调。为了评估 OsmiR397 对水稻籽粒性状的影响，构建了过表达 OsmiR397 的水稻。生物测定的结果表明，转基因株系的稻谷粒长和粒宽均显著增加，千粒重也显著增加。在田间试验中，过表达 OsmiR397b 的水稻增产 24.9%。

其次，阐明了 OsmiR397 的下游靶基因。根据先前的预测，OsmiR397 的靶基因为漆酶 *OsLAC*。该论文应用 RNA 连接酶介导的 cDNA 末端快速扩增技术、靶位点突变等方法验证了 OsmiR397 的靶基因确实为 *OsLAC*。

再次，通过分析 OsmiR397 和 *OsLAC* 的时空表达模式，发现 OsmiR397 负调节 *OsLAC* 的表达。在过表达 OsmiR397 的转基因水稻中，*OsLAC* 的表达量显著降低。过表达 *OsLAC* 的转基因水稻 OXLAC 的表型与过表达 OsmiR397b 的转基因水稻 OXmiR397b 的表型相反，进一步证实了 OsmiR397 负调节 *OsLAC*。

将 OXLAC 和 OXmiR397b 植株进行杂交，所有的转基因系 OXmiR397b 都能充分挽救 OXLAC 植株中籽粒大小和主穗粒数减少的表型。为了消除 OsmiR397 作用于其他潜在靶点的可能性，还构建了 OsLAC RNA 干扰系。这些植株的表型与 OXmiR397 株系相似。

该论文的主要试验步骤如下：

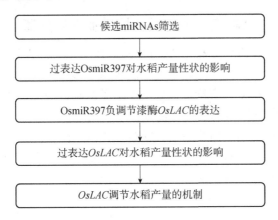

二、作物抗逆及养分高效利用

土壤盐碱化、重金属污染、干旱、高温和低温等非生物逆境以及病虫害等生物逆境是制约农作物生产的主要因素，也是我国农业可持续发展所面临的严峻挑战。2015 年报道的水稻感受低温的重要 QTL 基因 *COLD1* 编码一个 G 蛋白信号调节因子。水稻感受到冷胁迫后，COLD1 可以与 G 蛋白 α 亚基 RGA 互作，激活 Ca^{2+} 通道，增强 G 蛋白 GTP 酶活性，从而触发下游耐寒防御反应，对基于 COLD1 模块的水稻耐寒分子设计育种具有重要的应用前景。特异性控制水稻叶片镉积累的关键基因 *CAL1* 主要在水稻根外皮层和木质部薄壁细胞中表达，通过在细胞质中螯合镉并将镉外排到细胞外，从而降低细胞中镉的浓度，驱动镉通过木质部导管进行长途转运。

褐飞虱是水稻主要虫害之一，第一个分离鉴定的抗褐飞虱主效基因 *Bph14* 编码一个典型的 CC-NB-LRR 家族蛋白。作为一个水稻广谱持久的褐飞虱抗性基因，*Bph3* 是一个由 3 个编码细胞质膜凝集素受体激酶组成的基因簇。通过转基因技术或分子标记辅助选择策略将 *Bph3* 基因导入易感水稻品种中，能显著增强水稻对褐飞虱和白背飞虱的抗性。*Bph6* 也是广谱抗褐飞虱基因，它和胞泌复合体亚基 Exo70E1 互作，调控水稻细胞的外泌。通过全基因组关联和遗传群体共分离相结合分析，发现水稻广谱持久抗稻瘟病基因 *Bsr-d1* 启动子区域一个关键碱基变异，导致上游 MYB 转录因子对 *Bsr-d1* 的启动子结合增强，从而提高水稻的免疫反应和抗病性（详见案例 4-8）。

氮、磷、钾是植物必需的营养元素，在作物生长发育过程中行使重要的生理功能。长期大量使用化肥不仅带来了严重的环境污染问题，也造成了资源浪费和短缺。2015 年从籼稻中克隆的氮素高效利用基因 *NRT1.1B* 编码一个硝酸盐转运蛋白，在籼稻和粳稻之间只有一个氨基酸的差别，*NRT1.1B* 一个碱基的自然变异是导致粳稻与籼稻间氮肥利用效率差异的重要原因。籼稻中的 *NRT1.1B* 调节硝酸盐的吸收、转运和同化等各个环节，从而使得籼稻具有更高的氮肥利用能力。2021 年揭示了氮响应的染色质调控增加水稻分蘖的分子机制，从而可在氮肥投入减少的情况下提高水稻产量（详见案例 4-7）。

案例 4-7

氮响应的染色质调控增加水稻分蘖

该案例介绍 Wu 等（2020）发表于 *Science* 的 1 篇论文。20 世纪 60 年代的第一次绿色革命提高了谷类作物的产量，部分原因是通过广泛种植半矮秆作物品种。但是，这些半矮秆品种需要大量氮肥投入以获得最大产量。该论文揭示了氮响应的染色质调控增加水稻分蘖的分子机制，从而可在氮肥投入减少的情况下提高水稻产量。

氮肥诱导水稻产量的增加是由分蘖数、粒数和粒重三因素综合决定的，而外源施用赤霉素降低了水稻的分蘖数。为了研究赤霉素对氮促进水稻分蘖的影响，作者采用遗传筛选的方法鉴定出对施氮量不敏感且分蘖数少的突变体 *ngr5*，从 G 到 A 的突变导致甘氨酸变为精氨酸。

研究发现，增加氮素使 NGR5 编码的水稻转录因子的转录和丰度升高。NGR5 与复合物 PRC2 的一个组分（LC2）相互作用，抑制了组蛋白 H3K27me3 响应氮素增加的甲基化修饰，从而导致水稻分蘖数增加。这种改变在 *ngr5* 突变体水稻或赤霉素处理下有所减少。进一步的研究发现，NGR5 是赤霉素受体 GID1 的一个靶标。

RNA 测序和 ChIP-PCR 分析表明，氮素增加以剂量依赖的方式降低了独脚金内酯信号转导和其他分支抑制基因的 mRNA 水平。在 *ngr5* 突变体中，DELLA 蛋白介导的氮诱导分蘖数的增加被消除了。DELLA 蛋白功能的增强，竞争性抑制 NGR5 与 GID1 的互作，从而促进 NGR5 的稳定性。在水稻中表达 NGR5 编码的基因，在不同的施氮条件下均能提高水稻产量，且不影响其生长特性。

通过调节 NGR5、DELLA 蛋白和 GID1 之间的竞争性相互作用，可以在氮肥投入减少的情况下提高水稻产量。产量和投入方面的这种转变可以促进农业的可持续性和粮食安全。该论文的主要试验步骤如下：

氮响应不敏感的水稻突变体筛选：*ngr5*

↓

氮通过NGR5促进水稻分蘖

↓

NGR5的功能依赖于PRC2的一个组分

↓

NGR5是赤霉素受体GID1的一个靶标

↓

DELLA竞争性抑制NGR5与GID1的互作

↓

NGR5在水稻育种中的应用

案例 4-8

水稻广谱抗稻瘟病基因

该案例介绍 Li 等（2017）发表于 *Cell* 的 1 篇论文。病原菌向植物细胞传递效应子以抑制宿主的免疫反应和/或创造一个有利的宿主细胞环境。植物发展出由抗性基因编码的细胞内传感器，直接或间接地感知病原体效应子，从而引发效应触发免疫（ETI）。ETI 引发的抗性很强，但由于病原效应子进化迅速，其抗性仅限于少数病原小种，且不持久。该论文在水稻中鉴定到一个 C_2H_2 型转录因子的自然等位基因，该基因对稻瘟病具有广谱抗性。

'地谷'（Digu）是一个对稻瘟病具有持久、广谱的高抗水稻品种，是该论文选用的试验材料之一。为研究'地谷'对稻瘟病的广谱抗性，作者从中国作物基因库中 534 份已测序的水稻材料中随机选择 66 份无广谱抗性的材料，这些材料与'地谷'一起进行全基因组关联研究，发现了 2576 个'地谷'特有的 SNP。为进一步鉴定该基因的 SNP 位点，利用'地谷'与水稻高感病品种 LTH 杂交，构建了 3685 个重组自交系群体。从中选择了 74 个自交系，他们与 LTH 亲本在形态上无法区分且同时缺乏基因 *Pid2* 和 *Pid3*（'地谷'中已报道的 2 个抗病 R 基因）。生物测定的结果表明，42 个自交系对稻瘟病敏感，其余 32 个抗性。通过 SNP 分析，发现 SNP33 与稻瘟病抗性共分离。这些结果表明，'地谷'等位基因 SNP33-G（命名为 *Bsr-d1*）与广谱抗性密切相关，位于 *LOC_Os03 g32230* 的启动子上。

进一步研究表明，稻瘟病菌诱导 *Bsr-d1* 在感病水稻中表达，而在抗性水稻中不表达。*Bsr-d1* 的沉默、过表达和 CRISPR 介导的敲除验证了 *Bsr-d1* 在'地谷'抗性中的作用。*Bsr-d1* 基因敲除系对稻瘟病表现出广谱抗性并引起超敏反应。BSR-D1 靶向在'地谷'被稻瘟菌侵染后抑制的两个过氧化物酶基因，其中 *Os10 g39170* 的表达水平是水稻对稻瘟病菌抗性的关键。

EMSA 实验的结果表明，转录因子 MYBS1 与 *Bsr-d1* 基因启动子上的 MYS1 位点结合，进而调节 *Bsr-d1* 基因的表达量以及稻瘟菌的生长。在'地谷'品种中，*Bsr-d1* 基因启动子的单核苷酸变异（从 A 到 G）后，抑制性转录因子 MYBS1 与该基因启动子的结合导致基因表达量降低，进而抑制了过氧化物酶基因的表达，导致过氧化氢 H_2O_2 积累从而增强了水稻对稻瘟菌的抗性（图 4-5）。

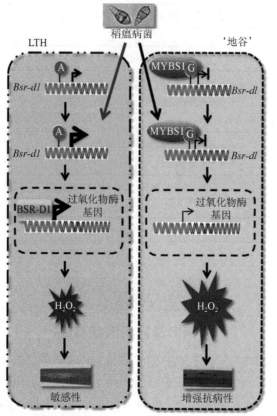

图 4-5　水稻转录因子 *Bsr-d1* 调节其对稻瘟菌抗性的分子机制
（引自 Li et al., 2017）

LTH：高感病水稻品种；MYBS1、BSR-D1：转录因子

　　由于'地谷'基因 *Bsr-d1* 在提高其对稻瘟病的广谱抗性时，对水稻的产量和品质性状无显著影响，因此，该抗病位点具有很大的育种应用潜力。该论文的主要试验步骤如下：

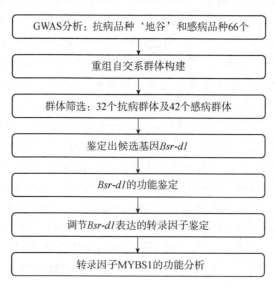

【延伸阅读】

Li W, Zhu Z, Chern M, et al. 2017. A natural allele of a transcription factor in rice confers broad-spectrum blast resistance. Cell, 170: 114-126.

Wu K, Wang S, Song W, et al. 2020. Enhanced sustainable green revolution yield via nitrogen-responsive chromatin modulation in rice. Science, 367: eaaz2046. DOI: 10.1126/science.aaz2046.

Wu K M, Lu Y H, Feng H Q, et al. 2008. Suppression of cotton bollworm in multiple crops in China in areas with Bt toxin-containing cotton. Science, 321: 1676-1678.

Xia J, Guo Z, Yang Z, et al. 2021. Whitefly hijacks a plant detoxification gene that neutralizes plant toxins. Cell, 184: 1693-1705.

Zeng D, Tian Z, Rao Y, et al. 2017. Rational design of high-yield and superior-quality rice. Nature Plants, 3: 17031. DOI: 10.1038/nplants.2017.31.

Zhang C, Yang Z, Tang D, et al. 2021. Genome design of hybrid potato. Cell, https://doi.org/10.1016/j.cell.2021.06.006.

Zhang Y C, Yu Y, Wang C Y, et al. 2013. Overexpression of microRNA OsmiR397 improves rice yield by increasing grain size and promoting panicle branching. Nature Biotechnology, 31: 848-852.

Zhu Y Y, Chen H R, Fan J H, et al. 2000. Genetic diversity and disease control in rice. Nature, 406: 718-722.

【思考练习题】

1. 在作物育种过程中，如何打破有害和优良等位基因之间的紧密连锁？
2. 评价新培育抗虫作物品种的抗虫效果时，拟在三个试验地开展区试。试问利用方差分析分析数据时，主要需要考虑哪些试验因素？
3. 开展全基因组关联分析（GWAS）时，常利用哪些统计分析方法？
4. 在案例 4-8 中，如何构建重组自交系群体？

第五章　动物学试验设计典型案例

动物学是一门具多个分支的基础学科，不仅学科本身的理论研究内容广博，与农、林、牧、渔、医、工等多方面实践也有着密不可分的关系。以研究对象来划分，可分为无脊椎动物学、原生动物学、寄生虫学、软体动物学、昆虫学、甲壳动物学、鱼类学、鸟类学和哺乳动物学等。按照研究重点和服务范畴，又可划分为理论动物学、应用动物学、资源动物学和仿生学等。动物在生长发育过程中常表现出多种行为特征，包括定向、取食和交配行为等，动物嗅觉、视觉和味觉器官等在其中发挥了关键作用。本章首先阐述动物学试验设计的特点，然后重点介绍嗅觉与动物定向和聚集、味觉与动物取食以及动物对逆境的适应。

第一节　动物学试验设计的特点及主要类型

一、动物学试验设计的特点

与其他生物比较，动物通常具有明显的行为特征，并有较强的节律性。动物试验中的观测指标与饲养管理和环境条件等密切相关，这些因素之间又相互影响，相互制约，共同作用于试验动物。影响动物试验因素的多样性决定了动物试验的复杂性。动物学试验设计的主要特点如下。

（1）设置稍多的重复数。在动物饲养过程中，有时会出现动物发育不正常、染病甚至死亡等现象，因此在实际操作时通常需要设置稍多的重复数，以确保有足够的重复数用于获得可靠的观测指标值。如测定一种昆虫的产卵数，通常需要 30 个重复，实际操作时可根据平时饲养该昆虫的存活率准备稍多一些的重复数，以保证获得 30 个以上有效数据。此外，通常还需要设置空白对照来监测对照组动物是否发育正常。

（2）重视局部控制原则。在动物试验中，特别是以猪、牛等大动物作为试验材料时，获取纯合一致的试验材料是一个关键的制约因素。因此，通常根据动物性别、窝组和体重等条件把试验动物分成若干区组，采取随机区组设计。例如，研究 A、B、C、D 四种饲料（A 饲料为对照）对生猪增重的影响，重复 5 次。20 头公猪（试验材料）的初始体重（kg）分别为：18、16、13、14、14、13、17、17、17、18、18、19、21、21、16、22、18、23、25、26。通常把试验动物分成 5 组：13、13、14 和 14；16、16、17 和 17；17、18、18 和 18；18、19、21 和 21；22、23、25 和 26，采用随机区组设计。如果操作者不慎采用了完全随机设计，可对数据进行协方差分析，也能分析四种饲料的作用。在上例中，也可创造条件采用拉丁方设计，首先把试验时间设为 5 个月（与试验重复数一致），其次把对照饲料重复使用一次，即有 A、A、B、C、D 五种饲料，这样选择 5 头公猪即可完成试验。

（3）根据动物节律或发育特性确定试验操作时间。动物行为常表现出特定的节律性。动物的冬眠和迁徙通常为年节律，取食则通常为日节律。动物试验中的取样或观测时间不仅要固定在一天的某个时间，而且要根据动物的节律来确定。例如，在分析食物消耗和大鼠活动的数据之后，发现作为夜行生物的大鼠进食大部分是在黑暗的时候，在晚上 11 点～早上 5 点这个时间段中，大鼠的食物消耗变动很少，因此在研究食物对大鼠某些指标的影响时，在凌晨 4 点左右取样较好。于 2020 年获得诺贝尔化学奖的 CRISPR/Cas9 技术对动物胚胎注射的时间有严格要求。例如，在家蚕中要求是注射 8 h 以内的胚胎；在褐飞虱和棉铃虫中要求在产卵 4 h 内完成显微注射，因为 4 h 后胚胎就已经开始发育。

（4）建立动物行为观测方法。动物通常表现出行为特征，主要包括社会行为、定向行为、运动行为、取食行为、交配行为、产卵行为、聚集行为、示踪行为、干扰行为、捕食行为、寄生行为、躲避行为、迁飞行为、扩散行为和搜索行为等。研究动物行为时，首先要建立合适的观测方法。例如，多功能运动轨迹跟踪系统 Etho Vision 可用于观察昆虫的交配行为和聚集行为等。研究刺吸式昆虫取食行为时常利用刺吸电位技术（electrical penetration graph，EPG），该技术不仅可在活体植物上应用，还可在人工饲料上应用。以水稻害虫褐飞虱为例，褐飞虱取食水稻时可产生 7 种 EPG 波形：np 波，口针没有刺入；N1 波，口针刺入；N2 波，分泌唾液，口针移动；N3 波，口针靠近韧皮部；N4-a 波，口针进入韧皮部，分泌唾液；N4-b 波，吸食韧皮部汁液；N5 波，吸食木质部汁液。褐飞虱取食人工饲料时，主要有 4 种基本波形：np 波，非刺探波；P 波，口针刺入饲囊膜；S 波，口针分泌唾液，并在人工饲料中移动；I 波，吸食人工饲料。

（5）需要考虑动物福利和伦理。在动物试验期间遵守有关的法规、试验动物伦理福利原则和动物实验室的规章制度。有些试验需在 SPF 级实验室进行。

二、动物学试验设计的主要类型

动物种群数量计算是动物学研究的重要课题。濒危动物数量的估算还有助于制定合适的保护措施。在野外估算动物种群的数量时，通常需要应用标记等方法。

动物在生长发育过程中常表现出行为特征。找到合适的食物是动物生存的基础，定向、搜索、取食、捕食和寄生等行为贯穿于整个取食过程，动物嗅觉、视觉和味觉等器官在这其中发挥了关键作用。本章第二节介绍嗅觉与动物定向和聚集，第三节将介绍味觉与动物取食。

生态系统中的很多因子都会影响动物的生长发育，例如全球气候变暖影响动物的分布和繁殖等。动物也会通过多种方式响应上述因子的变化，并会逐步适应不同的生境，例如候鸟和水稻害虫褐飞虱等会通过迁飞来躲避不利环境并寻找合适的食物。本章第四节阐述动物对逆境的适应。

第二节　嗅觉与动物定向和聚集

动物的嗅觉影响其栖息地选择、繁殖、觅食、群集、飞翔、趋避及信息传递等行为。

一、哺乳动物的嗅觉系统

哺乳动物利用两套嗅觉系统对化学信号进行探测，即嗅上皮、主嗅球及其中枢投射形成的主要嗅觉系统和犁鼻器、副嗅球及其中枢投射形成的犁鼻系统。前者能够对环境中的大多数挥发性化学物质进行识别，并与不同的行为表现相联系，如寻找食物、反捕和标记领域等；后者主要处理社会和繁殖信息，识别同种动物释放的信息素。

首个动物嗅觉受体基因家族是 1991 年由巴克（Buck）和阿克塞尔（Axel）在哺乳动物褐家鼠（*Rattus norvegicus*）中发现，这一研究获得 2004 年诺贝尔生理学或医学奖。迄今为止，研究人员已发现 5 种与动物嗅觉相关的受体，包括嗅觉受体（odorant receptor, OR）、犁鼻器受体（vomeronasal receptor, VR）、痕量胺相关受体、甲酰肽受体和鸟苷酸环化酶。嗅觉受体基因家族是动物基因组中最大的一个基因家族，约占基因总数的 1%。犁鼻器受体又称信息素受体，包括 V1R 和 V2R 两个基因家族，前者检测挥发性气味，后者检测非挥发性蛋白质配体。动物通常具有比人类更灵敏的嗅觉，例如，狗的鼻子中有 30 亿个气味接收器，而人类只有 500 万个。

经过长期的自然进化，犬嗅觉系统成为性能最为卓越的化学传感系统。犬嗅觉系统一般分为两个系统：主嗅觉系统和犁鼻系统，主要包括鼻腔、犁鼻器、鼻甲骨、鼻窦、筛骨、嗅黏膜和嗅球。犬基因组中有 971 个嗅觉受体基因，能识别的气味超过 10000 种。早在 20 世纪 60 年代，人们便开始利用犬来进行毒物探查。实践表明，嗅觉灵敏的犬能迅速察觉大麻、可卡因、海洛因、冰毒以及其他毒品。一条训练有素的缉毒犬就是一台毒品感应器，一只缉毒犬能在几分钟内搜查完一辆大货车。经过特殊训练的狗还可以很高效地通过嗅觉区分出前列腺癌患者。

嗅觉受体通常对于一组高度相关的成分反应最强烈，而对相关程度较远的物质则较为不敏感。对哺乳动物嗅觉受体的配体研究较多，其中对小鼠嗅觉受体 I7 的研究最为广泛，它以 *n*-辛醛作为主要配体。

二、昆虫的嗅觉系统

在节肢动物昆虫中，多种蛋白参与嗅觉识别过程，包括化学感受蛋白、气味结合蛋白、气味降解酶、嗅觉受体（也称为气味受体）、促离子型受体和感觉神经膜蛋白等。每种昆虫的嗅觉受体通常有几十个甚至更多。根据现有报道，在模式昆虫黑腹果蝇（*Drosophila melanogaster*）中发现 62 个嗅觉受体，在作为疟疾载体的冈比亚按蚊（*Anopheles gambiae*）中发现 80 个嗅觉受体，家蚕（*Bombyx mori*）、烟青虫（*Helicoverpa assulta*）、棉铃虫（*H. armigera*）、西方蜜蜂（*Apis mellifera*）和赤拟谷盗（*Tribolium castaneum*）中的嗅觉受体分别为 48、63、65、163 和 259 个。

蚊子主要通过它们的嗅觉系统来寻找和定位寄主。例如，埃及伊蚊（*Aedes aegypti*）对人类的偏好与伊蚊嗅觉受体 OR4 有关（详见案例 5-1）。干扰蚊子的嗅觉可以减少蚊子寻找宿主的行为，这也是驱虫剂的原理。研究发现二醇、氮杂环己烷和酰胺等化合物对蚊子具有良好的驱避效果，自 20 世纪 30 年代初起开始发展合成驱避剂。1946 年美国科学家从 2 万多种有潜力的驱蚊化合物中，筛选出驱蚊效果最好的 1 个酰胺化合物——DEET（*N*，*N*-二乙基-间-甲苯酰胺，常称为避蚊胺），至今仍是世界上使用最多的蚊虫驱避剂。Ditzen 等（2008 年）研究表明，DEET 能有效阻断冈比亚按蚊和黑腹果蝇嗅觉感受神经元对气味的电生理反应，抑制气味受体复合物所介导的昆虫气味感受和处理过程，该复合物由配体结合亚基和嗅觉受体OR83b 组成。在致倦库蚊（*Culex quinquefasciatus*）中，DEET 和其他 3 种驱蚊剂可激活其嗅觉受体 OR136，该嗅觉受体的激活为 DEET 驱避库蚊所必需。但是，不同种类的蚊子对驱蚊剂的行为反应具有明显差异，因此还需开发更多更有针对性的驱蚊剂。此外，冈比亚按蚊的气味结合蛋白已用于筛选天然驱蚊剂，小茴香醇、香芹醇、肉桂酸乙酯和肉桂酸丁酯的驱蚊效果与 DEET 相当，具有广阔的应用前景。

植食性昆虫利用高度敏感的嗅觉系统检测挥发性植物次生代谢物，以定位合适的植物作为寄主，这些化合物的感知取决于感受器中的嗅觉受体神经元（主要位于昆虫触角）。大多数昆虫通过检测普遍存在的混合化合物来识别植物，只有少数昆虫依赖于某些特征化合物来识别植物。早期研究发现桑叶挥发性物质顺式茉莉酮能特异性地吸引家蚕幼虫，其引起的行为反应与幼虫对桑叶的行为反应类似。体外功能研究进一步证明 BmOR56 是顺式茉莉酮的特异性受体，推测其是家蚕幼虫特异性识别桑叶的关键蛋白。在斜纹夜蛾（*Spodoptera litura*）、绿盲蝽（*Apolygus lucorum*）和烟青虫等农业害虫中，利用非洲爪蟾卵母细胞表达技术鉴定了多个气味受体的配体。我国重要农业害虫棉铃虫的基因组含有 7 个性信息素受体基因，通过功能研究鉴定了其中 4 个性信息素受体的配体。其中，OR13 识别棉铃虫主要的性信息素成分Z11-16:Ald，这一识别过程对于棉铃虫正常交配不可或缺。

芥子油苷是十字花科植物的标志性次生代谢物，咀嚼式昆虫取食会刺激异硫氰酸酯等植物防御物质的生成；同时，害虫取食也可通过茉莉酸等信号途径启动植物的防御系统，进一步促进芥子油苷合成并提升黑芥子酶活性，进而提高植物的防御水平。小菜蛾（*Plutella xylostella*）属于鳞翅目菜蛾科，是十字花科植物的专食性害虫。小菜蛾在进化过程中形成了应对芥子油苷的策略，其幼虫消化道内存在一种能快速降解芥子油苷的特殊硫酸酯酶，从而免受来自芥子油苷的毒害。小菜蛾甚至还可利用异硫氰酸酯作为寻找十字花科寄主植物的嗅觉信号，以帮助自己准确定位寄主。最新研究表明，苯乙基异硫氰酸酯、4-戊烯基异硫氰酸酯和 3-甲硫基丙基异硫氰酸酯是吸引小菜蛾雌蛾产卵的关键气味物质，而小菜蛾嗅觉受体OR35 和 OR49 能特异性感知上述 3 种异硫氰酸酯。利用 CRISPR/Cas9 技术对 OR35/OR49 单敲除和双敲除，发现单敲除品系小菜蛾雌蛾的触角电位反应（EAG）及对拟南芥植株的产卵选择性降低，双敲除品系完全丧失此产卵选择行为，表明 OR35 和 OR49 共同决定小菜蛾雌蛾对拟南芥植株的产卵选择性，且 OR35 的作用更大。

在 2020 年，飞蝗（*Locusta migratoria*）的聚集信息素被鉴定出来（4-甲氧基苯乙烯），它是嗅觉受体 OR35 的配体（详见案例 5-2）。

Box 5-1：触角电位技术（electroantennography, EAG）

将一活体昆虫的触角基部和顶部分别连以参考电极和记录电极，当用化学物质刺激触角时，其感受器会产生神经脉冲。这些脉冲的累加效果可由记录电极传至放大器和记录仪等并加以分析。触角电位技术在实验昆虫学上有比较广泛的应用，如筛选对昆虫具有引诱活性的化合物等。

案例 5-1

伊蚊对人类的偏好与嗅觉受体 OR4 有关

本案例介绍 McBride 等（2014）发表于 *Nature* 上的 1 篇论文。该研究发现埃及伊蚊（*Aedes aegypti*）对人类偏好的进化与伊蚊嗅觉受体 OR4 有关。

首先，该论文从进化角度遴选到一个很好的对照材料。埃及伊蚊起源于南部非洲森林中的伊蚊亚种 *Ae. aegypti formosus*（称为森林亚种），该亚种仍然嗜好叮咬动物。而派生的非洲伊蚊亚种 *Ae. aegypti aegypti*（称为家庭亚种）则进化为专门叮咬人类，成为登革热和黄热病的主要传播媒介。这两个亚种在鲁巴伊地区的分布是分开的，但可杂交，从而提供了一个少有的可用于研究伊蚊对人类偏好进化的试验材料。

其次，该论文创新性地测定和比较了两批转录组（F0 和 F2 代），从而大幅度减少了候选基因数量。在生物测定的基础上，选择约 150 头家庭亚种伊蚊种群 K14 以及约 150 头森林亚种伊蚊种群 K27 作为起始种群（F0），杂交后获得约 2000 头 F1 代伊蚊，进一步获得 F2 代伊蚊（性状分离）用于宿主偏好性测定（图 5-1）。在第一轮生物测定中，偏好人手或豚鼠的蚊子被分开。在接下来的几轮试验中，之前对人手或豚鼠有反应的蚊子被分开进行了测试，只有对先前试验中相同宿主有反应的个体被保留。这样就获得了 141 头偏好人手的雌蚊以及 117 头偏好豚鼠的雌蚊。通过比较 F0 代的 2 个转录组（偏好人手与偏好豚鼠），在伊蚊触角中发现 959 个差异表达基因；比较 F2 代的 2 个转录组仅获得 46 个差异表达基因；两者的交集仅有 14 个。

Box 5-2：局部控制原则的应用

该论文很好地应用了局部控制原则，使得 F2 代用于转录组测序的两个样本的差异尽可能小，从而获得很少的差异表达基因，极大地减少了候选基因的数量。

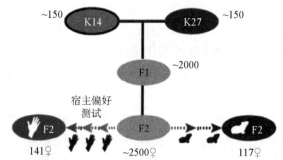

图 5-1　通过杂交获得 F2 代用于转录组测序（引自 McBride, et al., 2014）

K14：埃及伊蚊家庭亚种 K14 种群；K27：埃及伊蚊森林亚种 K27 种群

在 14 个差异表达基因中有 2 个气味受体基因：*OR4* 和 *OR103*，进一步研究发现，OR4 对豚鼠气味没有任何反应，但对人类气味分子磺胺酮（sulcatone）有着非常一致的反应。因此，进一步研究了 OR4 的功能。

在两个亲本种群和 F2 代中发现 OR4 存在大量变异位点，包括 7 个主要等位基因。在 K14 种群中，占主导的是等位基因 A、B 和 G；K27 种群中包括低频率至中频率的 5 个等位基因（A、C、D、E 和 F）。在果蝇中研究了每个等位基因的功能，发现 A、B、C、F 和 G 对磺胺酮高度敏感，而 D 和 E 则不那么敏感。

进一步研究发现，等位基因的表达水平和对配体的敏感性显著影响 F2 代个体的相对等位基因频率，并共同解释了 92%的变异。这一结果表明，两者对寄主选择偏好有独立和相加的影响。此外，强烈的人类偏好似乎需要具有高灵敏度和表达能力的等位基因。

该论文的主要试验步骤如下：

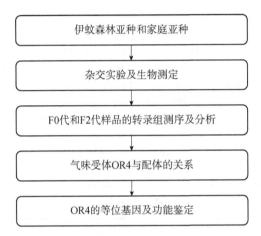

案例 5-2

飞蝗的聚集信息素是 OR35 的配体

本案例介绍 Guo 等（2020）发表于 *Nature* 上的 1 篇论文。该研究发现 4-甲氧基苯乙烯（4VA）是迁飞性蝗虫(*Locusta migratoria*)的聚集信息素。

蝗灾严重威胁着全世界的农业和环境安全，聚集信息素在蝗虫从散居型到群居型的转变以及大群蝗虫的形成过程中发挥关键作用。最近已发现苯丙氨酸是蝗虫的嗅觉信号分子。此外，已从飞蝗中鉴定出 141 个嗅觉受体和气味受体共受体 Orco 的序列，但是与它们相匹配的配体仍未得到鉴定。

研究者首先从蝗虫虫体和粪便中提取到 35 种挥发物，其中 6 种化合物［苯乙腈、苯乙醛、4-甲氧基苯乙烯（4VA）、2,5-二甲基吡嗪、苯乙醇和茴香醚］在群居型蝗虫体内的排放量明显高于散居型蝗虫。生物测定的结果表明：4VA 对蝗虫具有很强的吸引力，且与蝗虫的虫态、性别以及群居型或散居型无关。

其次，蝗虫 4VA 的释放对种群密度的变化非常敏感，在种群密度很低时，散居型蝗虫即可以启动 4VA 的释放。因此，4VA 符合蝗虫聚集信息素的典型特征。

再次，在非洲爪蟾卵母细胞体系中，利用电生理记录技术检测了 31 个蝗虫气味受体对 28 种气味物质的响应，发现气味受体 OR35 对 4VA 的响应幅度最高。利用 CRISPR/Cas9 技术构建了 *OR35* 纯合突变品系，发现该品系丧失了对 4VA 的响应能力，表明 OR35 是蝗虫相互吸引和聚集的一个必需受体。

最后，在田间验证了4VA对蝗虫的聚集效应。在根据植被组成和地形选择的六个区块中，定量测定了各区块中的本底蝗虫密度以及在4VA和对照（二氯乙烷）粘板上捕获的蝗虫数量。该田间试验有两个因素：聚集信息素和蝗虫密度，方差分析时还要考虑区块（区组）。线性模型分析结果表明：蝗虫密度以及聚集信息素与蝗虫密度的交互作用对两种粘板上的蝗虫数量的效应不显著，说明本底蝗虫密度对4VA的吸引效率没有影响。回归分析的结果表明：4VA对野生蝗虫种群的吸引力明显高于对照。应用广义线性混合模型（GLMM）来估计处理的固定效应和区块的随机效应，结果也显示聚集信息素显著增加了蝗虫的诱捕数量。这些结果说明4VA能够聚集蝗虫的野生种群，4VA在蝗虫预测和管理方面具有应用潜力。

该论文的主要试验步骤如下：

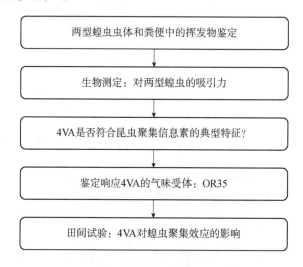

第三节　味觉与动物取食

味觉是动物最重要的感觉之一，本质上是一种"化学感觉"，由味觉受体蛋白介导产生。当这些受体蛋白识别并与食物中的呈味分子（配体）结合后便产生兴奋性冲动，这种冲动通过末梢神经传入中枢神经，随即被精确地予以分析，从而感受到不同的味道。味觉在动物取食中发挥着极其重要的作用，其赋予了动物选择营养丰富食物同时避免取食含有有害物质食物的能力。对于人类而言，味觉还具有额外的价值：提高美食带来的愉悦度。

一、哺乳动物的味觉系统

在人类等哺乳动物中，味觉受体细胞存在于舌头的味蕾中。哺乳动物的味觉由甜、酸、苦、咸和鲜这5种基本味感组成。甜味觉是对糖类的反应，指示出食物中存在着作为能量来源的碳水化合物。酸味觉是对酸性物质的反应，一方面有助于避免进食过多的酸性物质从而维持体内的酸碱平衡，另一方面有助于判断食物是否出现变质，避免进食后损害机体。由于自然界中潜在的有毒有害物质多数呈苦味，因此苦味觉有助于动物识别并避免摄入有毒有害物质。然而，人类已经逐渐忍受甚至享受一些酸味和苦味食物所带来的愉悦，并且主动寻找并进食某些含有酸味和苦味的食物，如咖啡因和柠檬酸。咸味是对氯化钠等咸味物质的反应，有助于控制 Na$^+$和其他盐的摄入，这对维持身体的水分平衡和血液循环至关重要。鲜味觉主要是对 L-谷氨酸盐的反应，反映出食物含有蛋白质。此外，研究人员在味蕾中发现了一种可以识别脂肪分子的特殊化学受体 CD36，从而认为脂肪味可能是存在于哺乳动物的第六种味觉。CD36 受体的数量与对脂肪的敏感度密切相关，一旦该基因发生变异使得受体数量减少，易导致过量进食高脂肪食物和造成肥胖症。

T1R1（taste receptor family 1 member 1）是 Hoon 等人于 1999 年在对小鼠舌头上的味觉细胞进行 cDNA 文库测序时所发现的，是第一个被鉴定出的哺乳动物味觉受体基因。随后以 *T1R1* 基因为基础又鉴定出了 *T1R2* 基因。2001 年，研究人员在人类第 4 对染色体上鉴定出一个与甜味感觉有关的基因 *T1R3*。随后通过一系列实验证实了 T1R2 与 T1R3 形成的异二聚体是主要的甜味识别受体，T1R1 与 T1R3 所形成的异二聚体是识别鲜味的受体。甜味受体、鲜味受体和苦味受体 T2R 均属于 G 蛋白偶联受体（GPCRs），当这 3 种味觉受体与呈味分子结合后就会激活 PLCβ 途径和 cAMP 途径，最终导致膜去极化和神经递质释放。

二、鱼类的味觉系统

除哺乳动物外，目前对于鱼类味觉系统的研究也比较深入，研究历史相对久远，早在 1827 年就有相关的研究论文发表。鱼类有着数量庞大的味蕾细胞，斑点叉尾鮰是目前发现的味蕾细胞数量最多的物种。即使是一些体型较小的鱼类的味蕾细胞数量也和人类大致相同，甚至远多于猫狗等食肉性哺乳动物。除此之外，鱼类的味觉敏感性也高于其他脊椎动物。例如，对于果糖、乳糖和阿拉伯糖的味道阈值在人类和欧亚米诺鱼（*Phoxinus phoxinus*）中前者比后者分别高 2560，1575 和 1182 倍。与训练有素的大鼠相比，*P. phoxinus* 能够在平均小于 290ms 内识别并拒绝不适口的食物。味觉系统在鱼类评价食物适口性和寻找食物过程中发挥着重要作用。多项研究发现鱼类对氨基酸表现出较高的灵敏度，特别是对谷氨酸、丙氨酸和甘氨酸，从而有利于鱼类取食富含谷氨酸的海藻以及富含丙氨酸和甘氨酸的虾、蟹、贝等无脊椎动物。有些鱼类还对乳酸有着很高的敏感性，如鲕就能通过感受鱼和乌贼排出的乳酸味从而对其进行追捕。

三、昆虫的味觉系统

昆虫的味觉系统极其灵敏，与哺乳动物味觉受体细胞仅存在于舌头不同，昆虫的味觉受体细胞分布更加广泛，其在触角、下颚须、下唇须、舌、内唇、咽、足的跗节和产卵器等部位均有存在。昆虫味觉受体最早是在模式生物黑腹果蝇的部分基因组信息中发现。随着赤拟谷盗、家蚕、意蜂、豌豆蚜和褐飞虱等昆虫的基因组和转录组测序工作的完成，这些昆虫的味觉受体也已被成功鉴定。此外，昆虫的味觉受体种类与哺乳动物并不完全相同。目前，昆虫的味觉受体基本参照果蝇的味觉受体分类模式，根据所能识别的味觉分子的不同，主要分为糖味受体、苦味受体、Gr43a-like 受体、CO$_2$ 受体和性信息素受体等。然而，目前对于昆虫味觉感受的分子机制仍不大清楚。

味觉受体在昆虫取食行为中发挥着重要作用。例如，步甲（*Anchomenus dorsalis*）需要通过触角上的味觉受体神经元感觉蚜虫蜜露以搜捕蚜虫；褐飞虱的味觉受体 NlGr23a 可感受水稻中的配体草酸，从而调节褐飞虱的取食行为。果蝇的糖类味觉受体 DmGr43a 可作为营养感受器感受血淋巴中的果糖含量，在饥饿情况下促进果蝇进食，而在饱食情况下抑制其取食。果蝇的部分苦味受体已被证实有助于果蝇趋避香豆素、DEET 和杀虫剂 L-canavanine 等有毒物质，从而避免进食这些有毒物质。更令人惊讶的是，味觉受体也会影响昆虫食性。在对家蚕的一个苦味味觉受体 GR66 的研究中发现，通过 CRISPR/Cas9 技术敲除 GR66，专食性的家蚕不再仅取食桑叶，还会取食苹果、橡叶、梨、大豆和玉米，且对桑叶和橡叶没有明显的取食偏好（详见案例 5-3）。此外，生物信息学分析发现，味觉受体的数量与昆虫食性存在关系：专食性昆虫的味觉受体数量要少于多食性昆虫。如专食性的褐飞虱的味觉受体数量就要少于寡食性的白背飞虱和灰飞虱。进化分析发现，多食性昆虫进化为专食性昆虫后，味觉受体的数量会明显减少，如大约在 50 万年前从其多食性姐妹种群黑腹果蝇中分离出来的专食性果蝇（*D. sechellia*），其丢失味觉受体基因的速度几乎是其多食性姐妹种群的 10 倍。从专食性昆虫进化为多食性昆虫后，味觉受体的数量就会显著增多，如斜纹夜蛾的味觉受体数量显著多于专食性昆虫家蚕，这可能有助于其寻找更多优质的食物源。此外，在产生变化的味觉受体中，苦味受体的数量变化幅度最大，这可能与多食性昆虫由于食物源范围更大，需要更多的苦味受体来避免进食有毒有害物质有关，而专食性昆虫由于食物源单一则不需要太多的苦味受体。

案例 5-3

味觉受体 GR66 调控家蚕的单食性

本案例介绍 Zhang 等人于 2019 年发表在 *PLoS Biology* 上的论文（详见延伸阅读资料）。植食性昆虫的食性通常分为单食性、寡食性和杂食性，其中家蚕是典型的单食性昆虫。本案例以家蚕为研究对象，发现敲除一个苦味受体基因 *GR66* 导致家蚕从仅取食桑叶转变成能取食多种类型的食物。

RNAi 是研究昆虫基因功能的常见技术手段，由于 RNAi 只能大幅度降低基因的表达水平，仍有一定程度的基因表达存在，因此并不能最准确地反映出基因的生物学功能。而且，鳞翅目昆虫的 RNAi 效率并不佳，所以研究人员选择了 CRISPR/Cas9 技术构建了家蚕 *GR66* 的基因敲除品系，从而能以最直接准确的方式来研究 GR66 在家蚕取食偏好中的作用。因此，在试验设计过程中，应该尽可能地选择能以最直接精确的方式获得所需结果的技术手段。

然后，研究了 GR66 缺失的家蚕品系的食性是否发生改变。该试验以野生型家蚕作为对照，以体重增长值和粪便量作为衡量指标，研究 GR66 缺失品系是否还会取食除桑叶以外的其他食物。为了使结果更为可靠，对照组和处理组均设置较多的重复数，各设置了 18 个重复。此外，为了防止家蚕龄期不同对试验结果产生影响，该试验均采用刚蜕皮的 5 龄幼虫作为试验对象。与野生型对照组仅取食桑叶相比，GR66 缺失型处理组还会取食橡叶、苹果、梨子、大豆和玉米，说明其取食谱扩大了。

在证明了 GR66 影响家蚕的食性后，又研究了 GR66 对家蚕取食选择行为的影响。试验设计是将数十条家蚕幼虫放在桑叶和橡叶的中间，1 h 后观测在桑叶和橡叶上取食的幼虫数量。与野生型对照组仅取食桑叶相比，GR66 缺失型的处理组则对桑叶和橡叶表现出相似的取食偏好。GR66 缺失型幼虫失去了对桑树的取食特异性，表明 GR66 是家蚕对桑叶特异性取食偏好所必需的。

该论文的主要试验步骤如下：

```
┌─────────────────────────────────┐
│   家蚕味觉受体GR66的表达特性研究   │
└─────────────────────────────────┘
                 │
                 ▼
┌─────────────────────────────────┐
│      GR66的基因敲除品系构建        │
└─────────────────────────────────┘
                 │
                 ▼
┌─────────────────────────────────┐
│    GR66缺失突变体的取食谱测定      │
└─────────────────────────────────┘
                 │
                 ▼
┌─────────────────────────────────┐
│   GR66缺失突变体的取食选择行为研究  │
└─────────────────────────────────┘
```

第四节　动物对逆境的适应

　　生物对环境的适应是指生物的形态结构和生物功能与其赖以生存的环境条件相适应的现象。适应性是自然选择作用于遗传变异的结果，这种变异在环境变化之前就已经存在于种群中，并且随着新的有益突变而增加。适应的意义既包括生物不断改变自己，使其能适合在某一环境中生活的过程，也包括有利于生物生存和繁殖的种种特征。逆境包括非生物逆境和生物逆境两大类。非生物逆境包括高温、干旱、低氧和化学农药等；生物逆境包括同种和异种的生物个体，前者形成种内关系（如密度效应），后者形成种间关系（如食物）。

　　概括而言，生物对逆境的适应主要表现在形态、生理和行为三个方面。在形态方面，各种动物都会以不同的形态结构去应对逆境，比如骆驼的胃可以贮存大量水分，一些鱼类的性比改变和体色应答，迁飞性昆虫分化出长翅来寻找新的适宜栖息地等。行为是动物对环境变化适应和反应的最早指标。有些哺乳动物的蛰眠现象就是面对逆境"机智"地选择性躲避的结果；鸟类迁徙和昆虫迁飞也是动物适应逆境很好的例子；而鱼类面对高密度种群条件时则会产生集群行为和领域行为。在生理方面，不同动物应对不同逆境更是千招百式，关于逆境适应机理的研究日益增多。多巴胺等神经递质、胰岛素以及能量代谢等在动物适应逆境过程中发挥了重要作用。

一、动物对非生物逆境的适应

　　体型大小的改变是哺乳动物应对逆境的形态适应表型之一。某些动物的体型会在对环境的适应进化中发生明显变化。体型增大可防止热量散失，并且使动物在对同一食物资源的竞争中获取优势。骆驼是动物适应极端环境的一个很好例子。骆驼能够适应极端高温和干燥的荒漠环境，这离不开其形态及生理学等各方面的特点。骆驼的胃一次足以贮存 $40 \sim 60$ kg 的水，且骆驼的体温不恒定，这对于其能量贮存和适应干旱非常重要。

　　哺乳动物在长期适应高原环境的过程中，逐渐形成了耐低氧、耐高寒和耐低能量食物等特性。低氧适应是动物在缺氧状态下为维持基本生命活动所建立的一种保护性机制，在生理学上表现为心血管功能增强、血液系统携氧能力提高和组织氧利用效能强化等特征。高原鼠兔的肺具有较强的氧亲和力。藏獒基因组编码 12 个低氧正选择基因，包括 *EPAS1*、*SIRT7*、*PLXNA4* 和 *MAFG* 等。高原蝗虫个体变小且具备很强的耐低氧能力。通过分析高原蝗虫和平原蝗虫的个体测序数据，发现能量代谢在蝗虫适应高原环境中发挥了重要作用。进一步研究表明，蝗虫 *PTPN1* 基因的一个非同义突变通过调节低氧环境中胰岛素信号的活性来帮助其适应高原环境。

通过底物可控的体外瘤胃发酵试验，发现经历长期自然选择并很好适应高原极端环境的牦牛产生的短链脂肪酸显著高于低海拔的黄牛，甲烷排放也显著低于黄牛；同样的规律在藏绵羊与普通绵羊之间也被发现。高比例的短链脂肪酸的产生和甲烷的低排放是高原哺乳动物肠道微生物组的一种代谢适应，是经历长期高原适应后固定下来的代谢表型。而且，高原哺乳动物的肠道微生物组在短链脂肪酸代谢通路上显著富集（详见案例5-4）。

鱼类性别决定除了遗传作用以外，也是鱼类应对逆境胁迫的形态表现结果。很多环境因子如温度、光照、溶氧量、水压和酸碱度等均能影响大多数鱼类的性别决定和分化过程。在性激素敏感期，温度可使尼罗罗非鱼遗传型雌性转化为雄性，也可以使遗传型雄性转化为雌性。除了性别决定，体色也是动物适应环境的一种表现。很多动物为了适应周围环境的变化，常常会改变体色来保护自己或减小捕食压力。

当前全球气候变暖，极端高温天气增多。昆虫通过多种生理方式来应对极端高温，例如蝗虫可利用呼吸系统蒸发散热降低体温，胡蜂可由体内吐出水滴降低头部温度，锥蝽吸血时通过逆流热交换防止体温过高，按蚊吸血时通过分泌体液降温。在昆虫应对极端高温逆境时，改变行为是最普遍、经济的方式，如蝴蝶通过改变翅膀的角度调节体温。昆虫还可通过长期的自然/人工选择对高温产生进化性适应。例如，Geerts 等（2015）报道了水蚤（*Daphnia magna*）一个种群对高温的适应。首先，把多样性高的一个水蚤种群在两种温度下（自然温度、自然温度+4℃）连续饲养 2 年，发现 2 年耐热性快速选择后水蚤的临界温度最大值上升了 3.6℃。其次，利用不同河床深度的淤泥获得不同时期的两个自然种群（1955～1965 年的种群、1995～2005 年的种群）的卵，发现 1995～2005 年的水蚤卵孵化后其临界温度最大值比 40 年前升高了约 0.4℃。

迁飞习性是物种在进化过程中对环境适应的一种策略，而与迁飞相关的重要特性之一就是翅多型现象。以褐飞虱为例，长翅个体具有飞行能力，有利于种群的扩散；而短翅个体丧失飞行能力，但生殖力较高，对种群增长更有利。相关研究表明，随着外界温度升高，褐飞虱长翅型比例增大，光照时间的长短可以显著影响褐飞虱长短翅比例。蚜虫也不例外，所处环境的变化也会影响蚜虫翅的出现。在环境条件适宜的情况下，蚜虫通常会保持无翅状态，而当环境胁迫出现时，若蚜会接收逆境信号自行发育成有翅成蚜；无翅成蚜在感受到逆境刺激后，产下的若蚜会发育为有翅成蚜。这种生存策略能帮助蚜虫在逆境中扩繁，在逆境中逃离胁迫并寻找新生境，进而保证种群的繁衍生息。

昆虫对杀虫剂的适应主要表现为抗药性的产生。抗药性进化可分为两个阶段，在第一个阶段，与抗药性直接相关的遗传变异在害虫种群中受选择并富集。绝大多数抗药性相关报道集中在这个阶段，不少研究发现导致抗药性产生的突变会引起适合度代价，从而导致害虫的抗性种群在杀虫剂停止使用后出现消退的现象。持续的农药使用还可能导致害虫的抗药性进化到第二阶段，即适合度代价的修饰基因或位点会受到选择，从而降低适合度代价并最终使得抗药性表型能够在昆虫种群中固定下来。一旦抗药性进化进入第二阶段，哪怕停止使用农药，害虫抗性种群在田间也不会出现消退，给今后的防治带来更大隐患。最近的一项研究发现，水稻害虫褐飞虱的过氧化物酶基因可作为修饰基因减轻吡虫啉抗药性引起的褐飞虱适合度代价。

案例 5-4

高原哺乳动物瘤胃微生物群落的趋同进化

本案例介绍 Zhang 等（2016）发表于 *Current Biology* 上的 1 篇论文。青藏高原为人类和其他哺乳动物提供了最极端的生存环境之一。牦牛（*Bos grunniens*）和藏绵羊（*Ovis aries*）适应了这种恶劣的高海拔环境。该论文借助两对物种之间的全面系统的比较，来探讨同域动物适应极端环境的肠道微生物组机制。

一般认为，分布在海拔 3000 m 以上的哺乳动物为适应高海拔生活，生理和形态发生了显著变化。在青藏高原，牦牛和藏绵羊多分布在海拔 3000~5000 m。相反，黄牛（*Bos taurus*）和普通绵羊（*Ovis aries*）只能在海拔 3000 m 左右的生境生存。为了探究微生物群落对宿主的高海拔适应的趋同性，该论文利用两种典型的高海拔反刍动物（牦牛和藏绵羊）及其低海拔亲属（黄牛和普通绵羊），精心遴选试验动物进行了一系列实验（详见表 5-1）。

表 5-1　两种典型的高海拔反刍动物及其低海拔亲属适应极端环境的肠道
微生物组机制试验设计（引自 Zhang et al., 2016）

试验动物及数量	牦牛 N=3	黄牛 N=3	牦牛 N=3	黄牛 N=3	牦牛 N=3	牦牛 N=3	牦牛 N=3	藏绵羊 N=4	普通绵羊 N=4
取样点	37°15′49″N, 102°49′33″E				33°97′N 102°4′E	30°51′N 91°5′E	32°29′N 91°68′E	37°12′22″N 102°51′41″E	36°37′24″N 103°33′11″E
海拔（m）	3000	3000	3000	3000	3500	4200	4500	3000	2200
年龄（年）	4	4	4	4	4	4	4	2	2
体重（kg）	201±11	230±17	337±15	343±17	327±13	345±15	347±17	37±6	35±5
离体试验	试验1（48h）		试验2（72h）					试验1重复（48h）	
16S 测序 a		√	√	√	√（随机选择4头）			√	√
16S 测序 b	√	√						√	√
宏基因组测序					√	√	√		
转录组测序				√	√	√	√		

a. 粪便细菌；b. 瘤胃细菌和古生菌

该论文提出假设：高效的能量产生与利用（短链脂肪酸是能量主要来源）和低的能量损耗（甲烷是瘤胃发酵的副产物，是能量主要损耗）有利于哺乳动物适应高原极端环境的长期胁迫，并以肠道微生物组为切入点开展研究。

为了验证上述假设，首先测量了试验动物的短链脂肪酸和排放的甲烷。结果表明，经历长期自然选择并很好适应高原极端环境的牦牛产生的短链脂肪酸显著高于黄牛，甲烷排放显著低于黄牛；在藏绵羊与普通绵羊之间也发现了同样的规律。

然后，利用 16S rRNA 基因研究了上述 4 种试验动物及其他 17 种食草动物的肠道微生物群落结构，发现牦牛和藏绵羊的粪便菌群结构与其他动物的菌群结构不同，而且高原反刍动物的微生物群落呈现出趋同现象。

最后，通过分析宏基因组测序数据，在牦牛和黄牛的宏基因组中获得了 16 745 个一对一同源序列，在藏绵羊与普通绵羊中获得了 16 722 个同源序列。以 Ka/Ks>1 为标准筛选获得了潜在的快速进化基因（REGs）。牦牛和黄牛之间富集的 REGs，以及藏绵羊与普通绵羊之间富集的 REGs 在能量代谢方面有显著重叠。具体来说，在参与短链脂肪酸合成的 12 种酶中，REGs 包含了 9 种。这 9 种 REGs 有助于高海拔反刍动物产生更多的短链脂肪酸。由于短链脂肪酸和甲烷的形成都需要利用氢，因此短链脂肪酸的增多可抑制甲烷的形成。

由于瘤胃内形成的短链脂肪酸主要通过宿主的瘤胃上皮吸收，因此对牦牛和黄牛的瘤胃上皮进行了转录组测序。比较转录组的分析结果表明，牦牛中与短链脂肪酸转运和吸收相关的基因有 36 个显著上调，说明高原反刍动物也进化出了高效的短链脂肪酸转运能力。

二、动物对生物逆境的适应

大熊猫取食竹子后，其在形态方面表现出脑、肝和肺等器官偏少（详见案例 5-5）。

鱼类的集群行为和领域行为是其对密度条件的行为反应。在集群种类中，随着密度升高，个体间的合作加强，能量消耗降低。鱼类集群往往是为了躲避捕食者，或者能帮助一些鱼类更快地发现某些定向标记以找到洄游路线，这些影响往往是积极的。而在具有领域行为的种类中却恰恰相反，这可能是因为高密度下种群内的个体间进攻频率增加。然而高密度环境还会引起动物中广泛存在的自残现象，这是生物同种类之间相互残杀(食)的一种行为，几乎受到各种环境因子，如密度、温度、光照和营养的影响。从生态角度来看，种群内部的自残行为作为种群的调控手段而存在，自残现象对于种群繁衍具有一定优势。鱼类的养殖密度和鱼类自残现象的发生呈正相关。

飞蝗表现出依赖于密度的多表型现象，低种群密度的蝗虫定栖而居，而高种群密度的蝗虫则会发生迁移事件，前者称为散居型，后者称为群居型。两种生态型蝗虫的体色、体型、行为、发育期和生殖力都不同，可以根据各种生物和非生物环境的变化而互相转变。研究表明，种群密度是导致两型转换的主要驱动力，5-羟色胺（serotonin）是导致两型转换的必要和充分条件（详见案例 5-6）。散居型个体所呈现的均匀绿色有助于蝗虫在绿色植物背景中隐藏和躲避捕食者，其体色由绿色变黑色存在密度依赖性。群居型个体具有黑色背板或棕色腹面，这一警戒色既利于个体互相识别以形成庞大种群，又可以对天敌发出警戒信号。这种黑色/棕色的体色表型是由红色的色素复合体所决定，而且这种体色变化能够响应种群密度的改变。然而，这种鲜亮的警戒色使蝗虫本身极易被其他昆虫发现。为了规避暴露的风险，这种警戒信号往往与其含有的有毒物质相关。群居飞蝗在高密度刺激下会产生苯乙腈，苯乙腈作为嗅觉警告信号对天敌大山雀产生强烈排斥，当群居飞蝗受到大山雀攻击时苯乙腈会转化为剧毒氢氰酸。散居状态的飞蝗无法产生苯乙腈，化学防御被阻断，只能通过色彩拟态防止被天敌发现，一旦暴露便会成为天敌的美食。在蝗虫型变过程中，多巴胺信号通路研究较为深入，Dop1 可以通过抑制 miR-9a 的成熟来增强种群个体间的嗅觉吸引力，miR-133 通过靶向多巴胺合成途径中的关键基因 henna 和 pale 来调节聚集期和独居期之间的表型重可塑和行为变化。

水稻害虫褐飞虱存在翅二型现象。随着若虫密度的增大，褐飞虱的长翅比例升高。水稻的营养质量也影响着褐飞虱的翅型分化，营养条件差的水稻会促使长翅型褐飞虱比例增加。研究表明，水稻植株的葡萄糖含量可直接调节或与褐飞虱密度等因子互作共同调节翅型分化。对食物的消化和吸收是动物适应性进化过程中的关键步骤。大量研究发现，除动物自身基因组的贡献之外，肠道共生微生物组也发挥着重要作用，其可帮助宿主消化食物，合成宿主动物自身所不能合成的营养物质，进而扩展宿主动物的代谢储库。例如，肠道微生物帮助大熊猫消化竹子中富含的纤维素和半纤维素，因为大熊猫自身缺少消化纤维素的酶。

应用抗虫作物品种是控制害虫的有效措施之一。但是，随着抗虫作物品种使用时间的延长，害虫能逐渐适应抗虫品种。例如，自国际水稻研究所推广应用第 1 个抗褐飞虱水稻品种'IR26'（含抗虫基因 Bph1）以来，不断出现新品种抗性下降乃至抗性完全丧失的现象。这一方面导致抗虫品种的使用寿命缩短，另一方面不断产生新的致害型害虫种群，已成为害虫高效治理的主要障碍之一。害虫适应抗虫作物的策略包括主动调节和被动适应，害虫有时候会同时利用这两种策略来应对寄主植物的防御体系，以减轻植物防御对自身的不利影响。主动调节方式主要是通过害虫唾液腺分泌一些物质进入寄主植物细胞，通过干扰植物防御化合物的合成等途径来抑制植物防御反应；被动适应方式包括减少摄入、增强对植物防御化合物的代谢和排泄能力以及降低害虫靶标对防御化合物的敏感性等。获取充足的氮是害虫适应抗虫作物的首要问题。大多数昆虫合成自身蛋白质所需要的氨基酸需要从食物蛋白中获取，而刺吸式口器昆虫，如飞虱和叶蝉等，则直接从寄主汁液中摄取氨基酸。丙氨酸是褐飞虱体内含量最多的氨基酸（占比 23%～33%），其大量存在于稻株中。最新的研究表明，丙氨酸代谢在褐飞虱适应抗虫水稻品种中发挥了关键作用。

案例 5-5

大熊猫适应竹子

本案例介绍 Nie 等（2015）发表于 *Science* 上的 1 篇论文。大熊猫(*Ailuropoda melanoleuca*)是我国特有的珍稀濒危动物，几乎只取食竹子，偶尔取食肉类。大熊猫的消化效率很低，因此推测其代谢率也很低。该论文首次测定了大熊猫的每日能量消耗量，并综合形态、行为、生理和遗传适应等方面解释了其以竹子为食的原因。

首先，测定了 8 头大熊猫的每日能量消耗量和体重，然后分析两者的相关性，结果表明两者显著正相关。为了说明大熊猫的每日能量消耗量很低，该论文利用已经发表的其他陆生哺乳动物的资料（数据集 D10_3_线性回归_哺乳动物能量消耗.csv），建立回归方程：$\ln(y)=1.8713+0.6709\ln(x)$，式中 y 为每日能量消耗量（DEE，kJ/day），x 为动物体重（g），发现大熊猫的每日能量消耗量只有其期望值的 37.7%（图 5-2）。

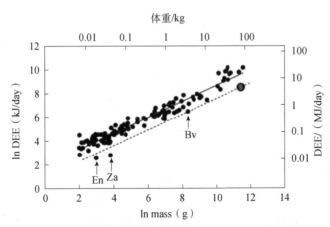

图 5-2 陆生哺乳动物的每日能量消耗量（DEE）与体重（mass）的线性关系（引自 Nie et al., 2015）

进一步研究发现，大熊猫在形态方面表现出脑、肝和肺等器官偏小。与其他熊类动物相比，大熊猫运动少、速度慢。已有研究表明，代谢率低与几种激素有关，特别是甲状腺素和三碘甲状腺素，因此测定了这两种激素的含量。通过类似的回归分析，发现大熊猫的甲状腺素和三碘甲状腺素分别只有其期望值的 46.9% 和 64.0%。

Box 5-3：回归分析结果的利用

　　该论文通过利用其他哺乳动物的资料建立回归方程，从而根据大熊猫的体重获得每日能量消耗量等指标的期望值（模型预测值），通过比较期望值和试验测量值来说明大熊猫的能量消耗很低以及相应的激素含量低。这种方法值得借鉴。

　　最后，利用大熊猫的基因组信息，分析和比较了大熊猫和其他哺乳动物中与甲状腺激素合成或信号通路相关的 182 个基因的 SNP，仅发现双重氧化酶基因 2（*DUOX2*）存在一个 SNP 位点，因此对该位点进行了详细研究。*DUOX2* 编码一个跨膜蛋白，是合成甲状腺素和三碘甲状腺素的最后一个酶。该 SNP 位点位于第 16 个外显子，其突变可导致蛋白翻译提前终止。

　　该论文的主要试验步骤如下：

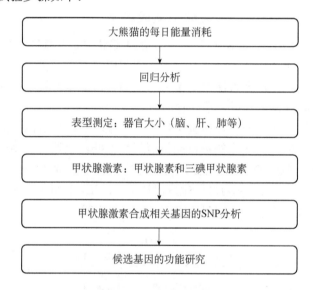

案例 5-6

蝗 虫 型 变

　　本案例介绍 Anstey 等（2009）发表于 *Science* 上的 1 篇论文。沙漠蝗（*Schistocerca gregaria*）有群居和散居两种生态型，它们在形态、行为和生理方面具有很大差别。种群密度是导致沙漠蝗两型转换的主要驱动力，散居型蝗虫在聚集几小时后即可转变成群居型。该研究发现 5-羟色胺（serotonin）是导致蝗虫两型转换的必要和充分条件。

　　首先，该研究建立了一种观察蝗虫行为的装置，可记录群居型或散居型蝗虫个体的活动轨迹，并提出了一个群集度指标 P 用于描述蝗虫的行为状态（$P = 0$ 表示散居行为，$P = 1$ 表示完全群居行为）。生物测定的结果表明，四种形式的处理（< 2 h）均能使散居型蝗虫获得群居型的行为特征。这四种处理方法分别是强迫散居型蝗虫与群居型蝗虫挤在一起、触摸散居型蝗虫的后足、用电刺激后足主要神经以及把散居型蝗虫暴露在其他蝗虫的视线和气味中。

同时发现这四种处理均可提高蝗虫胸神经元中的 5-羟色胺含量。协方差分析结果表明：5-羟色胺的含量与群集度指标 P 值显著正相关。

其次，证明了 5-羟色胺是诱导蝗虫聚集行为的必要条件。通过往散居型蝗虫中注射两种 5-羟色胺受体拮抗剂（酮色林和甲硫替平）的混合物，然后给予这些蝗虫 1 h 的机械刺激或嗅觉和视觉刺激，发现处理组蝗虫在刺激后没有表现出群居行为。注射 5-羟色胺合成抑制剂 α-甲基色氨酸（AMTP）也获得了类似的结果。

再次，证明了 5-羟色胺是诱导蝗虫聚集行为的充分条件。与对照组相比，在胸神经节使用 5-羟色胺的散居型蝗虫表现出更显著的群居行为。

该论文试验设计精巧，行为观察和数据分析方法均值得借鉴，为其他物种的研究提供了范例。主要试验步骤如下：

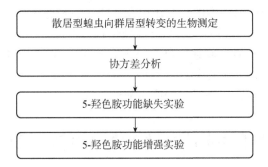

【延伸阅读】

Anstey M L, Rogers S M, Ott S R, et al. 2009. Serotonin mediates behavioral gregarization underlying swarm formation in desert locusts. Science, 323: 627-630.

Guo X, Yu Q, Chen D, et al. 2020. 4-Vinylanisole is an aggregation pheromone in locusts. Nature, https://doi.org/10.1038/s41586-020-2610-4.

McBride C S, Baier F, Omondi A B, et al. 2014. Evolution of mosquito preference for humans linked to an odorant receptor. Nature, 515: 222-227.

Nie Y, Speakman J R, Wu Q, et al. 2015. Exceptionally low daily energy expenditure in the bamboo-eating giant panda. Science, 349: 171-174.

Zhang Z, Xu D, Wang L, et al. 2016. Convergent evolution of rumen microbiomes in high-altitude mammals. Current Biology, 26:1873-1879.

Zhang Z J, Zhang S S, Niu B B, et al. 2019. A determining factor for insect feeding preference in the silkworm, *Bombyx mori*. PLoS Biology, 17(2): e3000162.

【思考练习题】

1. 比较两个样品的转录组数据时，差异表达基因通常很多。如何可减少差异表达基因的数量？

2. 学习案例 5-2 中 4VA 田间试验数据的分析方法，简述选择这些方法的理由。

3. 比较案例 5-4 和案例 5-5 的对照，并简述对自己研究工作的启示。

第六章　分子生物学试验设计典型案例

分子生物学是在遗传学和生物化学的基础上发展起来的一门学科，主要是从分子水平研究生命的现象及本质。分子生物学主要以核酸和蛋白质等生物大分子的结构及其在遗传信息传递和生物合成中的作用为研究对象，沿着中心法则的主线，阐述生物大分子在复制、转录、翻译、信息传导、基因表达调控中的相互作用和功能。随着现代生物学的发展，医学、药学、农学、林学等生命科学相关学科的发展都已经越来越多地深入到分子水平。本章主要从常见的核酸和蛋白质试验技术出发，阐述生物大分子的相互作用、修饰以及数量变化等分子生物学试验设计的主要特点以及典型案例。另外，简要介绍了近年发展起来的"分子剪刀" CRISPR/Cas9 技术在基因改造和操纵中的应用与试验设计。

第一节　分子生物学试验设计的特点及主要类型

一、分子生物学试验设计的特点

分子生物学研究的发展诞生了分子微生物学、分子免疫学、分子生理学、分子病理学等全新的领域，也推动了临床上诸如基因诊断和基因治疗等技术的飞速的发展。合理的试验设计对于分子生物学的研究是至关重要的。本书的第一、二章已经对试验设计的原则和常用试验设计方法进行了详细的概述，分子生物学试验设计同样遵循着这些原则和方法。但是，与经典的生物学从宏观出发观察生命活动规律不同的是，分子生物学是从微观即分子的角度来研究生物现象及探讨生命的本质。其试验特点如下。

（1）分子生物学试验设计需要注重逻辑性，通过严格的对照试验排除微观操作的误差。分子生物学与传统的动物学、组织学试验最大的区别在于，分子生物学需要进行大量的微量操作，使得每一步试验结果很难用肉眼直接观察到。为了保证试验的顺利进行，在分子生物学试验过程中，阶段性试验结果都必须利用相关的检测、鉴定方法显示出来，判定正确后再进行下一步反应。通过合理地设计试验的阳性对照与阴性对照，有助于判断微观试验操作是否成功，是否有环境因素带来的干扰。

（2）分子生物学试验设计需要重视重复原则。独立的生物学重复试验可以减少分子生物学微观操作带来的误差。分子生物学常常需要在细胞、蛋白、DNA 和 RNA 层面上开展，许多非处理因素会影响试验的准确性，例如，细胞培养时细菌和支原体的污染会严重影响分子生物学试验的结果；分子诊断过程中气溶胶的污染容易造成假阳性的发生；样品保存过程中的反复冻融以及蛋白酶、核酸酶的无处不在会导致样品的降解，等等。因此，在局部控制的原则下，通过增加不同时间点的重复试验是必需的，可以减少分子生物学试验中未知的干扰因素。

（3）分子生物学试验需要建立规范化的操作标准。标准化的操作流程不仅可以提高分子生物学试验的可重复性，减少不可控制的非处理因素，还可以有效保障操作者的个人安全防护。分子生物学试验的研究对象多样，常常包括一些致病菌群、病毒、植物和动物。此外，一些常用的技术，如 RNA 的提取、探针标记、Southern blot 等试验操作技术都涉及氯仿、DEPC、同位素等有毒有害或其放射性的物质，对环境和人身安全也造成巨大的威胁。因此，弄清这些有害有毒物质的毒理作用，加强个人防护和实验室安全管理，并建立良好的规章制度，是分子生物学试验开展的必要前提。

二、分子生物学试验的主要类型

生物大分子，特别是蛋白质和核酸结构功能的研究，是分子生物学的基础。分子生物学的发展过程中，也诞生了一系列新的试验技术，弥补了传统技术手段的缺陷以及不断拓展分子生物学的研究领域。本章将针对经典的以及最近新发展起来的分子生物学试验技术与设计进行分类介绍。

生物大分子的相互作用包括蛋白与核酸自身或二者之间的相互作用，构成了诸如生长、繁殖、运动、代谢等一切生命活动的基础。分析它们的相互作用已成为目前生物大分子功能研究中不可缺少的重要手段。本章第二节将从蛋白-蛋白间相互作用，DNA-蛋白间相互作用及 RNA-蛋白间相互作用这几方面介绍生物大分子相互作用的研究方法以及试验设计分析。

生物大分子修饰是指作为生命体系基本"元件"的生物大分子（蛋白质、核酸、糖脂等）时刻处于修饰位点与种类多变、时空特异和双向可逆的化学修饰之中。生物大分子化学修饰的动态属性在生物体的生理活动和病理变化中常常发挥着关键作用。本章第三节主要从核酸和蛋白质的修饰出发对其进行阐述。

生物大分子数量变化是受体内多种调控机制共同作用的结果，是生物大分子功能执行的体现。研究生物大分子数量变化可反映生物大分子复杂调控的结果，有可能成为新药物设计的分子靶点，也会为疾病的早期诊断提供分子标志。本章第四节主要阐述生物大分子数量变化。

近年来以 CRISPR/Cas9 为代表发展起来的基因编辑技术，在基因水平实现了定点改造和精准调控，把分子生物学推向了一个新的高度。本章第五节主要介绍 CRISPR/Cas9 在基因改造和操纵中的应用与试验设计。

第二节　生物大分子相互作用

核酸与蛋白质是构成生物体的重要生物活性大分子，各自有其结构特征和特定功能。它们之间的相互作用是支持生物体遗传、生长、繁殖、运动和代谢的必要前提，主要包括蛋白-蛋白间相互作用，DNA-蛋白间相互作用及 RNA-蛋白间相互作用。这种分子相互作用网络是大多数生物过程的核心，而其失调与多种人类疾病有关，包括癌症，免疫疾病和神经退行性疾病。在研究过程中，根据其各自特征已发展出针对不同生物大分子相互作用试验的技术手段，用于揭示其相互之间的调控关系与作用机制。本节我们将围绕该主题展开，重点介绍不同生物大分子相互作用试验的研究方法及其应用特点。

一、蛋白质相互作用

蛋白质是生物功能的主要体现者和执行者，但蛋白质功能的发挥不是凭借单个蛋白质独立实现，而是依靠蛋白间相互作用（protein-protein interaction，PPI）执行其功能。因此，为了更好地理解细胞的生物学活性调控和蛋白质复合物的功能，就会涉及蛋白质相互作用的研究。在现代分子生物学中，蛋白质相互作用的研究占有非常重要的地位，对我们深入了解许多生命过程具有非常重要的意义。根据其原理不同又可以分为体内方法（*In vivo*）及体外方法（*In vitro*）。本节主要介绍基于体内方法研究中的经典手段以及近年发展起来的蛋白质相互作用研究方法。

1. 免疫共沉淀（Co-IP）

免疫共沉淀（Co-immunoprecipitation，Co-IP）是研究蛋白质与蛋白质之间相互作用的经典方法，以抗原抗体间的特异性为基础，检测分子间的相互作用。其技术基础是通过偶联靶蛋白抗体的 Protein A/G 琼脂糖微珠或磁珠（Protein A/G 能够特异性结合免疫球蛋白恒定区）捕获诱饵蛋白与靶蛋白的相互作用。当细胞在非变性条件下被裂解时，完整细胞内存在的许多蛋白质-蛋白质相互作用被保留了下来。假如细胞内存在 XY 蛋白复合物，用 X（X 也称为诱饵蛋白）的抗体免疫沉淀 X，那么与 X 在体内结合的蛋白质 Y（Y 也称为靶蛋白）也一起被沉淀下来。因此在细胞裂解液中加入 X 的抗体沉淀蛋白 X，随后利用蛋白印迹（Western blot，WB）检测沉淀中是否存在蛋白 Y，如果存在，则说明细胞内存在 XY 蛋白复合物，即蛋白 XY 存在相互作用。

首先，Co-IP 试验通常需要在所研究的两个蛋白上分别融合不同的蛋白标签如 Flag、HA 等，用于高效的免疫沉淀反应以及 WB 检测表达。其次，Co-IP 试验需要设置好阳性对照与阴性对照，用于排除试验外的干扰因素。阳性对照是已知相互作用的蛋白，它们能在最后检测到互作则说明 Co-IP 试验体系没有问题。阴性对照是取已知不和其他蛋白相互作用的蛋白作为对照，比如 GFP，用于排除所检测到的诱饵蛋白-靶蛋白互作是否由于没有洗涤干净造成的残留。另外，还需要增加 Input 组用于检测瞬转的蛋白是否正常表达以及判断 IP 的效率。

2. 双分子荧光互补技术（BiFC）

荧光蛋白（YFP、GFP、Luciferase 等）的两个 β 片层间的环结构上有许多特异性位点可以插入外源蛋白而不影响荧光蛋白的荧光活性。双分子荧光互补技术（Bimolecular Fluorescence Complementation，BIFC）正是利用荧光蛋白家族的这一特性，将荧光蛋白分割成两个不具有荧光活性的分子片段（N-片段、C-片段）。将这两个荧光蛋白的片段分别融合两个目标蛋白 A 和 B，如果 A 与 B 蛋白因物理相互作用而靠近，就使得荧光蛋白的两个分子片段在空间上相互靠近，就会重新构建成完整的具有活性的荧光蛋白分子而发出荧光。反之，若 A 与 B 蛋白之间没有相互作用，则不能被激发出荧光。BiFC 的技术优势是可以在活细胞中直接、原位检测蛋白质间相互作用。如果结合全基因组表达质粒文库还可以进行高通量蛋白质间相互作用筛选。

但是该技术的空间分辨率大概是 250nm，可以说对于蛋白质相互作用来说，依然是相当远的一个距离，因此也有很大可能是假阳性，同时融合蛋白也可能对受试蛋白的空间构象造成影响造成假阳性或假阴性的结果。因此，BIFC 需要做好阳性以及阴性对照，控制两个目标蛋白的表达量以减少假阳性的发生。同时，BIFC 亦可与酵母双杂交、Co-IP 等试验结果相互验证。

3. 邻近蛋白标记（proximity labeling）

蛋白质相互作用包括形成较稳定的蛋白质复合物或瞬时相互作用两类。一些蛋白质之间的瞬时相互作用有重要的生理功能，但是由于比较微弱，常规方法难以检测。近年来，邻近标记技术（proximity labeling）正在被逐渐应用到蛋白质相互作用的研究中。其原理是将一个具有邻近标记功能的酶，比如生物素连接酶（BioID）、过氧化物酶（APEX2）或辣根过氧化物酶（HRP）与诱饵蛋白（Bait）融合，通过酶催化的共价修饰将目标蛋白的邻近蛋白标记上生物素，最后通过亲和素磁珠富集生物素标记蛋白进行质谱鉴定（图6-1）。基于生物素和亲和素是自然界最强的非共价相互作用，因此可以使用更加苛刻的裂解液裂解细胞获得蛋白质，使用更加强烈的去垢剂洗涤样品，并极大降低污染蛋白的干扰，从而提高信噪比和试验的可信度，使原本不易被检测的相互作用蛋白被发现和鉴定。另外，与目的蛋白瞬时相互作用或瞬时接近的蛋白质即使在相互作用停止或蛋白质已经从目标蛋白附近离开后，生物素化标记仍将保持。因此，邻近蛋白标记技术非常适合用于研究空间和时间上都是动态的细胞过程。邻近标记技术不依赖于目标蛋白本身的性质以及蛋白质相互作用的强度，能够捕获传统的纯化-质谱技术（AP-MS）无法鉴定的蛋白质相互作用。

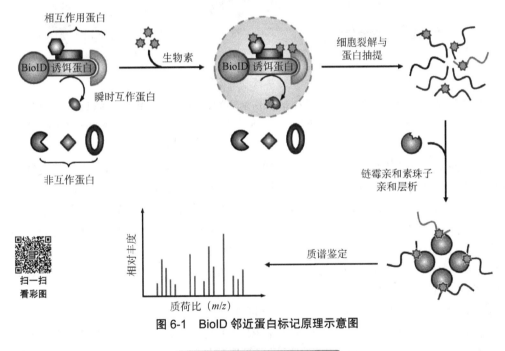

图 6-1　BioID 邻近蛋白标记原理示意图

案例 6-1

Shieldin 蛋白复合体对 NHEJ 通路的关键调控作用以及影响 PARP 抑制剂敏感性的机制研究

该案例介绍 Gupta 等（2018）发表于 *Cell* 上的 1 篇论文。

背景： DNA 损伤修复对于基因组完整性的维持至关重要。DNA 双链断裂作为最严重的 DNA 损伤形式，主要由同源重组修复（HR）和非同源末端链接（NHEJ）完成。53BP1-RIF1-REV7 是调控 NHEJ 通路的关键蛋白，其缺失影响细胞 NHEJ/HR 修复方式的转换，并在临床上导致

PARP 抑制剂治疗 BRCA1 突变癌症产生耐药。但是参与 53BP1-RIF1-REV7 通路的下游效应蛋白依然未知。如何筛选并验证 NHEJ 下游效应蛋白的种类及作用机制？2018 年 Gupta 等发表在 *Cell* 的一篇文章以邻近蛋白标记筛选的方法为例对该问题进行了深入研究。

研究概要： 53BP1、BRCA1 和 MDC1 都是参与 DNA 损伤早期修复的关键因子，但是介导着不同的 DNA 修复通路，其中 53BP1 与 NHEJ 通路相关。邻近蛋白标记由于其技术特点非常适合用于研究蛋白的瞬时或者弱相互作用。本研究中，作者利用邻近蛋白标记筛选的方法，找到了 53BP1/RIF1/REV7 的下游效应蛋白复合体 Shieldin，其中包含 RINN1，RINN2，RINN3 三种蛋白，并通过多种生化试验确定了它们之间的上下游关系以及互作模式（图 6-2）。下面我们将详细剖析该论文的试验设计。

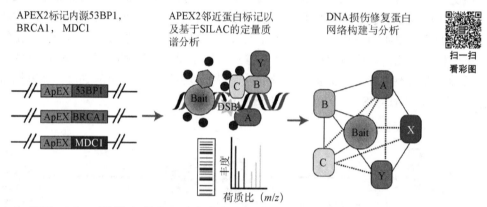

图 6-2　利用 APEX2 邻近标记鉴定 DNA 损伤修复网络新蛋白（引自 Gupta et al., 2018）
Bait：诱饵蛋白；APEX：过氧化物酶；53BP1、BRCA1、MDC1：均为 DNA 损伤反应早期修复蛋白；DSB：DNA 双链损伤断裂；A、B、C、X、Y：潜在相互作用蛋白

在本研究中，作者的目标是筛选 NHEJ 通路的下游效应蛋白，而 DNA 损伤修复的效应蛋白往往是动态且瞬时的，因此选择了邻近蛋白标记结合质谱鉴定的方法作为研究途径。作者首先在 53BP1 基因中敲入过氧化物酶（APEX2），以实现内源水平 NHEJ 通路的邻近标记筛选。同时，作者分别构建了 BRCA1 和 MDC1 的敲入细胞系作为 NHEJ 通路的对照。通过分析三种蛋白的相互作用蛋白网络，发现 RINN1 蛋白特异出现在 53BP1 的邻近标记结果中，因此猜测 RINN1 作为一个新的蛋白参与了 NHEJ 通路的调控。作者开始着手研究 RINN1 在 NHEJ 通路的位置及作用机制。

问题 1： RINN1 与哪个 NHEJ 调控因子直接互作？

作者通过免疫荧光试验证实 DNA 损伤下 RINN1 与 NHEJ 蛋白 H2AX、REV7、53BP1 和 RIF1 均有良好的共定位，初步验证了邻近标记筛选的结果。然后构建了 RINN1 和 REV7 的过表达载体，通过 Co-IP 试验发现 RINN1 与 REV7 存在相互作用。进一步，作者通过构建 RINN1 蛋白的不同截短突变体，发现其 28～83 位氨基酸是与 REV7 互作的区域。将其中的 P53 和 P58 两个位点突变成 A 以后，RINN1 与 REV7 的互作就被破坏了，证明 28～83 位氨基酸里面 P53 和 P58 是两个蛋白互作的关键位点。这说明 RINN1 是新发现在 NHEJ 调控因子，且通过与 REV7 相互作用从而发挥调控功能。

问题 2： RINN1 位于 REV7 的上游还是下游？

从互作结果我们仍然不能判断 RINN1 参与的调控是位于 REV7 的上游还是下游。因此，作者分别敲低了 RINN1 以及 REV7，观察 DNA 损伤时这些 NHEJ 修复蛋白的成点情况。发现 siRINN1 影响 REV7 的成点，而 siREV7 并不影响 RINN1 的成点，且 RINN1 $_{P53A,P58A}$ 突变体回补并不能恢复 siRINN1 后 REV7 的成点，说明 RINN1 位于 REV7 的上游，因此提出假设 3。

假设 3：RINN1 是与 REV7 共同参与 NHEJ 通路的下游效应蛋白。

为了阐明 RINN1 在 NHEJ 通路的位置关系以及作用，作者分别敲低了 RINN1 以及 NHEJ 通路的主要效应蛋白，观察 DNA 损伤时它们的成点情况。并且检测了敲低这些蛋白下，细胞通过 NHEJ 进行 DNA 损伤修复的比例变化。

结果：作者发现 siRIF1 以及其他上游蛋白影响 RINN1 的成点，而 siRINN1 并不影响 RIF1 以及其他上游蛋白的成点。且 siRINN1 与敲低其他 NHEJ 通路的主要效应蛋白均能使 NHEJ 比例下降。因此得出结论，RINN1 是参与 NEHJ 通路的蛋白，且 RINN1 位于 RIF1 的下游，REV7 的上游。

问题 4：还有哪些未知的蛋白与 RINN1 一起参与 NHEJ 下游通路？

既然 RINN1 是筛选新发现的 NHEJ 调控蛋白，那么还有什么蛋白通过与 RINN1 互作共同调控 NHEJ 通路呢？作者因此进一步使用 AP-MS 的方法鉴定 RINN1 的互作蛋白网络。

结果：通过所带的标签对 RINN1 进行免疫沉淀并送质谱分析，最终通过一系列的 Co-IP 试验验证确定 FAM35A 和 C20orf196 是 RINN1 的互作蛋白，并分别将其命名为 RINN2 和 RINN3。接下来，作者又再次通过分段的蛋白突变体 Co-IP 试验，确定了 REV7-RINN1-RINN2-RINN3 间的互作区域，将其重新定义为 Shieldin 蛋白复合体，并通过 DNA 损伤成点试验证实该复合体位于 53BP1/RIF1 蛋白的下游。

问题 5：Shieldin 蛋白复合体通过何种机制促进 NHEJ 通路？

作者已经证明 Shieldin 蛋白复合体位于 NHEJ 通路下游，那么接下来需要阐明它们是通过什么机制发挥调控作用。作者通过检测 DNA 损伤末端单链 overhang 长度，以及在 BRCA1 突变细胞中敲低 Shieldin 蛋白复合体，检测对 PARP 抑制剂的敏感程度，说明 Shieldin 蛋白复合体是否会对 DNA 损伤末端的切割产生影响以及能否调控 NHEJ/HR 通路的转换。

结果：RINN1 敲除会增强 RPA32 及 BrdU 在 DNA 损伤末端单链 overhang 的结合强度。然后分别在两组细胞中进行 RINN1 的回补试验，结合单链 overhang 的 RPA32 及 BrdU 信号则相应减弱，证明 RINN1 影响 DNA 损伤末端的切割。同时，敲低 RINN1，RINN2 及 RINN3 都会造成细胞对 IR 更敏感。在 BRCA1 突变细胞中敲低 Shieldin 蛋白复合体，细胞对 PARP 抑制剂产生耐药，进一步说明 Shieldin 通过影响 DNA 损伤末端的切割而调控 NHEJ/HR 通路的转换。

小结：作者通过基于 APEX2 的邻近蛋白标记筛选以及 AP-MS，成功鉴定出 RINN1-RINN2-RINN3 作为新的 NHEJ 修复通路的下游效应蛋白，通过影响 DNA 损伤末端切割参与 NHEJ 的修复及影响 NHEJ/HR 通路的调控，并介导 CSR、PARP 抑制剂耐药等生理病理过程。

该论文试验设计精巧，作用机制翔实，从筛选开始寻找 NHEJ 通路中新的调控蛋白，然后利用 Co-IP 试验验证了候选蛋白与 NHEJ 通路中关键蛋白的相互作用，并利用分段突变体阐明新鉴定的复合体不同蛋白间的互作区域。最后提出了 Shieldin 蛋白复合体的作用模型以及强调在临床用药中的指导意义。

案例 6-2

运用 BiFC 高通量筛选端粒保护蛋白复合体 shelterin 互作蛋白网络

该案例介绍 Lee 等（2011）发表在 *Molecular & Cellular Proteomics* 杂志上的 1 篇论文。检测低亲和力和瞬时的蛋白相互作用是我们研究信号传导通路的瓶颈，比如研究端粒保护蛋白复合体 shelterin 及相关蛋白的动态结合对端粒的保护机制。研究人员使用 BiFC 的方法，分别构建了 shelterin 六蛋白复合体与 YFP-n 的融合蛋白作为"诱饵"，去筛选基因组文库约 12 000 个候选蛋白的互作，最终发现了超过 300 个未报道的与 shelterin 作用的候选蛋白。

首先研究人员分别构建了 TRF1、TRF2、RAP1、TIN2、TPP1 和 POT1 六个蛋白的 YFP-n 融合蛋白稳转系，同时也构建了 SOX2-YFPn 作为对照用于扣除荧光背景。然后，使用 Biomek 全自动工作站，通过 Gateway 重组系统构建了全基因组约 12 000 个基因的 YFP-c 融合表达载体，并包装成逆转录病毒在 96 孔板水平分别侵染稳转诱饵蛋白的细胞系。研究人员进一步建立了 CytoArray 高通量流式分析系统，用于捕获每孔的荧光强度，检测到 GFP 阳性信号的孔为潜在的候选互作蛋白。在所检测到的相互作用中，RAP1 和 POT1 分别在 TRF2 和 TPP1 的 BiFC 筛选中排位最高，这与已知的互作模式是符合的，说明了筛选系统的可靠性，这也是筛选系统中必不可少的质检步骤。进一步，研究人员对筛选出来的蛋白进行聚类分析，发现一系列新的与端粒调控相关的通路以及蛋白，比如某些参与转录后调控相关的蛋白激酶和 E3 泛素化连接酶。

为了进一步验证 BiFC 筛选的可靠性以及候选蛋白的作用强度，研究人员重新将诱饵蛋白与候选蛋白分别构建到包含 GST-标签与 2×Flag 标签的载体中，利用 GST pull-down 的方法，通过 dot blot 高通量测定候选蛋白与诱饵蛋白相互作用的真实性与作用强度。最终，研究人员发现约 72%候选蛋白的相互作用能在 GST pull-down 试验中被验证，说明了 BiFC 筛选的质量和可靠性，同时也说明了 BiFC 在低亲和力和瞬时相互作用中的筛选中具有优势。

该论文使用了高通量的方法对端粒保护蛋白复合的互作蛋白进行筛选，并对候选蛋白进行了二轮验证。从中我们可以看出，每种蛋白互作的研究方法都有其优势与缺点。我们往往需要同时使用多种手段对候选蛋白的相互作用进行验证，这样既可以弥补试验手段的本身的缺陷，同时也能提示我们所研究的蛋白相互作用的特点。

该论文的主要试验步骤如下：

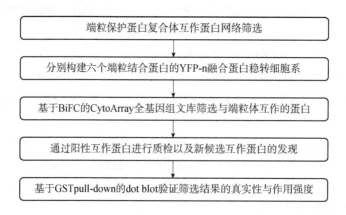

二、DNA 与蛋白质相互作用

在许多关键的细胞生命活动中，例如 DNA 复制、DNA 损伤修复以及基因表达等过程都涉及 DNA 与蛋白质之间的相互作用。随着人类基因组计划的完成，研究者们已经鉴定出许多不同功能的基因。目前需要解决的关键问题是需要揭示环境因素和信号传导究竟是如何控制基因的转录活性，这就需要鉴定分析参与基因表达的调控元件以及鉴定这些顺式元件特异性结合的蛋白质因子，这些问题的研究都涉及 DNA-蛋白质之间的相互作用。

1. 凝胶迁移或电泳迁移率检测

凝胶迁移或电泳迁移率检测（electrophoretic mobility shift assay, EMSA）是用于在体外研究 DNA 与蛋白质相互作用的一种特殊的凝胶电泳技术，可用于定性和定量分析，用于推断已知蛋白质的靶序列或已知序列的结合蛋白分子。通常将纯化的蛋白或细胞粗提液和 ^{32}P 同位素标记的 DNA 探针一起孵育，在非变性的聚丙烯凝胶电泳中，如果该 DNA 分子可以和目标蛋白质结合，DNA-蛋白复合物由于分子量的加大会在凝胶迁移中比非结合的探针移动得慢，从而实现分离。如果此时在 DNA-蛋白结合的反应体系中加入了超量的非标记的竞争 DNA（competitor DNA），这样绝大部分转录因子蛋白质都会被竞争结合，从而使探针 DNA 处于非结合状态，那么在电泳凝胶的放射自显影图片上就不会出现阻滞的条带。另外，如果往 DNA-蛋白复合物中加入相应的蛋白抗体，抗体能识别与探针结合的蛋白，则会出现一条超迁移（supershift）条带，即可进一步证明探针与蛋白的结合。但是，EMSA 本身也存在诸多缺点，比如对于低亲和力结合很难进行鉴定；难以比较不同片断之间亲和力大小的差异；对于蛋白复合体与 DNA 的结合也无法鉴定。

2. 染色质免疫沉淀技术

染色质免疫沉淀技术（chromatin immunoprecipitation assay, ChIP）是研究体内蛋白质与 DNA 相互作用的一种技术。它利用抗原抗体反应的特异性，不仅可以检测体内反式因子与 DNA 的动态作用，还可以用来研究组蛋白的各种共价修饰以及转录因子与基因表达的关系，是研究 DNA 与蛋白质相互作用的有力工具。其技术原理是在生理状态下把细胞内的 DNA 与蛋白质交联在一起，通过超声或酶处理将染色质切为小片段后，利用抗原抗体的特异性识别反应，将与目的蛋白相结合的 DNA 片段沉淀下来。将 ChIP 与二代测序（next-generation sequencing）结合发展起来的技术称之为 ChIP-Seq，首先通过染色质免疫沉淀特异性地富集与目标蛋白结合的 DNA 片段，并对其进行纯化与文库构建；然后对富集到的 DNA 片段进行高通量测序，能够高效地在全基因组范围内检测与组蛋白、转录因子等互作的 DNA 片段。

3. CUT&Tag

CUT&Tag（cleavage under target & tagmentation）是一种新兴的蛋白质-DNA 互作研究方法，用于替代传统的 ChIP 技术。CUT&Tag 在高活性转座酶上融合了 protein A/G 抗体结合功能域，该功能域部分可以与靶向目的位点的抗体结合，使得 Tn5 转座酶在目的位点上被原位栓系，并且在目的位点附近进行打断的同时引入必要的接头序列，随后提取的 DNA 在经过 PCR 扩增后直接得到用于测序的文库。相比于被广泛应用的 ChIP-Seq 方法，CUT&Tag 所需的细胞量更少（100～10000 个细胞），具有更高的信噪比和更好的可重复性。且不需超声波打断，也不需要通过连接法添加测序接头，在简化操作、节省时间的同时，也提供了应用于单细胞测序研究的可能性。

案例 6-3

SelW 蛋白通过 MyoD 转录调控促进成肌分化

该案例介绍 Noh 等（2010）发表在 *Journal of Biological Chemistry* 杂志上的 1 篇论文。肌肉的生成是一个复杂的调控过程，肌肉调节因子家族蛋白 MRFs 可以与 E 蛋白家族的另一类 bHLH 形成异源二聚体识别并靶向 DNA 上的 E-box 序列，从而激活肌肉特异性蛋白的表达。本案例主要研究了 SelW 蛋白在早期肌肉生成中的作用以及受肌肉调节因子 MyoD 转录调控的机制。

首先，研究人员证实 SelW 蛋白在 C2C12 细胞成肌分化的过程中的 mRNA 及蛋白水平均稳定上调。由于 SelW 蛋白的启动子（promoter）区包含潜在的 E-box 序列，接下来研究人员克隆了 SelW 蛋白的 promoter 区，通过荧光素酶报告系统证明在成肌分化过程中 SelW 蛋白的 promoter 被激活，提示 SelW 有可能在肌肉生成的过程中受 MRFs 调控。进一步，把 promoter 区 E1～E4 四个推定的 E-box 序列以及阳性对照 MCK（已知能在成肌分化过程被激活）分别克隆至荧光素酶报告系统，发现成肌分化过程中 E1 区域的转录激活水平上调最为明显（图 6-3）。

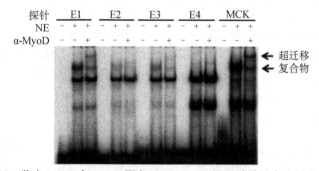

图 6-3　利用 EMSA 鉴定 MyoD 与 SelW 蛋白 promoter 不同区域的结合（引自 Noh et al., 2010）

NE：细胞核提取物；α-MyoD：成肌分化抗原 MyoD 的抗体；E1～E4：SelW 基因启动子的 4 个截短突变体；
MCK：阳性对照

然后，研究人员通过测试不同的 MRFs 发现，MyoD 对 SelW 蛋白的 promoter 的转录激活最为显著，因此推断 SelW 蛋白的表达受 MyoD 调控。为了证实此推断，研究人员通过 EMSA 试验，证实 C2C12 诱导分化后的核提取物与 promoter 区 E1～E4 均能结合，但是只有 E1 区能与 MyoD 抗体形成明显的 supershift 条带，说明 MyoD 很可能通过与 E1 区结合激活 SelW 蛋白的表达。在此基础上，研究人员进一步增加了冷探针竞争性 EMSA 试验，说明 MyoD 与 E1 区直接结合。他们首先构建了 E1 区不同序列的突变体，发现突变体 E1m 在成肌分化过程中激活水平最低，因此将其作为 EMSA 试验中不具备竞争能力的阴性对照，与冷探针进行对比。而 MCK 的序列由于转录激活活性更强，因此选取作为竞争试验的冷探针。与预期相符，随着冷探针加入量的增加，MyoD 与 E1 区形成复合物的能力逐渐减弱，而 E1m 的加入并不影响 MyoD-E1 复合物的形成。

最后，研究人员通过过表达 MyoD，并对其进行 ChIP 试验发现，E-box 序列的 E1 区的确能在 MyoD1-IP 后得到富集，进一步说明 SelW 蛋白在早期肌肉生成中受 MyoD 的转录调控。

该论文试验设计具有很强的逻辑性，试验推论循序渐进，试验对照详实可靠，非常值得我们借鉴，为其他 DNA 与蛋白的相互作用研究提供了范例。

三、RNA 与蛋白质相互作用

RNA 与蛋白质的相互作用对于维持细胞稳态是非常重要的，两者通过相互作用调节彼此的生命周期和功能。mRNA 编码序列指导蛋白质和一些调节序列的合成，而 mRNA 的非翻译区域通过调控蛋白质的翻译、定位和与其他蛋白质的相互作用，影响编码蛋白的命运。另一方面，从 RNA 合成到降解的过程中，蛋白质反过来可以结合和调控 RNA 的表达和功能。研究 RNA-蛋白质相互作用的方法有很多种，主要分为两大类：第一种是以感兴趣的 RNA 为中心，寻找与该 RNA 相互结合的蛋白质；第二种是以感兴趣的蛋白质为中心，寻找与该蛋白质相互结合的 RNA。每种方法都有独特的优势和局限性，本节将列举介绍 RNA-蛋白质相互作用研究中的经典手段与其应用。

1. RNA 免疫沉淀（RIP）

RIP（RNA immunoprecipitation）又称为 RNA 结合蛋白免疫沉淀技术，相当于 RNA 的染色质免疫沉淀试验，是了解转录后调控网络动态过程的有力工具。根据其在样品处理过程中是否使用甲醛进行交联，又可以把其分为非变性 RIP（native RIP）和甲醛交联 RIP（formaldehyde-cross-linked RIP）。作为研究 RNA 与蛋白质相互作用的重要手段，RIP 的原理是利用针对目标蛋白的抗体把相应的 RNA-蛋白复合物沉淀下来，然后经过分离纯化就可以对结合在复合物上的 RNA 进行分析，结合的 RNA 可以通过定量 PCR（RIP-qPCR）或高通量测序（RIP-seq）方法进行鉴定，用于证明蛋白质是否与某种 RNA 发生相互作用，或者筛选与蛋白质结合的 RNA 分子，包括 mRNA 及非编码 RNA（circRNA、lncRNA、miRNA、tRNA 等）。

2. 交联免疫沉淀（CLIP）

CLIP（Cross-linking immunoprecipitation）是一种利用紫外交联技术，将 RNA 与蛋白质之间互作的弱作用力（如范德瓦尔斯力、氢键）转化为强作用力（共价键），通过 RNAase 将 RNA 分子打断并进一步利用 RNA 结合蛋白（RBP）的特异性抗体将 RNA-蛋白质复合体进行沉淀，探究 RNA 与蛋白质互作位点的分子生物学技术。由于紫外交联能够锁定 RBP 与靶分子的准确结合位置，因此 CLIP 能准确获得相互作用的分子位点，是高精度分析 RBP 与 RNA 相互作用的有力工具。基于 CLIP 技术，可以在整个转录组水平上检测 RNA 结合蛋白的结合图谱、miRNA 作用靶点或 RNA 修饰（m^6A）位点等研究。

3. RNA 反义纯化（RAP）

RIP 是从蛋白质出发研究蛋白质 RNA 相互作用的技术，通过已知蛋白质去验证可能有相互作用 RNA 分子；而 RAP（RNA antisense purification）则是从 RNA 出发研究蛋白质与 RNA 相互作用的技术，通过生物素标记的反义寡核苷酸探针来捕获其杂交的靶 RNA，将其与质谱技术结合即可得到与内源 RNA 相结合的蛋白质，可用于推测可能与已知 RNA 结合的蛋白质分子，以及明确发生这些互作关系的基因组区域，在转录组层面上研究多种 RNA 的转录调控关系。

长非编码 RNA SLERT 通过与 DDX21 蛋白互作调控 rRNA 的转录

该案例介绍 Xing 等（2017）发表在 *Nature* 杂志上的 1 篇论文。LncRNA 起初曾一度被认为是基因组转录的"暗物质"，是 RNA 聚合酶 Ⅱ 转录的副产物。然而，近年来大量研究已证明其家族中不少成员广泛地参与各种重要生命活动的调控，如染色体剂量补偿、表观遗传调控、干细胞维持和分化、疾病发生等。本研究揭示了长非编码 RNA SLERT 以 RNA 分子伴侣的机制改变互作核仁蛋白 DDX21 构象，进而影响其 FC/DFC 区域的大小和流动性，从而维持 RNA 聚合酶 Ⅰ 高效转录生成核糖体 RNA。

研究人员首先证实 SLERT 的产生依赖于剪接和两个最外端的 Box H/ACA snoRNA，并通过 RNA FISH 发现 SLERT 主要定位于核仁，并且受 Box H/ACA 影响。进一步，研究人员通过 CRISPR/Cas9 技术敲除了 SLERT，发现缺失 SLERT 会导致 pre-rRNA 以及 rRNA 的生成减少，荧光素酶报告系统也显示 SLERT 敲除引起 rDNA 的 promoter 转录激活水平减弱。

接下来，研究人员深入探究了 SLERT 调控核糖体 RNA 生成的机制。首先，研究人员进行了基于 tRSA 标签的 RNA pull-down，通过构建 SLERT-tRSA 融合表达载体，利用体外转录系统转录 SLERT-tRSA 并纯化，然后与细胞的提取物进行孵育。凭借 tRSA 与 SA 磁珠的结合，将 SLERT 的结合蛋白以及 snoRNPs 一并拉下来。通过质谱鉴定，研究人员发现 DDX21 蛋白可以特异被拉下来（图 6-4）。WB 试验也进一步验证了质谱的结果。与对照相比，DDX21 蛋白在 RNA pull-down 后可以被显著富集。

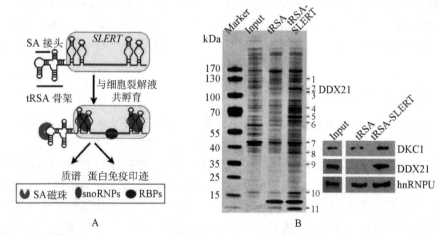

图 6-4　利用 tRSA RNA pull-down 鉴定与 SLERT 互作的蛋白（引自 Xing et al., 2017）

snoRNPs：核仁小 RNA 结合蛋白；RBPs：RNA 结合蛋白；SLERT：长非编码 RNA SLERT；DKC1、DDX21、hnRNPU：均为 RNA 结合蛋白

随后，研究人员采用了基于交联/非交联的两种不同 RIP 的方法，通过免疫沉淀 DDX21 然后进行 qPCR 定量，均证实 SLERT 可以被显著富集。SLERT 的 RNA FISH 与 DDX21 的免疫荧光共染色试验则进一步说明二者在核仁的共定位关系。为了探究 SLERT 的哪个区域与 DDX21 结合，研究人员将 SLERT 截断成不同部分转录并带上地高辛标记，与 DDX21 的 IP 产物进行共孵育，最终证实了 SLERT 的 281～423nt 区域为 DDX21 的结合区，并最后通过 EMSA 试验证实其 281～423nt 区域能与 DDX21 结合并造成凝胶迁移。

最后，研究人员证实 SLERT 可以通过结合 DDX21 而改变其形成的环状构象，进而释放 RNA 聚合酶 I 到核糖体 RNA 的启动子区而促进 rRNA 的转录。在功能上，研究人员发现过表达 SLERT 会促进肿瘤生成，而敲除 SLERT 则可抑制肿瘤，因此提供了一个潜在的癌症治疗靶标。

本案例通过多种 RNA-蛋白质相互作用以及成像技术，在不同层面证实 SLERT-DDX21 的结合以及定位，并通过分段试验进一步阐明了 SLERT 中对于定位维持、相互作用以及功能发挥的不同区域，研究方法值得我们借鉴。

该论文的主要试验步骤如下：

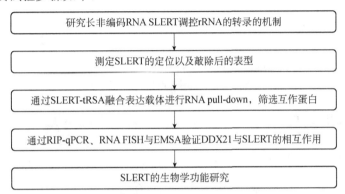

第三节　生物大分子修饰

一、蛋白质修饰

蛋白质翻译后修饰（protein translational modifications，PTMs）通过功能基团或蛋白质的共价添加、调节亚基的蛋白水解切割或整个蛋白质的降解来增加蛋白质组的功能多样性，改变蛋白质的理化性质，进而影响其活性状态、亚细胞定位以及蛋白-蛋白相互作用等。这些修饰包括磷酸化、糖基化、泛素化、亚硝基化、甲基化、乙酰化、脂质化和蛋白水解，几乎影响了正常细胞生物学和发病机制的所有方面（图 6-5）。因此，识别和理解 PTM 在细胞生物学和疾病的治疗、预防等研究中至关重要。

1. 磷酸化修饰

蛋白质磷酸化是生物界最普遍，也是最重要的一种蛋白质翻译后修饰，主要发生在丝氨酸、苏氨酸或酪氨酸残基上。磷酸化在细胞周期、凋亡、DNA 损伤修复和信号转导等过程中起着重要的调控作用。磷酸化的过程就是在激酶的催化作用下，将 ATP 的磷酸根基团，转移到蛋白的氨基酸侧链上，ATP 随之变为 ADP。对于大部分蛋白质来说，磷酸化修饰是一种可逆的短暂性修饰。几种体内的和体外的方法，被用于检测蛋白质的磷酸化状态或某个特定氨基酸的磷酸化，以及确定特定的激酶（或磷酸酶）是否作用于目标蛋白质，包括体外磷酸化分析、放射性脉冲标记和磷酸化特异性抗体检测等。运用磷酸化特异性抗体和 Western blot 是评估蛋白磷酸化状态的最常用方法，大部分细胞生物学实验室都拥有开展这些试验的设备，同时可以避免使用放射性同位素时的危险品和废物处理要求。许多磷酸化特异抗体十分灵敏，可用于检测常规样品中的磷酸化蛋白。由于测得的磷酸化蛋白水平可能随处理或凝胶上样误差而变化，研究人员常常利用另外的抗体来检测同源蛋白的总水平（而不考虑磷酸化状态），以确定磷酸化组分相对于总组分的比例，并充当上样内参对照。

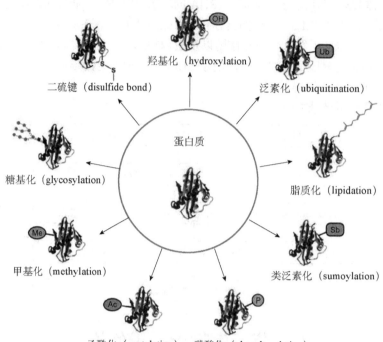

图 6-5　蛋白质翻译后修饰种类

Box 6-1：翻译后修饰是增加蛋白质组多样性的关键机制

　　虽然基因组只包含 20 000～25 000 个基因，但蛋白质组估计包含超过 100 万种蛋白质。一方面，转录和 mRNA 水平的变化增加了转录组相对于基因组的大小；另一方面，无数不同的翻译后修饰相对于转录组和基因组都以指数方式增加了蛋白质组的复杂性（图 6-6）。在技术上，研究翻译后修饰蛋白的主要挑战是开发特异性的检测和纯化方法。

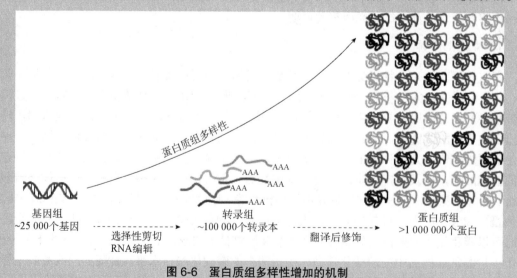

图 6-6　蛋白质组多样性增加的机制

2. 泛素化修饰

蛋白质泛素化在蛋白质降解中的研究最深入。泛素是一类分子量为 8 kDa 的多肽，由 76 个氨基酸组成，通过羧基端的甘氨酸与靶蛋白赖氨酸的侧链氨基共价结合，泛素之间也可以通过这种方式连接成泛素链。不同的泛素化链长度（单泛素化、多泛素化以及多聚泛素化）及多种多样的泛素化链类型（连接通过 Met1, Lys6, Lys11, Lys27, Lys29, Lys33, Lys48 和 Lys63）在蛋白质活性、蛋白-蛋白相互作用以及蛋白质亚细胞定位中发挥极为重要的调控功能。在最初的单泛素化事件之后，可能形成泛素聚合物，然后 26S 蛋白酶体识别多聚泛素化蛋白，催化泛素化蛋白的降解和泛素的再循环。泛素与底物的结合是通过由 E1、E2 和 E3 催化的多步反应进行的。其中，泛素化的特异性由 E3 决定，所以 E3 有很多种，各自负责不同类型的蛋白。泛素化的检测方法可以识别特定赖氨酸残基的泛素化或确认特异的 E3（或 E2）是否在靶蛋白的修饰上发挥了作用。检测在体内泛素化最直截了当和常用的方法是免疫沉淀分离目的蛋白，然后利用 SDS-PAGE 观察，可明确具体哪种蛋白质的哪个赖氨酸残基发生了泛素化修饰。

二、DNA 甲基化修饰

DNA 甲基化（DNA methylation）一直以来都是表观遗传学领域研究的重点之一，是指在 DNA 甲基转移酶（DNA methyltransferase，DNMT）的作用下，使基因组 CpG 二核苷酸的 $5'$ 胞嘧啶转变为 $5'$ 甲基胞嘧啶（$5'$methylcytosine，$5'$mC）。这种 DNA 修饰的方式并未改变基因的序列，但能抑制某些基因的表达。DNA 甲基化在维持正常细胞的功能、雌性个体 X 染色体失活、基因组结构稳定、遗传印记以及肿瘤的发生发展等方面具有至关重要的作用。随着测序技术的发展，测序价格越来越低，而通量越来越高。且测序可实现单碱基的分辨率，基于测序的甲基化检测技术已逐渐成为主流。

三、RNA m⁶A 修饰

m⁶A（N6-methyladenosine）是一种动态可逆的修饰方式，主要存在于 mRNA 的 CDS 区和 $3'$UTR 区，在调控基因表达、可变剪接、RNA 编辑、mRNA 稳定性和介导环状 RNA 翻译等方面扮演重要角色。m⁶A 本身的修饰过程涉及甲基化酶（Writers）、去甲基化酶（Erasers）以及 m⁶A 识别蛋白（Readers）。目前 m⁶A 修饰研究的方向主要集中在两方面，一是研究 RNA 甲基化修饰过程中的参与者（Writer、Eraser 和 Reader）分子在疾病或者某一生命过程中的功能；二是通过 m⁶A 甲基化测序（MeRIP-Seq/miCLIP）等方法揭示疾病或者某一生命过程中 RNA 甲基化修饰的变化，即特异性 m⁶A RNA 甲基化图谱的构建。

案例 6-5

E3 连接酶 RNF8 通过合成 Lys48 连接的泛素链降解 KU80 并促进 NHEJ 反应

该案例介绍 Feng 等（2012）发表在 *Nature structural & molecular biology* 杂志上的 1 篇论文。

背景： 哺乳动物细胞主要通过 DNA 损伤应答（DNA damage response, DDR）蛋白网络来察觉 DNA 损伤，激活下游信号通路，并最终导致细胞周期阻滞及 DNA 修复。在体内，DNA

损伤信号利用了许多翻译后修饰作为分子开关，用于细胞周期检测点、DNA 修复、细胞衰老和程序性死亡等过程的调控。其中，RNF8 这个包含环指结构的核因子家族（RING-finger-containing nuclear factor family）成员在早期应答中扮演了关键性角色。作者前期研究揭示了 RNF8 主要通过两个方面介导细胞对于遗传毒性压力的应答，一方面是磷酸依赖性 FHA 位点介导的 RNF8 结合 MDC1，另一方面则是通过 RNF8 在 H2AX 及其他损伤位点底物的泛素化过程中的作用。虽然 RNF8 启动了 DNA 双链断裂位点的早期泛素化，然而持续地泛素化作用还需要下游另一种 E3 泛素连接酶 RNF168 的参与。RNF168 是前人研究比较透彻的一个 E3 泛素连接酶，但是 RNF8 与 RNF168 在所使用的底物以及二者泛素化调控机制的区别仍然未知。如何确定 RNF8 的泛素化模式、作用机制以及在泛素化修饰中与 RNF168 的区别？2012 年 Feng 等发表在 *Nature structural & molecular biology* 的一篇文章详细阐述了 RNF8 通过 Lys48 连接的泛素链在 DNA 损伤修复过程中的调控作用。

研究概要：DNA 双链断裂（double strand break, DSB）产生后，53BP1 和 BRCA1 是关键的效应蛋白，决定着 DSB 修复的方式；而组蛋白泛素化、磷酸化和甲基化等翻译后修饰是这条通路顺利进行的基本条件。其中，RNF8 和 RNF168 是这条通路的枢纽蛋白。但是，泛素化链的类型又是多种多样，包括 Met1、Lys6、Lys11、Lys27、Lys29、Lys33、Lys48 和 Lys63 等多种泛素化连接模式。本研究中，作者阐述了 RNF8 与 RNF168 在泛素链构建的区别，并深入地探究了 RNF8 通过泛素信号途径介导 DNA 损伤修复的分子机制。下面我们将详细剖析该论文的试验设计。

在本研究中，作者的目标是研究 RNF8 如何通过泛素信号途径介导 DNA 损伤修复，因此首先需要阐明 RNF8 通过怎样的泛素化修饰进行作用。作者证实 RNF8 与 E2 结合酶 UBC13 蛋白协同作用在损伤位点构建出一条 Lys48 连接的泛素链，RNF168 则与 UBC13 在损伤位点构建出一条 Lys63 连接的泛素链，以招募下游底物促使聚集该处的蛋白质泛素化修饰。此外，研究人员还发现 RNF8 对 NHEJ 修复蛋白 KU80 的丰度发挥了调控作用。RNF8 缺失将导致 KU80 在损伤位点延时累积，从而阻碍 NHEJ 修复。

问题 1：RNF8 是否与 RNF168 一样均在 DSB 处形成 Lys63 连接的泛素链？

作者首先通过免疫荧光证实 IR 照射后 RNF8 与 RNF168 均定位于 DNA 损伤位点，并且与泛素化抗体标记存在很好的共定位。通过特异的 Lys48 与 Lys63 泛素链抗体，作者发现 RNF8 与 Lys48 共定位，而 RNF168 则与之前报道一样，仅与 Lys63 共定位。进一步，通过构建去除 E3 连接酶的关键结构域的 RNF8 突变体，作者发现 Lys48 连接的泛素链在 DNA 损伤点的信号消失，进一步说明 Lys48 连接的泛素链依靠 RNF8 生成。这证明 RNF8 虽然与 RNF168 一样均被招募至 DSB 处发挥作用，但是其介导形成的泛素链类型有所不同。

问题 2：RNF8 是否与 RNF168 一样均依靠 E2 结合酶 UBC13 生成泛素化链？

文献调研得知，UBC13 是目前已知的唯一一个特异在 Lys63 泛素链聚集的 E2 结合酶。且删除 RNF8 或者 UBC13 均能使 DSB 处的 Lys63 泛素链消失。因此，RNF8 是否与 RNF168 一样也依赖 UBC13 生成泛素化链？为了证明二者的关系，作者敲除了 UBC13，发现 UBC13 是 RNF168 生成 Lys63 连接的泛素链所必需的，以招募下游底物并促使聚集该处的蛋白质泛素化修饰，与文献报道一致。而 UBC13 的缺失并不影响 RNF8 生成 Lys48 连接的泛素链，进一步说明二者所使用的底物以及泛素化调控机制存在区别。

假设 3：RNF8 通过泛素化作用调控 DNA 损伤修复过程。

既然 RNF8 定位于 DNA 损伤处，作者猜测 DSB 上存在 RNF8 的泛素化底物。为了探究

RNF8 的作用底物,作者查阅文献发现 NHEJ 关键蛋白 KU80 被报道存在 Lys48 连接的泛素链,并且这种泛素化促进 KU80 从损伤 DNA 处的去除。另一方面,检查点激酶 CHK2 也被报道其表达量在 RNF8 敲除的细胞中有所提高,与之对照,CHK1 的表达并不受 RNF8 状态的影响;RNF168 的敲除对 CHK2 的表达也没有影响。因此,作者重点验证了 DNA 损伤时 RNF8 对 KU80 及 CHK2 的泛素化调控作用。

结果: 作者通过过表达 RNF8 和 RNF168,发现 KU80 的蛋白丰度受 RNF8 特异性调控,RNF8 高表达可导致 KU80 的降解,而 RNF168 的表达不影响 KU80。而 RNF8 的突变体 ΔRING 和 ΔFHA 的过表达均不能有效降解 KU80。通过 Co-IP 试验,作者进一步证明 RNF8 依靠其 FHA 结构域实现与 KU80 的相互作用。同样地,敲低 RNF8 能提高 KU80 以及 CHK2 的表达,而对 CHK1 没有影响;敲低 RNF168 亦对 KU80 以及 CHK2 的表达没有影响。最后,作者通过激光划线造成 DNA 损伤,发现 RNF8 的敲低确实延长了 KU80 在 DNA 损伤处的累积时间,而对 H2AX 的累积影响不大,进一步说明了 RNF8 通过泛素化作用调控 DNA 损伤修复过程。

至此,作者通过一系列试验说明 E3 连接酶 RNF8 通过合成 Lys48 连接的泛素链降解 KU80 并促进 NHEJ 反应。该研究证实了 RNF8 与 RNF168 在 DNA 损伤修复过程中泛素化修饰的底物及机制均存在区别,并进一步揭示 DNA 损伤修复中泛素化作用介导的降解信号参与机制。

案例 6-6

m⁶A 通过共转录逆向调控组蛋白 H3K9me2 去甲基化

该案例介绍 Li 等(2020)发表在 *Nature Genetics* 杂志上的 1 篇论文。表观基因组的动态变化对于基因在发育和生理过程中的正确表达至关重要。m⁶A 是 mRNA 和 lncRNA 上丰度最高的修饰,从酵母到人类的多个物种中高度保守,其失调会引起包括癌症在内的多种疾病。转录过程是染色质动态调控的核心,转录过程中,METTL3-METTL14 复合物催化前体 RNA 上 m⁶A 的发生,同时,m⁶A 可以被 FTO 和 ALKBH5 调控去甲基化,并能被 YTH 家族的蛋白所识别。尽管 m⁶A 通过共转录产生,它对染色质的直接调节作用仍然所知甚少。本研究中,研究人员揭示了 m⁶A 直接逆向调控抑制性组蛋白标记 H3K9m2 去甲基化的现象和机制,并阐明了 RNA m⁶A 修饰与组蛋白动态修饰之间的直接关系。

为了筛选 m⁶A 共转录调控的表观修饰,研究人员首先建立了一个基于 ChIP-qPCR 检测的染色质修饰报告系统,并发现当报告基因转录本上发生了 m⁶A 修饰时,所对应的染色质上的抑制型组蛋白修饰标志物 H3K9me2 会被特异地去除,而其他的组蛋白修饰则变化不大(图 6-7),且这种改变可以通过敲低 METTL3 而去除。进一步,通过对小鼠 mES 细胞的 m⁶A RNA 测序,研究人员证实了 m⁶A 修饰对 H3K9me2 在甲基化位点附近分布的相关性,并通过突变 METTL3 和 FTO 在全基因组水平确认了 m⁶A 修饰对 H3K9me2 表达水平以及去甲基化的调控。研究人员进一步利用 KDM3B ChIP-seq 发现 m⁶A 通过招募 H3K9me2 去甲基化酶 KDM3B 定位于染色质,进而控制对应区域的 H3K9me2 改变。最后,通过免疫共沉淀,表明 m⁶A 识别蛋白 YTHDC1 和 KDM3B 存在相互作用,且 YTHDC1 可以招募 KDM3B 到 m⁶A 相关的区域,从而促进对应染色质区域 H3K9me2 的去甲基化,并且 RNA m⁶A 能够促进 H3K9me2 调控的基因的转录。

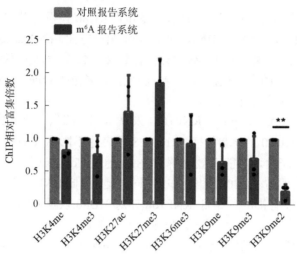

图 6-7　通过 ChIP-qPCR 检测 m⁶A 修饰报告系统的组蛋白修饰水平（引自 Li et al., 2020）

H3K4me、H3K4me3、H3K27ac、H3K27me3、H3K36me3、H3K9me、H3K9me3、H3K9me2：分别为组蛋白 H3 在不同赖氨酸位点的不同甲基化修饰类型

该论文的主要试验步骤如下：

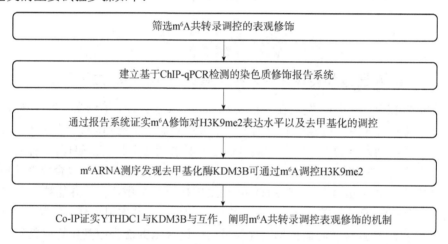

第四节　生物大分子数量变化

一、蛋白质数量变化

对于研究的单一种蛋白表达水平检测存在不同方法，比如蛋白免疫印迹（Western blot）、免疫组化法（immunohistochemistry）、酶联免疫吸附剂测定法（ELISA）等，它们大多基于抗原-抗体结合反应以实现对目标蛋白进行定量/半定量检测。比如，蛋白质印迹法是将 SDS-PAGE 分离后的细胞或组织的蛋白样品从凝胶转移到固相支持物尼龙膜或 PVDF 膜上，然后利用特异性抗体检测抗原的蛋白质检测技术，可以用于蛋白的定性和半定量；免疫组化融合了免疫学原理（抗原–抗体特异性结合）和组织学技术（组织的固定、包埋、切片、脱蜡、水化等），通过化学反应使标记抗体的显色剂（荧光素、酶、金属离子等）显色来确定组织或

细胞内抗原的定位及表达量变化的研究；酶联免疫吸附剂测定法也用到了免疫学原理和化学反应显色，待测的样品主要是血清、尿液及细胞培养上清液等，因而不需用到组织包埋、切片等技术，这是与免疫组化的主要区别。操作上需要先将抗原或抗体结合到固相载体表面，从而使后来形成的抗原-抗体复合物黏附在载体上，这就是"吸附"的含义。ELISA 多用于定量分析，其灵敏度非常高。

随着高通量、高灵敏度、高分辨率生物质谱技术的出现，蛋白质组学技术取得飞速发展，人们不再满足于对细胞或组织的一种蛋白质进行定量研究。1994 年，Marc Wilkins 在 Siena 双向凝胶电泳（two-dimensional electrophoresis，2-DE）会议上最早提出了蛋白质组（proteome）概念。与单一蛋白的定量研究相比，蛋白质组学是一门以全面的蛋白质性质研究为基础的学科。早期的定量蛋白质组（quantitative proteomics）研究主要依靠双向凝胶电泳技术实现。蛋白质双向电泳是将蛋白质等电点和分子量两种特性结合起来进行蛋白质分离的技术，一向为等电聚焦（isoelectrofocusing，IEF），根据蛋白质的等电点不同进行分离；第二向为 SDS-PAGE，按亚基分子量大小进行分离。蛋白质经过二维分离并染色后，根据点的密度、大小、位置不同可以定性查看有无和相对定量地查看蛋白丰度差异，最后通过质谱鉴定技术确定差异表达蛋白的种类。但双向凝胶电泳面临的挑战主要是高分辨率和重复性，已逐渐被基于 nano LC-MS/MS 的液质联用技术取代，后者需要的样品量更少（25μg 蛋白），灵敏度更高（ng 级），通量也更高。目前常见的定量蛋白质组学常见技术主要包括 iTRAQ、SILAC、Label Free 及 SWATCH 等几类定量方法，其中 iTRAQ（isobaric tag for relative absolute quantitation）定量为目前定量蛋白质组学应用最广泛的技术。iTRAQ 是由美国 AB Sciex 公司研发的多肽体外标记定量技术，可采用多个稳定同位素标签，特异性标记多肽的氨基基团进行串联质谱分析，能够同时比较多达 8 种不同样本中蛋白质的相对含量，特别适用于采用多种处理方式或来自多个处理时间的样本的差异蛋白分析，比如研究不同病理条件下或者不同发育阶段的组织样品中蛋白质表达水平的差异。

二、RNA 数量变化

对于研究的单一种 RNA 表达水平检测也存在不同方法，比如 RNA 印迹（Northern blot）、实时荧光定量 PCR（Real-time quantitative PCR，Real-time qPCR）以及 RNA 荧光原位杂交（RNA fluorescence *in situ* hybridization，RNA-FISH）。

Northern blot 是将 RNA 样品通过变性琼脂糖凝胶电泳进行分离，再转移至尼龙膜等固相膜载体上，用特异性的放射性或非放射性标记 DNA/RNA 探针对固定于固相膜上的 mRNA 进行杂交，洗膜去除非特异性结合杂交信号，经放射自显影或显色反应并对杂交信号进行分析。根据杂交的 mRNA 分子在电泳中迁移位置与杂交信号的强弱，即可知道细胞中特定基因转录产物的大小与该基因的表达水平。

Real-time qPCR 是指在 PCR 反应中加入荧光染料或者荧光探针，通过连续监测荧光信号出现的先后顺序以及信号强弱的变化，进而推断出 PCR 前样本的初始核酸量。根据 qPCR 所使用荧光化学物质不同，可将其分为荧光染料和荧光探针两类，分别代表着相对定量和绝对定量检测。相对定量是通过与管家基因的比较得到相对的基因表达值，绝对定量是通过利用已知浓度的 DNA 样本绘制标准曲线，然后得到未知样本的 cDNA 含量。Real-time qPCR 具有特异性好，灵敏度高，速度快，通量高等优点，该技术的发明实现了 PCR 从定性到定量的飞跃。

RNA-FISH 是以荧光标记取代同位素标记而形成的一种新的原位杂交方法,具有安全、快速、灵敏度高、探针保存时间长、能同时多色标记等优点。细胞或组织切片上的靶核酸与特异核酸探针经变性-退火-复性,形成靶核酸与核酸探针的杂交体。将核酸探针的某一种核苷酸标记上报告分子如生物素或荧光素,即可通过间接或直接的荧光检测体系对待测核酸进行定性、半定量或定位分析。

与单一 RNA 表达水平检测相比,RNA 组学研究,即通过对细胞内全部 RNA 分子进行系统研究,是后基因组时代生命医学领域的研究热点和重点,可以从整体水平阐明 RNA 的生物学功能,主要包括微阵列芯片(microarray)和 RNA 高通量测序技术(RNA-seq)两种方法。它们的主要区别在于,微阵列基于预先设计的标记探针与目标 cDNA 序列的杂交,而 RNA-seq 通过测序技术对 cDNA 链进行直接测序。目前,利用 RNA-seq 对 RNA 进行高通量定量分析,是基因表达和 RNA 调控领域的重要技术基础和通用手段。RNA-seq 首先提取总 RNA,并在纯化后片段化处理,然后构建 cDNA 文库,通过高通量测序的方法对 cDNA 进行测序。获得测序序列后比对到参考基因组上(或者从头组装转录本后再比对),根据测序序列的覆盖情况定量基因表达。RNA-seq 可以比较各种条件下,所有基因的表达情况的差异,比如正常组织和肿瘤组织之间、药物治疗前后以及不同发育阶段下不同组织之间的基因表达差异。

案例 6-7

通过定量蛋白质组学鉴定 DNA 损伤压力下 pADPr 的互作蛋白动态变化

该案例介绍 Gagne 等(2012)发表在 *Nucleic Acids Research* 杂志上的 1 篇论文。

背景:多聚二磷酸腺苷酸核糖聚合酶(poly ADP-ribose polymerase,PARP)是存在于多数真核细胞中的一个多功能蛋白质翻译后修饰酶,在 DNA 单链断裂修复中发挥着关键作用。其中,PARP1 主要通过与 DNA 损伤位点结合并催化多聚 ADP 核糖链〔poly(ADP-ribose),pADPr〕的形成,以募集其他 DNA 修复蛋白共同修复损伤 DNA。pADPr 除了可以通过共价结合的方式与靶蛋白结合完成招募,还能通过非共价结合的方式与靶蛋白结合发挥功能,比如含有 WWE 结构域、PBZ 结构域或者 Macro 结构域的蛋白。DNA 修复蛋白在损伤点发挥作用后,依靠 PARG 等蛋白催化多聚 ADP 核糖链断裂完成调控。但是,pADPr 的作用底物以及这个动态过程中的蛋白互作网络依然不清楚,了解这个动态变化的过程对我们理解 DNA 损伤早期应答具有重要的意义。2012 年 Gagne 等发表在 *Nucleic Acids Research* 的一篇文章对该问题进行了深入研究,使用了不同的蛋白质组学手段鉴定 DNA 损伤过程中 pADPr 结合的动态蛋白质组变化。

研究概要:在本研究中,作者的目标是鉴定 pADPr 的互作蛋白及其在损伤前后动态变化,但是单一种研究方法往往是有缺陷的,因此选择了不同的富集以及蛋白质组学手段,结合质谱技术作为研究的途径。作者首先设计了不同的亲和层析方法用于 pADPr 及其互作蛋白的富集。对于 pADPr 动态互作蛋白的鉴定,作者使用了不同的定量蛋白质组学方法,包括 label-free、ITRAQ 以及 SILAC,分析细胞在损伤前后以及撤药恢复的过程中与 pADPr 结合的蛋白变化(图 6-8)。通过比较不同富集及定量蛋白质组学鉴定的结果,作者找到了不同方法鉴定到的共同和特异蛋白集,最终得到了系统的 DNA 损伤早期与 pADPr 相互作用的动态网络。

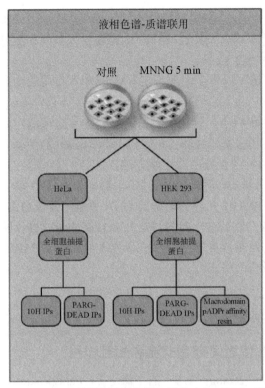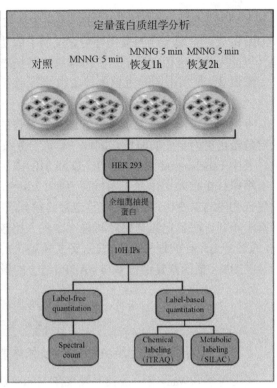

图 6-8　利用定量蛋白质组学鉴定与 pADPr 动态互作的蛋白流程图（引自 Gagné et al., 2012）

MNNG：1-甲基-3-硝基-1-亚硝基胍；HeLa：人宫颈癌细胞系；HEK293：人胚肾细胞系；Label-free quantitation：非标记定量蛋白质组学技术；Label-based quantitation：基于标记的定量蛋白质组学技术；Spectral count：峰计数；Chemical labeling：化学标记；Metabolic labeling：代谢标记；10H IPs：用 pADPr 单抗 10H 进行免疫沉淀；PARG-DEAD IPs：用 PARG 失活突变体进行免疫沉淀；Macrodomain pADPr affinity resin：用包含 macro 结构域的树脂进行免疫沉淀

问题 1：如何有效富集与 pADPr 结合的蛋白复合体？

首先，作者设计了不同方案对 pADPr 进行富集，第一种方法是利用识别 pADPr 的抗体 10H 对其进行免疫沉淀反应，缺点是 pADPr 抗体结合短的多聚 ADP 核糖链的亲和力较低；第二种方法是作者自己开发的方法，通过突变 PARG 蛋白的催化中心，使其结合 pADPr 但不对其进行水解，再利用类似亲和层析的方法对 pADPr 复合物进行富集；第三种方法是利用 Macrodomain-GST 融合蛋白进行 GST-pull down，缺点也是 Macrodomain 对 pADPr 的结合能力较弱。

结果：与预期一致，三种方法富集后经 LC-MS/MS 所鉴定出的蛋白，PARG-DEAD > 10H > Macro；但是，对于鉴定出的蛋白为细胞核定位蛋白的比例来说，则为 Macro>10H>PARG-DEAD，提示 PARG-DEAD 的方法虽然更灵敏，但是鉴定出的非特异结合的蛋白也更多。通过整合三种方法均能打出的蛋白，作者得出了更为可信的互作蛋白网络，包括一系列已知的 DNA 损伤修复蛋白。

问题 2：如何观察动态的 DNA 损伤修复过程？

作者首先通过 Dot-blot 和免疫荧光证实了 MNNG 诱导 DNA 损伤和 PARP 激活的过程中结合 pADPr 的修复蛋白存在动态变化，在 MNNG 加入 5min 后损伤达峰值，然后在撤药恢复的 2h 内逐渐减弱。然后，作者利用基于 10H 抗体的 IP 富集各个时期 pADPr 的结合蛋白，发现一系列与 BER、NHEJ 以及 HR 通路相关的 DNA 损伤修复蛋白与 pADPr 结合的丰度跟 pADPr 的表达呈现一致的变化趋势。说明了成功观察到 MNNG 诱导 DNA 损伤修复的动态过程，以此为基础进行定量蛋白质组学鉴定并提出假设 3。

假设 3：使用不同的定量蛋白质组学鉴定方法可以更全面地鉴定 pADPr 相互作用的动态网络。

不同的定量蛋白质组学鉴定方法有着各自的优缺点，使用多种方法联合的鉴定可能对研究对象给出更为全面的概览。因此，作者分别使用了基于 Label-free 和 Label-based 的两套方案，其中 Label-based 又包括 iTRAQ 和 SILAC 两种定量蛋白质组学方法。

结果：作者分别探究了非损伤-损伤 5min-恢复 1h-恢复 2h 这几个过程中与 pADPr 结合的复合物的动态变化。通过质谱鉴定最终得到了 PARP1 介导的动态的 DNA 单链修复蛋白组，并基于不同方法鉴定的结果对其进行了深入比较。然后进一步对综合排名较高的蛋白进行验证，通过激光介导的划线损伤试验，证实所鉴定的结果的可靠性。最终，研究人员描绘了 PARP1 介导的 DNA 损伤修复过程中与 pADPr 结合的蛋白网络。

案例 6-8

亚细胞结构 paraspeckles 和线粒体之间存在交流和相互作用

该案例介绍 Wang 等（2018）发表在 *Nature Cell Biology* 杂志上的 1 篇论文。Paraspeckles 是一种广泛存在于哺乳动物细胞核中的亚结构小体，由长非编码 RNA NEAT1 和 40 余种蛋白质组装而成，其中 NEAT1 构成了 paraspeckles 的骨架。前期研究表明，paraspeckles 在诸如病毒入侵、蛋白酶体受到抑制和神经退行性疾病发生过程中均发挥着重要的调控功能，然而 NEAT1 和 paraspeckles 如何被调控以及如何响应细胞内的信号尚不清楚。本研究通过全基因组的 RNAi 筛选，高通量筛选能影响 NEAT1 表达水平的基因，最终发现一系列线粒体蛋白能够调控 NEAT1 表达及 paraspeckles 的形成。本研究揭示了细胞核亚结构 paraspeckles 与细胞质线粒体之间的紧密联系，表明在应激条件下细胞通过 paraspeckles 调控线粒体稳态的重要生理功能。

为了高通量筛选 NEAT1 表达水平的基因，研究人员首先利用 TALEN 技术在内源 NEAT1 转录起始位点位置插入了 eGFP 报告基因。作为内参对照，研究人员同时在敲入成功的细胞中稳转了 EF1a 启动子驱动的 mCherry 荧光蛋白用于校准报告基因的表达水平。通过比较 eGFP 与 mCherry 的表达，可以在活细胞中实现内源水平 NEAT1 转录活性变化的可视化。接下来，研究人员在报告细胞中进行了全基因组的 RNAi 筛选及分析，发现能富集一系列与染色质重塑及转录调控相关的基因。令人意外的是，细胞核内编码的与线粒体功能相关的一些基因在筛选中也被显著富集（图 6-9）。为了验证筛选结果，研究人员选取了富集的候选蛋白进行 shRNA 敲低验证。qPCR 结果显示这些基因的敲低都能不同程度降低 NEAT1 的水平。通过克隆并构建包含 NEAT1 启动子的双荧光素酶报告系统，研究人员进一步验证了筛选结果的可靠性。

为了探究 NEAT1 表达与线粒体蛋白之间的调控关系，研究人员通过 RNA FISH 的方法观察线粒体蛋白敲低下 NEAT1 及 paraspeckle 的表达量及位置变化关系，发现一系列线粒体蛋白的敲低均可使 paraspeckle 排列倾向于从球状形成长条状，呈现更加"凝固"的状态。进一步，通过 CRISPR 敲除了其较短转录本 NEAT1_1 的 poly A 区域，研究人员发现 NEAT1 主要依靠其较长的转录本 NEAT1_2 形成长条状排列以及发挥 mRNA 滞留的功能。通过 ChIP 试验研究人员发现 ATF2 可以通过结合 NEAT1 转录起始上游区域从而介导线粒体信号向 NEAT1 调控的传递。而通过依靠 NEAT1 探针杂交的 CHART-RNA-seq，发现一系列线粒体蛋白的 mRNA 可以通过与 NEAT1 结合而被滞留在 paraspeckle 中，这种滞留可以在受到线粒体压力情况下而发生动态变化。同样地，NEAT1 的异常表达也会引起线粒体功能的缺陷。最后，研究人员提出了 paraspeckles 与线粒体之间存在交流和相互作用并参与调控细胞凋亡等生理过程的模型。

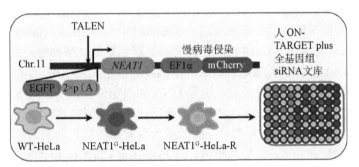

图 6-9 基于 NEAT1^G-HeLa 细胞报告系统的筛选流程图（引自 Wang et al., 2018）

TALEN：转录激活样效应因子核酸酶；NEAT1：长非编码 RNA NEAT1；EGFP-2×p（A）：绿色报告基因序列；EF1α-mCherry：红色报告基因序列；WT-HeLa：Hela 野生型细胞；NEAT1^G-HeLa：在 NEAT1 插入绿色荧光报告系统的 HeLa 细胞；NEAT1^G-HeLa-R：在 NEAT1 插入绿色荧光报告系统，同时稳转红色荧光报告系统的 HeLa 细胞

　　该案例最值得关注的地方包括：①为了实现高通量筛选内源 NEAT1 表达水平的变化，先利用 CRISPR 在 NEAT1 基因转录起始位点前插入 eGFP-2×p（A）片段构建了内源报告系统；②为了排除筛选中非特异调控造成的 NEAT1 表达水平变化以及自发性荧光等因素造成的偏差，通过稳转的方法引入了 EF1a 启动子驱动的 mCherry 红色荧光蛋白用于校准，并挑取表达量合适的单克隆用于稳定的后期筛选；③内源报告系统筛选后利用基于双荧光素酶的外源报告系统进一步验证了筛选结果；④结合多种技术手段，如 ChIP、CHART、RNA FISH 等多种方法联用从不同角度说明 RNA-蛋白之间的调控关系。

　　该论文的主要试验步骤如下：

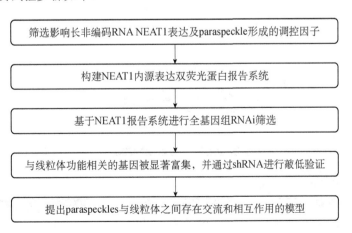

第五节　基因编辑技术

基因编辑（gene editing），又称基因组编辑（genome editing）或基因组工程（genome engineering），是一种能够对基因组序列进行准确、稳定遗传改造的基因工程技术或过程，给生命科学和临床治疗带来了革命性的变革。过去很长一段时间，对 DNA 的编辑只能通过物理和化学诱变、同源重组等方式来实现。这些方法要么编辑位置随机，要么需要花费大量人力物力进行操作。近年发展起来的基因编辑技术主要分为三类，分别是锌指核酸酶（zinc-finger nuclease，ZFN）技术、转录激活因子样效应物核酸酶（transcription activator-like effector nuclease，TALEN）技术以及近几年发展迅猛的 CRISPR（clustered regularly interspaced short palindromic repeats，CRISPR）/Cas9 技术。其基本原理都是通过序列特异性的 DNA 结合结构域和非特异性的 DNA 修饰结构域组合而成的序列特异性核酸内切酶，识别染色体上的 DNA 靶序列，通过切割产生 DNA 双链断裂，诱导 DNA 的损伤修复，从而实现对指定基因组的定向编辑。CRISPR/Cas9 是继 ZFN、TALEN 后的第三代基因编辑技术，由于 Cas9 对 DNA 的识别只需要一个引导 RNA 与靶 DNA 配对，因此成为现有基因编辑和基因修饰里面效率最高、操作最简便、成本最低的技术。短短几年内，CRISPR/Cas9 技术风靡全球，极大地扩展了科学家对基因的操控能力，成为当今最主流的基因编辑系统。

一、基因敲除/敲入技术

CRISPR 是细菌和古细胞在长期演化过程中形成的一种适应性免疫防御，可在 crRNA 和 tracrRNA 共同的指引下，由 Cas 蛋白（CRISPR-associated proteins）靶标并切割入侵者的遗传物质。CRISPR/Cas9 系统作为基因编辑工具时，crRNA 和 tracrRNA 被融合为一条向导 RNA（single-guide RNA，sgRNA）表达，所以该系统只包含 sgRNA 和 Cas9 核酸内切酶两个元件，Cas9 可以在 sgRNA 引导下在基因组目的序列产生特异性双链断裂（DSB）。但是，并不是基因组所有的位点都可以被识别，CRISPR 系统的识别需要依靠被称为 PAM（protospacer-adjacent motif）的序列。不同菌株来源的 Cas 蛋白识别的 PAM 序列有所不同，比如 SpCas9 识别的 PAM 为 NGG，SaCas9 识别 NNARRT，Cpf1 识别 TTTN，随着不同 Cas 蛋白的发现，大大拓展了基因组的可编辑范围。DNA 双链断裂产生后，在缺乏同源重组模板时，细胞倾向于利用易错的非同源末端连接（NHEJ）进行修复，造成目的基因的移码突变，从而达到破坏原来基因达到敲除（gene knock-out）的目的（图 6-10）。

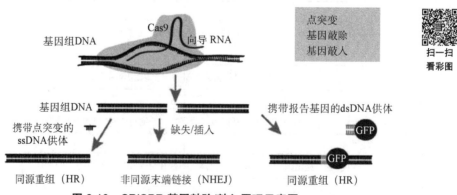

图 6-10　CRISPR 基因敲除/敲入原理示意图

基因敲入（gene knock-in）是将外源有功能基因转入细胞与基因组中的同源序列进行重组，定点插入到基因组中，在细胞内获得表达的技术。在完成基因敲入时，需要将一个与编辑位点同源的 DNA 供体和 CRISPR/Cas9 系统共同转染到细胞中，细胞内的修复系统修复 DNA 双链断裂时，将供体上携带的点突变或者外源基因定点插入到双链断裂处。这个供体模板可以是质粒 DNA，也可以是单链的 Oligo DNA。利用基因敲入技术，可用于构建特定的点突变疾病模型，也可在特定基因中插入荧光蛋白或标签序列，从而达到监控目的蛋白的表达、定位等情况的目的。与过表达相比，基因敲入更能真实地反映目标蛋白在内源表达水平上的正常生理功能。

全基因组范围内的遗传筛选是对基因组内所有基因进行高通量的功能筛选，可以快速找到潜在的目标基因。运用 CRISPR/Cas9 技术能够实现全基因组范围内的筛选，筛选原理是对每个基因设计 3～10 条 sgRNA，利用芯片一次合成数万条覆盖整个基因组 sgRNA 库，把这些 sgRNA 连接到慢病毒载体上，通过包病毒、感染细胞、控制滴度使得一个细胞只包含一条 sgRNA，也就是只敲除一个基因的细胞集，并在适当的筛选压力下测试筛选前后 sgRNA 的丰度变化，进而找出感兴趣的基因。例如，突变细胞集可用在药物筛选中，以鉴定造成耐药性的基因。具体来说，我们利用某种药物来处理突变的细胞，并分析耐药性群体与对照相比的 sgRNA 富集情况。再根据分析的试验结果，可了解肿瘤细胞耐药的机理，有助于新靶点的发现以及寻找新的治疗方法。

Box 6-2：gain-of-function 和 loss-of-function 研究

基因功能获得研究（gain-of-function）与功能失活研究（loss-of-function）是研究基因功能的常用手段，是利用不同的分子生物学技术在细胞或个体水平分别介导基因的超表达和敲低（或敲除），通过观察细胞生物学表型或个体遗传性状的变化，从而鉴定该基因的功能。gain-of-function 是指将目的基因导入细胞或个体（如小鼠），使其获得新的或更高水平的表达，包括转基因、过表达、CRISPRa 等技术；loss-of-function 是指让原本表达某一基因的细胞或者个体中使该基因功能部分或全部失活，并观察基因功能失活带来的表型变化，包括 RNA 干扰、基因敲除、CRISPRi 等技术。实际应用中，不同的研究手段往往存在某些方面的不足，比如对于目的基因本身内源表达已经足够激活下游功能的情况下，再通过过表达观察基因的表型就不明显；而 RNA 干扰、基因敲除等手段有可能由于脱靶效应容易造成非特异的表型。因此往往需要联合不同的方法观察表型的变化趋势是否一致。比如在基因敲除后再过表达回补该正常基因或相应突变体，以观察敲除表型是否恢复，以排除脱靶效应的影响，称之为回补（rescue）试验。

二、基因调控技术

Cas9 的特点是能够结合并切割目的基因，科学家们通过点突变（D10A，H840A）的方式同时突变 Cas9 的两个酶活中心 RuvC 和 HNH，形成失活的 dCas9，只能在 sgRNA 的介导下结合靶基因，而不具备切割 DNA 的功能。因此，进一步将 dCas9 与相应的转录抑制或激活因子融合，通过 sgRNA 引导使其结合到基因的转录起始位点，可实现下游靶基因的转录抑制或激活调控。以此为基础开发出 CRISPRi（CRISPR interference or inhibition）和 CRISPRa（CRISPR activation）两套新型的转录调控系统（图 6-11）。

CRISPRi 也称为 CRISPR 干扰。当 dCas9 与转录抑制子如 KRAB（Kruppel associated box）连接时，dCas9-KRAB 融合蛋白在 sgRNA 指引下，结合到靶基因 TSS 位点，抑制转录起始，从而沉默靶基因的表达。由于 DNA 没有任何变化，故 CRISPRi 实现了可逆的基因敲低。CRISPRi 的作用类似于 RNAi，但又不同于 RNAi。RNA 干扰因操作简单、成本相对较低等优势，已经得到了广泛的应用，然而仍然存在抑制效果不完全、脱靶效应明显等不足。另外，RNAi 针对成熟的 RNA，而 CRISPRi 是在 DNA 水平阻止转录的起始，因此可靶向 lncRNA、microRNA、细胞核内的转录本等，且其基因沉默水平显著优于传统 RNAi 技术。

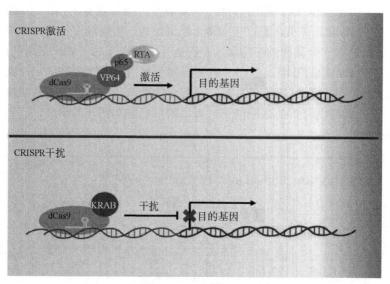

扫一扫
看彩图

图 6-11　CRISPRi 与 CRISPRa 系统原理示意图
VP64-p65-RTA：转录激活元件；KRAB：转录抑制元件

CRISPRa 也称为 CRISPR 激活。与转录激活因子（如 VP64 和 p65）融合的 dCas9 可靶向启动子和增强子区域，导致基因表达上调。利用单个 sgRNA 在哺乳动物细胞中的转录激活水平较低，可以通过在启动子上游区域设计多个 sgRNA 以增强该系统的激活能力。另外，通过改进融合蛋白使其具有多个激活结构域或同时募集多个转录激活因子，可以增强 CRISPRa 系统的激活能力，包括 dCas9-VPR（VP64-p65-Rta）或 SunTag（募集多个抗体-VP64 复合物）等系统。

三、单碱基编辑技术

人类的遗传疾病中超过 32 000 种基因变化为单碱基突变。由于 CRISPR/Cas9 通常需要在细胞内引起基因组 DNA 双链断裂，这很容易造成基因编辑位点的随机插入、删除等负面影响。特别是需要在相应的基因位点进行修改时，还需要引入外源基因片段作为模板，通过同源重组修复的方式进行修复，编辑的效率非常低。所以开发精确，高效、安全基因编辑工具对单碱基突变进行修复有着重要的应用价值，因此单碱基编辑技术应运而生，旨在针对这些单一的碱基错误（即点突变），而不会在 DNA 中造成双链断裂。近年发展起来的 DNA 单碱基编辑技术主要是基于哈佛大学 David Liu 研究团队所完成的或在这基础上进一步优化，主要包括CBE（cytidine base editing，胞嘧啶碱基编辑器）和 ABE（adenine base editing，腺嘌呤碱基编辑器），第一种可以将 C/G 碱基对转变为 T/A 碱基对；第二种可以将 A/T 碱基对转变为 G/C碱基对。

DNA 单碱基编辑技术的基本原理是将胞嘧啶脱氨酶（APOBEC）或腺苷脱氨酶（TadA）与 Cas9n（D10A）融合而形成，依赖于 CRISPR 原理使得靶点远离 PAM 端的 4~8 位的单个碱基发生修改的基因编辑技术。2016 年 4 月，David Liu 团队在 *Nature* 上发表论文，首次开发出 CRISPR/Cas9 单碱基编辑器（CBE），CBE 基于胞嘧啶脱氨酶 APOBEC1（能催化 C 脱氨基变成 U，而 U 在 DNA 复制过程中会被识别成 T）和尿嘧啶糖基化酶抑制剂 UGI（能防止尿嘧啶糖基化酶将 U 糖基化引起碱基切除修复），在不依赖 DNA 双链断裂的情况下首次实现了对单个碱基的定向修改。2017 年 10 月，David Liu 团队又在 *Nature* 上发文，开发了另一种单碱基基因编辑工具——腺嘌呤碱基编辑器（ABE），它可以将 A-T 碱基对转换成 G-C 碱基对。ABE 基于进化后的腺苷脱氨酶 TadA，能催化腺嘌呤 A 脱氨产生次黄嘌呤 I，碱基 I 可以被聚合酶识别并与碱基 C 配对，然后通过复制成为碱基 G。这便开启了 CRISPR 系统的单基因编辑时代。

据 ClinVar database 显示，点突变引起的人类遗传病中，C/G 到 T/A，A/T 到 G/C 突变引起致病单核苷酸突变的分别占 48%和 14%，因此，未来两种高效灵活的单碱基工具将会在未来的基因治疗中大显身手。比如 β-地中海贫血症，它主要是由于成年人中 β-血红蛋白（β-globin）基因突变导致功能异常所致。目前已证实高水平表达胎儿血红蛋白（HbF）可挽救 β-globin 突变造成的 β-血红蛋白病。一些在 β-globin 启动区的突变，如 −198 T→C、−175 T→C 可以通过不同的机制提高 HbF 的表达。而这些突变已被报道可以被单碱基工具 ABE7.10 高效编辑。因此，未来利用单碱基治疗 β-地中海贫血症将很可能是一个极具潜力的策略。

相对于传统的 CRISPR/Cas9 方法，DNA 单碱基编辑工具对于基因组单碱基位点具有更高的编辑效率，并且编辑精确度，纯度更好。但目前仍具有局限性：它不能任意编辑所有碱基，编辑窗口单一，而且脱靶效应依然存在。我国学者在单碱基编辑系统的优化上也做出了许多贡献。比如中国科学院神经科学研究所杨辉研究团队证实单碱基编辑系统会造成DNA 及 RNA 水平大量的脱靶，并通过进化获得完全消除 RNA 脱靶的高保真度编辑系统；华东师范大学李大力课题组将 Rad51 蛋白的单链 DNA 结合结构域融合到 Cas9 与脱氨酶之间，极大地提高了胞嘧啶碱基编辑器的编辑活性，拓宽编辑窗口，将其命名为超高活性 CBE（hyBE4max），类似地还改造出编辑窗口更宽和活性更高的 hyA3A-BE4max；华东师范大学刘明耀及李大力团队将胞嘧啶脱氨酶 hAID-腺嘌呤脱氨酶-Cas9n 融合在一起,开发出了一种新型双功能碱基编辑器，命名为 A&C-BEmax，不仅可以实现单独的 C→T 或 A→G，还可以在同一等位基因上同时实现 C→T 和 A→G 的高效转换。相信在不远的未来，DNA 单碱基编辑技术有望发展成为一种更加安全、更加精准的基因编辑工具，为遗传病治疗、作物育种等领域带来新突破。

案例 6-9

全基因组敲除筛选系统的建立

该案例介绍 Shalem 等（2014）发表在 *Science* 杂志上的 1 篇论文。

背景：CRISPR/Cas9 系统已被证实能在哺乳动物细胞中实现高效的基因敲除。它的组成简单，仅由非特异性的核酸内切酶（Cas9）和单链的向导 RNA（sgRNA）即可靶向 PAM 存在的任何基因组位点。但是 CRISPR/Cas9 能否像 shRNA 敲低系统一样应用于全基因组高通量的筛选依然未知。如何建立并验证 CRISPR/Cas9 用于全基因组敲除筛选的效果？2014 年 Shalem 等发表在 *Science* 的一篇文章首次报道了全基因组 sgRNA 文库的构建以及 CRISPR/Cas9 全基因组敲除筛选系统的建立。

研究概要：当 sgRNA 靶向单基因时，CRISPR 可作为一种高效的基因编辑工具。但当 sgRNA 文库靶向全基因组序列时，CRISPR 便有可能升级为一种全基因组筛选的工具。如何在全基因组实现基因组敲除筛选的系统，下面我们将详细剖析该论文的试验设计。

在本研究中，作者的目标是建立 CRISPR/Cas9 全基因组敲除筛选系统。作者首先构建了可以同时稳定表达 Cas9 和 sgRNA 的慢病毒载体，在这基础上设计并构建了靶向全基因组所有基因的 sgRNA 文库，可通过慢病毒传递并在控制病毒滴度下侵染靶细胞，得到包含基因组所有基因敲除的单个细胞集。最后探究基于该细胞集的筛选系统能否用于正向或者负向选择性筛选，以及和 shRNA 敲低筛选系统相比是否具有优势。

问题 1：如何构建全基因组敲除文库？

为了同时让 Cas9 和 sgRNA 在细胞中稳定表达，作者首先构建了可以分别驱动 Cas9 和 sgRNA 表达的慢病毒载体 lentiCRISPR。通过设计靶向 eGFP 的不同 sgRNA，观察导入慢病毒后原本表达 eGFP 的细胞系荧光强度变化，发现 lentiCRISPR 可以实现有效的基因敲除，这是筛选系统成功的基础。接下来，作者设计并构建了靶向 18 080 个基因（64 751 个独特靶向序列）的全基因组范围 CRISPR/Cas9 敲除（GeCKO）文库，每个基因包含 3 条特异的 sgRNA。同时，该文库还包含了不靶向任何基因组序列的对照 sgRNA，理论上该对照 sgRNA 不应该在目的细胞群中被富集，可用于判断筛选结果是否可靠。通过慢病毒传递并控制病毒滴度低于 0.3 进行靶细胞侵染，抗性筛选后，得到理论上每个细胞包含一个基因的敲除的稳转细胞集。

问题 2：CRISPR/Cas9 全基因组敲除筛选系统能否用于负向性选择筛选？

根据 GeCKO 文库，作者分别以黑色素瘤细胞 A375 和人多能干细胞 HUES62 为例鉴定了对其生存必不可少的基因。稳转 GeCKO 文库后，通过比较敲除前与敲除后 sgRNA 的丰度，确定有哪些靶向同一个基因的 sgRNA 在敲除后同时丢失，即说明这些基因对细胞的生存是必需的。通过测序分析，许多靶向细胞生存关键通路的基因在稳转后丰度显著降低，说明 CRISPR 敲除系统可用于负向选择性筛选。

问题 3：CRISPR/Cas9 全基因组敲除筛选系统能否用于正向性选择筛选？

作者进一步利用 GeCKO 文库在黑色素瘤细胞 A375 进行了维罗非尼（Vemurafenib，PLX）耐药性筛选。研究人员在稳转 GeCKO 文库的 A375 细胞中通过添加 BRAF 抑制剂 PLX 和 DMSO（对照组），分别鉴定了在处理 7 天和 14 天后相比起始的 sgRNA 富集情况，最终筛选出造成 PLX 耐药的 sgRNA 以及对应基因，提示这些基因的突变能造成临床上 PLX 治疗黑色素瘤的耐药，这是利用 CRISPR/Cas9 全基因组敲除系统进行的正向选择性筛选。

问题 4：CRISPR/Cas9 敲除筛选系统是否比 shRNA 敲低筛选系统更有优势？

作者比较了 GeCKO 全基因组敲除系统和文献中通过 shRNA 敲低系统对于筛选 PLX 耐药的结果，发现大部分已知的耐药基因筛选后在 GeCKO 中富集度更高。并以文中筛选到的 PLX 耐药基因 NF2 为例，设计的几条 sgRNA 均能造成 PLX 的耐药，且表型比 shRNA 要更为显著，进一步证明了 CRISPR 敲除筛选系统比 shRNA 敲低更有优势。

小结： 本论文成功建立了基于 CRISPR 的全基因组敲除筛选系统，并证明它可成为系统基因组分析的有力工具。无论在正向还是负向选择性筛选中该系统均能实现高效的基因富集，为全基因组范围内功能基因组学的研究提供了一个新的路径。

案例 6-10

利用 CRISPRa 系统鉴定调控多能干细胞转化为神经元的转录因子

该案例介绍 Black 等（2020）发表在 *Cell Reports* 杂志上的 1 篇论文。转录因子（TF）是基因网络的主要调控因子，干细胞自然分化生成特定细胞的过程由 TFs 控制，这些转录因子直接控制了下游基因的表达。基因重编程可以帮助干细胞成长为所需的细胞类型，比如转化为神经元细胞用于修复神经变性疾病和大脑损伤相关的神经元缺失，但目前手段仍然低效以及不够准确，产生的细胞难以达到应有的成熟度，或者不能代表正确的亚型。基于 CRISPR 激活（CRISPRa）的方法可以用于改进基因重编程的研究。该项目主要描述了如何利用 CRISPRa 筛选鉴定调节人类神经元命运决定的转录因子。通过这种方法，研究人员发现了能够提高转化效率和调节神经元基因表达程序的 TFs，这些 TFs 影响了体外衍生神经元的亚型特异性和成熟度。

首先，研究人员在人的多能干细胞（PSC）中通过 CRISPR 敲入的方法，在神经元标志蛋白 TUBB3 后插入了 P2A-mCherry 片段，构建了神经元分化报告系统。一旦多能干细胞转化为神经元，就会发出红色荧光，而且荧光越亮，预示着对神经元命运的推动就越强烈。这是本项目中实现高通量筛选的研究基础。

在这基础上，研究人员以人类基因组中编码所有转录因子的基因为靶点，设计并构建了一个针对 1496 个转录因子，每个转录因子包含 5 条 sgRNA 的文库。在 hiPSC TUBB3-2A-mCherry 细胞系中，研究人员首先稳转了 ^{VP64}dCas9^{VP64}，其中 ^{VP64}dCas9^{VP64} 作为 CRISPRa 功能元件已被证明可以高效激活内源基因。然后，研究人员在这个细胞系中侵染了转录因子 sgRNA 文库，5d 后通过流式分选，将 mCherry 阳性与阴性最高的前 5%细胞分别分选出来，通过二代测序比对鉴定哪些 TFs 的激活可以使多能干细胞向神经元分化转化。得到初步的结果后，研究人员验证了排名靠前的 sgRNA，与预期一样，排名靠前的 TFs 激活可以在不同程度诱导 PSC 向神经元分化（图 6-12）。

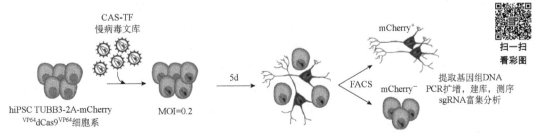

图 6-12 基于 CRISPRa 系统的神经元分化因子筛选流程图（引自 Black et al., 2020）

mCherry：红色荧光蛋白；MOI：病毒感染复数；FACS：流式细胞术

但是，实际上 TFs 往往并不是单独发挥调控功能的，很多 TFs 是依靠转录因子间的协同作用实现对分化细胞程度和亚型的进一步调控。因此，研究人员进一步构建了双 sgRNA 文库进行第二轮 CRISPRa 筛选。以第一轮验证最显著的两个基因 NEUROG3 和 ASCL1 为基础，分别组成双 sgRNA 文库的第一个靶向基因，然后将文库其他 sgRNA 构建到同一个载体上，这样可以实现同时激活 NEUROG3 或 ASCL1 以外的另一个转录因子。通过这个策略，研究人员不仅成功鉴定了影响神经元成熟和不同亚型分化的成对转录因子组合，还筛选出对神经元分化呈抑制作用的转录因子。

该案例最值得关注的地方包括：①首先通过基因敲入的方法建立一套可靠的内源基因报告系统，建立了监控神经元分化的高通量筛选策略，再通过 CRISPRa 文库筛选找到了诱导 PSC 向神经元分化的决定性因子；②在第一轮筛选结果的基础上构建了双 sgRNA 的文库用于进一步筛选对神经元分化调控的成对转录因子组合，提高了基因筛选的维度以及丰富程度；③在筛选中分别选择 mCherry 阳性与阴性最高的前 5%细胞进行比较，互为对照。

该论文的主要试验步骤如下：

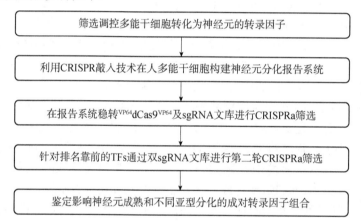

【延伸阅读】

Black J B, McCutcheon S R, Dube S, et al. 2020. Master Regulators and Cofactors of Human Neuronal Cell Fate Specification Identified by CRISPR Gene Activation Screens. Cell Rep, 33, 108460.

Feng L, Chen J J. 2012. The E3 ligase RNF8 regulates KU80 removal and NHEJ repair. Nat Struct Mol Biol, 19, 201-206.

Gagné J P, Pic E, Isabelle M, et al. 2012. Quantitative proteomics profiling of the poly (ADP-ribose)-related response to genotoxic stress. Nucleic Acids Res, 40, 7788-7805 .

Gupta R, Somyajit K, Narita T, et al. 2018. DNA Repair Network Analysis Reveals Shieldin as a Key Regulator of NHEJ and PARP Inhibitor Sensitivity. Cell, 173, 972-988.

Lee O H, Kim H, He Q Y, et al. 2011. Genome-wide YFP Fluorescence Complementation Screen Identifies New Regulators for Telomere Signaling in Human Cells. Mol Cell Proteomics, 10, S1-S11.

Li Y, Xia L J, Tan K F, et al. 2020. N6-Methyladenosine co-transcriptionally directs the demethylation of histone H3K9me2. Nat Genet, 52, 870-877.

Noh O J, Park Y H, Chung Y W, et al. 2010. Transcriptional Regulation of Selenoprotein W by MyoD during Early Skeletal Muscle Differentiation. J Biol Chem, 285, 40496-40507.

Shalem O, Sanjana N E, Hartenian E, et al. 2014. Genome-Scale CRISPR-Cas9 Knockout Screening in Human Cells. Science, 343, 84-87.

Wang Y, Hu S B, Wang M R, et al. 2018. Genome-wide screening of NEAT1 regulators reveals cross-regulation between paraspeckles and mitochondria. Nat Cell Biol, 20, 1145-1158.

Xing Y H, Yao R W, Zhang Y, et al. 2017. SLERT Regulates DDX21 Rings Associated with Pol I Transcription. Cell, 169, 664-678.

【思考练习题】

1. 学习案例 6-1 与 6-10，试述如何设计方案筛选小鼠胚胎干细胞中干性维持核心调控因子 Oct4-Nanog-Sox2 的相互作用蛋白网络？假设通过筛选得到一系列新的候选蛋白，如何设计试验方案进一步研究该蛋白是否与胚胎干细胞的干性维持相关？

2. 进行 RNA 相关试验操作时需要注意什么？目前研究 RNA-蛋白相互作用的不同方法各有什么优缺点？鉴定到 RNA-蛋白存在相互作用后，如何找到蛋白在 RNA 上精确的结合位点？

3. 不同的蛋白质翻译后修饰有哪些检测方法？如何确定某一蛋白的蛋白质修饰的精确位点？请分别举例说明。

4. 如何针对一个目的基因设计 CRISPR/Cas9 敲除或敲入试验？设计 sgRNA 时需要注意什么，如何通过试验设计排除 sgRNA 潜在脱靶造成的表型？有什么手段可以实现 lncRNA 的敲除？

第七章　细胞生物学试验设计典型案例

细胞是个体生命活动的基本单位，细胞增殖、分化、衰老、凋亡是个体进行生长发育的基础，细胞的变异以及功能的紊乱导致了个体的疾病发生。细胞生物学是以细胞为研究对象，对生命活动规律进行探索的一门学科。本章将介绍细胞生物学实验设计的特点及类型，并详述研究细胞增殖、分化、衰老、凋亡等不同生命活动的研究方法和典型案例。

第一节　细胞生物学试验设计的特点及主要类型

细胞作为试验材料或者研究对象，相对于个体而言，具有以下几个优势便于研究工作的开展：第一，细胞来源丰富，包括原代细胞、永生化的细胞系，以及各种各样的肿瘤细胞系等，可以为科学研究提供充足的试验材料；第二，细胞有成熟的培养方法，简单易行；第三，细胞操纵方便，如基因的敲除、敲低、过表达，细胞的观察、检测都比个体更易实现。

一、细胞生物学试验设计的特点

本书的第一、二章对试验设计的原则和常用的试验设计方法进行了详细的阐述，这些原则和方法同样适用于细胞生物学试验设计。不过，细胞试验很少运用受条件限制或者成本控制等原因发展起来的试验设计方法，如优选法、均匀法等，而是倾向于采用全面的试验设计。这是因为相对于个体水平的试验而言，细胞试验具有两个优点：第一，试验材料丰富，细胞试验的对象是体外培养的细胞，除了不分裂的终末分化的原代细胞外（极少使用），一般情况下很容易满足数量方面的需求；第二，试验的规模可以灵活控制。细胞培养具有不同规格的培养板，如6孔、24孔、48孔、96孔细胞培养板，5cm、10cm细胞培养皿等，可以根据试验需求选用不同规格的培养板或培养皿，满足多因素处理的同时又不会过度扩大试验规模。

细胞生物学的试验设计要注重逻辑性，即符合生物学的客观规律。细胞内的各种分子反应和变化无法直接用肉眼看见，需要通过各种检测结果来推测判断，并得出结论，因此试验的设计要极富逻辑性。例如，用 TdR 双阻断法进行细胞同步化，需要与细胞周期各个阶段的持续时长相结合（详见第二节）。案例 7-1 中，解析 BAP1/RNF2 通过泛素化/去泛素化调控细胞凋亡的机制研究过程中具有很强的逻辑性，可以仔细研读体会。

细胞生物学试验常常与分子试验及动物试验联合运用。自 1953 年 DNA 双螺旋结构被解析后，分子生物学和细胞生物学得到了快速的发展，研究技术手段日益丰富，研究对象也不断扩展。翻阅 20 世纪下半叶的研究论文，我们会发现一篇论文所涉及的研究技术很单一，例如 Hunt 于 1983 年发表在 *Cell* 上的发现细胞周期蛋白 Cyclin 的论文，通篇几乎只用了蛋白质印迹的放射自显影技术。而随着生命科学领域爆发式的发展，如今的研究常常综合运用多种技术手段对多种研究对象进行研究，通常包括从分子机制到细胞功能，再到动物表型或者患者临床表现等多层次的结果。因此，本章介绍的细胞生物学试验通常会跟分子生物学试验、动物试验以及临床研究联合运用。

二、细胞生物学试验的主要类型

在以细胞为研究对象进行的科学研究活动中，观察细胞的细胞生长状态是最基本的要求。如果试验条件（例如 X 基因敲除）对细胞有影响，则细胞的生长状态会发生改变，这些生长状态包括细胞的生长分裂、衰老、凋亡等表现，本章第二、三、四节的内容围绕这三个方面展开。

肿瘤细胞属于一种异常病变的细胞。由于肿瘤细胞具有无限的增殖能力，易培养，是细胞生物学常用的研究对象。除了上述提到的生长、衰老、凋亡等表型外，肿瘤细胞还具有肿瘤恶性程度相关能力的表型，包括成瘤能力、迁移能力、浸润能力，第五节将对这些内容进行阐述。

细胞信号转导是细胞生物学的核心内容之一，所有的细胞行为几乎都离不开细胞内信号转导。细胞信号网络庞大而复杂，彼此之间息息相关。本章第六节将以 DNA 损失修复通路为例讲解细胞信号转导的研究。

本章的第二至六节中所涉及的研究案例有各自的特点，简单概括如下。

（1）细胞增殖与细胞周期：时间点设计，在不同的时间节点采样检测。

（2）细胞凋亡：课题纵向深入研究设计，基因的单因素（单基因）、双因素（双基因）试验设计。

（3）细胞衰老：扁平式设计，运用芯片技术进行高通量筛选。

（4）细胞癌变：试验体系对试验结果的影响，蛋白修饰模拟突变。

（5）DNA 损伤修复：扁平式设计，试验设计对照全面。

第二节　细胞增殖与细胞周期

细胞增殖的速度是反应细胞生长状态的最直接的指标。我们通常采用绘制生长曲线的方法来监控细胞的增殖速度。细胞生长曲线最著名的应用是海弗利克（Hayflick）界限的发现。1961 年 Hayflick 在体外培养人类胚胎不同组织器官来源的细胞（在当时是合法的），通过统计细胞分裂次数，他发现原代细胞只能分裂 40~60 代。同时，通过绘制细胞生长曲线他发现原代培养的细胞生长分为三个阶段：Ⅰ，初始培养细胞的适应阶段，生长比较慢；Ⅱ，细胞快速增殖期；Ⅲ，细胞不再分裂，开始衰老。

一、绘制细胞生长曲线

Hayflick 绘制细胞生长曲线采用了最简单的方式，首先接种细胞，待细胞长满时按照 1∶2 的比例传代，持续培养，在长满后严格按照 1∶2 的比例传代。如此，细胞每长满一次则数量倍增即细胞分裂一次，记录传代次数即可知道细胞分裂的次数。需要注意的是，该方法只适用于正常的、具有接触抑制的细胞。由于肿瘤细胞可以重叠生长，不容易把握"长满"的时间点，不推荐采用此方法。当今绘制细胞生长曲线更多采用细胞计数法。细胞分裂模式为一分为二，符合 2 的指数函数。因此，计算从接种到长满细胞分裂的次数有以下计算公式：细胞的分裂次数（PD）=$\log_2$（长满的细胞数）$-\log_2$（接种的细胞数）。细胞培养过程中，记录每一次细胞传代、接种的细胞数量即可绘制出生长曲线。注意，原代细胞的 PD 数通常以该细胞第一次培养开始记为 1，后续所有 PD 数累计记录；而肿瘤细胞或者永生化的细胞系具有无限的增殖能力，通常不累计记录所有的 PD 数，常常以当次试验开始记为 1。

例如，Liu 等（2018）在肿瘤期刊 *Neoplasia* 中发表的论文研究了端粒损伤及端粒延伸对细胞生长的影响。他们将特异性切割端粒的 sgRNA 序列（sgTel）与对照序列（sgCtl）分别转到稳定表达 Csa9 的 HEK293T 细胞中，并且加入或者不加入端粒酶抑制剂 BIBR，连续培养 36d，记录每次传代的细胞接种数及长满后的细胞数。根据前文提到的细胞分裂 PD 数计算公式计算出每次传代细胞分裂的 PD 数，绘制出生长曲线（图 7-1）。

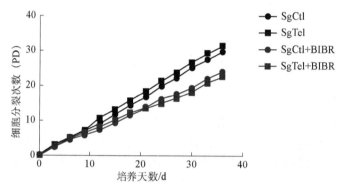

图 7-1　端粒切割以及端粒酶活性抑制对细胞生长的影响

根据生长曲线的趋势，可以解读各个因素对细胞生长的影响。在本例中，可以得出两个结论：无论是否有端粒酶活性，特异性切割端粒并不会影响细胞生长的速度；长期抑制端粒酶活性会抑制细胞的生长速度。

二、细胞活力检测

除了绘制生长曲线以外，研究者们还经常使用细胞活力检测来衡量细胞生长状态或增殖，包括 MTT 试验与 CCK8 试验等。这两种方法都是将细胞按照需要测试的天数（N）在 96 孔板中接种 N 组，每天用其中一组检测 MTT 或 CCK8，连续测 N 天，然后将 N 天的检测结果绘制成曲线。由于该方法不传代，所以试验的周期（天数）会受到限制，通常不超过 96 h。需要注意的是，这两个试验检测的都是线粒体中的琥珀酸脱氢酶的活性，反应的是活细胞的相对数量即细胞的活力。当细胞活力相当时，该方法与细胞计数法效果等同，但是当细胞活力发生了改变时该方法与细胞计数法效果不再等同。

如果通过绘制细胞生长曲线，或者细胞活力检测发现细胞的生长速度发生了改变，则需要进一步研究影响细胞生长速度的原因。而细胞周期的改变是影响细胞生长速度的原因之一。

三、细胞周期及其分析

细胞周期可以分为 G_1 期、S 期、G_2 期、M 期四个时期，其中 M 期又可以根据细胞分裂的进展分为前期、中期、后期、末期。不分裂的细胞所处的静止时期称为 G_0 期。在细胞周期的不同节点，细胞需要检查是否出现异常事件，例如 DNA 损伤或者 DNA 复制受阻等，如果有异常事件发生，则细胞周期发生阻滞，等待修复或者排除故障，然后重新启动细胞周期，这些节点就是细胞周期检查点。细胞周期检查点一共有四个：G_1/S 检查点、S/G_2 检查点、G_2/M 检查点、M/G_0 检查点。

采用药物处理可以将细胞同步化在某个特定的检查点。利用 DNA 合成抑制剂 [5-氟脱氧尿嘧啶、阿糖胞苷，高浓度的腺嘌呤核苷（AdR）、鸟嘌呤核苷（GdR）和胸腺嘧啶核苷（TdR）等] 抑制 DNA 的合成，可以将细胞阻滞在 G_1/S 检查点；利用破坏微管形成的药物 [秋水仙素，诺考达唑（nacodazole）等] 可以将细胞阻滞在 M 期；用血清饥饿法处理细胞可以得到 G_0 期的细胞。由于处于 M 期的细胞变圆，贴壁性变差，可以通过震荡收集法获取 M 期的细胞，即先将细胞用血清饥饿或者 DNA 合成抑制剂同步化，然后释放一定的时间，估计细胞开始进入 M 期时对细胞进行震荡，使得 M 期的细胞脱落，收集脱落的细胞即 M 期的细胞。

同步化是进行细胞周期相关研究最基本的操作。具体而言，首先加药处理将细胞同步化在目标检查点，然后撤药释放，在固定的时间间隔取样，用碘化丙啶（PI）染色联合流式细胞术分析 DNA 含量。PI 是一种 DNA 染料，能够嵌入双链 DNA 释放红色荧光，通过流式细胞术检测荧光强度可以分析出每一个细胞中的 DNA 含量，从而判断细胞分裂周期的进程。

四、细胞周期的研究历史

关于细胞周期的认知始于 19 世纪末，罗伯特·雷马克（Robert Remak）和鲁道夫·魏尔肖（Rudolf Virchow）观察到了细胞分裂现象，随后华尔瑟·佛莱明（Walther Flemming）也观察到了有丝分裂和染色体的分离，引起了一系列关于细胞周期的研究。但是这一时期科学家们对细胞周期的认知还不够，仅仅将细胞周期分为分裂期和静止期（间期）。那么，细胞周期真的只分为这两个时期吗？是否还有更精准的划分方式呢？

来自美国橡树岭国家实验室的泰勒（Taylor）以紫露草和百合的花粉粒发生过程为研究对象，精细地研究细胞周期的过程，相关结果于 1953 年发表在 *Exp Cell Res* 上。植物的花粉粒发生过程与动物的配子形成不同，首先由花粉母细胞进行减数分裂，形成小孢子，然后再经过有丝分裂，形成成熟的花粉。因此，以该过程为研究对象可以同时对减数分裂和有丝分裂进行观察。由于当时还没有普及荧光染色及流式细胞分析仪，放射性同位素标记是常用的手段。

Taylor 设计了一个简单而直接的试验：他在花粉形成的不同时期将 ^{32}P 掺入到培养基中，然后通过放射自显影技术检测哪个时间段有 ^{32}P 掺入。^{32}P 是一种放射性同位素，能够掺入到新合成的 DNA 中，如果某细胞中能够检测到 ^{32}P 的信号则说明该细胞进行了 DNA 复制。结果他发现只有处于减数分裂前间期或有丝分裂前间期某一个时间段的细胞有 ^{32}P 掺入，而在细胞减数分裂或有丝分裂过程中没有 ^{32}P 掺入。这说明 DNA 的复制发生在间期的某一个阶段，这就是后来定义的 S 期。这一结果在 1953 年发表，引起了一系列科学家对细胞周期进行一系列的研究，最终形成了现在的细胞周期划分方式。

随着对细胞周期认知的完善，与细胞周期相关的重要蛋白质也逐渐被发现。其中一个经典的试验就是细胞周期蛋白 cyclin 的发现。1983 年，来自英国帝国癌症研究基金会的亨特（Hunt）在 *Cell* 杂志上发表论文证明他在海胆中发现了细胞周期蛋白 cyclin。Hunt 做了一个很简单的试验，他将 ^{35}S 标记的甲硫氨酸加到了海胆的受精卵和孤雌生殖激活了的海胆卵子中，然后每隔一段时间取一次样，通过 SDS-PAGE 和放射自显影技术比较受精卵和孤雌生殖激活卵中蛋白质合成的速率。结果发现，在绝大多数蛋白带随着发育越来越强时，一个早期表达水平很高的蛋白带在下一个小时消失了。而且这个蛋白可以反复再出现和消失，呈周期性变化，而且变化的周期与细胞的周期非常一致，Hunt 将它命名为 cyclin。

Box 7-1：同位素标记的应用

同位素标记是生命科学研究中一个常用的古老而经典的手段，前文所述的两个细胞周期相关的试验都采用了放射性同位素标记。Taylor 使用同位素 ^{32}P 标记新合成的 DNA，Hunt 使用 ^{35}S 标记新合成的蛋白质。同位素的检测灵敏度非常高，迄今同位素标记的方法依然被广泛地用于科学研究中。不过因为同位素具有放射性，会给试验操作人员带来一定程度的健康危害，为了避免对身体造成伤害，危害较小的染料陆续被科研工作者们发现，并投入使用，例如 BrdU 可以用来标记 DNA，BrU 可以标记 RNA，Biotin 可以用来标记蛋白质。各种标记物具有不同的特点，科研工作者可以根据研究需求挑选合适的标记物。

五、细胞周期相关的研究方法小结

从 Taylor 发现 DNA 在细胞周期的 S 期进行复制，到 Hunt 发现 cyclin 蛋白，这两个经典试验的设计都非常简单直接，而且直指问题的核心。我们不难发现这两个试验都有一个共同的特点：连续取样观察。Taylor 的取样观察从花粉母细胞的减数分裂开始之前开始，到花粉成熟结束；Hunt 的取样观察从受精或者卵细胞激活开始，连续观察至少两个细胞分裂周期。这也是流传至今的细胞周期研究的核心原则：从 0 点开始，连续取样观察。在 Taylor 的试验中花粉母细胞进入减数分裂前是 0 点，在 Hunt 的研究中卵细胞被受精或者激活前的一瞬间是"0 点"。现在常常将细胞同步化后释放的时间点作为"0 点"。

Box 7-2：双阻断法细胞同步化

细胞同步化是细胞周期研究中的常用技术。此处以胸腺嘧啶核苷（TdR）双阻断法为例，介绍细胞同步化的原理及关键步骤。TdR 能够阻碍 DNA 的合成，使得细胞停滞在 S 期。同步化之前，首先要了解待同步化的细胞各个时期持续的时间，如图 7-2 中 S 期 7h，G_2 期 3.5h，M 期 1.5h，G_1 期 10h。第一步，加入 TdR 进行第一次阻断。该次阻断的时长大于等于 G_2+M+G_1 的总时长（≥15h），确保这三个时期中的细胞全部进入并停滞在 S 期。第二步，释放。释放的时间大于 S 期小于 G_2+M+G_1（7~15h），确保原本停滞在 S 期的细胞全部进入细胞周期但是尚未进入下一个 S 期。第三步，加入 TdR 进行第二次阻断，时长与第一次阻断相同。由于二次阻断时没有细胞处于 S 期，因此经过第二次阻断后所有细胞都停滞于 S 期的起点处（图 7-2）。随后，从 0 点开始（细胞周期阻滞），间隔固定时间取样至一个细胞周期完成。

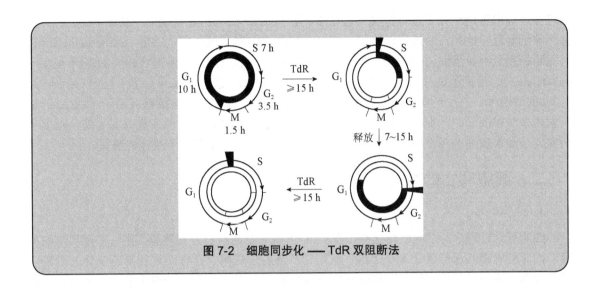

图 7-2 细胞同步化 —— TdR 双阻断法

第三节 细 胞 凋 亡

细胞凋亡是指细胞在一定条件下，遵循一定程序，主动地结束自己生命的过程。在个体发育过程中，由于生长发育的需要，部分细胞会在特定的时间按照程序自发死亡，称为细胞程序性死亡。细胞程序性死亡的过程与细胞凋亡相同，因此这两个名词常常是通用的。除了生长发育过程中的程序性死亡，在生物个体中也持续存在诱导发生的细胞凋亡，例如细胞内的 DNA 损伤，氧化压力，等等，都可以诱导细胞凋亡。体外培养的肿瘤细胞也可以通过药物诱导的方式引起凋亡，关于细胞凋亡的研究大多都是在体外培养的细胞中进行。本章主要介绍细胞凋亡的研究历史及细胞凋亡的特征和机制，以及如何应用这些特征对细胞凋亡进行研究。

一、细胞凋亡的发现

细胞凋亡的现象最早在 1972 年由英国阿伯丁大学的科尔（Kerr）发现，他详细地描述了细胞凋亡过程中的形态学变化，并将其定义为"细胞凋亡"。细胞凋亡主要分为两个阶段。第一个阶段，细胞核与细胞质开始皱缩，染色体开始凝集，并发生降解，细胞表面形成突起，然后分隔成多个高度浓缩的凋亡小体，这些凋亡小体被细胞膜包被，内部的还保持着一定的超微结构；第二个阶段，凋亡小体脱落，被其他细胞吞噬，进而被溶酶体降解。

随着细胞凋亡现象的报道，发育生物学家悉尼·布伦纳（Sydney Brenner），约翰·萨尔斯顿（John Sulston），罗伯特·霍维茨（Robert Horvitz）在秀丽隐杆线虫（*C. elegans*）中发现了细胞程序性死亡现象，并找到了参与该过程的"死亡基因"。最早使用秀丽隐杆线虫进行研究的是 Sydney Brenner，他发现秀丽隐杆线虫具有诸多优点：这是一种很简洁的生物，成虫有 959 个细胞，长约 1mm，通体透明，可以在显微镜下观察；此外，它的基因组小，繁殖快，生长周期短（3～5d）。因此秀丽隐杆线虫很快受到诸多研究者的喜爱，发展成为科学研究的模式生物。John Sulston 详细绘制了秀丽隐杆线虫发育过程中的细胞谱系。他发现秀丽隐杆线虫从受精卵发育到成熟共产生了 1090 个细胞，但是成体只有 959 个细胞，其余的 131 个细胞在发育的不同阶段发生了死亡，而且这些细胞死亡发生的时间及过程是完全固定的，有章可循，他们将这个死亡过程定义为程序性死亡。后来，Sulston 发现一个基因 *nuc-1* 的突变会影响细胞程序性死亡的过程，这提示着一系列基因控制了该过程。随后，Robert Horvitz 在秀丽隐杆线虫中做了细胞凋亡调控基因的遗传筛选，先后发现了细胞凋亡相关的基因 *ced-3*、*ced-4*、*ced-9*。继而他又开始在人体内筛选凋亡相关基因，发现 *caspase1*、*bcl-2* 分别是 *ced-3*、*ced-9* 的同源体。三位科学家因为在细胞程序性死亡领域做出的杰出贡献获得了 2002 年的诺贝尔生理学或医学奖。继三位科学家采用秀丽隐杆线虫为细胞凋亡的研究开辟先河，众多的研究人员加入到细胞凋亡的研究队伍中，细胞凋亡的分子机制获得了快速的进展。

二、细胞凋亡的特征、机制及其检测

1. 形态变化

细胞凋亡过程中，细胞核与细胞质发生皱缩，DNA 逐渐积聚到核膜周围，并逐步浓缩凝聚，同时细胞膜凸起形成一个个"泡"状结构，最后形成凋亡小体。这些形态变化的过程可以通过显微镜进行观察。例如，Kerr 最初发现细胞凋亡时，使用了透射电子显微镜进行细胞内部观察（图 7-3A）；使用扫描电子显微镜则可以观察到凋亡细胞的外部形态（图 7-3B）；现在科研工作者常常使用光学显微镜观察浓缩的细胞及凋亡小体，通常将细胞核用 DAPI 或者 Hoechst 染色后进行荧光观察（图 7-3C），也可以染色后用可见光观察（图 7-3D）。

扫一扫
看彩图

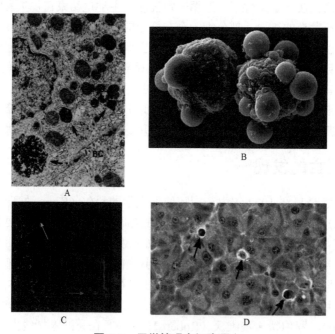

图 7-3 显微镜观察细胞凋亡

A. 透射电镜（引自 Kerr，1972，Br.J.Cancer）；B. 扫描电镜[引自 Julie Grisham，2014，Memorial Sloan Kettering Cancer Center（https://www.mskcc.org/blog/what-apoptosis）]；C. 荧光显微镜（Hoechst 染色）（引自 Xian Zhang，2015，BioMed Research International）；D. 光学显微镜（引自 Susan Elmore，2007，Toxicol Pathol）

2. 膜外翻

细胞膜由磷脂双分子层组成，内外两层膜所含的磷脂分子不同，即细胞膜具有不对称性。一般情况下，朝向细胞外的膜单层富含磷脂酰胆碱和鞘磷脂，而朝向细胞内的膜单层富含磷脂酰丝氨酸和脑磷脂。由于磷脂酰丝氨酸带负电，因此脂双层的电荷分布也不同。在细胞凋亡的过程中，细胞膜会发生外翻，原本位于内层的磷脂酰丝氨酸被翻转到外层。Annexin V 是磷脂结合蛋白，对磷脂酰丝氨酸的亲和力很高。因此，用荧光素 FITC 标记的 Annexin V 可以用于检测凋亡的细胞。碘化丙啶（PI）是一种核酸染料，在细胞凋亡中晚期可以进入细胞内，使得细胞核发出红色荧光。因此，将 Annexin V 与 PI 联合使用，可以有效地标记凋亡细胞，然后用流式细胞术进行检测。

3. 线粒体膜电位变化

线粒体是进行氧化呼吸的场所。氧化呼吸链所产生的能量以电化学势能的形式存储于线粒体内膜，内膜两侧的质子和离子分布不平衡形成了线粒体跨膜电位。在细胞凋亡早期，线粒体跨膜电位发生崩解，进而触发一系列级联反应，使得细胞凋亡不可逆转。由于跨膜电位的存在，使得一些阳离子荧光染料 JC-1，JC-10 等聚集在线粒体基质中，发出红色荧光；一旦膜电位发生崩解，则染料不能聚集，而是以单体的形式存在，发出绿色荧光。因此，JC-1、JC-10 染色从红色荧光到绿色荧光的转变可以反映线粒体膜电位的变化，用于细胞凋亡的检测。

4. DNA 降解

在细胞凋亡的过程中，核酸内切酶对 DNA 进行剪切，导致 DNA 降解。由于 DNA 与组蛋白结合形成核小体结构，剪切只能在核小体之间进行，因此降解得到的 DNA 片段大小是单位核小体 DNA 的整数倍。将凋亡细胞的基因组 DNA 提取后进行琼脂糖凝胶电泳，可以看到呈"梯状"分布的 DNA 片段：细胞凋亡之前完整的 DNA 分子量非常大，都位于泳道的顶端，随着细胞凋亡的推进，片段化的 DNA 呈梯状分布。因此，提取细胞的基因组 DNA，然后进行琼脂糖凝胶电泳，观察 DNA 是否降解是判断细胞是否发生凋亡的手段之一。

此外，利用 DNA 的片段化还可以原位检测细胞凋亡。片段化的 DNA 末端会暴露出 3′—OH，脱氧核苷酸末端转移酶可以将 dUTP 加到该末端。通过对 dUTP 进行标记可以实现 DNA 片段化的原位检测。例如，用 FITC 标记 dUTP 则可以用荧光显微镜进行观察；用 Biotin 标记，则可以用 Streptavidin-HRP 和显色底物二氨基联苯胺（DAB）进行检测。该法称为原位末端转移酶标记技术（TUNEL 法）。

5. 分子机制

细胞凋亡主要有两条经典的信号通路，即死亡受体途径和线粒体介导的凋亡途径。

死亡受体途径的细胞凋亡由细胞外的信号作用于细胞膜的受体上，进而引起细胞内的级联反应，最终导致细胞凋亡。细胞膜上导致细胞凋亡的受体称为死亡受体，现在研究最清楚的两个受体是 Fas 受体和 TRAIL 受体，分别对应细胞外的 Fas 配体和 TRAIL 配体。与配体结合的受体会招募细胞内的 TRADD、FADD 蛋白，顺序激活胱天蛋白酶（caspase）8、10、3、6、7 等。caspase 是细胞凋亡的执行者，它们的激活使得细胞发生凋亡。

线粒体介导的凋亡途径其凋亡信号来源于细胞内，主要包括 DNA 损伤，内质网压力，代谢压力，等等。该途径涉及的核心分子是 Bcl-2 家族，该家族有大约 20 个成员，分别参与启动、抑制和调节细胞凋亡。凋亡抑制蛋白 Bcl-2、Bcl-xL 结合在线粒体外膜上，保持线粒体膜的完整性。Bcl-2 与凋亡促进蛋白 Bax 形成二聚体，抑制 Bax 的功能。一旦细胞发出凋亡信号，例如 DNA 损伤，细胞质中的 Bid 就会转移到线粒体与 Bcl-2 结合，抑制 Bcl-2 的功能，释放出 Bax。随后 Bax 在线粒体膜上与 Bak 结合形成二聚体，引起线粒体内膜崩解，即 MMP。

MMP 发生后，线粒体释放出细胞色素 c，进而激活 caspase 级联反应。细胞凋亡的两条途径并不是完全独立的。通常，死亡受体途径激活的 caspase 8 可以酶切激活 Bid，从而激活凋亡的线粒体途径。因此，死亡受体途径的激活也会引起线粒体途径的激活。

参与细胞凋亡的关键分子常常也作为检查细胞凋亡是否发生的指标。最典型的是 caspase 的活性检测，市面上有很多检测 caspase 8、caspase 3、caspase 7 活性的商业化的试剂盒。除了 caspase 活性变化，细胞凋亡相关蛋白质的表达量也会增加，因此可以通过检测相关蛋白的表达量来反映细胞凋亡。

小结：检测细胞凋亡的方法很多。在科研过程中要根据课题的需求或者需要回答的问题选择合适的检测方法。比如要证明细胞发生了凋亡，可以选择两个以上的方法证明。选用的方法最好是在不同层面证明凋亡的发生，例如，可以选择一个早期标志如膜外翻（Annexin V-PI 染色法）或者线粒体膜电位染色法，外加一个晚期标志如 DNA 降解。检测凋亡蛋白的表达量也是检测细胞凋亡常用的方法，同时它也可以用来研究细胞凋亡的机制。

案例 7-1

BAP1 调控细胞凋亡与癌变

2019 年，He 等在 *Science* 上发表文章报道了 *BAP1* 基因突变导致肿瘤发生的机制。

背景：在肿瘤发生的研究中，研究者们发现肿瘤抑制基因的突变会导致某一特定组织发生特定的肿瘤，例如，具有 *BRCA1* 基因遗传性突变的个体通常会发生乳腺癌。为什么在基因突变个体中肿瘤只发生在特定的组织而不是其他组织？这篇文章以肿瘤抑制基因 *BAP1* 缺失导致肿瘤发生为例对该问题进行了阐释。

在本研究中，作者的目标是研究基因突变致癌的组织特异性，显而易见需要对不同组织进行比较，因此选择小鼠作为研究对象，构建了 *BAP1* 单缺失（+/−）、双缺失（−/−）、突变（*C91A/−*）的小鼠。*C91A* 是无酶活性的 BAP1 突变体。作者首先观察了小鼠的生理生化指标，发现 *BAP1* 突变小鼠中出现了多种异常症状，包括脾肿大、白细胞增多、中性粒细胞减少、血小板减少、贫血、肝损伤和胰腺萎缩，说明 BAP1 去泛素化酶在造血系统、肝脏、胰脏中有重要功能。同时，作者在 *BAP1* 突变小鼠的肝脏和胰脏中观察到切割的 caspase3 水平上升，表明细胞凋亡增加。作者开始着手研究 *BAP1* 对细胞凋亡的影响。

问题 1：*BAP1* 失活是否会导致细胞凋亡？

作者首先观察 *BAP1* 缺失或突变对细胞凋亡的影响。他们取不同组小鼠的细胞进行细胞凋亡检测，包括角质细胞、小鼠胚胎成纤维细胞（MEF）和胚胎干细胞。作者发现 *BAP1* 的双缺失或者突变都会引起细胞凋亡，而且切割的 caspase 3 水平上升；而使用 caspase 抑制剂 emricasan 处理以上细胞后，细胞凋亡不再发生。这证明 *BAP1* 具有抑制细胞凋亡的功能，当它发生缺失或突变后，细胞发生凋亡。

问题 2：哪些蛋白参与了 *BAP1* 失活导致的细胞凋亡？

从逻辑上考虑，假设 *BAP1* 失活导致细胞凋亡需要 A 蛋白参与，则将 A 蛋白敲除后，细胞会存活。因此，利用 CRISPR/Cas9 技术进行全基因组 sgRNA 筛选，*BAP1* 失活后存活的细胞中理应富含 A 基因的 sgRNA。作者对 BAP1 缺失后存活的细胞进行 sgRNA 扩增测序发现 RNF2 sgRNA 显著富集，说明 RNF2 参与了 BAP1 缺失导致的细胞凋亡。

文献调研得知 RNF2 是两个 E3 泛素连接酶中的一个，可以通过对组蛋白 H2A 的 119 位赖氨酸进行单泛素化修饰(H2AK119Ub)抑制基因转录。而 BAP1 是一个去泛素化酶，与 RNF2 的功能相反。因此，RNF2/BAP1 是一对泛素化/去泛素化调控蛋白，提出假设 3。

假设 3： RNF2/BAP1 通过泛素化/去泛素化调控细胞凋亡。

为了研究 RNF2/BAP1 在调控细胞凋亡中的关系，作者将来源于 *BAP1+/+* 和 *BAP1−/−* 小鼠的干细胞进行了 *RNF2* 的敲除，考虑到另外一个 E3 泛素连接酶 Ring1 可能会干扰试验结果，作者同时将 *Ring1* 也进行了敲除（表 7-1）。然后分别在两组细胞中进行 RNF2 的挽救试验（包括失活突变），并检测 H2AK119Ub 泛素化水平和细胞存活。

结果： 野生型的 RNF2 泛素化修饰 H2A，突变型的 RNF2 无此功能；当 BAP1 缺失时，H2A 的泛素化水平增加。细胞活性检测表明 BAP1 缺失细胞发生凋亡，BAP1 缺失的同时缺失 RNF2 细胞存活（逆转细胞凋亡）；重新表达野生型 RNF2 细胞又发生凋亡，而 RNF2 I53S 突变体无此功能。这两个结果说明 RNF2 通过对 H2A 的泛素化修饰导致细胞凋亡，而 BAP1 是去泛素化酶，作用与 RNF2 相反；BAP1 缺失，则泛素化水平高，细胞凋亡，如果 RNF2 也同时缺失，H2A 无法被泛素化修饰，细胞凋亡则不会发生。

表 7-1　双因素与挽救试验设计

	BAP1	RNF2	RNF2 挽救	结果	备注
1	+	+	−	活	
2	−	+	−	死	
3	+	−	−	活	
4	+	−	+	活	RNF2-/-RING1-/-细胞
5	+	−	I53S	活	
6	−	−	−	活	
7	−	−	+	死	
8	−	−	I53S	活	

Box 7-3：基因功能研究的因素设计

在涉及基因功能的研究中（一个基因为一个因素），试验设计往往比其他的因素设计复杂。例如在本案例中，研究 *BAP1* 基因对细胞凋亡的影响，BAP1 是一个因素。由于基因型除了野生型与双缺失外，还有杂合子和突变两种情况，因此针对 BAP1 单因素试验一共有四组：WT，+/−，−/−，*C91A*/−。本试验在多种细胞中进行了重复，增加了结果的可信程度。

表 7-1 是一个双因素试验设计。两个因素分别是 BAP1 和 RNF2，观察指标是细胞凋亡。在基因功能的研究过程中，由于基因之间可能会相互影响相互调控，而表现出非直接的表型。为了证明细胞的变化确实是某基因而非其他基因的变化引起的，研究人员通常采用"挽救试验"方案。如表 7-1 所示，通常的双因素试验设计只需要包含第 1、2、3、6 组，本试验中加入的 4、5、7、8 为挽救试验。其中 I53S 挽救试验是为了证明 RNF2 抑制细胞凋亡的过程需要具备泛素化连接酶的活性，如果酶活性消失则功能也消失。这是研究基因功能常用的试验设计模式，也是除了常规的全面试验设计外，需考虑逻辑性的例子。

问题 4：BAP1 缺失通过 Bcl2 信号通路引起细胞凋亡？

在 Bcl2 细胞凋亡信号通路中，Bcl2 蛋白抑制细胞凋亡，BAX、BAK 蛋白促进细胞凋亡。作者进行了 BAP1/RNF2 双因素试验，检测 Bcl2 蛋白的表达；并将 BAX、BAK 敲除，检测细胞活力。

结果：BAP1 缺失，Bcl2 表达下降，如果同时缺失 RNF2，则 Bcl2 的表达恢复，说明 BAP1/RNF2 调控 Bcl2 蛋白的表达水平。BAP1 缺失，细胞凋亡；如果同时敲除 BAX、BAK，则细胞存活，说明 BAP1 缺失引起的细胞凋亡需要 BAX、BAK 的参与。这些结果表明 BAP1 缺失通过调控 Bcl2 信号通路引起细胞凋亡。

至此，BAP1 缺失引起细胞凋亡的分子机制基本研究清楚，整个故事的脉络如图 7-4 所示。再回到最初的问题： BAP1 缺失或突变原本会引起细胞凋亡，抑制肿瘤发生。然而，BAP1 的缺失却往往导致特定肿瘤的发生，例如黑色素瘤、间皮瘤等。为什么？为了回答该问题，作者在黑色素细胞和间皮细胞中研究了 RNF2 对 *Bcl2* 的调控，发现 RNF2 并不会结合到 *Bcl2* 的启动子区域，不影响 *Bcl2* 的表达。BAP1 缺失后，*Bcl2* 仍然能正常表达，细胞不但不凋亡反而生长更为迅速。通过对 BAP1 缺失的黑色素瘤细胞进行测序分析，作者发现这些生长迅速的细胞中癌基因 MITF 表达水平显著上调，最终导致了细胞癌变。

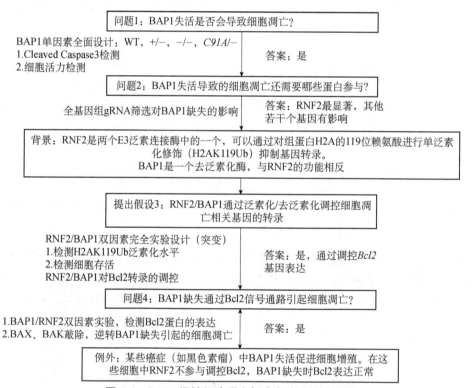

图 7-4　BAP1 调控细胞凋亡与癌变试验设计思路

本研究从 BAP1 缺失会引起细胞凋亡的现象开始，层层推进，研究了整个过程的分子机制。最后还通过组织特异性的分子机制解释了为什么一些基因突变后只在特定的组织导致肿瘤发生。该研究在分子机制研究的过程中使用的试验设计方法（包括单基因和多基因）很有代表性，在涉及基因功能的细胞试验中都值得借鉴。另外，研究分子机制的组织特异性是本研究的一大亮点，也是核心的科学问题。这往往是一个课题最核心的灵魂，非常值得借鉴。

第四节　细　胞　衰　老

细胞衰老是组织、器官、个体衰老的基础，但是细胞衰老不等同于个体的衰老。个体在生长发育过程中任意一个阶段都不断有细胞发生衰老，年轻的机体会产生新的细胞替代衰老的细胞，机体不会发生衰老。但是随着年龄的增长，机体的再生能力减弱，衰老细胞会在体内慢慢累积，尤其在老年疾病病变的组织中有大量衰老细胞存在。衰老细胞的累积会导致组织器官的功能退化，引起个体衰老，或者老年疾病的发生。

一、细胞衰老的发现

第一个在体外进行细胞培养的人是亚历克西·卡雷尔（Alexis Carrel），他是一个著名的外科医生及生物学家。由于他在血管缝合术上做出了杰出的贡献，获得了 1912 年的诺贝尔生理学或医学奖。早在 1912 年，Alexis Carrel 将鸡心组织放在鸡血浆和液态鸡胚组织混合物上进行培养，鸡心组织上能够长出来新的细胞。营养耗尽后细胞也长满了，Alexis Carrel 移出一部分细胞到新的血浆和液态鸡胚组织上继续培养，如此循环，他的细胞一直养到了 1946 年 Alexis Carrel 去世。Alexis Carrel 并没有意识到，他在更换新的液态鸡胚组织的过程中混入了新的细胞。由此，人们认为细胞是永生的。直到 1961 年海弗利克（Hayflick）建立了沿用至今的细胞培养方法，进而发现了 Hayflick 界限，人们才意识到细胞的分裂次数是有限的，由此细胞衰老的概念才被广泛接受。

二、细胞衰老的原因

根据引起细胞衰老的原因可以将细胞衰老大致分为两类：复制型衰老和细胞早衰。复制型衰老指细胞在复制过程中由于末端复制不完全，端粒随着细胞分裂而缩短，当细胞分裂达到一定次数后，端粒缩短到极限，无法保持基因组的稳定性，持续激活 DNA 损伤应答信号从而引起的细胞衰老。最初 Hayflick 发现的细胞衰老即为复制型衰老。第二种类型是细胞早衰，除了复制型衰老以外，其他因素导致的细胞衰老都属于细胞早衰。导致细胞早衰的原因很多，最常见的包括 DNA 损伤、氧化压力等。此外，在肿瘤细胞中过量表达癌基因或者肿瘤抑制基因缺失，使得细胞持续接收强烈的有丝分裂信号也会导致细胞衰老。

三、细胞衰老的标志及其检测

与细胞凋亡的鉴定相比，细胞衰老缺乏特异性的标志。衰老的细胞具有一些共性（图 7-5），但是这些共性不具有排他性，也就是说在其他的非衰老细胞中也能观察到这些表征。

衰老细胞的第一个共性是细胞周期阻滞，所有的衰老细胞都不具备分裂的能力。利用这个特征，在细胞培养过程中研究者可以初步判断细胞是否发生衰老。例如原代细胞培养一定代数后或者肿瘤细胞经过某种处理后发现细胞生长速度明显变慢，则有可能发生了细胞衰老。不过这不能作为细胞衰老的直接证据，因为衰老只是细胞周期阻滞的原因之一，还有很多其他可能性。

细胞衰老的第二个共性是表达高水平的衰老相关 β-半乳糖苷酶，这个酶在 pH=6.0 的条件下具有高酶活性。因此，检测衰老相关 β-半乳糖苷酶活性是判断细胞是否发生衰老的经典试验。如果以半乳糖苷（X-Gal）为底物，在衰老相关 β-半乳糖苷酶的催化下，细胞会变成蓝色，用普通光学显微镜观察即可。

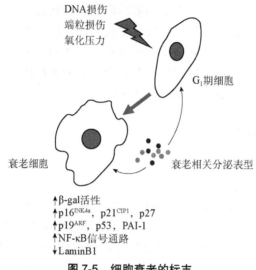

图 7-5　细胞衰老的标志

第三，衰老细胞中有一些蛋白的表达水平显著上升，包括抑制细胞周期的 p16、p21、p27，以及诱导细胞衰老的 p19、p53、PAI-1。检测这些蛋白质的表达水平也是判断细胞衰老的方法之一。

第四，前文在细胞衰老的原因中有提到持续的 DNA 损伤是导致细胞衰老的重要因素。无论复制型衰老还是细胞早衰，往往都有大量的 DNA 损伤应答信号。包括过量的有丝分裂信号刺激导致的衰老，也会诱导持续的 DNA 损伤应答信号。因此，检测细胞中的 DNA 损伤信号也是检测细胞衰老的方法之一。

最后，衰老细胞中的炎症信号通路会被激活，导致释放的炎症因子增加，该现象称为衰老相关的分泌表型（SASP）。通过释放炎症因子，衰老细胞影响周围组织的微环境，从而影响周围细胞的分裂，免疫细胞的募集及激活等。

四、细胞衰老模型的构建

根据前文所述的细胞衰老的原因，研究者可以采取相应的方法诱导细胞衰老，常用的有以下三种方法。

第一种衰老模型是复制型衰老细胞。该模型通过长期培养正常细胞实现。这是最贴近自然衰老的细胞模型，但是该模型的获取耗时较长，可能需要 1～2 个月甚至更长时间。

相对而言，第二种压力诱导的细胞衰老模型较易获取，该方法使用比较广泛。建立压力诱导的细胞衰老模型方法较多，通常都是通过产生 DNA 损伤实现。例如，使用紫外线、γ-射线照射细胞，或者使用过氧化氢、各种治疗肿瘤的化疗药物处理培养的细胞。

第三种方式是激活癌基因或者敲除肿瘤抑制基因诱导细胞衰老。第一个被证明可以引起细胞衰老的癌基因是 *HRAS*。在肿瘤中，*RAS* 基因往往会发生突变，而在人的纤维原细胞中过量表达 *HRAS* 会引起细胞周期永久阻滞。

案例 7-2

衰老相关 miRNA 筛选方法及其验证

2019 年 Xu 等筛选了调控衰老的 miRNA，并对其分子机制进行了探索，结果发表在 *Aging Cell* 上。

背景： MicroRNA（miRNA）是一类 21～23nt 的非编码 RNA。一般情况下，此类 RNA 通过序列靶向作用于 mRNA 的 3′UTR，导致靶标 mRNA 降解或者抑制蛋白质的翻译，导致蛋白质的表达水平降低。目前，已经发现的人类 miRNA 有两千多个，这些 miRNA 广泛表达于各个组织器官，对基因的表达起着重要的调控作用。miRNA 的表达失调也会引起细胞功能失常，疾病的发生等。一些研究表明 miRNA 在细胞衰老过程中也扮演着重要的角色，来自广东医科大学的科研团队利用小鼠模型筛选了衰老相关的 miRNA 并进行了相关的信号通路研究。

目的 1： 筛选衰老相关的 miRNA。

方案： 采芯片技术对年老的样本和年轻的样本进行 miRNA 表达谱分析，筛选高表达的 miRNA（图 7-6）。

这里涉及一个关键的问题：样本的选择。人还是鼠？组织还是培养的细胞？复制衰老还是压力诱导的衰老？本案例中作者选择了小鼠的肾组织进行试验。笔者推测其选择理由为：使用自然衰老个体的组织与年轻组织进行筛选更接近真实情况，优于细胞模型。而收集自然衰老人群及年轻人群的组织具有非常大的实施阻力，因此首选小鼠模型。

结果：

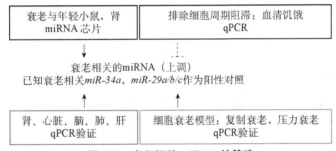

图 7-6 衰老相关 miRNA 的筛选

（1）年轻与衰老小鼠模型的建立。同一条件下饲养同品种、同性别的小鼠。年轻小鼠为 2 个月月龄，年老小鼠为 20 个月月龄。通过蛋白质印迹（WB）检测 p16 的表达水平，确认 20 个月的小鼠 p16 表达水平显著高于 2 个月的小鼠。

（2）miRNA 芯片筛选。提取年轻小鼠与年老小鼠的肾组织总 RNA，进行 miRNA 芯片检测，筛选上调的 miRNA。至少进行三次生物学重复。文献检索找出已有的衰老相关 miRNA（*miR-34a*、*miR-29a/b/c*），作为阳性对照，搜索在芯片结果中该 miRNA 是否上调。

（3）芯片结果的验证。提取小鼠各个组织器官（肾、心脏、脑、肺、肝）的总 RNA，RT-qPCR 检测芯片筛选出的上调的 miRNA，验证芯片结果是否可靠。

（4）细胞衰老模型验证小鼠模型筛选出的衰老相关 miRNA。采用细胞建立复制衰老模型以及压力诱导的衰老模型，然后提取总 RNA，RT-qPCR 检测芯片筛选出的上调的 miRNA。

（5）排除细胞周期阻滞的影响。衰老的细胞不再进行细胞分裂，细胞周期相关的 miRNA 表达水平也会发生改变，因此需要排除该因素的影响。采用血清饥饿的方法培养细胞会引起细胞周期阻滞，但是并不会引起细胞衰老。因此，衰老相关的 miRNA 并不会在周期阻滞的细胞中上调（RT-qPCR 检测）。作者发现其筛选的衰老相关的 miRNA（*miR-124*）在血清饥饿的细胞中表达下调，说明不是细胞周期相关的 miRNA。

在得到芯片筛选结果后，作者用不同的组织和细胞模型对结果进行了验证，增加结果的可靠性。此外，该设计的一个亮点在于作者排除了细胞周期阻滞因素，证明了是衰老引起相关 miRNA 上调而非细胞阻滞。

通过以上试验，作者基本可以确定所得到的 miRNA（*miR-124*）是衰老相关的 miRNA。下一步则是用试验证明。

目的 2：证明 *miR-124* 可以调控衰老。

方案：过表达或敲除 *miR-124*，检测细胞衰老相关的指标。以已知的衰老相关 miRNA（*miR-34a*、*miR-29a*）为阳性对照，随机序列 NC 为试验对照（图 7-7）。

结果：

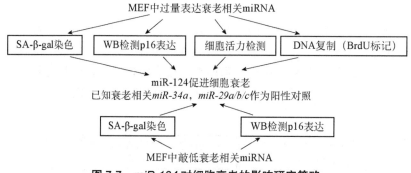

图 7-7　*miR-124* 对细胞衰老的影响研究策略

（1）过量表达 *miR-124*、*miR-34a*、*miR-29a* 促进细胞衰老。在小鼠原代细胞 MEF 中过量表达衰老相关 miRNA，发现衰老细胞增加（β-gal 染色），p16 的表达水平升高（WB），细胞活力下降（细胞活力检测），DNA 复制减弱（BrdU 标记）。

（2）敲低 *miR-124*、*miR-34a*、*miR-29a* 抑制细胞衰老。在小鼠原代细胞 MEF 中敲低衰老相关 miRNA，发现衰老细胞减少（β-gal 染色），p16 的表达水平降低（WB）。

本案例的研究模式适用范围很广泛。确定研究对象后即可按照该模式筛选相关的 miRNA 并进行功能验证。

案例 7-3

miR124、*miR29a/Ccna* 通路对细胞衰老的调控

基因是一切生命活动的基础，基因表达调控的研究在生命科学的研究中处于核心地位。基因的表达调控包括转录调控、转录后调控、翻译调控、翻译后调控几个层次。基因的表达调控几乎涉及所有的细胞功能，本章内容以细胞功能为依据划分节，没有专门为基因表达调控划分节。本节的案例中涉及 miRNA 对 mRNA 的转录后调控，其中使用的一些基因表达调

控研究方法也适用于其他层次的表达调控。因此，笔者特地在此案例中介绍部分基因表达调控相关的研究方法。

背景：作者首先发现了衰老相关的 miRNA (*miR-124*、*miR-34a*、*miR-29a/b/c*)在衰老细胞中上调（见案例 7-2），而抑制衰老的基因 *Ccna2* 在衰老细胞中下调。*Ccna2* 极有可能是 *miR-124*、*miR-34a*、*miR-29a/b/c* 的靶标。下一步将通过试验验证该推测。

问题：*miR-124*、*miR-34a*、*miR-29a/b/c* 是否通过靶向 *Ccna2* 调控细胞衰老？

方案：miRNA 通过靶向 mRNA 的 3′UTR 介导 mRNA 的降解，因此可以采用 3′UTR reporter 试验检测以上 miRNA 是否能够抑制 *Ccna2* 3′UTR reporter 的表达。miRNA 对靶标 mRNA 起抑制作用，在过量表达以上 miRNA 的细胞中重新表达 *Ccna2*（挽救试验）可以研究 miRNA 是否通过抑制 *Ccna2* 起作用（图 7-8）。

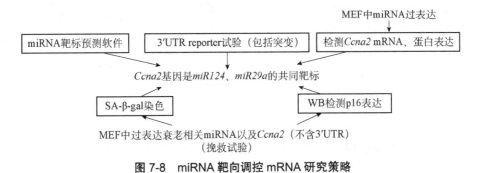

图 7-8　miRNA 靶向调控 mRNA 研究策略

结果：

（1）靶位点预测。miRNA 通过种子序列特异性识别靶标 mRNA，通过成熟的网络预测软件 MiRBase，TargetScan 等寻找靶位点。作者通过网络软件预测，发现 *Ccna2* mRNA 的 3′UTR 含有 *miR-124*、*miR-34a*、*miR-29a/b/c* 潜在的结合位点。

（2）3′UTR reporter 试验。双荧光素酶报告系统是专门用来研究基因表达调控的报告系统。在荧光素酶基因（Firefly）的末端加上 *Ccna2* 基因的 3′UTR 中的 miRNA 靶向位点，与相应的 miRNA 共转细胞。如果 miRNA 能够靶向结合该位点，则荧光素酶基因的表达就会被抑制，相应的荧光素酶活性下降。另外一个同时表达的荧光素酶（renilla）作为内参。作者发现，*miR-124* 与 *miR-29a* 能够显著抑制荧光素酶基因的表达。而且将相应的靶位点序列突变后，抑制效果消失，*miR-34a* 无此效果。

（3）表达水平检测。在 MEF 细胞中过量表达 *miR-124*、*miR-34a*、*miR-29a*，检测 *Ccna2* mRNA 和蛋白质的表达水平，发现 *miR-124*、*miR-29a* 过表达的细胞中 *Ccna2* mRNA 和蛋白质表达水平都下降，而 *miR-34a* 无此效果。说明 *Ccna2* 是 *miR-124*、*miR-29a* 的靶标。

（4）功能挽救试验。假如 *miR-124*、*miR-29a* 通过抑制 *Ccna2* 的表达促进细胞衰老，那么过量表达不含 *miR-124*、*miR-29a* 作用位点的 *Ccna2* 应该可以逆转 *miR-124*、*miR-29a* 促进衰老的效果。因此，作者在 MEF 中过量表达 *miR-124*、*miR-29a* 的同时过量表达不含 3′UTR 的 *Ccna2*。结果发现，*miR-124*、*miR-29a* 促进细胞衰老的功能被抑制，p16 的表达量也恢复到正常水平。这表明 *miR-124*、*miR-29a* 确实通过抑制 *Ccna2* 的表达促进细胞衰老。

> **Box 7-4：基因表达调控研究策略**
>
> 　　该案例中使用的三个研究策略都是研究基因表达调控普遍适用的策略。①双荧光素酶报告系统。除了案例中介绍的 3′UTR reporter 外，也可以用于启动子的研究。例如研究 A 基因对 B 基因启动子的调控，只需将 B 基因的启动子克隆到荧光素酶基因的上游，然后与 A 基因进行共转，检测荧光素酶活性的变化即可。②调控与被调控基因表达的相关性。例如 A 促进 B，则 A、B 的表达水平同升同降，A 抑制 B，则 A、B 的表达水平相反。注意，此处的表达水平是 mRNA 还是蛋白质取决于调控是翻译前还是翻译后。③功能挽救试验。这一类试验的设计具有一定的变化，随着调控与被调控基因之间是促进还是抑制关系，所使用的研究策略有所不同，其关键是要符合调控的逻辑。例如，如果 A 通过抑制 B 促进细胞的 C 功能，则可以过表达 A 的同时过表达 B，检测 C，此时 A 的功能丧失，C 不变。如果 D 通过促进 E 促进细胞的 F 功能，则可以过表达 D 的同时敲除 E，检测 F，此时 D 的功能丧失，F 不变。

第五节　肿瘤细胞恶性程度的评估

　　通常肿瘤可以根据是否具有转移能力而分为良性与恶性；根据存在形态又可分为实体瘤和非实体瘤。恶性的上皮细胞肿瘤也称癌，本文中肿瘤细胞与癌细胞通用，指恶性肿瘤细胞或上皮来源的癌细胞。癌细胞的恶性程度可以用不同的指标来衡量，如生长速度，成瘤能力，迁移、浸润能力，等等。不同来源的癌细胞恶性程度不同；在研究过程中，癌细胞经过不同处理，恶性程度会发生变化。本节我们将围绕肿瘤细胞的恶性程度评估来展开，重点介绍肿瘤细胞恶性程度常用的 4 个评价指标及检测方法。

　　肿瘤细胞的生长速度。肿瘤细胞的生长速度是衡量肿瘤恶性程度的重要指标之一。肿瘤细胞经过不同的处理后（药物处理、转基因、基因敲除，等等），可以用本章第二节提到的绘制细胞生长曲线或者细胞活力检测等试验检测细胞的生长速度是否发生变化。如果细胞生长速度受到影响，可以继续用第二节提到的检测细胞周期的方法研究细胞周期是否发生改变。

　　肿瘤细胞的成瘤能力。通常情况下，除了循环系统内的细胞外，其他细胞都需要贴壁后才能生长。而一部分肿瘤细胞不仅在贴壁状态下能增殖，在半贴壁状态下也可以增殖。在体外，软琼脂可以用来模拟体内的半固体状态，因此，科研中常用软琼脂（soft agar）克隆形成试验来检测细胞的成瘤能力。具体而言，将细胞消化成单个细胞，铺在软琼脂中，培养大约 2 周左右。正常的细胞如成纤维细胞无法在软琼脂中增殖分裂，而恶性程度比较高的细胞则可以增殖，形成单克隆。最终获得的克隆数量反映了细胞的成瘤能力，接种相同数量的癌细胞，最终形成克隆数量越多的癌细胞成瘤能力越强。

　　除了软琼脂克隆形成试验外，也可以进行小鼠的活体试验来检测癌细胞的成瘤能力。具体操作是将相同数量的人源癌细胞注射在免疫缺陷的裸鼠的皮下，根据试验目的，给予相应的处理（例如注射抗肿瘤药物和对照溶剂），饲养一段时间后（7~14d 不等），将皮下的肿瘤取出，测量大小。形成的肿瘤越大，说明该细胞的成瘤能力越强。

肿瘤细胞的迁移能力。癌症的一大致命的特点就是转移，即癌细胞从体内的一个病灶转移到另一个病灶，并形成新的肿瘤。在该过程中，癌细胞必须具备两个能力，一个是迁移能力，另外一个是浸润能力。在活体外常用的检测细胞迁移能力的方法有两个。一个是划痕法，即在贴壁培养的单层细胞中划一道，就像在细胞中划一条"马路"，然后每隔特定的时间（通常是 24h）观察细胞占领这条"马路"的情况。通常用"马路"被覆盖的速度来衡量细胞的迁移能力，覆盖得越快，细胞的迁移能力越强。第二个方法是细胞穿孔法（transwell）。该方法将细胞培养于底部有小孔的培养小室中，小孔的孔径略小于细胞的体积，小室置于配套的24 孔板中，小室上部用不含血清或者血清含量很低的培养基培养癌细胞，下部添加含有 10%血清的培养基。细胞感受到下部的血清，穿过小孔，到达滤网的下部。在特定时间能，到达下部的细胞越多说明迁移能力越强。

肿瘤细胞的浸润能力。恶性程度高、转移能力强的肿瘤往往与周围的组织之间没有明确的界限，能够侵袭和浸润到周围组织中。这种类型的肿瘤细胞能够产生多种分解酶，包括纤溶酶、透明质酸酶、组织蛋白酶，等等，分解周围的基质和纤维，从而帮助肿瘤细胞的入侵。小血管的基底膜被溶解后，肿瘤细胞可以侵入到血管中，经过循环系统到达身体其他部位，再次穿过血管到达新的病灶，实现转移。检测肿瘤细胞的浸润能力可以采用基底膜侵袭试验。该方法与前文提到的细胞穿孔法极为相似，差异在于做侵袭试验时需要在细胞培养小室的滤网上铺一层基质胶（matrigel）。基质胶中含有多种细胞外基质组分，包括胶原蛋白、层粘连蛋白、蛋白多糖，等等，用来模拟体内细胞基底膜。细胞培养在上层小室中，侵袭能力强的细胞则能够分解基质胶入侵到小室的下层，因此，小室下层的细胞数量可以反映细胞的浸润能力，细胞越多浸润能力越强。

除了上述分别检测细胞迁移与浸润能力的试验外，也可以采用小鼠来进行活体内的肿瘤转移试验，综合检测肿瘤的转移能力。一般有两种方法可以实现。一种是模拟自发转移，将癌细胞接种到免疫缺陷小鼠的腋部或足趾的皮下，一段时间后（约 2 周），通过切片检测小鼠肺、腹部、肝脏等各个部位是否有肿瘤。另一种是人工转移，将癌细胞通过尾部静脉注射到裸鼠体内，一段时间后（约 2 周），通过切片检测小鼠肺、脑、肝脏等各个部位是否有肿瘤。

案例 7-4

p53 的修饰与功能（模拟修饰突变法）

p53 是一个著名的明星分子。当细胞接收到压力信号，如 DNA 损伤、癌基因表达、细胞间接触异常，等等，p53 就会被激活从而调控细胞的多条信号通路，触发细胞周期阻滞、衰老、凋亡等事件的发生。*p53* 基因的突变是导致癌症发生的重要原因之一。在 p53 发现的最初十年中，科学家们从癌细胞中克隆了 *p53* 基因，发现表达 p53 能够促进细胞转化。因此，主流的观点都认为 *p53* 是一个促癌基因。直到 1984 年 Rotter 及其同事发现经逆转录病毒转染到小鼠中的 p53 是失活的，而且人的 HL60 细胞系中的 *p53* 基因缺失，p53 蛋白不表达。这说明 *p53* 的缺失也与癌症有关联。后来，Levine 实验室克隆到一个 *p53*，但是这个克隆并不能像以前一样引起细胞的转化。于是，他们将不同的 *p53* 克隆进行序列比对，惊奇地发现没有两个克隆的序列是一致的。这表明在早期的大量研究中使用的大部分都是 p53 突变体，研究者们将癌细胞来源与正常细胞来源的 *p53* 进行序列比对进一步证明了该结论。自此，大家才意识到肿瘤细胞来源的 *p53* 发生了突变，这些突变体能够促使细胞转化，而野生型的 *p53* 基因则不会引起细胞转化。后来 *p53* 的大量研究表明 *p53* 是一个肿瘤抑制基因，它参与调控细胞的多种生物学功能，包括细胞周期阻滞、细胞衰老、细胞凋亡，等等。那么，p53 是否通过这些功能来实现抑制肿瘤呢？2012 年 *Cell* 期刊上发表了 Li 等的研究论文，该研究针对 p53 的多个功能做了系统研究。

背景： 非组蛋白的乙酰化与去乙酰化是细胞调控转录、蛋白质折叠、细胞代谢等活动的重要方式之一。在细胞接受压力信号的情况下，p53 的乙酰化决定了它对下游靶基因的转录调控特异性。在肿瘤细胞中 p53 的乙酰化位点往往发生突变而无法被乙酰化，例如 K120, K164 在肿瘤中的突变率很高，这些突变使得 p53 丧失了诱导细胞周期阻滞与细胞凋亡的功能。

科学问题： p53 的乙酰化是否影响其调控细胞周期、细胞凋亡、细胞衰老及抑制肿瘤的功能？这几个功能之间是相互依赖的吗？

总体方案： 选择 p53 的几个尚无功能研究的乙酰化的位点构建突变小鼠。具体突变方案为：一个是 117 位的赖氨酸突变成精氨酸（p53 K117R）；一个是 117 位、161 位、162 位三个位点的赖氨酸同时突变成精氨酸的小鼠（p53 3KR）。备注：蛋白质中的赖氨酸残基带正电，被乙酰化后呈电中性；赖氨酸突变成精氨酸后，精氨酸残基带正电，可以模拟未被乙酰化；赖氨酸突变成谷氨酰胺后，谷氨酰胺呈电中性，可以模拟乙酰化状态。本研究中赖氨酸突变成精氨酸模拟 p53 无法被乙酰化的情形。

获得突变小鼠后，取小鼠不同部位的原代细胞进行试验，检测相应细胞功能的变化；或者直接对组织切片进行各项指标的检测，如图 7-9 所示。

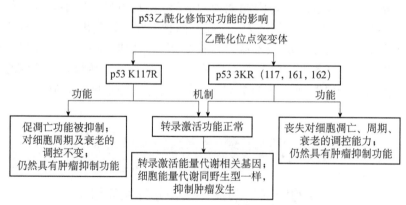

图 7-9 p53 的修饰与功能总体研究方案

细节设计及结果

问题 1： p53 K117R 对细胞周期、细胞凋亡、细胞衰老的影响。

方案： 针对 p53 K117R 突变小鼠或者细胞，检测细胞周期、细胞凋亡、细胞衰老的发生及其信号通路的激活。

结果：

（1）p53 K117R 突变后细胞凋亡被抑制。IR 照射细胞，凋亡相关的分子 Puma、cleaved Caps-3 无法表达；细胞凋亡被抑制；小鼠被 IR 照射后，多个组织中的 cleaved Caps-3 都无法被激活。

（2）p53 K117R 不影响其对细胞周期与细胞衰老的调控。在 p53 K117R 细胞中，化疗药物诱导 DNA 损伤后，细胞周期阻滞相关基因正常表达；细胞周期阻滞正常发生；细胞发生衰老。

小结：p53 K117R 单突变对只影响 p53 调控细胞凋亡的功能，不影响其调控细胞周期与细胞衰老的功能。

问题 2：p53 3KR 对其转录功能的影响。

方案：通过 ChIP 试验检测 p53 3KR 对靶基因启动子的结合能力；通过 Western blot 检测靶基因的表达情况。

结果：p53 3KR 具有 DNA 结合及转录激活功能。3KR 突变后，p53 仍然能够结合在靶基因的 DNA 上。Western blot 显示 p53 3KR 与野生型一样可以激活 *Mdm2* 基因的表达，但是细胞周期与凋亡相的关蛋白质（p21 和 Puma）不表达，这说明 3KR 突变不影响 p53 的 DNA 结合及转录激活功能，但是细胞周期与凋亡相关的基因表达受到了影响。

问题 3：p53 3KR 对细胞周期、细胞凋亡、细胞衰老的影响。

方案：针对 p53 3KR 小鼠或细胞，检测细胞周期、细胞凋亡、细胞衰老的发生及其信号通路的激活。

结果：

（1）p53 3KR 丧失了诱导细胞周期阻滞、细胞凋亡的功能。取小鼠的胸腺细胞，用 IR 辐射后 Annexin V 染色-流式细胞术检测细胞凋亡，结果 p53 3KR 无法与野生型的 p53 一样诱导细胞凋亡，Western blot 显示 p53 3KR 也无法激活 Caspase3 的表达。取小鼠胚胎成纤维细胞（MEF），用 IR 处理，结果 p53 3KR 细胞仍然能够顺利地复制（BrdU 含量增加），说明细胞周期不被阻滞。

（2）p53 3KR 丧失了诱导细胞衰老的功能。化疗药物处理后，p53 3KR 细胞无法启动细胞周期、细胞凋亡相关的基因转录；MEF 细胞的生长曲线显示 p53 3KR 与 p53 缺失的细胞一样生长迅速；β-gal 染色显示 p53 野生型细胞在第七代发生衰老，而 p53 3KR 没有发生衰老。

问题 4：p53 3KR 是否具有肿瘤抑制功能？

方案：检测 p53 3KR 小鼠的肿瘤发生情况。

结果：p53 3KR 仍然具有肿瘤抑制功能。监控野生型小鼠与 p53 缺失、p53 3KR、p53 K117R 小鼠的生存曲线与肿瘤发生情况显示，p53 缺失的小鼠基本都出现了自发肿瘤，寿命均不超过 30 周，而 p53 3KR、p53 K117R 与野生型小鼠的生存曲线类似或者一致，27 只 p53 3KR 小鼠只有 3 只在晚期产生了肿瘤。说明 p53 3KR 在丧失了诱导细胞周期阻滞、细胞衰老、细胞凋亡的情况下，保留了肿瘤抑制的功能。

问题 5：p53 3KR 抑制肿瘤的机制？

方案：文献报道 p53 可以调控能量代谢，检测 p53 3KR 细胞的代谢情况。

结果：

（1）p53 3KR 可以激活基因转录，包括代谢相关的基因 *GLS2, TIGAR*。

（2）p53 3KR 细胞中 GLUT3 表达水平不变。GLUT3 是转运葡萄糖的关键分子，p53 缺失的细胞中 GLUT3 显著上调。

（3）p53 3KR 细胞消耗葡萄糖的量与野生型接近，p53 缺失的细胞葡萄糖消耗量显著增加。

（4）p53 3KR 过量表达抑制 H1299 的克隆形成。p53 3KR 可以产生与抑癌基因 *GSL2*（阳性对照）类似的抑癌功能，而 p53 的靶基因 *Mdm2*（不受 3KR 突变影响）并不能显著抑制克隆形成，说明 p53 3KR 的抑癌功能不是通过靶基因 *Mdm2* 实现的。

这些结果说明 p53 3KR 保留了与野生型 p53 一样的调控能量代谢的能力，并且抑制肿瘤的发生。

该课题以 p53 3KR 突变体为研究对象，贯穿全文的对照有两个，一个是 p53 缺失，一个是 p53 野生型。这两个对照设置很严谨，既可以观察有无 p53 3KR 突变体的异同，也可以观察 p53 3KR 突变体与野生型之间的差异，可以准确地描述 p53 3KR 突变体的功能。这是在研究基因突变体的过程中可以借鉴的一个方面。另一方面，该课题的创新性在于从细胞周期、细胞凋亡、细胞衰老进行全面观察，分析它们与 p53 功能异常导致的肿瘤发生之间的关系。结果发现 p53 3KR 突变虽然影响了 p53 调控细胞周期、细胞凋亡、细胞衰老的功能，但是并不影响 p53 的肿瘤抑制功能。这个发现与大家对 p53 的传统认识有所不同，是一个新发现。随之产生的新问题是 p53 3KR 突变体是如何抑制肿瘤的。作者从 p53 调节细胞代谢的层面做出了解释，提供了 p53 调控代谢相关基因表达且不受 3KR 突变影响的证据（此处未展开）。就课题整体设计而言，该研究全面而严谨，根据已知的 p53 的功能，排除了 p53 通过调控细胞周期、细胞凋亡、细胞衰老抑制肿瘤发生的传统认知，提出了 p53 的乙酰化可以通过调控细胞代谢抑制肿瘤发生的新机制。该研究涉及本章第二至第四节的内容，是不可多得的典型案例。

第六节　细胞信号的传导

细胞内的信号传导依赖细胞内错综复杂的信号通路。信号通路通常由受体和配体、蛋白激酶、转录因子这三个要素组成。细胞内的信号通路很多，常见的主要包括 G 蛋白偶联的受体信号通路、MAPK 信号通路、PI3K/Akt 信号通路、胰岛素受体通路、Jak/Stat 信号通路、Toll 样受体通路、NF-κB 信号通路、DNA 损伤修复信号通路，等等。虽然细胞信号通路很多很复杂，但是其中的信号传递却是井然有序的。这些信号传导调节控制着细胞内的各种生物学过程，因此研究信号的传导是了解生命活动的基础，也为众多疾病的治疗提供了依据和治疗靶点。在本节内容中，笔者将以 DNA 损伤修复信号通路为例阐述细胞信号传导的研究。

在各种生物、物理、化学因素的攻击下，DNA 会发生损伤。DNA 损伤的类型很多，包括碱基损伤、糖基破坏、共价交联、DNA 链断裂，等等。其中 DNA 链断裂可以按照断裂的方式分为两种，DNA 双链断裂与 DNA 单链断裂。DNA 双链断裂是细胞中最为致命的一种 DNA 损伤。通常，离子辐射、ROS 以及部分化学药物（如 zeocin）会导致 DNA 双链断裂，而 UV 照射、DNA 聚合酶抑制剂［如阿非迪霉素（aphidicolin）］等则会产生单链断裂。细胞中产生断裂损伤后，首先激活相关信号通路，产生响应，随后对断裂的 DNA 进行修复。

一、DNA 断裂损伤的响应

DNA 单链断裂、双链断裂都会引起细胞的一系列反应，如细胞周期的阻滞及 DNA 损失修复的发生，这些活动可以统称为 DNA 损伤响应（DDR）。DDR 的过程涉及多个步骤，双链断裂与单链断裂的过程略有不同（图 7-10）。通常双链断裂会激活关键分子 ATM，相关的信号通路称为 ATM 通路；而单链断裂激活的是 ATR，相应地被称为 ATR 通路。

DNA 双链断裂的响应首先由 MRE11-Rad50-Nbs1 复合物（MRN）识别断裂的 DNA 开始。MRN 识别并结合到断裂的 DNA 上，招募 PI3K 家族的成员 ATM。ATM 可以自我磷酸化，并快速将断裂 DNA 周围的 H2AX 磷酸化形成 γH2AX。大范围的 γH2AX 的形成使得 DNA 修复相关的蛋白质能够迅速地获取 DNA 断裂的信号以及发生的位置，并且被 MRN 招募到 DNA 损伤位点，包括 BRCA1、53BP1。因此，γH2AX、BRCA1、53BP1 的出现是发生 DNA 双链断裂的早期标志。这些蛋白质的聚集可以帮助 DNA 损伤修复信号的传递。随后，ATM 进一步招募激活 CHK2、p53。p53 调控细胞周期相关的蛋白表达，如 p21、CDK 等，引起细胞周期阻滞，等待 DNA 修复的完成。当损伤严重无法修复时，细胞发生衰老、凋亡（图 7-10）。

与 DNA 双链断裂激活 ATM 不同，DNA 单链断裂激活的是 ATR。ATR 的激活会招募 CHK1。CHK1 磷酸化细胞周期蛋白 CDC25A，并引起其降解，导致 S 期的 DNA 复制受阻，细胞周期发生阻滞。与 ATM 相同，ATR 也会激活 p53，引起细胞的相关反应，如周期阻滞、衰老、凋亡（图 7-10）。

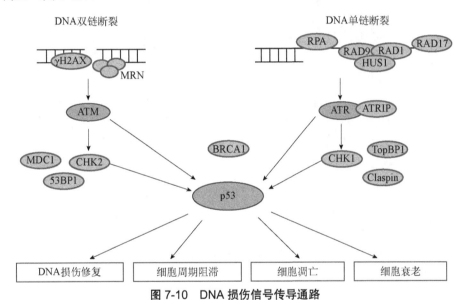

图 7-10 DNA 损伤信号传导通路

二、DNA 双链断裂的修复

DNA 的单链断裂通常可以通过填补的方式复原，而双链断裂的修复则较为复杂。在此我们仅讨论双链断裂的修复方式。DNA 双链断裂通常有两种修复方式，一种是各个细胞周期都可以发生的常见的修复方式，称为非同源末端融合（NHEJ）；一种是只发生在 S/G$_2$ 期的同源重组（HR）（图 7-11）。

1. 非同源末端融合

NHEJ 介导的 DNA 损伤修复首先由 KU70/80 蛋白复合物识别并结合到断裂的末端。如果末端不需要额外的加工，KU70/80 直接招募连接酶复合物（ligase4-XRCC）将断裂的 DNA 连接起来完成修复。多数情况下，断裂的末端不适宜直接连接，需要首先进行加工，然后再修复，因此，常常会导致遗传信息的丢失。在需要加工的情况下，KU70/80 蛋白复合物招募蛋白激酶 DNA-PKcs。DNA-PKcs 招募核酸酶 Artemis 或者 Exo I 对损伤的碱基或者不配对的碱基进行切除。然后 DNA 聚合酶 Polλ 和 Polμ 对断口进行修补。碱基修补完成后，由连接酶 ligase4 和 Xrcc4 对 DNA 末端进行连接，完成修复。

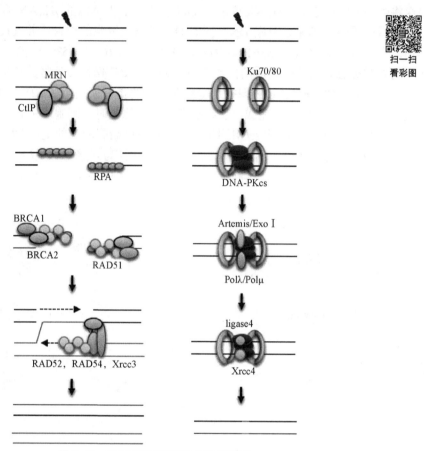

扫一扫
看彩图

图 7-11　DNA 双链断裂损伤修复通路

2. 同源重组

与 NHEJ 易导致基因突变不同，HR 修复通常以同源的完好的姐妹染色单体为模板修复断裂的链，不会产生突变。但是该修复途径受到细胞周期的限制，只能发生在 S/G_2 期。同源重组主要包括三个步骤：链入侵，复制叉迁移，霍利迪连接体（Holliday junction）形成。DNA 断裂产生后，首先由 MRE11-Rad50-NBS1 复合物（MRN）和 CtIP 识别断裂末端，通过末端切除的方式形成单链 DNA 末端。单链末端由 RPA 蛋白结合。随后，单链上的 RPA 被 Rad51 替代，其他修复相关的蛋白质也结合到断裂的 DNA 上，包括 BRCA1、BRCA2、Rad52、Rad54 等。Rad51 可以促进单链 DNA 入侵到姐妹染色单体的 DNA 链中，并以该 DNA 链为模板合成新链，最后形成 Holliday junction。Holliday junction 被结构特异性的内切酶剪切，形成两条完整的双链 DNA。

三、DNA 断裂损伤相关的检测指标

根据上面的叙述，我们可以总结以下常用的研究 DNA 损伤的标志物。

（1）判断单链还是双链损伤：检测磷酸化的 ATM、ATR 及下游的 CHK2、CHK1。ATM 及 CHK2 被激活的是双链断裂；ATR 及 CHK1 被激活的是单链断裂。

（2）判断 DNA 双链损伤程度：双链断裂后 ATM 发生磷酸化，并磷酸化下游的 H2AX，因此可以用 Western blot 检测 ATM 磷酸化水平，γH2AX 表达水平。磷酸化的蛋白越多，损伤越多。此外，断裂的 DNA 周围聚集了大量的 γH2AX、53BP1，可以通过免疫荧光的方法观察到这两个蛋白的点状分布，点越多，说明断裂的 DNA 越多。

（3）判断 DNA 损伤修复的方式：NHEJ 需要 KU70/80、DNA-PKcs、ligase4 的参与，检测它们的表达量可以确定是否发生 NHEJ；HR 需要 RPA 和 RAD51 的参与，检测它们的表达量可以确定是否发生 HR。

案例 7-5

BRCA1 蛋白在 DNA 损伤修复中的作用

2003 年，尼克拉斯·弗雷（Nicolas Foray）等在 *Embo J* 期刊上发表文章揭示了 *BRCA1* 影响 DNA 损伤信号通路激活的分子机制。

研究背景： 如图 7-10 所示，DNA 单链断裂和双链断裂激活的 DDR 信号通路下游有很多共同的分子包括 p53、BRCA1 等。*BRCA1* 是一个肿瘤抑制基因。在乳腺癌患者群体中，很多患者都携带 *BRCA1* 基因的杂合突变，换言之就是 BRCA1 突变是乳腺癌的高危因素。一些携带 BRCA1 突变的细胞系对引起 DNA 损伤的物质异常敏感，包括 IR 和 UV 辐射。说明 BRCA1 在 DNA 损伤修复过程中扮演着重要的角色。在 2000 年左右，研究者们只知道 BRCA1 是 ATM/ATR 的底物，与 BRCA1 结合的其他蛋白也与 ATM/ATR 结合，但是这个角色的具体任务还并不清楚。因此，Nicolas 等采用了 BRCA1 表达水平不同的 6 种细胞或者细胞稳定株，诱导 DNA 单链损伤或双链损伤后（表 7-2），检测 ATM 的磷酸化底物蛋白的磷酸化情况，从而对 BRCA1 扮演的角色进行了比较全面的研究。

表 7-2 试验设计相关细胞及条件

	名称/类别	具体情况
细胞	1BRneo	正常表达 BRCA1
	AT5BIVA	正常表达 BRCA1，ATM 缺失
	HCC1937	BRCA1 缺失
	HCCAdco	转染空载体的 HCC1937
	HCCAdB1	过量表达 BRCA1 的 HCC1937
	293T	高水平表达 BRCA1
DNA 损伤类别	DNA 双链断裂	IR，激活 ATM
	DNA 单链断裂	UV，激活 ATR
ATM 磷酸化底物	不与 DNA 结合	p53, c-jun, Nbs-1, Chk2, CtIP
	与 DNA 结合	H2AX, Rad17, Rad9, Hus1

问题 1： BRCA1 是不是 ATM 磷酸化各种底物所必需的因子？

方案： 为了回答此问题，作者在 BRCA1 突变的细胞系 HCC1937 中表达野生型的 BRCA1（HCCAdB1）或者空载体（HCCAdco），研究 IR 引起的 ATM 磷酸化事件。

作者在试验过程中引入多个对照细胞，包括没有转染的 HCC1937 细胞，表达野生型 BRCA1 的 293T 和 1BRneo 细胞，表达 BRCA1 但是 ATM 发生突变的 AT5BIVA 细胞。

在 DNA 损伤修复过程中，被 ATM 磷酸化的蛋白质种类繁多。作者将这些底物分为两类：一类是不与 DNA 结合，参与下游信号转导的蛋白（p53, c-jun, Nbs-1, Chk2, CtIP）；一类是直接与 DNA 结合，标记 DNA 损伤位点的蛋白（H2AX, Rad17, Rad9, Hus1）。作者首先检测了 BRCA1 的细胞存活及微核形成的影响，随后检测了各个蛋白的磷酸化水平。

结果：

（1）BRCA1 可以减少 IR 辐射对细胞造成的伤害。缺乏 BRCA1 蛋白的 HCC1937 细胞对 IR 敏感，形成微核，并大量死亡。BRCA1 的表达将 HCC1937 细胞中微核的数量减少到与 1BRneo、293T 细胞接近的水平，细胞的生存率恢复至与 1BRneo、293T 细胞接近的水平。

（2）BRCA1 参与 ATM 对下游底物磷酸化的过程。IR 处理细胞后，比较 ATM 底物（p53, c-jun, Nbs-1, Chk2, CtIP）的磷酸化水平，发现 BRCA1 突变的细胞 HCC1937 与 ATM 缺失的细胞 AT5BIVA 一样，IR 刺激 4h 后这些底物都没有被磷酸化，而在 1BRneo 细胞中有明显的磷酸化。在突变的 HCC1937 中表达野生型 BRCA1（HCCAdB1）可以使得 ATM 下游底物成功被磷酸化，水平与 293T 相当，而表达空载体则无此效果（HCCAdco）。这些结果表明 ATM 磷酸化不与 DNA 结合的底物需要 BRCA1 的参与。

随后，作者采用 UV 处理细胞，激活 ATR 通路，重复了以上试验，得到了类似的结果，说明 BRCA1 也是 ATR 磷酸化下游底物所必需的因子。因此，BRCA1 是 ATM/ATR 信号通路激活的必需因子。

问题 2： ATM/ATR 自身的磷酸化是否需要 BRCA1 的参与？

为了回答此问题，作者将 IR 处理后的细胞用免疫沉淀的方法，将 ATM 沉淀下来，然后提供一个底物 GST-p53，检测沉淀下来的 ATM 能否在体外将底物磷酸化。结果发现，从 1BRneo、HCCAdB1 和 HCCAdco 三种细胞中沉淀下来的 ATM 都能够将底物磷酸化，与是否表达 BRCA1 无关。从 ATM 缺失的 AT5BIVA 细胞沉淀下来的产物无法将底物磷酸化。这说明 BRCA1 突变的 HCC1937 细胞受到 IR 辐射后，ATM 是可以被顺利激活的，该过程不需要 BRCA1 的参与。

问题 3： BRCA1 是否参与 ATM 对 DNA 结合分子（H2AX、Rad17、Rad9、Hus1）的磷酸化？

为了回答该问题，作者将不同细胞用 IR 或 UV 处理后，检测这些蛋白质的磷酸化状态。结果发现所有细胞中的 H2AX、Rad17、Rad9、Hus1 都能够成功被磷酸化，与 BRCA1 的表达与否无关，说明 DNA 结合蛋白的磷酸化不依赖于 BRCA1。

这个案例属于对一种蛋白质的功能进行"扁平"式的全面研究。已知 BRCA1 是 ATM/ATR 的众多底物之一，具体功能不清楚，作者索性将 BRCA1 是不是在 ATM/ATR 自身以及各种底物的磷酸化过程中是否必须都检测了一遍，最后对 BRCA1 在 ATM/ATR 磷酸化作用过程中的角色有了一个明确的定位。这种研究模式对于明确一个蛋白质的角色具有良好的效果。

案例 7-6

单链结合蛋白 RBMX 参与 DNA 损伤修复的新功能研究

2020 年赵勇团队发现了一个新的单链结合蛋白 RBMX 在 ATR 的激活过程中起重要作用，在 *Cell Death Differ* 上发表文章报道了 RBMX 的新功能。

如前文所述，ATR 的激活是单链 DNA 损伤修复过程中的核心事件。各种物理化学因素导致的 DNA 单链损伤会引起复制叉阻滞，尤其是富含重复序列的区域，此时 ATR 会被激活对 DNA 进行修复。因此，ATR 的激活是细胞保证基因组 DNA 顺利复制的重要途径。在该研究中，作者围绕以下几个问题详细阐释了 RBMX 在复制叉阻滞时激活 ATR 保护基因组稳定中扮演的角色。

问题 1：RBMX 是否激活 ATR？

为了回答该问题，作者将 RBMX 敲低后检测了 ATR 及其下游分子的激活（磷酸化水平），发现 RBMX 敲低显著降低 ATR 及其底物的激活，证明 RBMX 缺失参与 ATR 的激活。同时他们也对 RBMX 进行了定位，发现 RBMX 与单链结合蛋白 RPA 相邻，而非重叠。

问题 2：RBMX 是否结合单链 DNA？

作者通过体外 EMSA 试验证明 RBMX 结合单链 DNA。然后在细胞中分别对 RBMX 和 RPA 进行 ChIP-seq，发现二者结合的 DNA 在基因组上的分别一致，且都富含重复序列，例如着丝粒区域和端粒区域。

问题 3：RBMX 在单链 DNA 上与哪些蛋白结合？

根据现有的 ATR 信号通路知识，单链 DNA 上结合 RPA 蛋白，RPA 通过结合 ATRIP 招募 ATR，附近的 9-1-1 复合物结合 TopBP1，由 TopBP1 激活 ATR。作者通过 co-IP 试验研究了 RBMX 与 ATR 信号通路中的各个蛋白的相互作用，发现 RBMX 与 TopBP1 结合，但是不与 RPA、ATRIP 结合，而且二者的结合不依赖于 9-1-1 复合物。

至此，作者完成了 RBMX 在 ATR 激活过程中的角色定位：当富含重复序列的 DNA 区域发生单链损伤时，RBMX 结合于 RPA 附近的单链 DNA 上，通过招募 TopBP1 激活 ATR，该过程不依赖 9-1-1 复合物。

问题 4：RBMX 对细胞的重要性如何？

为了研究 RBMX 对细胞有多重要，作者将 RBMX 敲低后检测了 DNA 损伤和基因组的稳定性，发现敲低 RBMX 后细胞中断裂的 DNA 显著增加，同源重组增加，细胞中的微核也增加，表明 RBMX 缺失导致了基因组不稳定。因此，RBMX 是维持基因组稳定的重要蛋白。

该研究从发现 RBMX 能激活 ATR 开始，全面研究了该过程中 RBMX 扮演的角色，包括与现有 ATR 激活相关蛋白之间的关系，结合序列的特征，以及对细胞的作用，既是研究 DNA 损伤修复信号通路的典型案例，也是研究蛋白质的新功能可以借鉴的案例。

【延伸阅读】

Evans T, Rosenthal E T, Youngblom J, et al. 1983. Cyclin: a protein specified by maternal mRNA in sea urchin eggs that is destroyed at each cleavage division. Cell, 33, 389-396.

Foray N, Marot D, Gabriel A, et al. 2003. A subset of ATM- and ATR-dependent phosphorylation events requires the BRCA1 protein. EMBO Journal, 22: 2860-2871.

He M, Chaurushiya M S, Webster J D, et al. 2019. Intrinsic apoptosis shapes the tumor spectrum linked to inactivation of the deubiquitinase BAP1. Science, 364: 283-285.

Li T, Kon N, Jiang L, et al. 2012. Tumor suppression in the absence of p53-mediated cell-cycle arrest, apoptosis, and senescence. Cell, 149: 1269-1283.

Taylor J H. 1953. Autoradiographic detection of incorporation of P32 into chromosomes during mciosis and mitosis. Exp Cell Res, 4, 164-173.

Xu S, Wu W, Huang H, et al. 2019. The p53/miRNAs/Ccna2 pathway serves as a novel regulator of cellular senescence: Complement of the canonical p53/p21 pathway. Aging cell, 18: e12918.

Zheng T, Zhou H, Li X, et al. 2020. RBMX is required for activation of ATR on repetitive DNAs to maintain genome stability. Cell Death Differentiation, 27: 3162-3176.

【思考练习题】

1. 延续案例 7-3 的研究，如何筛选衰老相关基因？假设筛选得到 *Ccna2* 基因下调，如何证明该基因调控衰老？请紧扣案例 7-3 的内容，设计试验方案。

2. 简述双阻断法细胞同步化的原理及关键步骤。

3. 检测细胞凋亡早期和凋亡晚期的方法分别有哪些？

4. 细胞永生化的方法有哪些？如何检测永生化的细胞是否发生癌变？

第八章　转录组学试验设计典型案例

过去几十年，随着生物技术的发展，产生了大量的生物学数据，包括 DNA 微阵列技术和高通量测序技术来源的海量数据：基因表达数据、甲基化数据、转录因子结合数据以及单核苷酸多态性（SNP）数据等。高通量技术极大地推动了生命科学各个领域的发展。高通量测序是测序研究的一次革命性技术创新，该技术以极低的测序成本和超高量的数据产出为特征，为基因组学和后基因组学研究带来了新的科研方法和解决方案。高通量测序技术对于生物学研究来说是一次飞跃性的提高，科研人员可利用该技术在基因组、转录组和表观基因组等领域展开多组学研究。与此同时，解析各种生物学大数据，从数据中分析出新知识、新发现成为一个重要的研究方向。本章节以转录组高通量测序数据的分析为例，介绍转录组测序技术和与之相关的数据特征、试验设计及典型案例。

第一节　转录组测序试验设计的特点及文库类型

一、转录组测序概况

DNA 中保存着遗传信息，蛋白质是几乎所有生命过程的执行者，要将 DNA 中的编码信息转化成为细胞中的各种蛋白质，基因组 DNA 必须先转录到信使 RNA（mRNA）中，然后在核糖体中翻译成蛋白质。通常用转录组（transcriptome，指某一物种、组织或细胞在特定状态下所能转录出来的所有 RNA 的集合）来研究细胞的各种生命过程和功能。转录组学是应用高通量的方法，如微阵列（microarray）技术、高通量 RNA 测序技术（RNA-seq）来研究转录组的学科。应用转录组技术是揭示细胞和组织在发育或疾病条件下分子组成的关键，新一代测序已经逐渐取代了芯片成为检测转录组特征及其变化的主要方法。据估计，人类基因组中超过四分之三的序列都有转录的能力，可在特定条件下生成种类不同、功能各异的 RNA 分子。除了 mRNA 外，从 RNA-seq 中还可以检测到大量的非编码 RNA，其中超过 200bp 的被定义为长链非编码 RNA（lncRNA）。相当一部分的 lncRNA 已被证明在不同的细胞活动中具有功能，并在各种疾病包括癌症中表达失调。例如，TUG1 可以与 Polycomb 阻遏物复合物相互作用并调节神经胶质瘤细胞的自我更新。RNA-seq 通量高、覆盖范围广、精度高，并且不依赖参考基因组序列，目前已广泛应用于生物学基础研究、临床诊断和药物研发等多个领域。

Illumina 短读长（read）cDNA 测序是应用最广泛的 RNA 测序技术（short-read RNA-seq），占 SRA 数据库中公开的 RNA-seq 数据的 95%。早期的转录组分析技术主要是表达序列标签（expressed-sequence tag, EST）和表达芯片技术，EST 通量不足与定量分析，而芯片局限于已知的转录本定量分析。二代测序技术的应用弥补了这些方法的局限性而被广泛应用。除了典型的试验流程，在 RNA-seq 技术首次发表后不久，许多改进文库制备的方法相继推出。例如，片段化 RNA 而非 cDNA 可以降低 3′/5′偏好；链特异性文库制备方法能够更好地区分正链和负链转录的基因，这些改进都能获得更准确的转录本丰度估计。目前典型的文库构建方法包括：不基于 oligo-dT 的 RNA 富集方法；特异性富集 3′或 5′末端转录本的方法；使用 UMIs 区分 PCR duplicates 的方法；以及针对降解的 RNA 构建文库的方法等。这些方法的组合允许研究者揭示由可变 polyA（alternative polyA, APA），或选择性启动子（alternative promoter）和可变剪接（alternative splicing, AS）导致的转录组的复杂性。通常，根据 cDNA 合成前建库方式（library selection）的不同，可以将 RNA-seq 分为，去除核糖体 RNA（rRNA depletion），即 total RNA-seq，文库包含 mRNA 和 non-coding RNA；过滤 polyA 尾巴的文库（polyA selection），得到基本是有 ployA 尾巴的 mRNA，即 polyA+RNA-seq；还有设计特殊杂交探针以捕获特定序列的方法（RNA capture）。RNA-seq 一般产生的 cDNA 片段长度在 100～300bp，最长可达到 500bp，每个样本的测序 reads 数达（1～3）$\times 10^7$，测序的结果十分稳健。相比于第二代的 short-read RNA-seq，第三代 RNA 测序技术如 long-read RNA-seq 和 direct RNA-seq 可以测得更长（1～50 kb），可以直接完整地将转录本序列测出来，不过三代测序技术测序通量和准确率较低，在基因定量准确性上不如第二代测序。如没有特殊声明，一般 RNA-seq 都是短读长 polyA+RNA-seq。

Box 8-1：polyA+RNA-seq 与 Total RNA-seq

一般说的 RNA-seq 是指 polyA+RNA-seq，另一个常见的是 Total RNA-seq，包括 polyA+RNA、poly-RNA，以及环状 RNA，编码蛋白的 RNA 和非编码蛋白的 RNA（提取 RNA 试验流程中，首先去除 rRNA 再通过随机引物获得转录总体），也记作 polyA-RNA-seq。但如果只关注编码区的话，显然 Total RNA-seq 的性价比就不是很高了，这时候可以选择 ployA + RNA-seq。

二、转录组试验设计的特点

高通量测序主要分为准备样品上机测序和测序数据分析两大部分，得到测序数据的大体流程包括："文库构建→混合上机→获取序列"，获得测序数据之后，数据分析包括："测序数据的质控→分析比对等"。除了上机测序步骤相同，针对不同的组学测序，从样品制备到数据分析都有不同的处理过程。想要获得感兴趣的生物学答案，试验设计的合理性很重要，上机之前要对数据的测序深度和生物学重复做选择，拿到测序结果之后，要对数据质量做评估，规避建库试验误差、机器错误。RNA-seq 试验设计具体包括以下几个方面。

1. 因子设计

在送测序之前需要明确所回答的生物学问题，这将影响整个试验设计、样品准备及数据分析的流程。大部分的试验都是单因子试验，为两种或多种不同条件下的转录组特征比较，比如肿瘤和正常组织、癌旁组织间比较。如果增加一个生物因子（比如治疗药物，甚至药物处理还可包括不同剂量）加入到试验中，可以得到 $m \times n$（m，n 代表每个因子的条目）试验样品组。在双因子试验中，除了检测单个因子的效果，还需要检测两个因子之间的相互作用。

2. 样品的准备

最终数据是否能合理解释提出的问题，前期样品的选择和准备尤其重要。应该考虑到如何避免引入可能混淆生物学意义的因素。比如在肠道微生物研究领域，因为不同年龄段人群的肠道微生物存在较明显的差异，如果做试验组与对照组的研究，就要尽量控制两组人群的年龄分布无显著差异，除此之外如性别等因素也需要考虑。选好样本进行上机操作时，要注意批次效应（batch effect）。作为一种常见的误差来源，批次效应主要是在处理样本过程中因为技术因素引入的误差。通常不可能一次性由同一个人或同一台测序仪对所有样本进行测序，不同批次的样本它们之间可能存在较大的技术差异，这些差异构成了批次效应，如图 8-1 所示。技术因素导致的差异可能会对后期分析生物学差异产生较大的影响，因此关于如何降低这些非研究的因素引发的批次效应的探索是很有意义的。

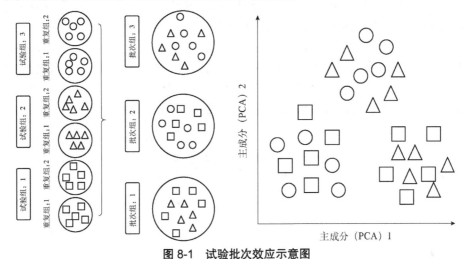

图 8-1 试验批次效应示意图

表达水平PCA聚类结果中样本按照批次聚类，而不是试验处理聚类，提示存在批次效应

3. 重复与随机化

与其他需要统计分析的试验一样，重复是 RNA-seq 试验设计中的重要部分。往往在试验设计过程当中，会设置多个生物学重复。例如，小鼠某种组织的转录表达谱，会在几只平行培养小鼠的组织中取样并进行测序试验。样品重复可以减少独立样本所带来的随机差异。生物重复的数量往往受样本特性影响，随着研究对象多样性的增加（如肿瘤样本），生物学重复的数量也应该增加。这里尤其强调三个及以上的生物学重复的重要性，一般认为三个及以上的生物学重复是进行任何可信的下游数据的统计分析的基础，过少的生物学重复或者没有重复将使分析结果的可信度大大降低。三个生物学重复，不等同于将三个样品的 RNA 等量混合后测序。在单样品测序量保持不变的情况下，随着生物学重复数量的提高，差异分析的真阳性率不断提高，假阳性率基本稳定。即提高生物学重复数量，对差异表达基因的检测更加灵敏，差异倍数较小或表达量较低的差异表达基因更容易被检测到（即灵敏性提高）。另外，为了消除实验技术本身带来的误差，可以进行多次技术重复（technical replicates）。例如，将一个样品重复测序三次。

近年来一些研究者对转录组测序的生物学重复提出了更高的要求。2016 年英国邓迪大学的 Geoffrey J. Barton 教授在期刊 *RNA* 上发表了一篇文章专门评估转录组测序生物学重复数量这一问题。研究者对野生型和 SNF2 突变型酵母各 48 份样品进行转录组测序，然后对质控后的野生

型和突变型样本进行差异表达分析（生物学重复样本数分别为 42 和 44）。作者以 edgeR 为例介绍了不同生物学重复数目对鉴定差异基因的影响：图 8-2A 展示了在控制相同的假阳性率水平下，不同的生物学重复鉴定出的差异基因数目（n_r: number of biological replicates）。可见随着生物学重复的增加，鉴定出真实差异基因的比例由 19% 增加到 74%，差异基因的数目整体与生物重复数量正相关。图 8-2B 展示的是不同生物学重复与鉴定的差异基因的真阳性率的关系。不同的实线代表不同的差异基因筛选倍数变化（$T=|\log_2(FC)|$）条件下的真阳性率。虚线代表假阳性率，近乎一条直线，说明 edgeR 的假阳性率控制得还是比较低，且不受生物重复数影响。如果筛选阈值比较高，例如 4 倍差异（$T=2$）时，较低的重复数即可获得较高的真阳性率。而筛选阈值较低（$T=0$）时，真阳性率受生物学重复影响较大；生物学重复越少，真阳性率越低。图 8-2C 则是图 8-2B 的另一种展现，横轴是筛选倍数阈值（$T=|\log_2(FC)|$）。虚线代表 3 个生物重复条件下的假阳性率，在常规筛选标准 2 倍差异（$T=1$）时，假阳性率已趋近于 0。不同颜色的实线代表不同生物重复下的真阳性率随筛选阈值差异倍数的变化，整体呈现正相关；生物重复越多，真阳性率越高，并受筛选阈值影响越少。图 8-2D 展示了真阳性、真阴性、假阳性和假阴性基因数目随生物重复数的变化。可见随着生物学重复的增加，真阳性明显升高，假阴性明显降低。据此作者给出的建议是：在任何条件下，都应该保证至少 6 个生物学重复；如果要研究差异表达基因，尤其是差异表达倍数不大的基因，建议至少 12 个生物学重复。

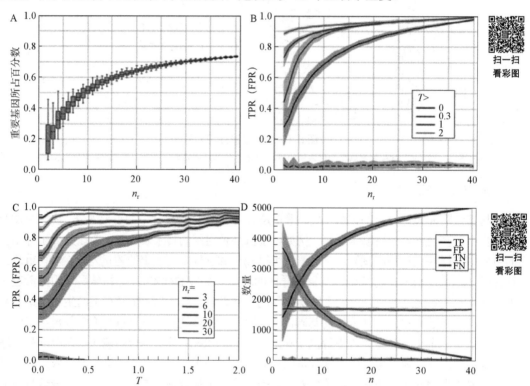

图 8-2　不同重复数（n_r）和 $|\log_2(FC)|$ 阈值（T）下，edgeR 所得显著差异基因所占比例、真阳性率以及假阴性率等的变化趋势（引自 Schurch N J, et al., 2016）

A. 随着重复数的改变，7126 个基因被定义为 SDE（significantly differentially expressed）的比例；B. 四个阈值 T（0, 0.3, 1, 2）下的真阳性率（TPR）随 n_r 的变化情况［四条实线，而 $T=0$ 时的假阳性率（FPR）在图中以蓝色虚线表示，供对比用］；C. 五种重复数（3, 6, 10, 20, 30）的真阳性率随 n_r 的变化情况（五条实线，$n_r=3$ 时假阳性率在图中以蓝色虚线表示，供对比用）；D. 被定义为真/假阳性、真/假阴性（TP、FP、TN 和 FN）的基因数量与 n_r 的关系

　　随机化是将试验对象随机分配到各组，避免样品收集过程中因为引入其他因素而带来偏差。基因表达受到环境因素的影响很大，在采集样品时应尽量减少无关因素的影响。如果某些因素无法避免则需要尽量在各组中平衡这些因素。

Box 8-2：生物学重复（biological replicates）

　　由于不同生物个体之间有着随机的细微差异，如果只选一个样本进行试验，试验结果一定会引起偏差。目前进行转录组测序研究，一般要求至少 3 个生物学重复。研究样本的生物学差异比较高、希望检测更多的微小表达差异以及检测低表达基因差异时，需要更多生物学重复，比如 5～10 个甚至更多的样品。而经费有限时可以混合样品，但需要在分析数据时，需要更严格的 FDR。生物学重复带来的影响远远大于测序深度，当测序数据量达到饱和前，检出的基因数目随数据量的增加而快速增加，但当数据量达饱和后，检出的表达基因数量的增加量趋近于 0，此时，并不会随着测序数据量的增加而增加检出的基因数量。达到一定的测序深度后，增加数据量并不会影响后期的数据挖掘和分析。经费相同情况下，可以选择增加样品数，减少测序通量。检测目标不同，测序饱和值不同，通常测序公司会在测序前提供测序的饱和值信息。

---

4. 测序数据通量大小

　　测序通量是指测序试验产生的所有碱基量即测序短序列长度×序列数量。比如：测序试验中每个有 10 000 条 100bp（base pair）的短序列。测序数据量为 10 000×100=1 000 000 (bp)，记为 1M。测序深度或覆盖深度（coverage depth）是指每个碱基被测到的平均次数（即测序量和参考序列总碱基数的比率）。覆盖率（coverage ratio）指的是，将所有测序短序列比对参考序列上后，参考序列上至少有一个测序短序列的碱基数与参考序列总碱基数的比率。比如：假设有 200bp 长度的参考序列，测序后每个短序列 5 bp，生成 400 条短序列，那么覆盖深度为 5×400/200=10，也可以说这次测序的深度为 10×。当把这 400 条短序列比对到 200 bp 参考序列上，发现参考序列上 198 个碱基都至少有一个短序列比对上去，就说这次测序的覆盖率是 198/200×100%=99%。

　　对于一般真核生物基因组的测序试验，每个样本需要一百万到三百万数据量（10M～30M）。如果试验关注的是在不同样本中表达差异较大的基因，多生物学重复的低深度测序也可以满足研究要求。根据研究目的的不同，选择不同的测序深度以及测序量。提高测序通量可以增加定量的准确性，基因注释也会更加完整，但是费用也会提高。最佳的测序数据量并没有一个固定的值，而会因为目标转录组的复杂度的不同而不同。对低丰度的转录本的定量则需要更高的测序量，而过高的测序通量所带来的转录本的噪声也可能影响定量的准确性。在对转录组的整体评估中，饱和曲线可以较好地评估测序量是否合适。

　　2014 年 Kevin P. White 等人在期刊 *Bioinformatics* 上发表了一篇文章，评估了转录组测序是该选择更大的测序通量还是更多的生物学重复这一问题。研究者对经 10nmol 雌激素处理 24h 和未处理的 MCF-7 细胞（各 7 个生物学重复，共 14 个库）进行 Illumina HiSeq 2000 测序，每个库都随机提取 2.5M、5M、10M、15M、20M、25M 和 30M 的 reads，测序 reads 用 Tophat 映射到人基因组（版本：hg18），用 edgeR 计算处理组和未处理组之间的差异表达基因。研究结果如下图 8-3 所示：从图 8-3A 可看出：随着测序通量与生物学重复的增加，找到的差异表达基因的数量在不断增加；而随着测序通量的增加，差异表达基因的数量的增加越来越缓慢，尤其是 10M 以后；而无论在哪个测序通量上，生物学重复的增加都会明显增加差异表达基因的数量，比如在 10M 测序量上，当生物学重复从 2 加到 3，差异表达基因的数量会提高 34.7%，当生物学重复从 6 加到 7，差异表达基因的数量会提高 26.3%。图 8-3B 可看出：随着测序量和生物学重复的增加，差异表达基因的统计功效也随之增加，与图 8-3A 的趋势相似，在 10M 测序量后检测率增加幅度明显减缓。图 8-3C 展示的是生物学重复数量为 3 时真阳性、假阳性随着测序量增加的情况，可以看出，当测序量＜10M 时准确性不高（真阳性率低，假阳性率高），当测序量≥10M 时，准确率较高而且都很接近，再增加测序通量意义不大，因此可以认为 10M 就是此案例的饱和值。图 8-3D 展示了前 100 个差异表达基因 $\log_2$（FC）的变异系数（CV 值），可见随着生物学重复的增加，$\log_2$（FC）的变异系数 CV 值显著下降，而测序通量≥10M 时下降幅度不明显。另一方面，该团队探究了测序通量与生物学重复对基因表达值的估计的影响：对于高丰度的基因，生物学重复的增加能提高准确率，但测序量对准确率影响不大；对于低丰度的基因，表达量的估计会有波动，准确性会随着生物学重复和测序量的增加而提高，生物学重复的影响要大于测序通量，尤其是有较多生物学重复的时候。由此可见增加生物学重复会提高所有基因表达量的估计准确性，而增加测序通量只会对低丰度基因有明显效果。

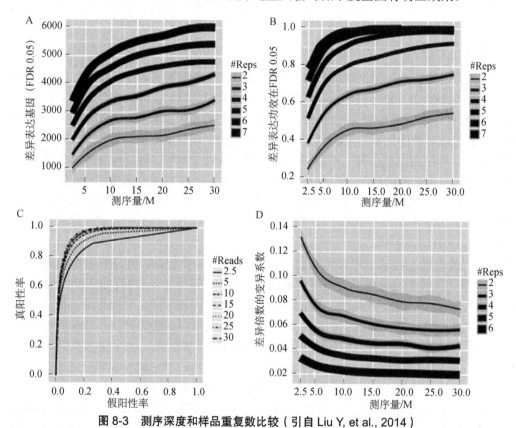

图 8-3　测序深度和样品重复数比较（引自 Liu Y, et al., 2014）

A. 不同重复数下鉴定出的差异表达基因数量随测序量的变化情况。线宽表示重复数，阴影区域对应于 95% 的置信区间；
B. 检测差异表达基因的统计功效随测序量和重复数的变化情况。与 A 中的趋势类似，测序量达 10 M 后，功效增加减缓；
C. 重复数为 3 时的 ROC 曲线。测序量超过 10 M 时并不能显著提高检测差异表达基因的统计功效和准确性；
D. 前 100 个差异表达基因的 $\log_2$（FC）的 CV。随着重复数的增加，$\log_2$（FC）的 CV 显著降低，
而大于 10M 后继续增加测序量则影响不大

以上两方面的研究均表明，增加生物学重复带来的优势比提高测序通量更多更大。由于转录组测序还需要考虑成本问题，作者建议更多的生物学重复和较少的测序通量是高效且节省的策略。

三、转录组测序样本制备和文库类型

1. 样本制备

选择合适的样品制备方式和文库类型也是试验设计中极为重要的内容之一。样本制备的选择最基本需要考虑的是如何获取测序的 mRNA。在细胞的总 RNA 中，核糖体 RNA（rRNA）通常占了绝大部分比例（通常占比超过 90%），因此需要去除这部分丰度最高的 rRNA，否则低丰度的 mRNA 转录信号很可能不能检测到。真核生物成熟的 mRNA 一般带有 polyA 尾巴，因此常规的转录组建库流程中通常直接对具有 polyA 尾巴的片段进行捕获，polyT 富集包含 polyA 尾巴的 mRNA 是一种去除 rRNA 方法。但是这样的方式对于 mRNA 的完整度要求较高，发生降解的样本使用这种建库方式会损失一定的转录组信息，另外会丢失没有 polyA 的 lncRNA 以及环状 RNA(circular RNA，circRNA)。另一种获得 mRNA 的方式 Ribo-Zero 方法，基于 rRNA 特异探针杂交、双重特异性核酸酶降解（DSN）、RNase H 选择性降解法等，去除占比最高的 rRNA 再进行测序，通常称为 Total RNA-seq。原核生物比如细菌的 mRNA，不具有 polyA 尾巴，适合 Ribo-Zero 方法。

mRNA 降解也会导致结果不准确，建议尽可能使用没有降解或者低降解率的 RNA 样本（参考 RNA 完整性指数 RIN 值）。为防止降解应当快速冷冻样本，或者用 RNA 稳定剂（如 RNAlater）处理样本。Total RNA-seq 对降解样本的耐受度相对较高，但需要更高的测序数据，且样品制备的成本也更高。对于 3′端没有 polyA 尾的 RNA，需要选择 Ribo-Zero 法，从而获得没有这种尾巴及其他非编码 RNA 的信息。CircRNA 建库流程也可以在传统 Total RNA 建库方法上增加去除线性 RNA 步骤，而总 RNA 中的 circRNA 含量相对较低，每一步的磁珠纯化都会带来样本损耗，因此需要足够的 RNA 起始量来保证建库成功率及文库质量。此外，一般 RNA 提取过程中不会保留小 RNA，研究小 RNA 可以选择其他提取方法（如 Trizol 法）。

2. 文库类型

DNA 正负链可能均可转录，得到不同的单链 RNA，而普通的转录组测序文库会同时测到模板链及其反向互补信息，不但无法判断 RNA 在参考 DNA 的方向，同时也会对 RNA 定量的准确性产生干扰。链特异性文库则可以在建库过程中将反向互补序列的文库直接消化掉，不仅保留了原始的 RNA 的方向，提高了 RNA 拼接准确性，同时也提高了定量的准确性。在对反义 RNA 研究时，链特异性文库显得尤其重要。另外，转录组测序文库可以选择单端（single-end）文库或者双端（pair-end）文库，利用哪种文库取决于分析的目的。通常，如果研究的物种是注释非常好的，只是来研究其表达水平，利用短的 single-end 建库可以节约测序费用。但是如果研究的物种注释得不好的话，pair-end+长读长测序能更好地注释基因，且更准确的定量。

Box 8-3：RNA-seq 文库构建和测序过程中引入的偏好

①DNA 片段化和片段大小选择过程中的偏好；②片段化和大小选择后 3′末端链接 3′-dA 尾巴，引入连接碱基偏好；③DNA 文库需要用 PCR 富集之后再测序，引入 PCR 偏好；④测序过程中 DNA 聚合酶引入的序列偏好；⑤测序信号的处理和碱基识别步骤引入的偏好。

第二节　转录组数据库及分析流程

一、转录组数据库

大量生物学数据积累，进而产生了当前数以百计的二级数据库。它们各自按一定的目标收集和整理生物学试验数据，并提供相关的数据查询、数据处理等服务。在进行转录组数据分析时，常用的基因组数据库包括：①Ensembl，由欧洲生物信息研究所（European Bioinformatics Institute，EBI）与英国桑格研究所（Wellcome Trust Sanger Institute，WTSI）共同合作开发的数据库项目，涵盖大量物种的参考基因组信息，并且数据更新及时；②美国国立生物技术信息中心（National Center for Biotechnology Information，NCBI），NCBI 的数据非常全面丰富，除了基因组，还包括各种序列数据、注释数据及高通量数据；③UCSC 基因组浏览器是由加利福尼亚大学圣克鲁兹分校（Universityof California Santa Cruz，UCSC）基因组学研究所的跨部门团队（Genome Bioinformatics Group）创立和维护的，主要收录一些模式动物的数据库，人和鼠参考基因组较常用，尤其人的基因组注释信息非常全面。转录组相关的数据库也非常丰富，下面介绍三个常用的转录组数据库。

1. 癌症基因组图谱（The Cancer Genome Atlas，TCGA）

TCGA 是美国国家癌症研究所（National Cancer Institute）和美国国家人类基因组研究所（National Human Genome Research Institute）于 2006 年策划的，计划对 20 000 多个癌症组织及对应正常样本的研究，截至 2021 年一共收录了 33 种癌症，11 315 个案例。数据类型包括基因的体细胞突变，拷贝数变异，基因表达，DNA 甲基化等。TCGA 数据可以免费提供给研究人员使用，利用 TCGA 数据可以从多组学的角度进行癌症分析。TCGA 数据获得流程主要有三个部分：组织处理，整合研究和资料分享。组织处理流程包括：①癌症患者自愿捐赠肿瘤组织及正常组织样本，由人类癌症生物标本核心资源库承担样本的采集、处理和分配工作；②组织样本经过严格标准处理，确保质量可以用于进一步分析及测序，并由相关中心采用高通量测序技术进行测序；③获得的临床资料中，去掉可以识别患者身份的信息。整合研究分三个步骤：①TCGA 基因组分析中心（GCC）对比肿瘤和正常组织，寻找异常的基因重组现象；②高通量测序中心（GSC）分析与各癌症或者亚型相关的基因突变、扩增或者缺失；③资料分析中心（GDAC）进行资料的整理、汇总、并提供图表报告给全体研究团队。资料分享的内容包括：①资料综合中心（DCC）集中处理各个团队产生的资料，定期公开于网络上供全世界研究人员利用；②提供公开的资料下载网站入口以方便进行资料搜索和下载。TCGA 依据这些数据绘制了一份更为全面、深入的泛癌症图谱（Pan-Cancer Atlas）。

2. GTEx（Genotype-Tissue Expression）数据库

GTEx 启动于 2010 年，旨在研究组织间和个体间遗传变异和基因表达的关系，相关数据可以帮助确立个体的基因组变异如何影响基因表达，导致生物学差异以及对疾病的贡献。人体组织来自尸检、器官捐献和组织移植项目。目前 GTEx 数据库包括了来自 714 个供体的约 11 688 个 RNA 测序数据，覆盖了 53 种组织（包括大脑、肝脏和肺部）和 2 种细胞系。2015 年 5 月 7 日发表了 2 篇 *Science* 和其他期刊的多篇研究论文，这些研究工作使人们重新认识了在不同的组织中基因组变异是如何控制基因的开启和关闭、表达和沉默基因的数量，以及如何使得人们容易罹患癌症、心脏病和糖尿病之类的疾病。GTEx 数据可以分析的内容包括以下几点。①表达数量性状基因座（eQTL）分析，eQTL 是指特定基因组位置上的一个变异与特异组织中基因活性水平的关联，包括局部（*cis*-eQTL）和远端（*trans*-eQTL）效应。GTEx 的其中一个目标就是要鉴别出所有基因的 eQTLs，并评估它们是否对多个组织造成了影响。②比较基因表达在组织间和个体间的差异，鉴定组织特异的基因和个体特异的基因。③探讨与基因表达相关联的基因变异如何调节 RNA 编辑、衰老，以及 X 染色体失活现象等。

Box 8-4：TCGA 和 GTEx 联合分析

通常对 TCGA 数据库的重分析的时候，会引入 GTEx 数据，一方面加大了正常组织测序样本量，弥补了 TCGA 正常组织测序结果非常少的不足。另一方面，用 GTEx 和癌旁组织比较的差异可以增加信息量，反映了肿瘤到肿瘤周边到正常三个维度信息。

---

3. 昆虫基因组与转录组数据库 InsectBase

InsectBase 数据库旨在有效解决目前昆虫基因组数据库的纷乱杂陈的现状，构建一个综合的全能化的昆虫领域的生物信息数据库，为广大研究者提供方便快捷的后基因组时代基因组、转录组等数据服务和交流合作平台。截至 2021 年 InsectBase 共收集了 155 种昆虫基因组（隶属于 16 个目），其中 61 个基因组具有注释信息（official gene set, OGS），116 个转录组数据，237 个物种的 EST 序列，69 个物种的 7544 条 miRNA 序列，2 个物种的 83 262 条 piRNA 序列，构建了 78 个物种的 22 536 个信号通路，116 个昆虫的 UTR 序列和 CDS 序列。

二、转录组测序数据分析

可以将一个完整的转录组测序的分析流程分为三部分，如图 8-4 示意。第一部分是前期分析，包括试验方案的设计、测序方案的设计，以及测序数据的质控。第二部分是核心分析，包括转录组测序整体评估，基因差异表达分析及功能分析。第三部分是高级分析，需要针对特定的试验目的和需求进行选择，如转录因子的分析、融合基因分析、与其他组学的联合分析等。RNA-seq 通常用于分析特定样品中 RNA 分子的序列、结构和转录丰度等，主要分析内容包括以下几个方面。

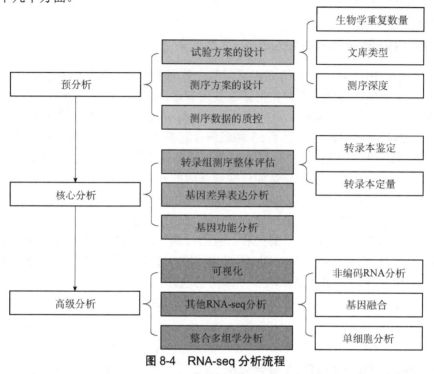

图 8-4　RNA-seq 分析流程

Box 8-5：RNA-seq 质量控制

　　拿到测序数据之后，首要任务是要对数据质量做评估，规避建库试验误差、机器错误。质控主要包括测序质量评估、比对率和基因表达在样品间的相关性三个标准。测序质量的检测可以借助工具如 FASTQC、FASTX-toolkit 等。将质控之后的 reads 比对到基因组，比对上基因组的百分比是一个重要的质量控制参数（通常在 70%～90%），如果比对率太低，怀疑样品降解、污染等质量问题，比对到 rRNA 区域的比率取决于 rRNA 去除效率（通常在 1%～35%，甚至更多），后续分析过程中考虑剔除比对率低的样品。通常还会用到生物学重复作为质控的标准，如果样品间表达相关性越高，说明测序结果越稳定可靠，在生物学重复中，如果有一个样品和其他样品的相关性很低，也可以考虑去除该样品。

---

1. 测序数据质量控制（quality control）

　　测序得到的原始数据下机后不能直接使用，需要进行过滤，滤除测序接头引物以及低质量的测序读段等，因为其存在会直接影响测序序列比对到基因组的效率，过滤则可以提高有意义的测序序列的比率。输入的文件是 FASTQ 格式，对于测序质量的检测可以借助工具实现，通常使用 FastQC 软件完成。在质控过程中，首先对每个碱基序列质量（per base sequence quality）做质量控制，一般序列越往后质量越差，通常对 Tail 序列进行质量控制，防止测序过程中某些 Tail 序列的质量偏低影响后续分析。去除低质量碱基后，每个碱基打分的分布图尾巴会更平稳一些。另外一个主要的内容是去除接头引物，处理良好的数据中接头含量应该非常低，如果含量较高应重新去接头。最后检查碱基含量，短序列每个位置的每种碱基含量应保持稳定，但是在测序刚开始测序仪状态不稳定，可能出现短序列最开始一部分碱基含量不稳定。在后续分析中应该减去这部分序列。

2. 差异表达基因鉴定

应用 RNA 差异表达分析细胞在不同情况下的表达差异，结合差异表达基因的功能分析，可以展示在细胞分化，特别是胚胎干细胞和神经干细胞分化、机体发育、信号转导等生物学过程中基因表达调控改变的整体特征。RNA-seq 鉴定基因差异表达水平的基本原理是，基因的转录活性越高，测到的 reads 越多。测序数据质量控制之后的序列比对回参考基因组（示例使用 STAR 比对软件），再根据基因注释信息，将基因上比对到的序列次数统计出来，就相当于随机抽样抽取基因的次数。在用这个测序次数估计表达水平之前，需要对数据做均一化（normalization）处理。对每个基因来说，均一化过程首先需要解决参考基因组上注释的不同基因长度以及测序深度所带来的偏差：测序深度越深，基因表达的短序列越多；不同的基因长度产生不同的短序列数量，基因越长，随机抽样抽取基因的次数越多，表达的短序列越多。均一化方法的选择对后续分析与最终结果有较大影响。首先最常用的一个指标是 RPKM/FPKM（reads/fragments per kilo base per million mapped reads），即每百万 Reads 中来自某一个基因每千碱基长度的测序次数，公式如下：（每个基因比对的短序列数目 $\times 10^3 \times 10^6$）/（所有比对到参考基因组短序列数目 × 基因的外显子长度）。FPKM 是针对双端测序的均一化方法，与 RPKM 类似。为了更好地表示样本之间的细微差异，还有一些均一化的方法。①RPM（reads per million mapped reads）：每个基因比对的短序列数目 $\times 10^6$/所有比对到参考基因组的短序列数目。这种方法只考虑了测序深度所带来的偏差，没有考虑基因长度的偏差。②TPM（trans per million）：将所有基因的 RPKM 都计算后，基因的 RPKM $\times 10^6$/所有基因 RPKM 的总和。这种方法实际上是一种计算 RPKM 的百分比。可以减小样本间差异所带来的误差。③CPM（count per million）：未经过基因长度矫正的表达值，每个样本每个基因的读长数 $\times 10^6$/该样本所有读长数量总和。当需要简单过滤较低表达基因的时候，通常针对该表达值进行过滤。

为了在不同试验组中比较基因表达水平，鉴定差异表达基因，首先需要对数据的分布进行统计学模型拟合，以决定使用哪种适当的统计检验方法。芯片数据的表达水平对数转换后当作正态分布的变量，但是转录组测序数据理论上是离散的，一般来说服从泊松分布。泊松分布的方差和均值相等，在 RNA-seq 测序数据中，有较大平均值的数据有更大的方差，从而容易导致过度离散问题，改为采用离散的泊松过程或者近似的负二项式分布。基于分布模型，构建统计检测量，寻找差异表达基因，常用的 R 软件包有基于泊松分布的 DEGseq，基于负二项式分布的 DEGseq2、edgeR、DEseq、和 baySeq 等。

3. 可变剪切分析和新基因的挖掘

从结构上来说 RNA-seq 不仅提供了基因结构的注释，包括启动子的位置，可变剪切，5′和 3′端的非编码区域和多聚腺苷酸位点的注释；还应用于鉴定新基因，包括长的非编码 RNA、小分子 RNA 以及环状 RNA 等。

选择性剪切是 RNA 转录本通过对一些外显子和内含子的选择性剪切、连接而形成不同的 mRNA 分子的过程，如果选择性拼接过程出错，会引发癌症、神经系统疾病。相对于传统的芯片杂交平台，RNA-seq 无须预先针对已知序列设计探针，即可对任意物种的整体转录活动进行检测，提供更精确的数字化信号，更高的检测通量以及更广泛的检测范围。

检测剪切模式的变化以 SpliceSeq 软件为例，通过量化和比较覆盖外显子和剪切位点的 reads 来实现差异剪切事件的鉴定。这样的方法检测的不是全长的转录本之间的比较，而 MISO、ALEXEA-Seq 等软件，利用概率模型将 reads 分配到不同的转录本再进行比较。对于没有基因组测序或者基因组注释不是很全的物种，RNA-seq 可以将不能匹配到已知基因组的测序序列从头拼接并区分剪切变体，相关工具包括 SOAPdenovo-Trans、Trinity、KisSplice 等。获得潜在的新基因序列之后，将其与公共数据库中已知的序列进行比对可大致预测其功能。结合物种的性状进行关联分析，从而实现对目标物种基因的结构注释和功能分析的优化。

RNA-seq 除了分析可变剪切之外，还是发现新的转录本、新的剪切方式和其他与转录相关生物学现象的强大工具，以及用在肿瘤样品中鉴定基因融合事件等。另一方面，与 mRNA 的线性剪切不同，环形 RNA（circular RNA, circRNA）是由 mRNA 前体反向剪切形成的共价闭合单链转录本。已有很多专门从 RNA-seq 中鉴定特定 RNA 的流程，比如鉴定 lncRNA 的 lncPipe，UclncR；鉴定 circRNA 的 circtools。随着数据量的增加，对转录组数据的深度挖掘也期待有更多的新发现。

案例 8-1

应用 RNA-seq 数据更新基因结构注释及鉴定新的可变剪切体

该案例介绍 2008 年发表于 *Science*、*Nature* 的 2 篇文章（详见延伸阅读资料），早期 RNA-seq 测序成本还比较高，测序的 reads 长度也只有 25 bp，但已经表现出良好的定量准确性，相比芯片可以对基因做更好的结构和功能注释。这两篇文章应用 RNA-seq 进一步改进了人的基因结构注释。

发表于 *Science* 的文章中，德国马普分子遗传学研究所和 Genomatix 测序软件公司的科学家通过对源自人类两大细胞系（胚肾和 B 细胞系）的转录本进行高通量测序，揭示出人类转录组前所未有的复杂性和可变性。文库构建大致流程：首先提取 polyA+RNA，再用随机 6 聚体引物将 RNA 反转成 cDNA，然后随机打断构建测序文库，应用 Illumina 测序技术获得长度 27bp 的测序数据。将数据比对回人基因组（hg18），发现其中有 50% 的 reads 能单一比对到基因组，16%～18% 的比对到基因组的多个位置，25% 没有比对到基因组。80% 的可比对的序列都比对到了已知的外显子区域。相关性分析表明，测序定量的基因表达水平和芯片定量的结果匹配得很好，同时 RNA-seq 比芯片多定量了约 25% 的基因，可以检测更多的低表达的基因。应用 RNA-seq 改进了基因的注释信息，首次让直接探索人类转录组的复杂性成为可能。该论文还进行了 RNA 剪接的分析，共确定出 94 241 个剪接位点，其中有 4096 个是全新的。 该研究还表明外显子跳跃（exon skipping）是选择性剪接（alternative splicing）的一种普遍形式。在该论文之后的十几年，RNA-seq 也应用于全新哺乳动物基因组注释，展示转录高度动态和可变的过程。使转录复杂性和可变性的研究有了新维度。该论文的主要数据分析步骤如下：

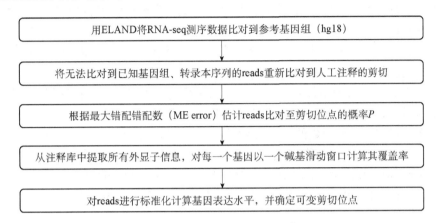

另一篇 *Nature* 杂志发表的论文通过对人 15 种不同组织进行 RNA-seq 测序（原始数据下载地址：https://www.ncbi.nlm.nih.gov/geo/ query/acc.cgi?acc=GSE12946），通过数据分析比较组织间表达差异及可变剪切。首先构建测序文库，提取总 RNA 后用 Ploy-T beads 从总 RNA 中分离mRNA，再利用随机 6 聚体引物反转 mRNA 成 cDNA，在合成第二条链时引入测序接头，合成的 cDNA 随机打断成 200 bp 左右长度，再用 Illumina Genome Analyzer 测序，获得 reads 长度为32 bp 的单端测序（single-end），测序量在 12～29 million。发现大约 94%的人类基因会出现差异剪切体，并且转录本间会有不同甚至是完全相反的功能。该论文的主要研究流程如下：

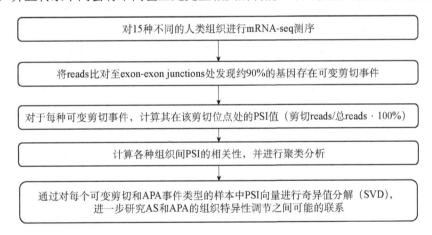

4. 单碱基变异（SNP）和 RNA 编辑（RNA-editing）分析

转录组测序之后通过比对到参考基因组能够发现 SNP、indel 和 RNA-editing 信息，对SNP 和 RNA-editing 的深入分析对生物学的研究具有重要意义。随着测序数据的累积，发现的 SNP 和 RNA-editing 数量越来越多，转录组测序已成为研究生物环境的影响、发育调控、细胞类型等较复杂分子机制的重要手段， 同时也是应用于 SSR 和 SNP 等分子标记多态性鉴定的重要前提。

单碱基变异是来自 DNA 上的改变。RNA 编辑是指在 mRNA 水平上改变遗传信息的过程，具体说来，指基因转录产生的 mRNA 分子中，由于核苷酸的缺失，插入或置换，基因转录物的序列不与基因模板序列互补，使翻译生成的蛋白质的氨基酸组成不同于基因序列中的编码信息现象。作为一类特殊的化学修饰，RNA 编辑可以有以下两种分类。第一类，在脱氨酶介导下发生脱氨反应：A→I 和 C→U 是人类转录组中最常见的两种编辑形式，该两种编辑方式分别由双链 RNA 特异性腺苷脱氨酶和载脂蛋白 B mRNA 编辑复合物催化。第二类，碱基 U 的插入或缺失：U 的插入和缺失也是 RNA 编辑的一大类型，它使得 RNA 序列发生移码，也可以使得翻译选择正确的阅读框。此类现象多在锥虫等低等生物中出现。

基因组中有超过一百万个位点在不同程度上被编辑，大多数的这些编辑位点属于不翻译为蛋白质的区域，但研究发现，RNA 编辑水平在肿瘤和正常组织之间的差异，与不同的临床预后结果有关。目前，只有少数的编码 RNA 编辑位点功能已经得以表征。然而，基因编码区和非编码区中的大多数 RNA 编辑事件是否以及如何影响肿瘤的生长尚未研究清楚。基因型组织表达（GTEx）项目和癌症基因组图谱（TCGA）项目的大规模 RNA-seq 数据分析表明，腺苷到肌苷（A→I）RNA 编辑事件普遍存在于人类的正常组织和癌症样本中。

案例 8-2

应用 RNA-seq 数据分析腺苷（A）到肌苷（I）的 RNA 编辑

该案例介绍 Peng 等（2018）发表在 *Cancer Cell* 的一篇论文。该论文结合了蛋白质组学数据，从 RNA 和蛋白质水平上验证了肿瘤中 RNA 编辑事件的存在，表明了 RNA 编辑事件影响癌细胞中蛋白质翻译，进而鉴定肿瘤新生抗原。

A→I RNA 编辑是人类中最普遍的 RNA 编辑事件，是在不影响 DNA 序列的情况下，ADAR 酶在特定的 RNA 碱基位点将 A 转化为 I。尽管绝大多数的 A→I RNA 编辑事件发生在非编码区，但人类中高可信度错义 RNA 编辑位点的绝对数量很大（超过 1000 个）。已经有一些研究表明 RNA 编辑事件在肿瘤发生中起着关键作用，例如结直肠癌中的 RHOQ 编辑、胃癌中的 PODXL 编辑等。利用来自 TCGA 的 RNA-seq 数据，检测到了大量的 A→I RNA 编辑事件，其中许多具有临床价值。然而目前对人类癌症的大多数 RNA 编辑研究都集中于 RNA 水平，基于转录后修饰的巨大复杂性，本研究从 RNA 和蛋白水平上研究了 A→I RNA 编辑产生的遗传信息对所翻译的蛋白序列的影响以及异常蛋白质的产生对癌症发生的影响。

使用来自 CPTAC（clinical proteomic tumor analysis consortium，临床蛋白质组肿瘤分析协作组）数据库的质谱（mass spectrometry,MS）数据，这些数据是从患者样本队列中产生的来自 TCGA 的平行基因组和转录组数据。研究流程如下（图 8-5）。①对从 CPTAC 数据库中获取 3 个 MS 数据集（乳腺癌、卵巢癌、结直肠癌），以及这些数据集对应的 RNA-seq 和体细胞突变数据，首先将 RNA-seq 数据比对到 RNA editing 数据库（RADAR）注释的已知的 RNA 编辑位点，从而获得 TCGA 样品中的 RNA 编辑事件（RNA 来源），同样的，结合体细胞突变数据，检测错义体细胞突变（DNA 来源）。②将由错义突变和 RNA 编辑事件导致的变异肽构建多肽库，并采用 X!Tandem 算法搜索相应的 MS 数据，以 FDR=0.01 筛选出候选多肽。③进行一系列质量控制的步骤，以排除来自同源蛋白或 DNA 水平的变异导致的 RNA 编辑事件（假阳性）的多肽。④最后，为降低假阳性，手动筛查了变异肽的所有候选质谱图，最终得到了每个 MS 数据集中 RNA 编辑或体细胞突变导致的多肽。

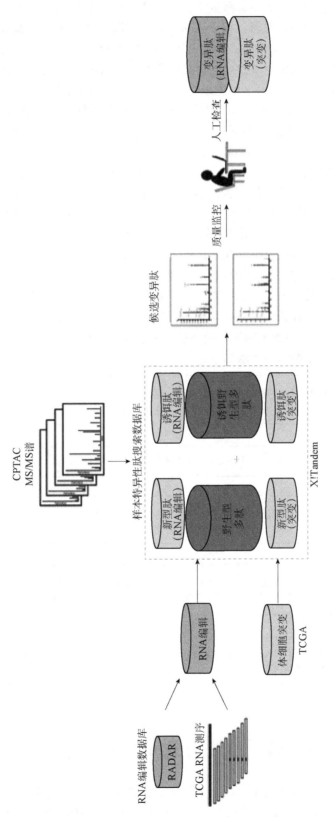

图 8-5 RNA-seq 联合质谱数据鉴定 RNA-editing 来源肽段的流程图

前期三种癌症类型（乳腺癌、卵巢癌、结直肠癌）研究表明，RNA 编辑对癌症蛋白质组多样性的贡献在乳腺癌中最显著。接下来对导致变异肽的 9 个 RNA 编辑位点进行独立性验证，最终验证了 9 个 RNA 编辑位点中的 7 个，这 7 个 RNA 编辑位点导致了绝大多数的变异肽。针对其中的两个编辑位点（COG3_I635V 和 COPA_I164V），进行了靶向质谱分析：通过将一种卵巢癌细胞——OVCAR-8 细胞系中的 COG3 和 COPA 蛋白进行富集，与同位素标记的合成肽进行 LC-MS/MS 分析，发现两种 RNA 编辑事件对应的内源肽和合成肽出现了匹配的 m/z 峰，并且具有相同的保留时间，表明这两种被 RNA 编辑的蛋白质存在于肿瘤细胞中。

该文进一步对这些 RNA 编辑位点在肿瘤样本中的编辑水平进行评估，通过对 24 种癌症类型的超过 8000 个肿瘤样本的 TCGA RNA-seq 数据进行泛癌分析，发现这些位点的 RNA 编辑事件在多种癌症类型中都能检测到，但编辑水平在不同位点和不同癌症类型之间存在较大差异。对 RNA 编辑水平与药物敏感性的关联分析表明 COG3 和 COPA 蛋白的 RNA 编辑水平与药物敏感性显著相关。因此，所鉴定的 RNA 编辑事件可能参与了肿瘤的发生，并具有潜在的临床意义。最后功能验证表明，COG3 蛋白（先前的研究验证）和 COPA 蛋白发生 RNA 编辑后，可以功能性地促进癌细胞的生长和迁移，而且方式上类似驱动性的体细胞突变，从而显著地影响肿瘤的发展。该论文研究表明 A→I RNA 编辑至少在一些癌症中可以增加蛋白质的异质性，错误翻译可能影响肿瘤细胞增殖、迁移和侵袭，值得更多更深入的研究以阐明人类癌症的分子机制。基于 RNA 编辑鉴定癌症患者肿瘤个性化的肿瘤新生抗原疫苗，具有临床应用价值。该论文的主要试验步骤如下：

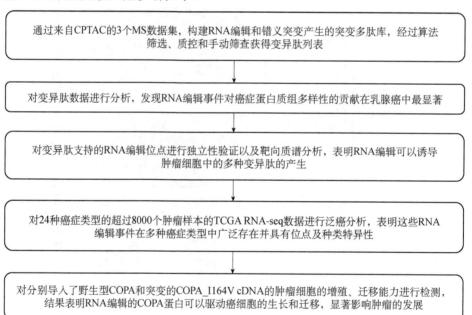

第三节　可变polyA测序

真核生物基因转录调控是中心法则中调控层次最丰富的一个环节，最初转录出来的是初始转录本，里面包含内含子，在此后的加工过程中，5′端需要加上帽子，内含子需要切掉，还需要加上 polyA 尾巴，才能变成成熟的 mRNA。研究发现超过 90% 的人类基因会经历可变剪切，生成不同的 mRNA 异构体，这大大增加了人类转录组和蛋白质组的复杂性。

一、选择性多聚腺苷酸化简介

大约 70% 的 mRNA 前体（pre-mRNA）要经历可变多聚腺苷酸化并产生具有不同长度 3′ 非翻译区（UTR）的多种转录本异构体。这种在 3′UTR 区域不同位置选择性地剪切，并加多聚 A 尾的过程，称为可选择性多聚腺苷酸化（alternative polyadenylation，APA），是真核生物 pre-mRNA 成熟过程中重要的一步。根据终止加尾的位置不同，将不同 APA 形成的 3′UTR 分为两大类：①APA 位点位于内含子或者外显子改变了转录本的编码区，此类 APA 形成的 3′UTR 称为 CR-UTRs（code-region untranslated region），通常这种 APA 改变了蛋白的序列，增加了蛋白多样性；②转录终止区域位于 3′非翻译区而不影响转录本编码框，此类 APA 形成 Tandem UTR，翻译的蛋白种类不变，但通常会影响 mRNA 的稳定性及表达水平，例如，选择使用短的 APA 避开了 microRNA 调节位点，从而表达量上调。2009 年的一项研究发现，癌细胞相对于癌旁细胞中有很多倾向于使用短的 3′UTR 形式存在的，比如 IGF2BP1/IMP-1 因为使用短的 polyA 而逃脱了 miRNA 的调控，使得蛋白质水平急剧上升，导致细胞的无限增殖，是引起细胞癌变的重要因素。Tandem 3′UTR 是目前 APA 相关研究最多的一类，在全基因组层面对不同发育过程、不同疾病过程中 mRNA polyA 位点的使用进行系统研究，是在基因表达层面之外理解生物体调控的重要手段。

APA 调控会引起 3′UTR 长度的改变，3′UTR 是基因保守性最差的区域，存在大量的顺式作用元件，约 90% 的 miRNAs 靶向位点位于 3′UTR，大量的 RBPs 结合位点也位于 3′UTR。APA 导致的 3′UTR 长短变化引起大量顺式元件的丢失或者获得，影响转录本的稳定性、定位或者翻译效率等转录后命运。APA 同样可以调控翻译效率，有些基因较长 3′UTR 转录本具有更高的翻译效率。衰老的细胞中大量衰老相关基因和信号通路基因显著变长，升高蛋白表达而促进细胞衰老。APA 调控还参与胚胎分化、神经干细胞以及免疫细胞的分化调控过程。总的来说，polyA 位点的选择并不是随机的，而是对特定的信号作出的应对反应。

二、APA 数据生成

1980 年发现免疫球蛋白 IgM 的不同 APA 亚型分别编码了不同功能的 IgM 类型：分泌型和膜结合型，表明了 APA 在蛋白多样性中的作用。2005 年，田斌等人应用表达序列标签（expressed sequence tag, EST）数据，通过数据分析首次真正在全基因组范围内研究 APA，50% 的基因都要经历选择性多聚腺苷酸化。2008 年后，基于基因芯片方法的建立，在最后一个外显子上设计多条探针，通过这些探针可以检测 APA 的表达变化，例如，Affymetrix 的 3′-IVT 表达芯片在距转录本 3′末端 600 bp 之内的位置设计了 11 条探针，应用该技术发现 T 细胞激活、神经元活动和发育过程中的倾向于更短的 3′UTR。2010 年后，随着高通量测序技术的发展，利用芯片研究 APA 的方法迅速被取代，高通量测序在全基因组范围内研究 3′UTR 的方法也愈来愈多，如 SAPAS（sequencing APA sites）、3P-seq（polyA position profiling by sequencing）、PAS-seq、ployA-seq、3T-seq（TT-mRNA terminal sequencing）等。

以 3P-seq 为例，APA 测序文库构建始于提取 RNA，分离纯化 polyA+RNA，将含有 polyA+RNA 与生物素标记的黏末端 3′oligo d(T)引物退火锚合；进一步用 RNase T1 进行部分消化，用链霉亲和素-生物素选择系统捕获合适片段的 polyA 末端。polyA 尾仅用 dTTP 进行逆转录，然后用 RNase H 消化从而除去 mRNA 的 polyA 尾。进行胶回收纯化后，连上接头进行 PCR 扩增，制备的文库利用 Illumina 的链特异 mRNA-seq 进行测序。3P-seq 在合成 cDNA 双链前采用了一系列 RNA 操作，消除转录本内部富含 A 片段对 polyA 引物锚定的影响，但是前期处理步骤较为繁复。之后有很多 3′UTR 测序方法提出，值得一提的是，第三代测序可以直接测序 RNA 的全长序列，省去前期样品处理的繁琐步骤，更精准地定量表达水平，几乎可以避免所有的 3′UTR 测序的弊端。

三、APA 测序数据分析

以 3P-seq 数据分析为例，首先将测序数据比对到相应的基因组或者转录组，再过滤掉符合以下两点的比对结果：①比对到核糖体的 reads；②比对的位置周围 DNA 序列中有 polyA 重复。剩下的比对位置进行 cluster 聚类，合并 cluster 为一个 polyA 位置，cluster 的长度分布，可以当作建库质量评估的一个标准。获得 polyA 位置信息之后，对照基因组注释信息，将这些 polyA 注释为已知的和新发现的 polyA 位点，以及是 3′UTR 位置的还是 exon 位置等。得到这些 polyA 位置的注释之后，选取 polyA 位点上游 10～30 个碱基之间的区域，迭代地在所有 polyA 位点确定该区域中显著富集的六聚体（通过将含有的六聚体的序列频率与具有相同二核苷酸频率的 1000 个随机抽样序列中频率分布比较），AAUAAA、AUUAAA、UAUAAA、AGUAAA、UUUAAA 等是已知 polyA 富集的六聚体，通过这个结果也可以评估新发现的 polyA 位点的可信度。最后需要鉴定不同样品间的差异使用 polyA，查找显著差异 APA 的基因，统计每个样本中每个 polyA 位点内映射在其 10 bp 内的 3P reads 数据当作定量水平，比较基因在样品间这个 reads 数目的差异（卡方检验或者 edgeR）。根据 3′UTR 中 polyA 的位置，可以判断 APA 差异的基因，是偏好使用长的 3′UTR 还是短的 3′UTR。

案例 8-3

利用 PAL-seq 研究胚胎发育早期到发育成熟过程中 APA

该案例介绍 Subtelny 等人于 2014 年发表于 *Nature* 上的文章（详见延伸阅读资料），研究了胚胎发育早期到发育成熟过程中 polyA 尾巴长度与翻译效率的关系，继 3P-seq 之后，该研究组针对 polyA 测序开发了 PAL-seq，该测序方法特异的高通量测序了 3′UTR 区域及 polyA 尾巴长度。

在该论文发表之前，已知在爪蟾和果蝇的胚胎中延长 mRNA 的 polyA 尾巴长度均能提高翻译效率，但是除酵母之外，polyA 尾巴长度和翻译效率的系统性研究还没有报道，主要是因为缺乏对 polyA 尾巴长度测定的高通量测量技术。该论文对来自酵母、植物、脊椎动物和哺乳动物的 RNA 进行了 PAL-seq（图 8-6）测序，分析数据可以获得 3′UTR 定量估计的表达水平，同时还可以获得 polyA 的长度。PAL-seq 测序可以准确测量任意长度的单个 polyA 尾，在测序前，使用 dTTP 和生物素偶联 dUTP 作为唯一的核苷三磷酸的混合物，根据 polyA 尾的长度比例，用生物素定量标记每个簇。在对 polyA 核苷酸进行测序后，流式细胞与荧光团标记的链霉亲和素孵育，该链霉亲和素结合在引物延伸过程中加入的生物素，荧光强度与 polyA 序列长度成比例。根据每个转录本的 polyA 尾部产生的荧光强度，结合 polyA 测序 reads 的基因组比对信息，从而获得 3′UTR 表达水平及 polyA 的长度。该论文首先从 UCSC Genome Browser 或其他数据库下载 refFlat 格式的参考转录本注释。对于人类、小鼠、斑马鱼和苍蝇，使用 3P-seq 鉴定的 polyA 位点重新注释转录末端。对于每个基因，选择一个具有代表性的最长 ORF 和对应的最长 3′UTR 的转录本模型。将 1.0 reads per million reads（RPM）作为定量基因水平。

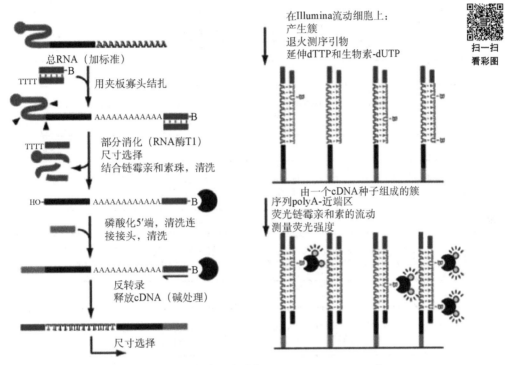

图 8-6　PAL-seq 建库流程（引自 Subtelny, et al., 2014）

该论文还应用 Ribo-seq 和小 RNA-seq 定量了翻译效率和 miRNA 水平。其中， Ribo-seq (ribosome profiling sequencing, 核糖体印迹测序技术)是最常用的一种翻译组测序技术。该技术利用 RNA 酶消化细胞中的 RNA，得到被核糖体保护的正在翻译的 RNA 片段（ribosome footprints, RFs），然后对这些 RFs 进行富集、对被核糖体保护的 30nt 左右的 mRNA 片段进行深度测序分析，是目前研究翻译组学的主要技术手段之一。翻译组测序可以研究细胞内基因翻译的水平、区域、速率等，结合转录组、小 RNA 测序、蛋白组等进行关联分析，可以更精确地研究转录后调控、翻译调控机制。

获取数据之后，文章比较了物种间 polyA 的长度分布差异。结果表明 polyA 尾巴长度在跨物种直系同源的基因间是保守的；保守的基因 polyA 尾巴长度相对更短，比如核糖体基因、看家基因的 polyA 相对其他基因更短。比较 polyA 尾巴长度和翻译效率关系，结果表明虽然 polyA 长度和翻译效率在非洲爪蟾胚胎发育过程中以及斑马鱼胚胎中是关联在一起的，即 polyA 长度可能影响翻译效率，但这种联系在非胚胎细胞中却丢失了。结合小 RNA 测序（详见第五节）结果分析和分子生物学试验验证，可解释为由小 RNA 介导的调控从翻译抑制变为 mRNA 降解。microRNA(miRNAs)与靶标 mRNA 上具体位置互补配对，抑制 mRNA 的转录后翻译。本案例研究了早期斑马鱼胚胎一直到原肠胚形成阶段期间的 miRNA 功能，在原肠胚形成阶段之前的胚胎中，miRNA 通过切除它们的靶 mRNA 上的 polyA 尾巴而降低这些 mRNA 的翻译效率，然而在原肠胚形成阶段之后，miRNA 主要是结合 3′UTR 区域使靶标 mRNA 降解。论文结合 polyA 尾巴长度的高通量测序结果分析，提供 APA 对翻译控制的重要信息。研究人员通过 PAL-seq 技术对酵母、植物、脊椎动物和哺乳动物细胞的数百万 RNA 进行了测序，并发现 polyA 尾巴长度在不同物种中具有多样性。该论文的主要试验步骤如下：

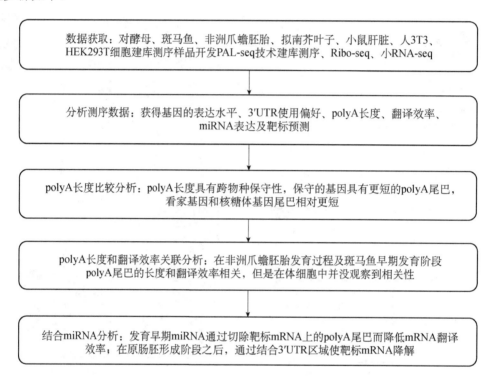

四、基于 RNA-seq 数据的 APA 的鉴定及分析流程

RNA-seq 中包含的大量信息被应用于各种基因组研究，对其中的 APA 位点也开发出多种识别相关的算法，例如 DaPars、QAPA、APAlyzer 等。如 DaPars 使用线性回归模型识别 de novo PAS 的位点，给出适宜解释局部读取密度变化的最佳拟合点，进而检测相关 APA 事件，这个软件现在也有了升级的版本 Dapars2。Xin Feng 等人利用 DaPars 算法计算了癌症基因组图谱计划（TCGA）中 10 537 个肿瘤样本的 APA 事件，并发现了 1346 个与 APA 有关的基因，建立了 The Cancer 3′UTR Atlas 数据库（http://tc3a.org）。Wei Hong 等人利用 DaPars 算法和 SAAP-RS 算法计算了来自 GTEx 的 53 个正常组织样本的 APA 事件，建立了 APAatlas 数据库（https://hanlab.uth.edu/apa/）。APAatlas 是一个可以查询和下载人体组织中 APA 使用情况的数据库，综合使用了 DaPars 算法和 SAAP-RS 算法，从标准 RNA-seq 中对 APA 事件进行量化，提供了关于 53 个人体组织的 9475 个样本的 689 346 个 APA 事件。针对单细胞测序数据开发的 scDAPA 工具，以 scRNA-seq 数据作为输入，使用基于直方图的方法和 Wilcoxon 秩和检验检测 APA 动态，并使用动态 APA 可视化候选基因。

案例 8-4

利用 GTEx 项目 RNA-seq 数据分析 APA 数量性状

该案例介绍 Li 等人于 2021 年发表于 *Nature Genetics* 上的 1 篇文章（详见延伸阅读资料），该论文全面系统地分析了 GTEx 项目中 46 个组织 467 个个体的转录组数据，展示了人类组织间、个体间 APA 遗传变异图谱，并从分子机理层面发现 APA 相关的遗传变异位点——APA 数量性状位点（3′aQTL）。

全基因组关联分析已经发现大量与人类复杂疾病关联的风险位点，然而将近 90% 以上位点位于非编码区域，给分子层面解释这些变异位点带来很大挑战。分子表型数量性状位点（molecular quantitative trait locus）是关联基因型到疾病表型最重要的中间途径。其中，表达数量性状位点（eQTL）及可变剪切数量性状位点（sQTL）等尽管已被用以解释部分疾病关联的非编码区遗传变异位点，但仍有很大一部分与疾病相关的非编码变异位点无法被解释。而仍未被广泛研究的选择性多聚腺苷酸化（APA）是一种重要且广泛存在的基因转录后调控过程，大多数 APA 都发生在 3′UTR 区域。APA 可以影响 mRNA 的稳定性，翻译效率和蛋白的细胞定位等重要过程。APA 的异常调控通常与疾病的发生和发展密切相关。

早期该团队开发了第一个从 RNA-seq 数据里直接分析 APA 的生物信息算法 DaPars，发现某些特定的蛋白（CFIm25 蛋白）可以通过影响 APA 来控制脑瘤的生长。在这篇文章里，作者改进了已有的 DaPars 算法，克服了原有算法只能两两比对的缺点，利用改进后的 DaPars v.2.0 算法，并直接使用来自 GTEx v.7 项目的 46 种组织类型中的 8277 个标准 RNA-seq 样本，构建组织特异性人类 APA 事件图谱。用多样本 DaPars v.2 回归框架计算每个样本中每个基因的远端 polyA 位点使用指数（PDUI）值的百分比。然后，对已知的协变量［包括性别、测序平台、种群结构、RNA 完整性数和使用表达残差概率估计（PEER）因子推断的技术协变量］进行校正后，可以进一步归一化 PDUI 值。推断的 PEER 因子与每个样本和捐赠者的几个已知协变量密切相关。然后，识别每个组织中与差异 3′UTR 使用（3′aQTLs）相关的常见遗传变异，使用 5% 的错误发现率（FDR）阈值，作者在 46 个组织中鉴定出 403 215 个 3′aVariants 与 11 613 个 3′aGenes，约占注释基因的 51%（具有 3′aQTL 的基因称为 3′aGenes，相应的显著变异称为 3′aVariants，图 8-7）。

基于此，作者构建了人类多组织 APA 遗传图谱并分析了 3′aQTL 在各个组织的分布情况。然后作者通过多元自适应收缩分析（MASH），绘制了 46 个检查组织中共享 3′aQTLs/eQTLs 的组织的估计比例，发现相对于 eQTL，3′aQTL 效应具有更强的组织特异性。为了进一步研究 3′aQTL 与其他传统 eQTLs 的区别和联系，作者比较分析了他们的分子特征。根据 SnpEff v.5.0 中定义的功能类别，作者对 46 种组织类型的 3′aQTLs 和 eQTLs 进行了分类，发现不同于 eQTL 和 sQTL 主要富集于基因启动子/上游区和剪接区的分子特征，3′aQTL 显著富集于 3′UTR 或基因下游 5kb 以内，而且 3′aQTL 相关的基因也比 eQTL 相关的基因的 3′UTR 区域更长，有更显著的调控区域。另外为了探究遗传变异导致 APA 事件发生的潜在机制，作者进一步系统分析了 3′aQTL 与 polyA 基序（motif）、RNA 二级结构和 RNA 结合蛋白（RBP）结合位点的关联。为了系统地检测人类群体中 PAS 改变的 3′aQTLs，作者从一系列数据库中提取了位于注释 polyA 位点上游 50 个碱基对（bp）内的重要 3′aVariants，并基于 15 个常见 PAS 序列变体进行基序搜索，结果表明 3′aQTL 可以通过改变这些元件进而影响数以千计的 APA 现象。

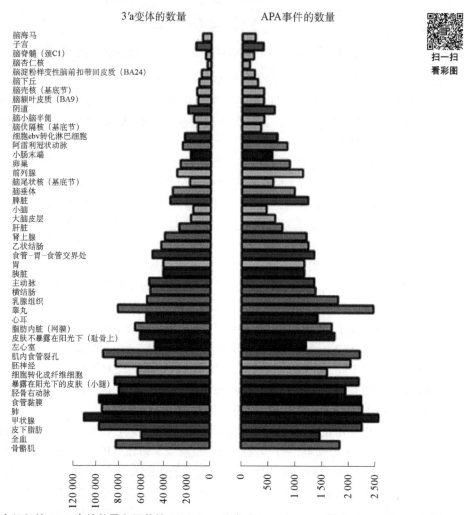

图 8-7　每个组织的 APA 事件数量和显著的 3′ Variant 分布（FDR≤0.05，引自 Li L, et al., 2021）

最后，作者分析了 3′aQTL 与疾病的关联。通过富集分析，发现 3′aQTL 富集在 11.5% 的组织/性状中，而 eQTL 则富集在 26.5% 的组织/性状中。有意思的是，有 9.8% 的疾病性状只存在 3′aQTL 的富集，这其中包括阿兹海默症和类风湿性关节炎。使用功能性全基因组关联分析计算富集值（效应大小），以此量化性状相关变异体和 3′aQTLs/eQTLs 之间的关系。通过共定位分析，发现 3′aQTL 与大约 16.1% 的疾病性状相关变异是共定位的，并且与其他 QTL（如 eQTL，sQTL）有很大的不同，这也说明大多数这些疾病关联的 3′aQTL 都不直接调控基因表达，可能参与调控 mRNA 的稳定性，翻译或细胞定位。

该论文提出 3′aQTL 概念及分析方法，为功能性非编码变异的识别和解读提供了全新的方法；同时全面系统地分析了 GTEx 项目转录组数据，展示了人类多组织、个体间 APA 遗传变异的定量图谱；而且还从分子机理层面发现 3′aQTL 与其他传统的分子数量性状显著不同，可以改变 polyA 基序、RNA 二级结构和 RNA 结合蛋白（RBP）的结合位点，进而引起 APA 改变。

第四节　选择性启动子测序

　　绝大多数基因有两个甚至两个以上的转录起始位点,可变启动子(putative alternative promoters,PAPs,又称选择性启动子)发生在基因的转录本起始端(5′端)的可变区域,哺乳动物的基因经常使用 5′端可变启动子来转录产生多种转录本,这对于生物体内高度复杂的分子系统具有十分重要的作用。不同的 5′UTR 序列中可能包含截然不同的调控元件,也可能导致了基因的表达所响应的信号也完全不同,异常使用启动子导致某些疾病包括癌症的发生、发展。

一、选择性启动子简介

　　人和小鼠基因组中 36% 和 40% 的蛋白质编码基因具有可变启动子,并且大约 40% 的启动子是组织、细胞特异的。可变启动子依据蛋白质产物差异可分为三种模式:①转录起始的可变区域出现在第一外显子中使用不同的第一外显子,或者启动子在第一外显子内不同位置,但是 ORF 起始位置相同,产生的蛋白质产物相同,如转录因子 PAX,致癌基因 MYC;②不同启动子使用不同的 ORF 起始,产生 N 末端差异的蛋白质,如信号基因 WNT5A;③不同启动子,不同 ORF 以及不同的差异剪接模式,产生不同的蛋白产物,如基因 MTMR2。PAPs除了可以带来不同的翻译蛋白产物,不同的 5′UTR 区域有不同的二级结构和序列信息,会影响转录本的转录、稳定性以及下游的翻译过程。作为一个重要的转录机制,可变启动子的使用广泛存在于真核生物发育和组织特异性基因表达过程中。首先发现的基因启动子异常使用引起癌症的例子是在 Burkitt 淋巴瘤中,MYC 基因可通过染色体易位而被活化,MYC 的表达主要受到 2 个近距离但相互独立的可变启动子 P1 和 P2 的调节,下游的 P2 是正常组织中主要的启动子。在 Burkitt 淋巴瘤细胞中,易位染色体上的 MYC 基因已经失去了使 RNA 聚合酶 II 保留在 P2 上的能力。另外例如 p53 的可变启动子相关的不同转录本以组织依赖方式差异表达,调控细胞增殖过程。可变启动子与选择性剪切在基因表达的调节上具有十分重要的作用,大约 65% 的选择性剪切与 PAPs 有关,深入精确地分析以及新的可变启动子的鉴定,有望在疾病发生机制和治疗或改善上提供新的方向。

二、可变启动子数据产生

　　在细胞核内的转录中,mRNA 需要经历多种加工和修饰,包括剪接,5′端的加帽和 3′端的加尾,以及碱基上的化学修饰等,才能变为成熟的 mRNA,进入到细胞质进行翻译,加帽和加尾对出核特别重要,没有尾巴和尾巴太长的 mRNA 都不能正常出核,导致滞留在细胞核内部。mRNA 的转运也可以调控基因的表达,mRNA 出核转运的过程同转录、剪接、转录后修饰和翻译都紧密地联系起来。转录一开始,大约第 25 个碱基时,RNA 就被添加 7-甲基鸟苷帽(7-methylguanosine cap,简称加帽),加帽能够帮助 mRNA 选择性穿过细胞核孔进入细胞质,还可以保护 mRNA 不被外切核酸酶降解,同时通过结合帽子端结合复合物(cap-binding complex,CBC)促进转录并增强翻译。加帽过程:RNA 三磷酸酶从前体 mRNA 的 5′端移去一个磷酸,然后鸟苷酸转移酶在切除的末端加上一个鸟苷酸以形成 5′-5′键;然后甲基转移酶会对这个鸟苷酸进行甲基化修饰,完成加帽步骤。通常用 CAGE-seq(cap analysis of gene expression and deep sequencing）对 mRNA 中所有的 TSS 进行鉴定，该技术最早由日本科学家 Hayashizaki 等于 2003 年发表在 *PNAS* 杂志上。顾名思义，它是针对 5′帽子的分析。CAGE 使用一种分子生物学技术，特异测序样品中 mRNA 的 5′端，从而实现了高通量的基因表达分析以及转录起点的图谱分析。CAGE-seq 前期样品处理步骤包括，提取总 mRNA 并打断为较短的小片段；对所有片段去磷酸化，没有"帽子"保护的末端的磷酸基团将被磷酸酶移除，形成磷酸根离子和羟基；使用脱帽酶将所有的"帽子"去除，只留下不受保护的 5′端序列，此时因为没有被上一步使用的磷酸酶去磷酸化，没有羟基暴露出来；连接接头，测序需要两种接头，其中一种接头被设计为连接有羟基暴露的磷酸，另一种则连接正常序列，因此只有原来受"帽子"保护的 5′端序列才能同时结合两种接头，通过测序得到序列信息。现在 CAGE-seq 进一步发展，使用氧化反应或生物素进行标记，得到更加准确的结果。建库试验步骤首先逆转录并富集全长 cDNA；然后在 cDNA 的 5′端加上双链 CAGE 接头，以引入限制性内切酶 *Mme* I 的识别位点。在合成第二条链之后，用 *Mme* I 消化双链 RNA，再与第二个接头 XmaJ I 连接。之后进行 PCR 扩增，这样就产生了 CAGE 标签。纯化和浓缩后，即可进行高通量测序分析，将得到的 CAGE 序列比对到参考基因组上，就可以得到转录起始位点和相应的 5′UTR 信息。在 2011 年 1 月的 *Cold Spring Harbor Protocols* 上，Charles Plessy 等发表了 NanoCAGE 的详细步骤，这种方法能够捕获低至 10 ng 总 RNA 的 5′端转录本。关于 CAGE 相关技术的原理及成果，详见横滨理化研究所的网站：http://www.osc.riken.jp/english/activity/ cage/。

三、可变启动子鉴定及数据分析

CAGE-seq 可以通过对加帽位点鉴定实现对 mRNA 中 TSS 的鉴定，建库过程如上所述。CAGE-seq 数据类似 RNA-seq 数据分析流程，质量控制后，比对到参考基因组（Bowtie、STAR 等软件），通常可以鉴定出 reads 最近的基因注释，从而知道基因的 TSS 位置。比对到的 reads 拷贝数以数量的简易方式反映出了生物样本中 RNA 转录物的丰度，均一化总体测序通量之后，可以在样品间比较基因表达水平。

案例 8-5

FANTOM 项目通过 CAGE-seq 的方法获得人和小鼠 TSS 全谱

该案例介绍 FANTOM（Function Annotation Of The Mammalian Genome）等几个团队联合发表的题为 "A promoter-level mammalian expression atlas" 的文章，该项目通过 CAGE-seq 的方法对人和小鼠的转录起始位点（TSS）和启动子使用、转录因子调控进行了全面的描述。

哺乳动物个体包含至少 400 种细胞类型，这些细胞类型都具有一个相同的基因组，却具有独特的基因表达特征，从而具有不同的形态乃至生物学功能。不同细胞类型的特性是由转录调控决定的，FANTOM 研究者对涵盖了绝大多数人类细胞类型的包括 573 种原代细胞、152 个组织和 250 种癌症细胞，以及 399 份小鼠的样品进行了 CAGE-seq 的研究。在对表征潜在的转录起始位点的峰图的鉴定之后，研究者在人的样品中共获得了约 350 万个潜在的 TSS，在小鼠中获得了约 209 万个潜在的 TSS。CAGE 技术可以区分不同转录本异构体的起始位点。基于潜在的 TSS 位点，作者进一步对启动子，增强子等转录调控区域进行了研究和分析。潜在的 TSS 位点附近都有很强的 H3K4me3 和 H2AZ 等修饰的富集，这个结果一方面证明数据的可靠性，另一方面也确认表观遗传学修饰在基因表达调控中的重要作用。CAGE-seq 数据同样可以鉴定基因表达定量信息，表达水平分析发现，人类中约 80%基因的表达是组织特异性的，而严格意义上的持家基因只有约 6%。对这些基因启动子的保守型分析发现，持家基因的启动子保守性远大于组织特异性表达的基因。在所有基因的启动子中，lncRNA 的启动子保守型最差，但已知的广谱表达的 lncRNA 的启动子也非常保守，说明 lncRNA 具有重要的调控作用，同时存在一些持家 lncRNA。总的来说，该项目使用 CAGE-seq 分析人和小鼠的细胞系，同时获取了基因的表达量信息、转录起始位置信息和启动子信息，从而全面勾画出了人类组织的基因表达特征，揭示 5′端转录调控在决定基因表达中的关键作用。

FANTOM 数据库到目前为止更新到第六个版本，除了 CAGE-seq 数据也增加了 RNA-Seq 数据，鉴定 TSS 区域，构建转录调控网络，注释 ncRNA、启动子和增强子等，到第六版更新了 ncRNA 的注释。目前最新的版本 FANTOM6 继续沿用了第五版的类似 UCSC 浏览注释形式：主要分为基因注释和定量信号，注释区包含每个基因的不同转录本以及方向末端注释。

四、基于 RNA-seq 的可变启动子分析

虽然 CAGE-seq 出现了很多建库改进方法，应用的广泛程度还是远远不及 RNA-seq。RNA-seq 可变剪切分析过程一般是先利用比对软件（hisat2、star、tophat 等）比对到基因组，再通过 AS 识别软件，依赖已有的基因位置注释信息鉴定和定量分析剪切事件。基于 RNA-seq 的 5′端可变分析也有一些专门的软件包，例如 TSSAR（http://rna.tbi. univie.ac.at/TSSAR），可以从头注释 RNA-seq 中的 TSS 位置及定量信息，另外 proActiv 是一种能够从 RNA-seq 数据分析启动子的方法，使用比对结果文件作为输入，软件为每个带注释的启动子生成计数和归一化的启动子活动估计值，这些估计值可用于鉴定 5′端的可变启动子。

案例 8-6

开发 proActiv 工具鉴定肿瘤相关的选择性启动子事件

该案例介绍 2019 年发表于 *Cell* 的 1 篇文章（详见延伸阅读资料），介绍了利用 18 468 个癌症和正常样品的 RNA-seq 数据进行启动子活性差异分析，揭示选择性启动子在肿瘤中的调节作用，鉴定出预测癌症患者存活的新型生物标志物，可能成为新的治疗靶标。值得一提的是，研究人员设计出一种名为 proActiv 的软件，可以基于 RNA-seq 数据检测启动子活性。

癌症在基因激活方面表现出广泛的变化，利用不同的启动子产生选择性基因产物，此类变化无法由已有分析方法有效检测到，为了更好地分析可变启动子，作者开发出了基于 RNA-seq 数据检测启动子活性的软件包——proActiv，应用于泛癌转录组数据启动子分析，以研究替代启动子在癌症中的作用，发现了启动子影响已知的癌症基因，并发现了新的肿瘤相关候选基因。另外研究结果显示，对于具有独立调控启动子的基因，研究证明启动子活性比基因表达更能准确预测患者的生存期。这项研究表明，活跃启动子的动态景观塑造了癌症转录组，为进一步探索癌症转录畸变调控机制开辟了新的诊断途径和机会，未来可能用于鉴定出预测癌症患者存活的新型生物标志物和新的治疗靶标，如图 8-8 所示。

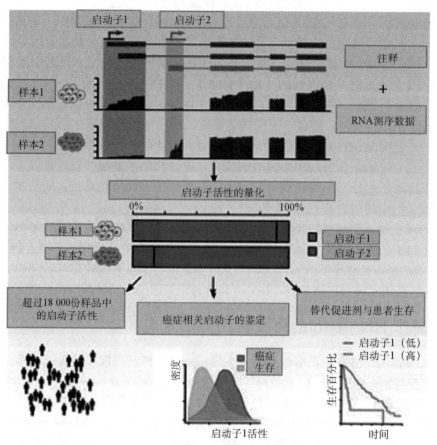

扫一扫
看彩图

图 8-8　肿瘤相关的选择性启动子分析摘要（引自 Demirciolu D, 2019）

　　分析流程如下：首先，RNA-seq 数据来源于 PCAWG、TCGA 和 GTEx 数据库的 18 468 个样本（涵盖了 42 种癌症类型）。启动子注释来自 Gencode v19 注释，将转录本的转录起始位点定义为第一个外显子的开始，并根据 Gencode v19 注释来识别所有带注释的转录本起始位点。因为具有相同或类似转录起始位点的转录本都受相同启动子调控，所以使用转录本起始位点来确定不同启动子调控的转录本集，构建了启动子到转录本和启动子到基因的映射。然后将启动子活性定义为每个启动子启动的转录总量。通过使用一组独特的连接数量化每个启动子启动的表达，从 RNA-seq 数据推断启动子活性水平：①使用 Salmon v0.10.0 和 Kallisto v0.44.0 两个软件，在启用和不启用偏差校正的情况下，估计所有样本的转录本表达；②转录本 reads 计数被标准化为每百万千碱基的片段，用上四分位数标准化（FPKM-UQ）进行映射；③对属于单个启动子的转录本的表达进行汇总，以获得启动子活性估计值；④同时计算每种肿瘤类型和全癌症队列的平均启动子活性。根据以上方法，开发了 proActiv 软件包，专门用于在全基因组范围内检测启动子活性。

　　为了评估 proActiv 软件所得启动子活性估计值的准确性，将软件分析结果与 H3K4me3 染色质免疫沉淀测序（ChIP-seq）和来自各种不同细胞系和组织的 CAGE 标签数据进行比较，发现 H3K4me3 对主要启动子的水平最高，而非活性启动子的 H3K4me3 水平最低，表明基于表达和表观遗传学的估计显示出高度的一致性。基于 RNA-seq 的启动子活性估计与大多数组织匹配细胞系的 ChIP-seq 图谱最相似。

之后，作者研究了启动子是否与癌症特异性相关。结果显示在各癌症中分别有 73～633 个启动子与正常组织相比有显著差异。说明启动子可能是癌症转录变化背后的未知驱动力之一。数据分析表明替代启动子通常是独立调节的，猜测使用多启动子的基因的启动子活性可能更准确的预测患者存活率。为了验证这一假设，研究人员首先确定了在一种癌症类型中显示启动子转换迹象的候选基因（至少 10%的样本中有两个不同的主要启动子）。然后分析 9459 份具有匹配临床数据的样本，研究了启动子活性与生存期估计值的关系。发现许多基因只对一个特定的启动子显示出与存活率的显著关联，而对整个基因表达没有关联。作者认为癌症患者的生存与启动子潜在的调节变化有关，这可以探索新的治疗靶点。总之，该论文通过分析可变启动子在 TCGA 大规模队列中的作用，鉴定了许多癌症相关基因使用替代启动子，并且它们的活性系统地影响了癌症转录组。替代启动子通常显示较低的活性水平，这种转录物的功能仍有待验证；另外也发现许多启动了转换事件显著改变了基因产物。替代启动子经常在癌症中发现，其中大多数是未知的，表明这方面有很大的潜力需要进一步探索。该论文的主要试验步骤如下：

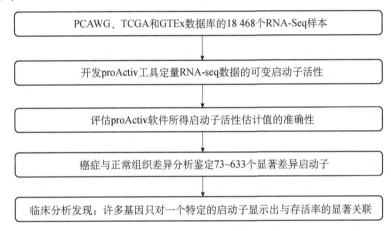

第五节　小 RNA 测序

一、小 RNA 简介

小 RNA 包括 microRNA（miRNA）、干扰小 RNA（RNAi）、激活性 RNA（RNAa）、Piwi 蛋白互作 RNA（piRNA），它们在细胞质和细胞核的基因表达调控中起到很重要的作用。其中 miRNA 是研究最多的小 RNA， 是一类长度约为 22nt 内源性非编码保守小 RNA，广泛存在于动物、植物、病毒等多种有机体中，参与基因转录后表达水平调控。在高通量测序技术出现之前，已经有很多 miRNA 的计算预测算法，结合分子生物学试验验证来鉴定小 RNA。高通量测序出现之后，发现了成千上万的 miRNA 和其他小 RNA，预计仍然有很多新的小 RNA 有待发现。

miRNA 基因在基因组上不是随机排列的，其中一些通常形成基因簇，来自同一基因簇的 miRNA 具有较强的同源性，而不同基因簇的 miRNA 同源性较差。成熟的 miRNA 通常由能折叠成典型发夹二级结构的初始转录本（pri-miRNA）形成，在动物中 pri-miRNA 通常先经 Rnase Ⅲ 酶 Drosha 剪切出前体 miRNA（pre-miRNA），pre-miRNA 经 Ran-GTP 依赖性核转运子 Exportin-5（Exp5）转运到细胞质中，然后经过细胞质中 Dicer 酶（RNaseⅢ酶）剪切而成约 23 nt RNA 的异源双链核酸分子：miRNA 和 miRNA*合体，经解旋酶解旋成单链，通常其中一条形成成熟 miRNA，而 miRNA*可能迅速降解。miRNA 与靶基因 mRNA 作用倾向于形成沉默复合体 RISC（RNA-induced silencing complex），通过碱基互补配对原则，抑制或者降解 mRNA，从而抑制靶基因的表达。1993 年在秀丽新小杆线虫（*Caenorhabditis elegans*）中首次发现长度 22 nt 的 lin-4 的非编码 RNA 通过 RNA-RNA 负调控 lin-14 基因，之后成千上万的 miRNA 被克隆或者计算机预测出来。随着深度测序等技术的推广应用，目前 miRNA 权威数据库 miRBase（版本 22）收录了 2656 种人类成熟 miRNA 序列、1917 种 RNA 前体序列。越来越多的研究表明，miRNA 几乎参与到生物的各个进程中，包括生长、发育、细胞分化、增殖、代谢、凋亡，并起到关键作用。主要功能是抑制 mRNA 翻译蛋白质或促进转录本降解。miRNA 行使功能主要通过 AGO（argonaute protein）蛋白。miRNA 5′端有一段长度为 2～8 的碱基序列，称为种子序列，是 miRNA 与 mRNA 结合的区域，根据其种子序列相似性，可以分类成不同的 miRNA 家族。miRNA 引导 AGO 蛋白结合到 mRNA 3′UTR（Untranslated Region）区域，使得 mRNA 沉默。装载了 miRNA 的 AGO 蛋白作为 miRNA 诱导沉默复合物（miRNA-induced silencing complex，miRISC）的靶向模块，促进靶向 mRNA 的降解并抑制 mRNA 翻译。超过 60%人类蛋白编码基因可以被检测到 miRNA 结合位点，miRNA 功能失调会导致包括癌症在内的多种疾病。

二、 miRNA 鉴定

成熟的 miRNA 非常短，并且它们在细胞中的表达量不高，这些特点给检测带来很大的挑战。目前检测 miRNA 的方法有很多种，如 Solexa 测序、cDNA 克隆测序、基因芯片、Northern blot 杂交、实时荧光定量 PCR 等。科学家们已在不同的种属中克隆了大量的新的 miRNA，但 miRNA 克隆技术也有不足之处，只能明确鉴定高表达的 miRNA，并且还会受到细胞核组织类型的限制，因此需要新的技术和方法来鉴定更多组织类型和发育阶段的 miRNA。

高通量小 RNA 测序技术加快了 miRNA 研究，小 RNA 测序技术采用胶分离技术，收集样品中 18～30 nt 或 18～40 nt 的 RNA 片段，结合高通量测序技术，一次性获得单碱基分辨率的数百万条小 RNA 序列信息，依托生物信息分析，鉴定已知小 RNA，主要包括：miRNA、ncRNA、siRNA、snoRNA、piRNA、rasiRNA（重复相关 siRNA，repear-associated siRNA）、tRNA、snRNA、piRNA 和 mRNA 降解的片段，等等，这些小 RNA 分别在转录水平、转录后水平及表观遗传水平等方面控制基因的表达，通过多种多样的作用途径，包括 mRNA 降解、翻译抑制、异染色质形成以及 DNA 去除，广泛参与调控生物体的生长发育和疾病发生。其中大约超过 80%的是 miRNA，因此小 RNA 测序被广泛用于 miRNA 鉴定及定量分析。高通量测序技术，为小分子 RNA 功能研究提供有力工具，可以在没有生物体基因组参考序列信息的前提下，一次性获得数百万条小分子 RNA 序列，从而快速全面检测小分子 RNA，用于新的小分子 RNA 发现，或小分子 RNA 表达谱研究，可以对样本中所有 Small RNA 家族进行测序和表达定量，并解析 miRNA、siRNA、piRNA、其他非编码 RNA 以及相应的靶基因序列。基于 Illumina 高通量测序技术的小 RNA 数字化分析，采用边合成边测序（sequencing by synthesis，SBS），具有所需样品量少，高通量，高精确性，拥有简单易操作的自动化平台和功能强大等特点。

三、小 RNA 测序数据分析

将小 RNA 测序的序列比对到最新的 miRBase 或其他小 RNA 注释数据库，从而鉴定小 RNA 类型，不能比对的 reads 可以比对到 Rfam、重复序列和 mRNA 等数据库，确定来源。为了发现新的 miRNA，可以比对到其他物种已知的 miRNA 序列，或者截取 200bp 左右的 pre-miRNA 序列，用专门的预测软件预测是否是 miRNA（如 miRDeep2）。miRDeep2 考虑了 miRNA 的生物过程，对 pre-miRNA 使用 RNA 折叠软件预测 RNA 二级结构，检查是否具有 miRNA 前体的特征（典型的 miRNA 发夹结构及热力学稳定性），因此预测的准确性更高。

鉴定差异表达的小 RNA 也需要对小 RNA 的测序次数做均一化，因为小 RNA 的长度相似，从而 RPKM 简化为 RPM（每百万条测序读数），只需要均一化样本间的测序通量。对 RNA-seq 测序数据进行差异分析的软件包和方法可以直接用于小 RNA 差异分析。对于前期没有重复的试验设计，可以使用卡方检验，或者 Audic-Claverie 方法。对于有生物学重复的试验设计，使用 DESeq 和 edgeR，都可以很好的鉴定差异表达小 RNA。小 RNA 分析的软件包很多已经设计了差异分析功能，例如，miRanalyzer 应用 DESeq 进行差异分析。

四、miRNA 靶基因的预测及验证

miRNA 可以通过与靶基因互补配对，抑制转录起始，从而调控靶基因的表达。在植物中，miRNA 一般表现为与靶基因的作用位点或者 3′UTR 完全配对而起作用，这种作用机制与 RNAi（RNA interference）类似；而在动物中，很少有完全配对作用的，miRNA 主要通过不完全配对结合到靶基因的 3′UTR，而抑制蛋白质的合成或者降解 mRNA。动物中 miRNA-mRNA 结合相互作用的主要特点为，一是形成的沃森-克里克配对通常在 miRNA 5′端的种子序列（通常在 2～7 的位置），二是通常不形成配对的位置是在 miRNA 的中心部分（通常是 10 和 11 的位置）。miRNA 靶基因的作用位点，由最开始被认为只在 3′UTR 区（Lee, et al., 1993），之后发现在 5′UTR 区，甚至 CDS 区也有结合位点。miRNA 及其靶基因的表达，构成了一个复杂精密的调控网络，它的精确运行保证了动物各种正常的生理学过程。miRNA 在生物体内的表达与否、表达多少及对其靶基因的调控，均对其发挥生物学功能具有重要意义。一个基因可以受多个 miRNA 调控，而一种 miRNA 又可以参与调控多个靶基因，据预测，至少有 30% 的人类基因是 miRNA 的靶基因。这就足以显示出 miRNA 群体的重要性。而在人类疾病中不同程度地表现出大量 miRNA 的上调和下调，这也足以显示 miRNA 在疾病发生过程中占据着非常重要的作用。而探讨 miRNA 的功能中最重要的一步就是高效准确的寻找到其所调控的靶基因。目前寻找靶基因主要是通过计算机预测和试验验证两个方法。

1. 生物信息学预测方法

miRNA 靶基因的预测主要是根据生物信息学的方式进行，主要是根据以下几个方面进行预测：①miRNA 与靶基因结合位点的互补性；②miRNA 靶位点在不同物种之间的保守性；③miRNA-mRNA 结合的热稳定性；④miRNA 靶位点处不应有复杂二级结构；⑤miRNA 5′端与靶基因的结合能力强于 3′端。除以上几个基本原则外，不同的预测方法还会根据各自总结的规律对算法进行不同的限制与优化。目前比较常用的靶基因预测软件有：miRanda、TargetScan、PicTar、miRWalk、miRanda、miRDB 等，其中在 miRWalk 中可以查找到已经被研究证实的 miRNA 的靶基因，也可以查找与某种疾病相关的 miRNA 等。

虽然靶基因预测软件很多，但其预测特异性和敏感性还有待改善，一个软件针对一个 miRNA 通常可以预测出上千条靶基因，这就为后续的试验验证带来了许多困难，虽然可以结合多个软件进行 miRNA 的靶基因预测，但在取几个软件预测结果的交集时也忽略了许多真实的靶基因，在这两者之间的权衡就需要研究者去综合参考其他方面的因素来抉择。比如，可以结合 DAVID 软件对所选靶基因进行 GO 分析或通路分析，来针对某一特定功能方面进行靶基因的选择。

2. 生物学试验验证方法

由于计算机模拟在预测 miRNA 靶基因时存在一定的局限性，因此很多医学科研人员希望能够利用生物学试验方法直观地寻找 miRNA 靶基因。第一种方法是从 mRNA 水平寻找 miRNA 靶基因：将 miRNA 模拟物或过表达载体转染至细胞中，使得 miRNA 在细胞中过表达，之后利用基因芯片分析 mRNA 的变化以找出相应 miRNA 的靶基因。第二种方法是对 miRNA 靶基因的反向筛选法：首先确定感兴趣的基因，将其 3′UTR 构建到荧光素酶报告载体中，与 miRNA 表达文库共转染到细胞，得到荧光值明显下降的 miRNA，再将得到的 miRNA 在体内验证其功能，最终得到调控基因的 miRNA 集。第三种方法是从蛋白质水平寻找 miRNA 靶基因：Selbach 和 Baek 两个研究组分别利用蛋白质组学的研究方法，建立了从蛋白质水平寻找 miRNA 靶基因的新方法。两个课题组分别将成熟 miRNA 双链转染 HeLa 细胞，利用细胞培养稳定同位素标记技术(stable isotope labeling with amino acids in cell culture)，将转染了成熟 miRNA 双链的细胞和正常细胞分别培养于轻/重型稳定同位素标记必需氨基酸的培养基中，经过若干次细胞倍增后，稳定同位素按照序列特异的方式完全掺入到新合成的蛋白质中，通过比较标记前后同一肽段的质谱峰值变化实现对蛋白质的精确定量。在检测了 2000～5000 种蛋白质后，两个研究组分别发现，转染一条 miRNA 后有几百种蛋白质的表达水平发生了改变，许多改变在 mRNA 水平上不能得到体现。蛋白质组学相关研究方法的引入，使得人们可以从蛋白质水平上寻找 miRNA 的靶基因，从而提高了靶基因的检出率。

案例 8-7

基于肿瘤小数据分析鉴定肿瘤调控相关 miRNA

该案例介绍 2013 年发表于 *Nature Structural & Molecular Biology* 的 1 篇文章（详见延伸阅读资料），通过分析 TCGA 不同肿瘤中 mRNA 和 miRNA 的表达信息，预测 miRNA 与 mRNA 的作用关系，找出在不同组织和器官中影响肿瘤发生的共有的 miRNA 调控过程。

miRNA 是一类通过与目标 mRNA 结合来调控基因表达的非编码单链 RNA 分子，肿瘤的产生和发展可能与 miRNA 的失调有关。虽然可以根据序列的互补性来判断 miRNA 所作用的 mRNA，但细胞类型、与辅因子的结合状态等因素，都会影响实际的作用关系。采用试验性的扰动细胞系或小鼠中的 miRNA 的表达可以鉴定肿瘤相关 miRNA，但这种方法忽略了患者产生肿瘤的复杂环境。因为 miRNA 会降解目标 mRNA，两者的表达理论上呈负相关，利用 TCGA 提供的不同肿瘤中 mRNA 和 miRNA 的共表达信息，可以预测 miRNA 与 mRNA 的作用关系。本案例旨在利用在不同癌症类型中共有的 mRNA 与 miRNA 的联系，找出可能的在不同组织和器官中影响肿瘤发生的共有的 miRNA 调控过程。

所有的 miRNA 和 mRNA 表达数据来自 TCGA 数据库，本文使用了 9 种上皮癌和 1 种多形性胶质母细胞瘤的数据，每种包括 94 到 671 个肿瘤样本，共计 3290 个样本。设计了一种叫作 REC（association recurrence score，相关性再现评分）的指标（图 8-9），利用不同类型癌症中的 miRNA 和 mRNA 的表达，来推断在各种类型癌症中可能存在的 miRNA-mRNA 作用关系。对每个 miRNA-mRNA 对，可以建立一个多元线性方程，消除 DNA 拷贝数和 mRNA 附近的启动子甲基化的影响。对不同的癌症种类，分别计算这对 miRNA-mRNA 的相关性并进行排序，综合这些相关性获得 REC 指标。REC 指标既能筛选出在少数种类癌症中有很高的负相关性的 miRNA-mRNA 对，也能筛选出在多数种类癌症中都有中等负相关性的 miRNA-mRNA 对。对同时在至少 5 种（共 10 种）癌症中表达的 miRNA-mRNA 对计算 REC 得分，发现有最高负分的 10 对中有 8 对被 miRanda 和 TargetScan 这种基于序列的方法同时预测为会发生结合或保守结合，其中两对在之前的研究中被发现在癌症环境下的确存在作用关系。对所有的癌症类型，观测到的或者预计会发生作用的 miRNA-mRNA 对都聚集在两者有较高负相关的区间，也就是说对所有 10 种癌症类型，miRNA 与 mRNA 的负相关越高，越有可能该对 miRNA-mRNA 存在作用关系。一对 miRNA-mRNA 的 REC 得分越低，它们就越有可能在所有癌症中存在作用关系，REC 指标具有一定的合理性。

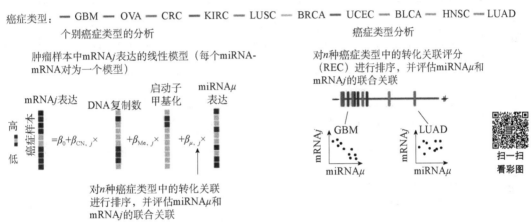

图 8-9 用于评估不同癌症类型间 miRNA-mRNA 作用关系的统计方法
（引自 Schurch N J, et al., 2013）

为了验证 REC 指标找出的在不同癌症类型中共有的 miRNA 调控关系，试验选用有很多较低 REC 得分的 miRNA，在不同癌细胞系里对这些 miRNA 进行抑制或者过表达扰动。发现在不同的癌细胞系这些 miRNA 扰动都会对 mRNA 产生明显影响，说明在不同癌症类型中共有的 miRNA 调控关系存在并能被找出，而且泛癌中 miRNA 与 mRNA 的相关性的确蕴含了 miRNA 的调控关系。将有较高负 REC 得分的 miRNA-mRNA 对，结合之前提到的 TargetScan 等三种预测算法预测的 miRNA-mRNA 对共同进行筛选，获得 143 组高可信的 miRNA-mRNA 对。这些 miRNA-mRNA 对里，有 61 对是有试验验证的，甚至有 23 对被验证为与癌症调控有关。由 143 对 miRNA-mRNA（40 种 miRNA 和 72 种 mRNA）组成的泛癌网络中有很高的比例被证实与癌症调控相关，剩下被筛选出来的部分可以为 miRNA 调控癌症的研究提供可能的方向。

此外，为了验证是否有一部分 miRNA 是由休细胞遗传和表观遗传修饰调控的，比较了泛癌网络中的 miRNA 和其他 miRNA。发现在不同的癌症类型中，泛癌网络中的 miRNA 更容易受到 DNA 拷贝数变化以及启动子 DNA 甲基化的调控。因为 DNA 拷贝数变化以及启动子 DNA 甲基化与肿瘤的发生过程密切相关，这从某种程度上说明了泛癌网络中的 miRNA-mRNA 作用关系很可能对肿瘤发生起到一定作用。最后，利用得到的泛癌网络进行验证性的研究，包括 miR-106 miRNA 家族对 TGF-β 信号通路的调控，miR-29 调节激活 DNA 脱甲基通路，miR-29b 和 NREP 组成双负反馈环等。

总之，本研究提出患者肿瘤中 miRNA 与 mRNA 的相关性可以用于鉴定存在于多种癌症类型中的 miRNA-mRNA 关系对，并通过已被试验证实的，和 miRNA 在不同癌细胞系中进行的扰动试验证明了所找出的 miRNA-mRNA 作用关系对的合理性。结合基于序列的 miRNA 靶位点预测方法，获得了 143 对 miRNA-mRNA 的泛癌网络，并选取 10 种癌症获得的泛癌网络，进行了部分验证试验。研究结果为未来其他对 miRNA 与癌症产生和发展的关系的研究提供了可能的方向。该论文的主要试验步骤如下：

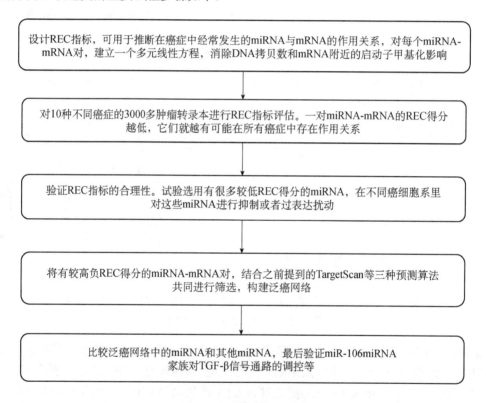

设计REC指标，可用于推断在癌症中经常发生的miRNA与mRNA的作用关系，对每个miRNA-mRNA对，建立一个多元线性方程，消除DNA拷贝数和mRNA附近的启动子甲基化影响

对10种不同癌症的3000多肿瘤转录本进行REC指标评估。一对miRNA-mRNA的REC得分越低，它们就越有可能在所有癌症中存在作用关系

验证REC指标的合理性。试验选用有很多较低REC得分的miRNA，在不同癌细胞系里对这些miRNA进行抑制或者过表达扰动

将有较高负REC得分的miRNA-mRNA对，结合之前提到的TargetScan等三种预测算法共同进行筛选，构建泛癌网络

比较泛癌网络中的miRNA和其他miRNA，最后验证miR-106miRNA家族对TGF-β信号通路的调控等

案例 8-8

mRNA 由于 RNA 编辑引起的 miRNA 结合变化从而表达失调

该研究使用了 GTEx 数据库共 437 个个体、49 种组织的 RNA-seq 数据以及配套的基因组测序数据，排除了一些样本量较小的组织，如膀胱等。对从同一组织和个体产生的多个 RNA 测序样本进行合并，在量化 RNA 编辑水平时，作者着重于带注释的 RNA 编辑位点而不是试图识别新的位点。带注释的 RNA 编辑位点列表从 ATLAS 数据库获得，使用 Samtools 的 mpileup 指令计算每个位点编辑（G）与未编辑（A）的序列，定义 RNA 编辑水平 Φ（次

黄嘌呤频率）为 $G/(A+G)$，而对于之后用于 edQTL（RNA-editing quantitative trait loci）分析的 RNA 编辑位点，需要先进行这三种标准的筛选：①最小平均覆盖范围至少有 2 个 reads；②最小平均总覆盖范围至少为 10 个 reads；③90%分位数和 10%分位数的编辑水平之间 Φ 值至少有 10%的差异。另外该位点需与 GTEx 项目、1000 Genomes 项目以及 dbSNP 项目的带注释的 SNPs 均不重叠，从而排除一些人工因素影响。

接着展开 edQTL 分析：以每个 RNA 编辑位点为中心的 400kb 内的 SNP 应用线性模型，使用 R 语言中的 lm 函数将编辑水平 Φ 与给定组织的个体间的基因型进行回归，得到每个 SNP 的 P 值。edQTL 定义为每个 RNA 编辑位点具有最显著关联的 SNP。edQTL 效应大小定义为线性模型确定的斜率，y 值即为 RNA 编辑水平 Φ。由于肌肉组织与非肌肉组织中 edQTL 信号差别较大，所以该文章另外将数据拟合到以下多变量模型以另行研究：

$$\Phi_{ij} = \mu_i + \alpha\,\text{Genotype}_j + \beta\,\text{Tissue}_j + \gamma\,\text{Genotype}_j \cdot \text{Tissue}_j + \varepsilon_{ij}$$

样品中 RNA 编辑水平 Φ_{ij} 与基因型、组织构建二元线性模型。鉴定出组织特异性顺式调控的 edQTL 位点后，采用 STAR 软件进行 ASED（allele-specific RNA editing）分析，将 RNA-seq 中杂合 SNPs N 端隐藏并比对到 hg19 基因组，采用 Ensembl 注释，运行内部 Python 脚本将重叠的杂合 SNP 序列分割成两个等位基因，从分离的序列比对得到等位基因特异性 reads 的计数以及 Φ 值。在群体规模的 RNA 测序数据集中，使用配对的重复统计框架来探测可信度较高的等位基因特异性 RNA 编辑信号。将两个等位基因视为配对，将共享给定的杂合子 SNP 的多个个体视为重复，对这两个等位基因之间的配对差异进行建模和测试，最终得到等位基因特异性 RNA 编辑位点（ASED），并将观察到的组织特异性 edQTL 事件归因于 RNA 编辑酶（ADAR 和 ADARB1）的组织特异性表达。edQTL 的全部数据分别符合二次模型和线性模型，通过测量杂合基因型的二次拟合（整体数据）与杂合基因型的线性拟合（纯合子数据）之间的差异来确定非线性位移，通过对二次模型（全数据）和线性模型（全数据）进行似然比检验得到 P 值。

进一步对 edQTL 和基因表达数量性状位点（expression quantitative trait loci, eQTL）信号进行共定位分析，如图 8-10 所示，coloc 用于进行 2 种性状的共定位分析，moloc 用于进行 3 种性状的共定位分析。发现有些 edQTL 对应的编辑位点刚好处于 miRNA 靶位点，miRNA 可以特异性地识别已被编辑的 mRNA，并引起 mRNA 的降解。当模拟没有 miRNA 降解效应的情况时，该研究在三种基因型的 RNA 编辑水平之间设置了线性关系，以模拟 edQTL 信号，并为三种基因型的稳定转录水平设置了恒定值。当模拟 miRNA 介导的转录本降解效果时，选择了一个固定的降解率（20%、40%或80%），来证明 miRNA 介导的转录本降解在不同的降解率范围内对 edQTL 和 eQTL 信号的影响。根据降解率，编辑的转录本或未编辑的转录本按比例降级。然后，计算每个基因型的编辑水平和稳态转录水平。当 mRNA 的编辑水平受 edQTL 的影响而升高时，miRNA 对 mRNA 的降解作用会增强，从而降低基因表达量；反之，如果 miRNA 特异性地识别未被编辑的 mRNA，那么当 mRNA 的编辑水平升高时，miRNA 对 mRNA 的降解作用会减弱，从而升高基因表达量。

总的来说，这项工作揭示了遗传变异通过影响 RNA 编辑调控基因的表达水平，如图 8-11 所示，从而引起人类个体的基因表达及表型差异，为理解基因型和表型之间的关系提供了新的线索。

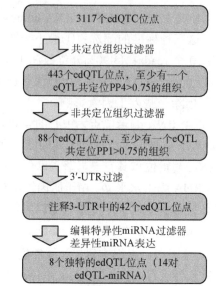

图 8-10　共定位分析流程图（引自 Park E, et al., 2021）

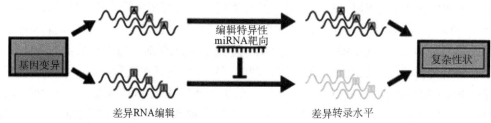

图 8-11　调控机制的图解模型（引自 Park E, et al., 2021）

【延伸阅读】

Demirciolu D, Cukuroglu E, Kindermans M, et al. 2019. A Pan-cancer transcriptome analysis reveals pervasive regulation through alternative promoters. Cell, 178(6):1465-1477.

Forrest A R, Kawaji H, Rehli M, et al. 2014. A promoter-level mammalian expression atlas. Nature, 507:462-470.

Jacobsen A, Silber J, Harinath G, et al. 2013. Analysis of microRNA-target interactions across diverse cancer types. Nature Structural & Molecular Biology, 20:1325-1332.

Jan C H, Friedman R C, Ruby J G, et al. 2011. Formation, regulation and evolution of Caenorhabditis elegans 3′UTRs. Nature, 469(7328): 97-101.

Li L, Huang K L, Gao Y, et al. 2021. An atlas of alternative polyadenylation quantitative trait loci contributing to complex trait and disease heritability. Nat Genet. 53(7):994-1005.

Liu Y, Zhou J, White K P. 2014. RNA-seq differential expression studies: more sequence or more replication? Bioinformatics, 30(3):301-304.

Mayr C, Bartel D P. 2009. Widespread shortening of 3′UTRs by alternative cleavage and polyadenylation activates oncogenes in cancer cells. Cell, 138(4):673-684.

Nakamura M, Carninci P. 2004. Cap analysis gene expression: CAGE. Tanpakushitsu Kakusan Koso, 49(17 Suppl):2688-2693.

Park E, Jiang Y, Hao L, et al. 2021. Genetic variation and microRNA targeting of A-to-I RNA editing fine tune human tissue transcriptomes. Genome Biol, 22(1):77.

Peng X, Xu X, Wang Y, et al. 2018. A-to-I RNA editing contributes to proteomic diversity in cancer. Cancer Cell, 33(5):817-828.

Plessy C, Bertin N, Takahashi H, et al. 2010. Linking promoters to functional transcripts in small samples with nanoCAGE and CAGEscan. Nat Methods, 7(7):528-534.

Poliseno L, Salmena L, Zhang J, et al. 2010. A coding-independent function of gene and pseudogene mRNAs regulates tumour biology. Nature, 465: 1033-1038.

Salimullah M, Sakai M, Plessy C. et al. 2011. NanoCAGE: A High-Resolution Technique to Discover and Interrogate Cell Transcriptomes. Cold Spring Harb Protoc, doi:10.1101/pdb.prot5559.

Schurch N J, Schofield P, Gierliński M, et al. 2016. How many biological replicates are needed in an RNA-seq experiment and which differential expression tool should you use? RNA, 22(6): 839-851.

Subtelny A O, Eichhorn S W, Chen G R, et al. 2014. Poly(A)-tail profiling reveals an embryonic switch in translational control. Nature, 508(7494):66-71.

Sultan M, Schulz M H, Richard H, et al. 2008. A global view of gene activity and alternative splicing by deep sequencing of the human transcriptome. Science, 321(5891):956-960.

Wang E T, Sandberg R, Luo S, et al. 2008. Alternative isoform regulation in human tissue transcriptomes. Nature, 456(7221):470-476.

【思考练习题】

1. RNA-seq 建库中，polyA＋ 与 rRNA -两种富集策略最大的区别是什么？如果一个实验想要探索与可变剪切相关的内容，应该选择哪种建库方法，为什么？哪种最终比对到参考基因组的比例会高一些？为什么？

2. 正常人类细胞中 rRNA，tRNA，mRNA 的大致比例是多少？是不是所有人类的 protein coding gene 的 mRNA 都带有 polyA 尾巴？如果不是请举例。

3. lncRNA 建库测序对样品有什么要求？得到了显著差异表达的 lncRNA，后续可设计哪些验证方法？如何预测 lncRNA 的靶基因和功能？

4. miRNA 测序等同于小 RNA 测序吗？为什么会说 small RNA 测序就是 miRNA 测序呢？small RNA 都包含哪些 RNA？

第二篇

数据分析原理及应用软件

第九章 数据分析的基本原理

生命活动是一种复杂的自然现象，生命科学的研究就是从这种复杂现象中通过科学实验和数据分析，从而总结出一定的规律。在这个过程中，我们需要精心的实验设计、细致的实验操作或观察、谨慎的数据处理和分析。常用的数据分析包括相关性分析、两组或多组数据的差异，等等，在这些数据分析过程中，人们将数据输入到某个统计分析软件，计算出 P 值，一般的做法将此 P 值与某个阈值（如 0.05 或 0.01）进行比较，若小于此阈值，则推断其在统计学意义上具有显著的相关性或差异。然而，很多人对于数据统计的原理不甚了解，将统计分析软件当成了一个黑盒子，数据进去，结果出来，导致许多数据分析或对于结果的解释的错误。当今，借助实验技术手段的发展，数据获取能力越来越强，大数据时代已然来到，这要求我们每一个研究人员都必须充分掌握统计学数据分析的原理和方法，才能准确无误地对这些实验数据进行统计分析和结果的解释及整理。本章主要对我们常用的数据分析方法的原理进行阐述，不涉及具体的软件操作（相关问题可阅读随后几章）。

第一节 数据的描述

实验数据获得后，我们将数据导入统计软件，首先要做的不是计算 P 值，而是要对数据进行描述性的统计分析，总结描述这些数据。变量一般可以分为数值型变量（包括连续和离散型）、分类变量、等级变量等。

一、数值型变量

对于数值型变量，比如基因表达量、农作物产量等，我们第一个想到的统计量是平均值，然而仅仅平均值并不足以描述数据的特征。为了更好地把握这些数据，我们经常需要采用多种统计量、图形或表格来总结描述这些数据，从而更加直观地对不同样本数据进行比较，提取其规律。

1. 分布曲线、直方图（histogram）及 QQ plot

事实上，对这些数据全面、完整和准确的描述需要估计其分布函数。我们可以绘制数据的直方图、概率密度曲线及累积分布曲线，根据这些图形可以大致判断数据的分布特点，比如是否符合正态分布、均匀分布或比较不同数据之间的差异。我们有两个昆虫物种（A 和 B）各 100 只雌虫的产卵量，我们可以直接比较这两个物种之间产卵量的分布（图 9-1A、B 和 C）。

我们也可以通过 QQ plot（quantile-quantile plot）的方法更加直观准确的对其进行判断，或比较两个数据集是否具有相同的分布。该方法比较观察数据或理论分布函数的分位数并绘图。

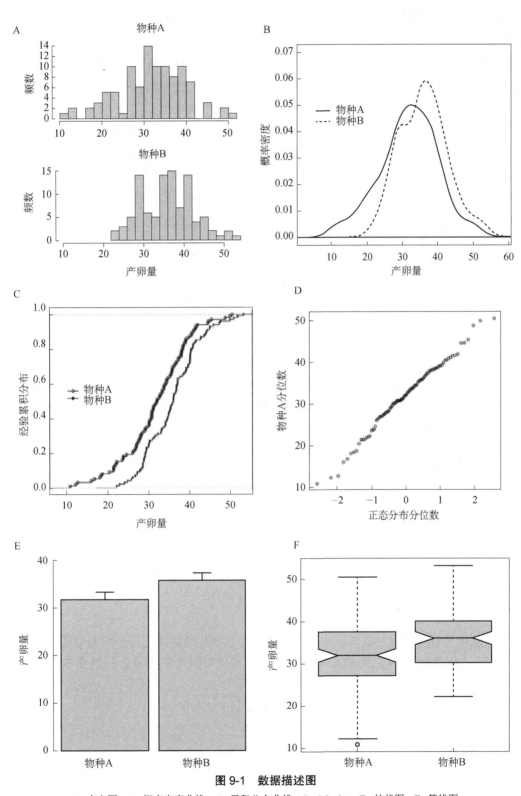

图 9-1　数据描述图

A. 直方图；B. 概率密度曲线；C. 累积分布曲线；D. QQ plot；E. 柱状图；F. 箱线图

（1）观测数据与理论分布的比较。我们有一组数据，对其按升序排列后，$x_1 \leq x_2 \cdots \leq x_n$，那么 $\alpha = k/n+1$ 分位数为 x_k，可以理解为其经验累积分布函数的逆函数。假设我们共有 99 个数据，那么排序后第 10 个数据即是这组数据的 10% 分位数。对于某理论累积分布函数 F，我们可以计算这些分位数 $F^{-1}[k/(n+1)]$，绘制 x_k 和 $F^{-1}[k/(n+1)]$ 的散点图，如果 x 属于该理论分布，则此散点图呈一条直线，该理论分布的参数只会影响直线的截距和斜率。图 9-1D 中，我们应用 QQ plot 比较物种 A 产卵量数据是否符合正态分布。

（2）两组观测数据的比较。如果我们有两组数据，分别对其按升序排列后，得到 $x_1 \leq x_2 \cdots \leq x_m$ 和 $y_1 \leq y_2 \cdots \leq y_n$。若两组数据的数目相同即 $m=n$，则直接绘制 x_k 和 y_k 的散点图；若数目不同（如 $m<n$），则首先应用插值法计算 y 的 $k/m+1$ 分位数，然后绘制其和 x_k 的散点图。若两组数据具有同样的分布，则此散点图呈一条直线，数据只会影响截距或斜率。

2. 平均值、中位数、众数

为了对测量值有一个大体的描述，我们经常会应用到平均值、中位数和众数。根据数据分布的不同，我们可以选择使用这些统计量。当数据符合正态分布时，此三个统计量倾向于是一致；而当数据偏离正态分布时，中位数具有更好的鲁棒性。

3. 平均值、方差及柱状图（barplot）

平均值是我们最经常用到的一种统计量，即使数据不完全符合正态分布，在数据量较大的情况下，我们也可以使用平均值。需要注意的是，只有平均值，我们尚不能把握样本的离散程度。因此，在报告平均值的同时，我们必须给出方差、标准差、标准误或 95% 置信区间。应用这些统计量，我们可以绘制柱状图，并添加上误差线，或者直接做误差线图。在添加误差线时，我们可以使用标准差、标准误或 95% 置信区间任意一种，但一定要明确注明其种类。图 9-1E 中，我们标注了 95% 置信区间。

4. 分位数（quantile）及箱线图（boxplot）

对于样本数据的分布，我们可以应用分位数来进行描述，列出最小值、第一四分位数、中位数、第三四分位数及最大值，据此我们可以做出箱线图（图 9-1F），直观地比较不同样本的差异。箱线图的效果远远好于柱状图，可以更加准确的描述数据的分布特点。

5. 相关、散点图及趋势线

如果我们所获得的数据是多维的，我们可以对这些变量两两之间绘制散点图，并给出线性趋势线，初步判断变量之间的相关性，同时我们也可以计算变量之间的皮尔逊相关系数（Pearson's correlation coefficient）：$r = \dfrac{Cov(x,y)}{\sqrt{Var(x)Var(y)}}$。

二、分类变量和等级变量

这类数据的描述相对比较简单，我们可以做出柱状图或列联表，从直观上初步判断数据的特点。

第二节　假设检验原理

科学研究的基本思路是提出假说、设计实验、收集数据、假设检验。我们需要给出零假说和备择假说两个互斥的假说，应用统计学方法，在零假说情况下，检验我们的数据是否足够极端，计算出 P 值，从而判断拒绝或接受零假说，如果我们拒绝零假说，那我们就接受备择假说。

一、假设检验及 P 值

一般来说，在零假说条件下，我们假设样本数据或该数据的统计量应符合某种概率分布（如正态分布、卡方分布等），基于此概率分布，我们可以计算更加极端的数据或其统计量的概率之和（包括我们的数据），这个概率就是我们常用的统计学显著意义（即 P 值）。此处更加极端的意思是指其概率或概率密度小于我们观察值，实际上多数情况可以理解为较观察值更大或更小的数据（单尾检验）。这个分布可以是给定参数的概率分布，也可以通过列举该统计量的所有可能取值并计算其概率，或通过重抽样的方法计算其概率。

下面我们将通过比较两组样品的差异，介绍假设检验的基本原理。我们要研究某个基因的表达量在肿瘤和正常组织中是否有差别，分别在 6 个肿瘤和正常样本中检测了其表达量（图 9-2A）。

（1）我们假定基因的表达量符合正态分布，并且其在肿瘤和正常样本中的方差相同。实验前我们不知道肿瘤中是倾向于偏高还是偏低，我们的零假设为肿瘤和正常样本基因表达量没有差异，即 $\mu_{can} - \mu_{nor} = 0$，从而 $t_0 = \dfrac{\bar{X}_{can} - \bar{X}_{nor}}{se}$ 符合 t 分布（关于 t 检验和 Z 检验的选择，请查阅本章第三节）；而备择假设为具有显著差异。该检验为双尾检验，我们首先计算其统计量 t_0 值，并计算其 P 值〔如果 $t_0 > 0$，则 P 值为 $2 \cdot P(t \geq t_0)$；若 $t_0 < 0$，则 P 值为 $2 \cdot P(t \leq t_0)$〕（图 9-2B）。若我们实验前通过其他渠道已知该基因在肿瘤中表达量大于或等于正常组织，则我们的零假设为 $\mu_{can} - \mu_{nor} = 0$，备择假设为 $\mu_{can} - \mu_{nor} > 0$；那我们可以应用单尾检验，$P$ 值为 $P(t \geq t_0)$。

（2）我们也可以使用非参数的秩和检验（Wilcoxon rank sum test）。我们首先对这 12 个样品进行由小到大排序，分别计算肿瘤（w_{0can}）和正常样品（w_{0nor}）的秩和。我们的零假设为肿瘤和正常样品之间无差异，其基因表达量来自同一分布，肿瘤 6 个样品的序位是一个完全随机的分布。此处，我们共有 C_{12}^6 种排序可能，我们分别计算所有可能排序中肿瘤样品的秩和（w），计算出秩和的概率，从而给出一个精确分布（图 9-2C）。据此，我们可以找 w_{0can} 对应的概率 P_0，计算所有大于或等于 P_0 的概率之和，即为我们统计检验的 P 值。

（3）我们也可以使用重抽样的方法。我们首先计算某一统计量（如平均值的差、t 值、中位数的差等），应用随机重抽样的方法，从原数据中抽取同样数目的数据（自展法，bootstrap，或 置换法，permutation），组成一组新的样本。在该例中，我们从原 12 个数据中，随机抽取出 12 个数据，组成一组全新的样本，选取前 6 个数据为肿瘤，后 6 个数据为正常样品，计算其 t 值；如此循环，重复 1000 次，我们可以得到 1000 个 t 值，从而可以得出 t 值的概率分布（图 9-2D），计算大于等于 t_0 的概率，即为统计检验的 P 值。

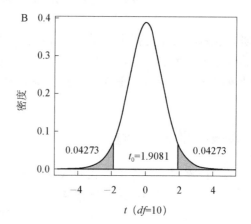

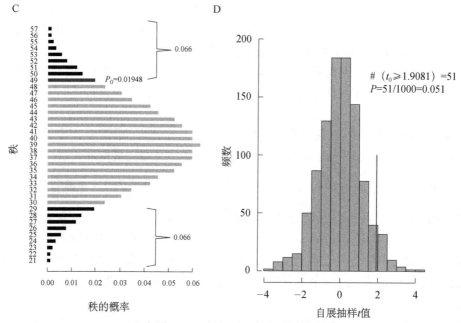

图 9-2　假设检验 P 值的计算原理

A. 模拟的肿瘤及正常组织某基因表达量；B. t 检验中P值的计算。该两样本 t_0 值为 1.9081，图中所示为自由度为 10 的 t 分布概率密度曲线，P值为 t 大于等于 1.9081 的曲线下面积，即为 0.04273；若双尾检验，P=0.04273 · 2=0.08546；　C. 非参数秩和检验P值的计算。该数据肿瘤样本排序的秩和为 49，其概率为 0.01948，计算小于等于此概率的所有概率的加和为 0.066 · 2=0.132（双尾检验）；D. 重抽样检验P值的计算。应用 bootstrap 方法重抽样 1000 次，t 值大于等于 1.9081 的次数为 51 次，P=51/1000=0.051

二、假设检验的两类错误及功效

　　我们通过两组样品表达量的例子，介绍了假设检验的基本过程及 P 值的含义。对于任意一个假设检验，其结果有四种可能（表 9-1）：我们有可能做出正确的决策，也有可能会犯错误。

表 9-1 假设检验的四种可能结果

	H_0 为真	H_0 为假
接受 H_0 （$p > \alpha$）	决策正确 $1-\alpha$	II 类错误 β
拒绝 H_0 （接受 H_1）（$p \leq \alpha$）	I 类错误 α	决策正确 $1-\beta$

为了便于描述和理解，我们此处只考虑单尾检验，但我们所描述的同样适用于双尾检验。传统的做法，我们会事先选择一个阈值 α（如 0.05 或 0.01 等），找到阈值 α 所对应的统计量的值，然后将我们所计算出的统计量与其相比较。以 t 检验为例，当我们所计算出的 t 值大于或等于 t_α（阈值 α 所对应的 t 值）时，我们就拒绝零假设，选择接受备择假设；反之，则接受零假设。

图 9-3 所示为两种假设情况下的 t 值的概率分布，在 H_0 假设情况下，肿瘤和正常样本无差异，$\bar{X}_{can} - \bar{X}_{nor}$ 的期望值为 0，t 值 $\dfrac{\bar{X}_{can} - \bar{X}_{nor}}{se}$ 符合自由度为 10 的 t 分布；而在 H_1 假设情况下，$\mu_{can} - \mu_{nor} = 2$，其 t 值符合自由度为 10 的非中心 t 分布：$t(10, \delta)$，$\delta = \dfrac{\mu_{can} - \mu_{nor}}{se}$。

对于任意 t 值，我们都可以计算出其在两种假设分布下的概率。给定阈值 α 为 0.05，在 H_0 假设下，我们可以计算出其对应的 t_α 值为 1.8124，那么根据定义，t 值大于或等于 1.8124 的概率为 0.05。如果我们得观察值 t_0 等于 1.8124，从而我们拒绝零假设，那么我们做这个决策犯错误的概率为 0.05，此即是所谓的 I 类错误 α。

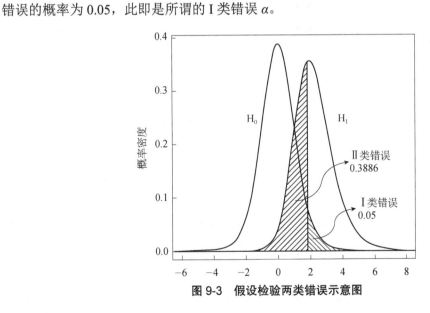

图 9-3 假设检验两类错误示意图

考虑到该数据 $\bar{X}_{can} - \bar{X}_{nor}$ 的 se 为 0.966，那么在 H_1 假设下，小于或等于该 t_α 值的概率是 0.3886。也就是说，当我们的 t_0 值等于 1.8124，而 H_1 假设为真的情况下，我们如果做出接受零假设的决策，那么我们出错误的概率即为 0.3886，这就是 II 类错误的概率 β。而在此时，如果我们拒绝零假设 H_0，选择接受备择假设 H_1，我们决策正确的概率为 0.6114（即 $1-\beta$），这也就是我们常说的检验的功效。

我们设计实验和选择假设检验方法的目标即是尽可能地降低Ⅰ类错误和Ⅱ类错误，并提高检验的功效。

很明显，阈值 α 的选择是一个人为的选择，我们不能仅利用 $p<\alpha$ 作为条件去判断某种效应是否真实存在。

三、似然率检验（likelihood ratio test, LRT）

上述假设检验过程实际上就是内曼-皮尔逊准则（Neyman-Pearson paradigm）所规定的。内曼-皮尔逊引理说明：对于简单假设，给定Ⅰ类错误 α，似然率检验具有最低的Ⅱ类错误，实际上我们常用的 Z 检验、t 检验等都可以通过似然率检验推导得出。对于复合假设，广义的似然率检验可以方便地构造一个新的检验。

下面我们以肿瘤样品基因表达数据为例，描述似然率检验的原理和过程。在这个例子中，肿瘤和正常样本数分别为 $m=6$ 和 $n=6$，表达量符合正态分布，且具有相同的方差，那么其参数 θ 包括 μ_{can}、μ_{nor} 和 σ。给定所测数据，其似然函数为：

$$L\left(\mu_{can},\mu_{nor},\sigma\right)=\frac{1}{\left(\sigma\sqrt{2\pi}\right)^{(m+n)}}e^{-\left(1/2\sigma^2\right)\left(\sum_{i=1}^{m}\left(X_{i,can}-\mu_{can}\right)^2+\sum_{i=1}^{n}\left(X_{i,nor}-\mu_{nor}\right)^2\right)}$$ 在零假设 H_0 情况下：

$\theta\in\omega_0=\{\mu_{can},\mu_{nor},\sigma|\mu_{can}=\mu_{nor}=\mu_0\}$，也就是说其参数取值的限制条件为 $\mu_{can}=\mu_{nor}$，设其最大似然估计为 $\hat{\theta}_0=\arg\max_{\theta\in\omega_0}L(\theta)$，即在属于集合 ω_0 中的使得似然函数最大的 θ；在备择假设 H_1 情况下：$\theta\in\omega_1=\{\mu_{can},\mu_{nor},\sigma|\mu_{can}\neq\mu_{nor}\}$，其参数限制条件为 $\mu_{can}\neq\mu_{nor}$，设其最大似然估计为 $\hat{\theta}_1=\arg\max_{\theta\in\omega_1}L(\theta)$。$\omega_0$ 和 ω_1 为不相交集合，我们令其并集为 Ω。从而，我们可以计算其似然率 $\wedge^*=\frac{L(\hat{\theta}_0)}{L(\hat{\theta}_1)}$，该似然率越小，则数据越倾向于符合备择假设；反之，该似然率越大，则数据越倾向于符合零假设。因此，我们的目标即是选择合适的阈值 k，如果 $\wedge^*<k$，那么我们就可以拒绝零假设，接受备择假设。

在这个复合假设条件下，我们倾向于计算 $\hat{\theta}=\arg\max_{\theta\in\Omega}L(\theta)$，从而计算 $\wedge=\frac{L(\hat{\theta}_0)}{L(\hat{\theta})}$。$L(\hat{\theta}_0)$ 是在约束条件 $\mu_{can}=\mu_{nor}$ 下的最大似然，而 $L(\hat{\theta})$ 是无约束条件的最大似然，因此 $\wedge$ 等于 $\wedge^*$ 和 1 中较小的一个。因此，在给定Ⅰ类错误 α 下，我们需要选择合适的阈值 k，如果 $\wedge<k$，则我们可以拒绝零假设，接受备择假设。

很明显在无约束条件下，μ_{can} 的最大似然估计等于肿瘤样品的平均值，$\hat{\mu}_{can}=\overline{x}_{can}=\frac{1}{m}\sum x_{can}$，同样 $\hat{\mu}_{nor}=\overline{x}_{nor}=\frac{1}{n}\sum x_{nor}$，从而我们可以计算 $\hat{\sigma}^2=\frac{\sum_{i=1}^{m}\left(X_{i,can}-\overline{x}_{can}\right)^2+\sum_{i=1}^{n}\left(X_{i,nor}-\overline{x}_{nor}\right)^2}{m+n}$。在约束条件 $\mu_{can}=\mu_{nor}$ 下，

$$\hat{\mu}_{can}=\hat{\mu}_{nor}=\hat{\mu}_0=\frac{m\overline{x}_{can}+n\overline{x}_{nor}}{m+n},\quad \hat{\sigma}_0^2=\frac{\sum_{i=1}^{m}\left(X_{i,can}-\hat{\mu}_0\right)^2+\sum_{i=1}^{n}\left(X_{i,nor}-\hat{\mu}_0\right)^2}{m+n}。$$

$$L\left(\hat{\theta}_0\right) = \frac{1}{\left(\hat{\sigma}_0 \sqrt{2\pi}\right)^{(m+n)}} e^{-\left(1/2\hat{\sigma}_0^2\right)\left(\sum_{i=1}^{m}\left(X_{i,can}-\hat{\mu}_0\right)^2 + \sum_{i=1}^{n}\left(X_{i,nor}-\hat{\mu}_0\right)^2\right)} = \frac{1}{\left(\hat{\sigma}_0 \sqrt{2\pi}\right)^{(m+n)}} e^{-(m+m)/2}, \text{同理}$$

$$L\left(\hat{\theta}\right) = \frac{1}{\left(\hat{\sigma} \sqrt{2\pi}\right)^{(m+n)}} e^{-(m+n)/2}, \quad \text{那么}$$

$$\wedge = \frac{L\left(\hat{\theta}_0\right)}{L\left(\hat{\theta}\right)} = \frac{\dfrac{1}{\left(\hat{\sigma}_0 \sqrt{2\pi}\right)^{(m+n)}} e^{-\frac{m+m}{2}}}{\dfrac{1}{\left(\hat{\sigma} \sqrt{2\pi}\right)^{(m+n)}} e^{-\frac{m+n}{2}}} = \frac{\dfrac{1}{\hat{\sigma}_0^{(m+n)}}}{\dfrac{1}{\hat{\sigma}^{(m+n)}}} = \left(\frac{\hat{\sigma}_0}{\hat{\sigma}}\right)^{-(m+n)} = \left(\frac{\hat{\sigma}_0^2}{\hat{\sigma}^2}\right)^{\frac{-(m+n)}{2}},$$

$$\hat{\sigma}_0^2 = \frac{\sum_{i=1}^{m}\left(X_{i,can}-\hat{\mu}_0\right)^2 + \sum_{i=1}^{n}\left(X_{i,nor}-\hat{\mu}_0\right)^2}{m+n}$$

$$= \frac{\sum_{i=1}^{m}\left(X_{i,can}-\overline{x}_{can}+\overline{x}_{can}-\hat{\mu}_0\right)^2 + \sum_{i=1}^{n}\left(X_{i,nor}-\overline{x}_{nor}+\overline{x}_{nor}-\hat{\mu}_0\right)^2}{m+n}$$

$$= \frac{\sum_{i=1}^{m}\left(X_{i,can}-\overline{x}_{can}\right)^2 + \sum_{i=1}^{n}\left(X_{i,nor}-\overline{x}_{nor}\right)^2 + \dfrac{mn}{m+n}\left(\overline{x}_{can}-\overline{x}_{nor}\right)^2}{m+n}$$

因此，

$$\frac{\hat{\sigma}_0^2}{\hat{\sigma}^2} = \frac{\sum_{i=1}^{m}\left(X_{i,can}-\overline{x}_{can}\right)^2 + \sum_{i=1}^{n}\left(X_{i,nor}-\overline{x}_{nor}\right)^2 + \dfrac{mn}{m+n}\left(\overline{x}_{can}-\overline{x}_{nor}\right)^2}{\sum_{i=1}^{m}\left(X_{i,can}-\overline{x}_{can}\right)^2 + \sum_{i=1}^{n}\left(X_{i,nor}-\overline{x}_{nor}\right)^2}$$

$$= 1 + \frac{mn}{m+n} \cdot \frac{\left(\overline{x}_{can}-\overline{x}_{nor}\right)^2}{\sum_{i=1}^{m}\left(X_{i,can}-\overline{x}_{can}\right)^2 + \sum_{i=1}^{n}\left(X_{i,nor}-\overline{x}_{nor}\right)^2},$$

对于方差的无偏估计为：$s_{can}^2 = \dfrac{1}{m-1}\sum_{i=1}^{m}\left(X_{i,can}-\overline{x}_{can}\right)^2$，$s_{nor}^2 = \dfrac{1}{n-1}\sum_{i=1}^{n}\left(X_{i,nor}-\overline{x}_{nor}\right)^2$，

$$\frac{\hat{\sigma}_0^2}{\hat{\sigma}^2} = 1 + \frac{mn}{m+n} \cdot \frac{\left(\overline{x}_{can}-\overline{x}_{nor}\right)^2}{\sum_{i=1}^{m}\left(X_{i,can}-\overline{x}_{can}\right)^2 + \sum_{i=1}^{n}\left(X_{i,nor}-\overline{x}_{nor}\right)^2}$$

$$= 1 + \frac{\left(\overline{x}_{can}-\overline{x}_{nor}\right)^2}{\left(\dfrac{1}{m}+\dfrac{1}{n}\right) \cdot \left(\sum_{i=1}^{m}\left(X_{i,can}-\overline{x}_{can}\right)^2 + \sum_{i=1}^{n}\left(X_{i,nor}-\overline{x}_{nor}\right)^2\right)}$$

$$= 1 + \frac{\left(\overline{x}_{can}-\overline{x}_{nor}\right)^2}{\left(\dfrac{1}{m}+\dfrac{1}{n}\right) \cdot \left((m-1)s_{can}^2 + (n-1)s_{nor}^2\right)}$$

$$= 1 + \left(\frac{\overline{x}_{can}-\overline{x}_{nor}}{\sqrt{\left(\dfrac{1}{m}+\dfrac{1}{n}\right) \cdot \dfrac{(m-1)s_{can}^2 + (n-1)s_{nor}^2}{m+n-2}}}\right)^2 \cdot \frac{1}{\sqrt{m+n-2}} = 1 + T^2 \cdot \frac{1}{\sqrt{m+n-2}}$$

$$\wedge = \frac{L\left(\hat{\theta}_0\right)}{L\left(\hat{\theta}\right)} = \left(1 + T^2 \cdot \frac{1}{\sqrt{m+n-2}}\right)^{\frac{-(m+n)}{2}}, \quad \wedge < k \text{ 等 价 于 } T^2 > c \text{。在 零 假 设 下 ，} T=$$

$$\frac{\overline{x}_{can} - \overline{x}_{nor}}{\sqrt{\left(\frac{1}{m} + \frac{1}{n}\right) \cdot \frac{(m-1)s_{can}^2 + (n-1)s_{nor}^2}{m+n-2}}} \quad \text{符合自由度为 } m+n-2 \text{ 的 } t \text{ 分布。至此，我们可以应用似然}$$

率检验推导出 t 检验，下节将要描述的 t 检验、卡方检验、方差分析 F 检验等都可以通过似然率检验整合在一起。似然率检验的分子部分为零假设下的最大似然函数，参数的取值具有约束条件，在这个例子中，其具有 2 个参数（一个为 $\hat{\mu}_{can} = \hat{\mu}_{nor} = \hat{\mu}_0$，另一个为 $\hat{\sigma}_0^2$）；而分母为备择假设和零假设的并集，参数取值具有更少的约束条件，需要包含分子上的参数取值范围，在这个例子中，取消了 $\hat{\mu}_{can} = \hat{\mu}_{nor}$ 的约束条件，从而具有三个参数 $\hat{\mu}_{can}$、$\hat{\mu}_{nor}$ 和 $\hat{\sigma}^2$。通常在设计和应用似然率检验时我们直接计算 $-2\ln\wedge$，其在零假设下近似符合卡方分布，其自由度为似然率分母和分子参数数目之差，在我们的这个例子中其自由度为 1。分子进化中的自然选择检测（Yang's PAML）即为似然率检验在生物学上的应用之一。

Box 9-1: 似然（likelihood）和最大似然法(maximum likelihood, ML)

此处我们以离散型随机变量泊松分布为例进行说明，连续型变量可应用概率密度函数计算。泊松分布常用于描述单位时间、面积或体积内随机事件出现的次数（如细胞计数板的每个格子中细胞的数目等），其概率分布函数为：$P(x=k|\lambda) = \frac{\lambda^k}{k!}e^{-\lambda}$，即在已知该分布的参数 λ 情况下，观察值 x 为 k 的概率，如图 9-4A 所示分别为 λ 为 5、10 和 15 时的概率分布图，是关于 x 的函数曲线。当我们已经获得了数据，得到了观察值 x，参数 λ 的似然为：$L(\lambda|x) = P(x|\lambda)$，图 9-4B 所示为 x 等于 8 时 λ 的似然曲线，三个不同颜色的实心圆（与左图相对应）分别为 λ 等于 5、10 和 15 的似然值。似然和概率是两个容易混淆的概念，请注意 $L(\lambda|x)$ 不是已知观察值 x 时 λ 的概率，而其概率需要应用贝叶斯公式计算得出。

显然地，我们若要估计参数 λ 的值，可以选取似然最大时的 λ 值，即最大似然估计，由图 9-4B 可知，当观察值为 8 时，$\lambda=8$ 的似然最大。

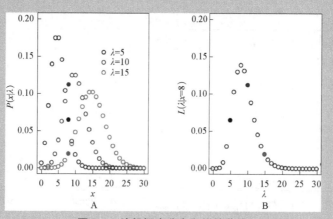

扫一扫
看彩图

图 9-4　泊松概率分布和似然曲线

当我们收集到一组独立的来自泊松分布的数据 $\{x_1, x_2, \cdots x_n\}$，那么这组数据的概率为：$P(x_1, x_2, \cdots x_n | \lambda) = \prod_{i=1}^{n} P(x_i | \lambda)$，从而参数 λ 的似然为：$L(\lambda) = \prod_{i=1}^{n} P(x_i | \lambda)$，对其取对数运算后得：$\ln L(\lambda) = \sum_{i=1}^{n} \ln P(x_i | \lambda)$，应用一阶导数为 0 可以得出 λ 的最大似然估计。

第三节　参 数 检 验

一、Z 和 t 检验

我们经常检测或测量不同因素下（如药物处理、性别、年龄、疾病等）样本的某些性状，以期发现影响这些性状的因素或受这些因素影响的性状。在这些实验中，最简单的即是单个因素的单组样本或两组样本的比较，这时我们一般会用到 Z 检验或 t 检验。

单样本实验比较的是样本和已知期望值的差异，我们计算统计量 $\dfrac{\overline{X} - \mu}{S_{\overline{X}}} = \dfrac{\overline{X} - \mu}{\dfrac{\sigma}{\sqrt{n}}}$；双样本实验则比较的是两组样本之间的差异，我们可以计算统计量 $\dfrac{\overline{X}_1 - \overline{X}_2}{S_{\overline{X}_1 - \overline{X}_2}} = \dfrac{\overline{X}_1 - \overline{X}_2}{\sigma\sqrt{\dfrac{1}{n} + \dfrac{1}{m}}}$。如果其方差 σ^2 已知，则所计算的这些统计量符合正态分布，称为 Z 值，统计检验为 Z 检验；如果其方差 σ^2 未知，需要应用观察数据进行估计，那么这些统计量符合 t 分布，称为 t 值，统计检验为 t 检验。Z 检验和 t 检验的区别在于方差 $\hat{\sigma}^2$ 是已知还是需要应用观察数据进行估计。

二、配对 t 检验

有的时候，我们根据体重、年龄等因素对样品进行配对，然后进行试验采集数据；或者对同一个体不同时间或用药前后采集数据。相对于普通的独立双样本实验，这种成对实验的数据包含了更多的信息，他们之间具有一定的相关性。当比较这种两组样本数据的差异时，我们应用配对 t 检验方法：首先计算每对样品之间的差值，再计算其差值的平均值和方差，该方法其差值平均值的标准误 $S_{\overline{X}_1 - \overline{X}_2}$ 更低，因此一般来说更容易检测到显著性差异。对于肿瘤和正常样本基因表达数据（图 9-2A），应用独立样本 t 检验，其 t 值为 1.9081，自由度为 10，P 值为 0.08547。如果该样本是配对样本，那么其配对 t 检验的 t 值为 9.1493，自由度为 5，其 P 值 0.0002614。

三、方差分析（ANOVA）

对于单因素多个水平（或处理）甚至多个因素的数据分析，我们经常采用方差分析的方法。顾名思义，方差分析是分析实验样本观察值差异的来源，我们可以将其分为处理水平所导致的差异（组间变异）及处理水平内部的差异（组内变异），并分析其比值的大小，从而判断处理水平之间是否存在差异。当实验设计存在 k 个处理水平时，我们若采用 t 检验的方法，则需要完成两两相比的 $k\cdot(k-1)/2$ 个 t 检验，这样就会提高统计检验的 I 类错误（我们会在第八节详细描述），方差分析的方法可以避免此问题；对于多因素的实验设计，方差分析的方法则可以同时考虑这些因素及其相互作用的影响，提高统计检验的功效，降低其 II 类错误。

（一）单因素方差分析

1. 固定效应模型

在一个单因素完全随机设计试验中（表 9-2），共有 k 个处理水平，每个处理水平有 n 个样品。y_{ij} 代表第 i 个处理水平中的第 j 个样品的观察值。我们可以用一个固定效应线性模型来描述这些数据：$y_{ij}=\mu_i+\epsilon_{ij}$，此处 μ_i 代表第 i 个处理水平组内的平均值，$\epsilon_{ij}\sim N(0,\sigma^2)$ 代表了来自处理水平之外的所有变异，即随机误差；我们也可以将其转写为 $y_{ij}=\mu+\tau_i+\epsilon_{ij}$，此处 μ 代表所有数据的平均值，$\mu=\dfrac{\sum_{i=1}^{k}\sum_{j=1}^{n}y_{ij}}{kn}=\dfrac{\sum_{i=1}^{k}\mu_i}{k}$，$\tau_i$ 代表第 i 个处理水平的效应值。

我们的目标是检验这些处理水平之间是否存在统计学上的显著差异。在零假设 H_0 下，各组之间没有显著差异，$\mu_1=\mu_2=\cdots=\mu_k$ 或者 $\tau_1=\tau_2=\cdots=\tau_k=0$；在备择假设 H_1 下，至少有一对处理水平的平均值不相等（$\mu_i\ne\mu_j$），或者至少一个处理水平的效应值(τ_i)不为 0。

表 9-2　单因素实验数据

处理水平	观察数据			
1	y_{11}	y_{12}	…	y_{1n}
2	y_{21}	y_{22}	…	y_{2n}
…	…	…	…	…
k	y_{k1}	y_{k2}	…	y_{kn}

样本数据的总变异可以用总平方和(total sum of squares)表示：$SS_{Total}=\sum_{i=1}^{k}\sum_{j=1}^{n}(y_{ij}-\mu)^2$，很明显 $\dfrac{SS_{Total}}{kn-1}$ 为样本的方差。通过运算，我们可以得出：

$SS_{Total}=n\sum_{i=1}^{k}(\mu_i-\mu)^2+\sum_{i=1}^{k}\sum_{j=1}^{n}(y_{ij}-\mu_i)^2=SS_{Treat}+SS_E$，样本的总平方和被分解为处理水平组间的平方和(sum of squares among treatments)以及处理水平组内的平方和（sum of squares within treatments），组间平方和为各组平均值与总平均值之差的平方和，而组内平方和为组内观察值与其平均值之差的平方和，即为随机误差平方和。$\dfrac{\sum_{j=1}^{n}(y_{ij}-\mu_i)^2}{n-1}$ 为第 i 个处理水平组内方差 S_i^2，组内均方（mean squares）$MS_E=\dfrac{SS_E}{kn-k}=\dfrac{\sum_{i=1}^{k}(n-1)S_i^2}{\sum_{i=1}^{k}(n-1)}$，为组内方差的合并估计，其期望值为 σ^2。同样的，组间均方为 $MS_{Treat}=\dfrac{SS_{Treat}}{k-1}=\dfrac{n\sum_{i=1}^{k}(\mu_i-\mu)^2}{k-1}$，在零假

设下，各处理水平之间没有差异，相当于来自同一总体的 k 个样本，$\dfrac{\sum_{i=1}^{k}(\mu_i-\mu)^2}{k-1}$ 表示样本平均值的方差 σ^2/n，因此 MS_{Treat} 是 σ^2 的另一个估计值。实际上，MS_{Treat} 的期望值为：

$\sigma^2 + \dfrac{n\sum_{i=1}^{k}\tau_i}{k-1}$，当样本符合零假设时，$\tau_i = 0$，$MS_{Treat}$ 的期望值与 MS_E 的期望值均等于 σ^2；而当样本符合备择假设时，至少一个 τ_i 不为零，MS_{Treat} 的期望值大于 MS_E 的期望值。因此，MS_{Treat} 与 MS_E 的比值可以作为一个统计量检验样本是否符合零假设。

根据 Cochran 定理，我们可以发现在零假设 H_0 下，SS_{Treat}/σ^2 符合自由度为 $k-1$ 的卡方分布，而 SS_E/σ^2 符合自由度为 $kn-k$ 的卡方分布，显然，$F_0 = \dfrac{\dfrac{SS_{Treat}}{(k-1)\sigma^2}}{\dfrac{SS_E}{(kn-k)\sigma^2}} = \dfrac{SS_{Treat}/(k-1)}{SS_E/(kn-k)} =$

$\dfrac{MS_{Treat}}{MS_E}$ 符合自由度为 $k-1$ 和 $kn-k$ 的 F 分布。很明显，这个 F 检验是一个右尾单尾检验，通过计算在此 F 分布下大于等于 F_0 的概率，即为此检验的 P 值。

2. 随机效应模型

有时，一个因素具有很多个水平，我们随机选取了一些水平进行实验，我们并不关注每个水平的效应值，而只关心这些水平的变异。我们将这类因素称为随机效应因素，如不同的个体或实验批次等，我们可以应用随机线性模型来描述这类数据：$y_{ij} = \mu + \tau_i + \epsilon_{ij}$，此处 μ 仍然代表所有数据的平均值，$\tau_i \sim N(0, \sigma_\tau^2)$ 代表第 i 个处理水平的效应值，是一个随机效应，$\epsilon_{ij} \sim N(0, \sigma^2)$ 代表了来自处理水平之外的所有变异。在这里，检验处理水平之间是否存在差异，转化为检验 σ_τ^2 是否显著大于 0。样本的总平方和（SS_{Total}）仍可被分解为处理水平组间的平方和（SS_{Treat}）以及处理水平组内的平方和（SS_E）。组内均方 MS_E 的期望值为 σ^2，组内均方 MS_{Treat} 的期望值为 $\sigma^2 + n\sigma_\tau^2$。因此，在零假设 H_0 下，$\sigma_\tau^2 = 0$，$F_0 = \dfrac{MS_{Treat}}{MS_E}$ 符合自由度为 $k-1$ 和 $kn-k$ 的 F 分布，在备择假设 H_1 下，$\sigma_\tau^2 > 0$，MS_{Treat} 的期望值大于 MS_E 的期望值。同样的，在此模型下的方差分析仍然是一个右尾单尾检验。

可以看出，对于单因素方差分析，固定效应模型和随机效应模型的计算过程非常相似，都是计算比值 $\dfrac{MS_{Treat}}{MS_E}$。然而在多因素方差分析中，这两种模型的方差分析的计算具有一定的差异。

（二）多因素方差分析

对于多因素完全随机设计，我们可以采用多因素方差分析，检测处理因素的效应及这些效应之间的相互作用；对于单因素完全区组随机设计、拉丁方设计等，我们可以将区组、批次等作为一种因素考虑，从而应用多因素方差分析。下面，我们将主要介绍两因素方差分析原理，多于两个因素的方差分析与之类似。

1. 两因素固定效应

这里我们以两因素析因设计为例介绍固定效应模型。每一因素可以有两个或两个以上处理水平，因素 A 有 a 个水平，因素 B 有 b 个水平，每个水平具有 n 个样品。例如，我们通过基因敲除研究某一基因对于某一药物处理细胞的影响，这时我们有两个因素：①因素 A 为基因状态，具有两个水平（敲除和野生型）；②因素 B 为药物处理，具有两个水平（加药和不加药）。我们可以应用固定效应模型：$y_{ijk} = \mu + \tau_i + \beta_j + (\tau\beta)_{ij} + \epsilon_{ijk}$，此处 μ 代表所有数据的平均值；τ_i 代表因素 A 第 i 个处理水平的效应值；β_j 代表因素 B 第 j 个处理水平的效应值；$(\tau\beta)_{ij}$ 代表因素 A 第 i 个处理水平和因素 B 第 j 个处理水平的互作效应。类似于上一小节，我们可以将样本总平方和分解为来自于因素 A 各水平间的平方和、因素 B 各水平间的平方和，因素 A 和 B 互作的平方和，以及随机误差平方和：$SS_T = SS_A + SS_B + SS_{AB} + SS_E$，分别除以各自的自由度，我们可以得到均方及其期望值（见表9-3）。在零假设 H_0 下，因素 A、因素 B 及它们的互作效应为零，即因素各水平之间没有差异（$\tau_i = 0$，$\beta_j = 0$，$(\tau\beta)_{ij} = 0$），MS_A、MS_B 和 MS_{AB} 的期望值都等于 MS_E 的期望值 σ^2；在备择假设 H_1 下，这些因素各水平之间存在差异，那么 MS_A，MS_B 和 MS_{AB} 的期望值将大于 MS_E 的期望值 σ^2。类似于上一小节，MS_A / MS_E，MS_B / MS_E 和 MS_{AB} / MS_E 在零假设 H_0 下，都符合 F 分布，其自由度见表9-3。

表 9-3 两因素固定效应均方期望及 F 检验

方差来源	平方和(SS)	自由度(df)	均方(MS)	均方期望值 $E(MS)$	F_0 值
因素 A	SS_A	$a-1$	$\dfrac{SS_A}{a-1}$	$\sigma^2 + \dfrac{bn\sum_{i=1}^{a}\tau_i^2}{a-1}$	$\dfrac{MS_A}{MS_E}$
因素 B	SS_B	$b-1$	$\dfrac{SS_B}{b-1}$	$\sigma^2 + \dfrac{an\sum_{j=1}^{b}\beta_j^2}{b-1}$	$\dfrac{MS_B}{MS_E}$
A×B 互作	SS_{AB}	$(a-1)(b-1)$	$\dfrac{SS_{AB}}{(a-1)(b-1)}$	$\sigma^2 + \dfrac{n\sum_{i=1}^{a}\sum_{j=1}^{b}(\tau\beta)_{ij}^2}{(a-1)(b-1)}$	$\dfrac{MS_{AB}}{MS_E}$
误差（error）	SS_E	$ab(n-1)$	$\dfrac{SS_E}{ab(n-1)}$	σ^2	
总和	SS_T	$abn-1$			

2. 两因素随机效应

两因素试验，每个因素都有多个水平，这时如果我们并不关注每个水平的效应值，而只关心这些水平是否存在差异，那么这两个因素都可以作为随机效应来处理。这个随机效应模型为：$y_{ijk} = \mu + \tau_i + \beta_j + (\tau\beta)_{ij} + \epsilon_{ijk}$，此处 $\tau_i \sim N(0, \sigma_\tau^2)$，$\beta_i \sim N(0, \sigma_\beta^2)$，$(\tau\beta)_i \sim N(0, \sigma_{\tau\beta}^2)$ 都是符合正态分布的随机变量。在零假设 H_0 下，这三个变量的方差等于 0。同理，我们可以计算 MS_A、MS_B、MS_{AB} 和 MS_E，以及这些均方的期望值（表9-4）。我们可以发现主效应均方 MS_A 和 MS_B 的期望值中包含有互作效应均方，因此，与固定效应模型不同，为了检验主效应是否显著，我们需要计算 MS_A / MS_{AB} 和 MS_B / MS_{AB}，若要检验互作效应，我们需要计算 MS_{AB} / MS_E，在零假设 H_0 下，它们都符合 F 分布。

表 9-4 两因素随机效应均方期望及 F 检验

方差来源	平方和（SS）	自由度（df）	均方（MS）	均方期望值 $E(MS)$	F_0 值
因素 A	SS_A	$a-1$	$\dfrac{SS_A}{a-1}$	$\sigma^2 + n\sigma_{\tau\beta}^2 + bn\sigma_{\tau}^2$	$\dfrac{MS_A}{MS_{AB}}$
因素 B	SS_B	$b-1$	$\dfrac{SS_B}{b-1}$	$\sigma^2 + n\sigma_{\tau\beta}^2 + an\sigma_{\beta}^2$	$\dfrac{MS_B}{MS_{AB}}$
A×B 互作	SS_{AB}	$(a-1)(b-1)$	$\dfrac{SS_{AB}}{(a-1)(b-1)}$	$\sigma^2 + n\sigma_{\tau\beta}^2$	$\dfrac{MS_{AB}}{MS_E}$
误差（error）	SS_E	$ab(n-1)$	$\dfrac{SS_E}{ab(n-1)}$	σ^2	
总和	SS_T	$abn-1$			

3. 两因素混合效应设计

在一些试验设计当中，一些因素为固定效应，另外一些因素为随机效应，这时我们需要用混合线性模型。

（1）析因设计和重复测量设计。在两因素析因设计中，其中一个因素 A 为固定效应，另一个因素 B 可以为随机效应；对于单因素完全区组随机设计，如果区组水平有多个，那么我们所关心的因素一般设为固定效应，而将区组设为随机效应；而重复测量设计可以看作单因素完全区组随机设计。我们将数据拟合如下混合模型：$y_{ijk} = \mu + \tau_i + \beta_j + (\tau\beta)_{ij} + \epsilon_{ijk}$，其中 τ_i 代表固定效应，β_j 及两因素的互作效应 $(\tau\beta)_{ij}$ 为随机效应，该模型的均方及其期望值如表 9-5 所示。因此，为了检测各因素及它们的互作是否具有显著性，我们需要分别计算 MS_A / MS_{AB}，MS_B / MS_E 和 MS_{AB} / MS_E，它们在零假设下符合 F 分布。

表 9-5 混合效应设计（析因设计和重复测量设计）均方期望及 F 检验

方差来源	均方（MS）	均方期望值 $E(MS)$	F_0 值
因素 A	MS_A	$\sigma^2 + n\sigma_{\tau\beta}^2 + \dfrac{bn\sum_{i=1}^{a}\tau_i^2}{a-1}$	$\dfrac{MS_A}{MS_{AB}}$
因素 B	MS_B	$\sigma^2 + an\sigma_{\beta}^2$	$\dfrac{MS_B}{MS_E}$
A×B 互作	MS_{AB}	$\sigma^2 + n\sigma_{\tau\beta}^2$	$\dfrac{MS_{AB}}{MS_E}$
误差（error）	MS_E	σ^2	

同样的，对于拉丁方设计，我们所关心的因素设为固定效应，另外两个可设为随机效应。

（2）巢式设计。对于二层巢式设计，因素 B 内嵌套于因素 A。一般来说，因素 A 是我们所关心的因素，不同因素 A 水平下的因素 B 各水平是不同的，这是与析因设计所不同的地方。譬如，我们应用定量 PCR 检测某个基因在 3 种药物处理后的表达量，共包括 4 个生物学重复，共有 12 个样品，每个样品需要完成 3 个 PCR 技术重复。此时药物处理为因素 A，包括 3 个水平，生物学重复为因素 B，包括 4 个水平。这是一个典型的巢式设计，因素 B 在不同因素 A 水平下的 4 个水平是不同的，我们可以将他们当作 12 个不同的水平来处理。

我们可以将数据拟合如下混合模型：$y_{ijk} = \mu + \tau_i + \beta_{j(i)} + \epsilon_{(ij)k}$，固定效应 τ_i 代表因素 A，

随机效应 $\beta_{j(i)}$ 代表因素 A 第 i 个水平内的第 j 个水平效应，其均方及期望值见表 9-6。因此，为了检测各因素是否具有显著性，我们需要分别计算 $MS_A / MS_{B(A)}$ 和 $MS_{B(A)} / MS_E$，它们在零假设下符合 F 分布。

表 9-6 混合效应设计（巢式设计）均方期望及 F 检验

方差来源	均方（MS）	均方期望值 $E(MS)$	F_0 值
因素 A	MS_A	$\sigma^2 + n\sigma_\beta^2 + \dfrac{bn\sum_{i=1}^a \tau_i^2}{a-1}$	$\dfrac{MS_A}{MS_{B(A)}}$
因素 B (within A)	$MS_{B(A)}$	$\sigma^2 + n\sigma_\beta^2$	$\dfrac{MS_{B(A)}}{MS_E}$
误差（error）	MS_E	σ^2	

第四节　非参数检验

上节中已介绍了参数检验，若应用这些参数检验方法，我们需要假设样本来自一个已知的分布（如正态分布等），通过估计该分布的参数（如期望值和方差等），从而构建一种统计量，而该统计量符合某种分布，据此完成假设检验。然而，有时我们的样本数据较少或样本明显不符合已知分布，此时我们需要使用非参数检验方法。

一、单个样本的符号检验（sign test）

在第三节中，我们介绍了单个样本的 Z 或 t 检验，检验平均值和已知期望值的差异是否显著。当我们的样本不符合正态分布时，我们可以应用符号检验比较样本中位数和已知期望值的差异。

我们获得一组共 n 个观测数据，我们拟检测中位数 m 是否大于 m_0，其零假设 H_0 为：$m=m_0$；备择假设 H_1 为：$m>m_0$。对于大于 m_0 的数据标记"+"，对于小于 0 的数据标记"−"（这就是该检验名称中符号的来源），计数观测数据中大于 m_0（即标记"+"）的数目，记为 n_+，如果 n_+ 足够大，我们即可拒绝零假设，接受备择假设。根据中位数的定义，在零假设条件下，观测数据大于 m_0 的概率为 1/2，因此，n_+ 符合二项分布：$n_+ \sim Bin(n, 1/2)$，据此，我们可以计算大于等于观察值 n_+ 的概率，此即为单尾符号检验的 P 值。若备择假设 H_1 为：$m \neq m_0$，则需要计算大于等于 n_+ 的概率和小于等于 $n - n_+$ 的概率之和，即双尾检验。

二、两个独立样本的非参检验

当我们有两组独立的数据时，可以使用威尔克逊秩和检验（Wilcoxon rank sum test）或曼-惠特尼 U 检验(Mann and Whitney U test)。我们在第二节中，已经介绍了秩和检验，实际上这两种检验方法密切相关。

1. 威尔克逊秩和检验

设处理组有 n_1 个样品 x_1, x_2, $\cdots$, x_{n_1}，对照组有 n_2 个样品 y_1, y_2, $\cdots$, y_{n_2}，我们将两组数据合并，进行升序排序，记录每个样品的序号即秩(rank)，然后分别计算处理组的秩和（w_1）

及对照组样品的秩和（w_2），那么 $w_1 + w_2 = 1 + 2 + \cdots + (n_1 + n_2) = \dfrac{(n_1 + n_2)(n_1 + n_2 + 1)}{2}$，因此对

于 w_1 和 w_2，计算其中一个即可。如果 w_1 足够大或足够小，我们即可认为两组数据具有显著差异。在零假设下，两组数据无差异，来自同一分布，因此对于共 $n_1 + n_2$ 个样品来说，我们

共有 $(n_1 + n_2)!$ 种排列。对于计算秩和来说，我们可以忽略样品内部的排序，共有 $\begin{pmatrix} n_1 + n_2 \\ n_1 \end{pmatrix}$ 种

组合，分别计算其秩和，并统计每种秩和的概率，找出秩和观察值的概率，然后计算小于等于该概率的概率之和，即为双尾检验的 P 值。如图 9-5 所示，处理组和对照组各有 3 个样品，那么我们将有 20 种组合方式，分别计算其 w_1 值和其概率。如果我们的观察值排序为（x，x，x，y，y，y），那么其秩和 $w_1=6$，其概率为 0.05，小于等于 0.05 的所有可能的和为 0.2，因此其 P 值为 0.2，两组数据没有统计学显著差异。

2. 曼-惠特尼 U 检验

我们也可以直接计算处理组样品小于对照组样品的概率。我们比较处理组 n_1 个样品中的任一样品 x_i 和对照组 n_2 样品的任一样品 y_j 的大小（共有 $n_1 n_2$ 个配对），并计数 $x_i < y_j$ 的配对数目，即为 U 值。如果 U 值足够大或足够小，我们即可认为两组数据具有显著差异。与上述

秩和检验相似，我们可以获得 $\begin{pmatrix} n_1 + n_2 \\ n_1 \end{pmatrix}$ 种组合的 U 值，然后根据其概率分布，获得统计检验

的 P 值。实际上，经过一定的计算，可以得知：$U = w_2 - \dfrac{n_2(n_2 + 1)}{2}$，也就是说威尔克逊秩和检验与曼-惠特尼 U 检验实际上是等价的（图 9-5）。

秩（排序）						w_1	u_1
1	2	3	4	5	6		
x	x	x	y	y	y	6	0
x	x	y	x	y	y	7	1
x	x	y	y	x	y	8	2
x	x	y	y	y	x	9	3
x	y	x	x	y	y	8	2
x	y	x	y	x	y	9	3
x	y	x	y	y	x	10	4
x	y	y	x	x	y	10	4
x	y	y	x	y	x	11	5
x	y	y	y	x	x	12	6
y	x	x	x	y	y	9	3
y	x	x	y	x	y	10	4
y	x	x	y	y	x	11	5
y	x	y	x	x	y	11	5
y	x	y	x	y	x	12	6
y	x	y	y	x	x	13	7
y	y	x	x	x	y	12	6
y	y	x	x	y	x	13	4
y	y	x	y	x	x	14	8
y	y	y	x	x	x	15	9

w_1	u_1	数目	$P(w_1)$ 或 $P(u_1)$
6	0	1	0.05
7	1	1	0.05
8	2	2	0.1
9	3	3	0.15
10	4	3	0.15
11	5	3	0.15
12	6	3	0.15
13	7	2	0.1
14	8	1	0.05
15	9	1	0.05

图 9-5 威尔克逊秩和及曼-惠特尼 U 检验过程

在零假设 H_0 下，任一配对 $x_i < y_j$ 的概率为1/2，因此 U 的期望值为：$E(U) = \dfrac{mn}{2}$；经计算其方差为：$Var(U) = \dfrac{n_1 n_2 (n_1 + n_2 + 1)}{12}$。据此，我们可以应用 Z 检验：$Z = \dfrac{U - E(U)}{\sqrt{Var(U)}} \sim N(0,1)$。

三、配对样本的符号秩和检验

对于配对样本的数据，在第三节中我们介绍了配对 t 检验（参数检验）。我们也可以应用非参数的威尔克逊符号秩和检验(Wilcoxon sign rank test)：对于 n 对配对样品，计算每对样品的差值 d_i，根据其绝对值对其进行升序排序，计算所有正值的秩和 w_+。在零假设 H_0 下，两个配对样本无差异，d_i 值是以 0 为中点的对称分布，其大于 0 的概率为1/2。如果我们对任一 d_i 值随机赋予 "+" 或 "−"，那么我们共有 2^n 种数据，并且每种的概率都是相同的，计算其 w_+ 值，即可获得 w_+ 值的分布，据此可以计算较观察值更为极端的 w_+ 的概率，即为此检验的 P 值。

在零假设 H_0 下，w_+ 的期望值为：$E(w_+) = \dfrac{n(n+1)}{4}$，方差为：$Var(w_+) = \dfrac{n(n+1)(2n+1)}{24}$。据此，可以应用 Z 检验。

四、重抽样（resampling）检验方法

我们可以应用两种基于重抽样的非参数检验方法：自展法（bootstrap，又称自助法、自举法）和置换法（permutation）。两种重抽样方法的主要区别在于：自展法是一种可放回的抽样方法，而置换法是不放回抽样，实际上是数据排列顺序的变化。

1. 自展法

自展法经常用于对某一统计量置信区间的估计。一些统计量如中位数、两变量的比值等不符合已知的概率分布，难以计算其置信区间，这时我们即可应用自展法。我们此处以中位数为例介绍该方法的基本原理和过程。假设有一组观察数据 $x_1, x_2, \cdots, x_n$，其中位数为 x_m，从这组数据中随机抽取 n 个数据（每个观察值被抽取的概率均为 $1/n$），组成一组新的数据（由于采取可放回抽样，有的数据可被多次抽到，有的没有被抽到），计算新的中位数记为 x_m^1，重复此过程 b 次后，我们可以得到 $x_m^1, x_m^2, \cdots, x_m^b$，据此，我们可以做出直方图，给出中位数的概率密度分布，并计算95%置信区间。实际上，我们在研究物种或基因进化关系时，经常应用自展值估计进化树的可靠性。

自展法也可以用于单个样本及两个独立样本的假设检验，其原理为：首先对所观察数据，计算某一统计量（如平均值的差值或 t 值等），在零假设条件下，采用可放回随机抽样，组成一组新的数据，计算该统计量，重复此过程 b 次，计数比观察值更为极端的次数，除以 b 即为 P 值。

单个样本的平均值和已知期望值的差异分析：我们获得一组数据 $x_1, x_2, \cdots, x_n$，需要检验总体的平均值 μ 是否等于已知 μ_0，则零假设为 $\mu = \mu_0$。分析过程如下：①对观察值计算 t 值：

$t_0 = \dfrac{\overline{x} - \mu_0}{S_{\overline{x}}}$；②将观察数据进行加工处理：$\tilde{x}_i = x_i - \overline{x} + \mu_0$，很明显处理后的数据其平均值为

μ_0；③在该处理后数据中应用可放回随机抽样 n 个数据，组成一组新的数据，计算其 t 值记

为 t^l，重复此过程 b 次，得到 $t^1, t^2, \cdots, t^b$，计算 $\dfrac{(t^i \geq t_0 \text{的数目})}{b}$ 或 $\dfrac{(t^i \leq t_0 \text{的数目})}{b}$ 即为单尾检验的

P 值；若需要双尾检验，可以计算 $\dfrac{(|t^i| \geq |t_0| \text{的数目})}{b}$。

两个独立样本的差异分析：若获得两组数据分别为 x_1，x_2，$\cdots$，x_{n_1} 和 y_1，y_2，$\cdots$，y_{n_2}，零假

设为两组数据来自同一分布。我们同样的首先对观察值计算 $t_0 = \dfrac{\overline{x} - \overline{y}}{S_{\overline{x} - \overline{y}}}$，合并这两组数据；从

此 $n_1 + n_2$ 个合并数据中，应用可放回随机抽样 $n_1 + n_2$ 个数据，比较前 n_1 个数据和后 n_2 个数据，

计算其 t 值，重复此过程 b 次，得到 $t^1, t^2, \cdots, t^b$，后续过程与单个样本相同。

Box 9-2: 进化树与自展法

我们有 n 个物种的某一基因 DNA 序列，其长度为 l，应用相关软件完成序列比对后，我们可以将其看作 n 行 l 列的数据表格（假设没有插入缺失），据此我们可以构建进化树 T^0（此处 $n = 5$，$l = 120$）。

我们随机抽取 l 列数据（可放回），重新组建一套新的序列数据，构建新的进化树 T^1；重复此过程 b 次(一般为 100 或 1000 次)，可以得到 b 个进化树 T^1、T^2、$\cdots$，T^b，检测原观察数据进化树 T^0 中聚在一起的两枝，在 b 个进化树仍然聚在一起的数目（k），计算 $k/b \cdot 100\%$，即为其自展值（图 9-6）。

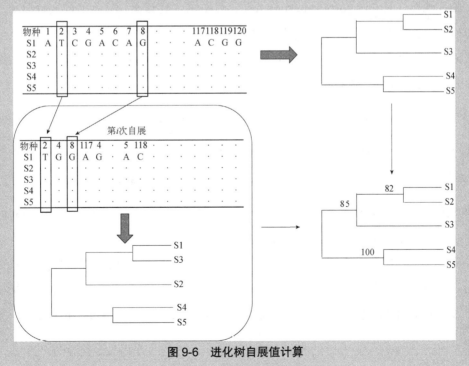

图 9-6 进化树自展值计算

2. 置换法

对于假设检验来说，用的更多的还是置换法，实际上上述两个样本的非参数检验都属于置换法。下面我们以两个独立样本的比较为例说明置换法的一般原理，其基本过程与自展相似，差异在于采用不放回抽样方法。这种方法可以很容易的应用到多个样本的方差分析中。

对于两组数据 $x_1, x_2, \cdots, x_{n_1}$ 和 $y_1, y_2, \cdots, y_{n_2}$，零假设为两组数据来自同一分布。我们可以计算 $d_0 = \bar{x} - \bar{y}$，合并两组数据；对此 $n_1 + n_2$ 个合并数据，重新选取其中 n_1 个数据为 x，剩余 n_2 个数据为 y，共有 $\binom{n_1+n_2}{n_1}$ 种数据的组合，分别计算其平均值差异 d_i；计算 $(d_i \geq d_0$ 的数目$)\big/\binom{n_1+n_2}{n_1}$ 或 $(d_i \leq d_0$ 的数目$)\big/\binom{n_1+n_2}{n_1}$ 即为其单尾检验的 P 值。请注意该方法应用 d 值、$\bar{x}$ 或 t 值等都是等效的，当然如果计算秩和的话，就是秩和检验。该置换法是精确检验（exact test），列出了数据的所有排列组合。

对于样品数太大的数据，我们可以应用随机选取 b 种排列（如 1000 次），计算较观察值更为极端的比例，作为 P 值，这是一种蒙特卡罗近似方法。

五、数据分布检验

有时我们需要检验观察数据是否来自某已知分布，或两组数据是否来自同一分布，虽然我们可以应用 QQ-plot 绘图查看（见本章第一节），然而我们仍然需要做出假设检验，给出显著性 P 值。

1. K-S 检验（Kolmogorov-Smirnov test，也称柯尔莫诺夫–斯米尔诺夫检验）

我们有一组样本数据 $x_1, x_2, \cdots, x_n$，我们欲检验其是否符合某一具体的分布 F，我们可以比较 x 的经验累积分布 ecdf 与 F 的差异，若此差异足够大，我们就拒绝零假设，接受备择假设（不符合此分布）。样本 X 的 ecdf 为 $F_n(x) = \frac{1}{n}(\#x_i \leq x)$，在零假设下，该样本符合某一具体的分布 F，那么对于任意一固定的 x 值，$nF_n(x)$ 符合二项分布，因此 $F_n(x)$ 的期望值 $E[F_n(x)] = F(x)$，方差为 $Var[F_n(x)] = \frac{1}{n}F(x)[1-F(x)]$。更加深入的分析发现 $F_n(x)$ 和 $F(x)$ 差异的最大值 $\max_{-\infty<x<\infty}|F_n(x)-F(x)|$ 实际上与分布 F 无关，当 n 较小时，变量 $D_n = \sqrt{n}\max_{-\infty<x<\infty}|F_n(x)-F(x)|$ 的分布可以精准计算，当 n 较大时，近似符合 Kolmogorov-Smirnov 分布，因此可以计算 $1-P(D_n)$ 作为 K-S 检验的 P 值。

若我们有两个独立样本 $x_1, x_2, \cdots, x_{n_1}$ 和 $y_1, y_2, \cdots, y_{n_2}$，其经验累积分布分别为 $F_{n_1}(x)$ 和 $G_{n_2}(x)$，我们欲检验其是否来自同一分布。假设该两个样本分别来自 F 和 G 分布，那么零假设 H_0 为：$F = G$，备择假设 H_1 为：$F \neq G$。与上述变量 D_n 相似，我们可以计算 $D_{n_1,n_2} = \sqrt{\frac{n_1 \cdot n_2}{n_1 + n_2}} \max_{-\infty<x<\infty}|F_{n_1}(x) - G_{n_2}(x)|$ 的分布，从而应用 $1 - P(D_{n_1,n_2})$ 作为 K-S 检验的 P 值。

2. 正态分布检验 Lilliefors 检验

有时我们仅需检验样本是否符合正态分布，而并不关心具体的分布（不指定其参数平均值和方差）。此时，我们需要从样本中估计平均值 μ 和方差 σ^2，分析该样本累积经验分布和正态分布 $N(\mu, \sigma^2)$ 的累积分布的差异，如果直接应用 K-S 检验的阈值，会降低检验的效力。此时我们可以使用 Lilliefors 检验。首先将 x_i 标准化为 $z_i = \dfrac{x_i - \bar{x}}{s}$，应用 z_i 的 ecdf 和标准正态分布的 cdf 计算统计量 D_n；应用蒙特卡罗方法从正态分布 $N(\bar{x}, s^2)$ 模拟 n 个数据，并计算 D_n，重复此过程 b（如 1000）次，得到 $D_n^1, D_n^2, \cdots, D_n^b$，计算 $(\#D_n^i \geq D_n)/b$，即为其 P 值。该方法可以推广至指数分布、均匀分布及泊松分布等。

第五节　卡方检验分析

卡方检验，顾名思义，计算卡方值然后应用卡方分布，从而计算显著性 P 值。卡方检验实际上也属于非参数检验，由于应用较广，我们单列一节。卡方检验一般应用于分类（或计数）数据的分析，主要包括：①拟合度检验，检验计数数据是否符合某个多项分布；②卡方齐性检验；③独立性检验。

一、拟合度检验

一个分类变量共有 k 个类别，N 个独立的实验样品根据所测特征可以归到这 k 个类别中，我们从而可以计数每个类别中样品的数目，即这个分类变量的观察值；同时，我们可以根据实验理论（假说）或数据分布假设，计算样品落入每个类别的概率，从而计算每个类别中样品数目的期望值。拟合度检验的目标即是检验分类变量的观察值，是否符合实验理论或数据分布假设，即观察值和期望值是否具有显著差异。

例如，某个基因有两个等位基因 A 和 a，那么共有三种基因型 AA、Aa 和 aa，N 个个体根据其基因型从而可以将其分到这三个类别当中，从而统计每个类别中样品数目的观察值 O_i（n_{AA}、n_{Aa} 和 n_{aa}），并计算等位基因 A 和 a 的频率（p_A 和 $1-p_A$）；而根据遗传学哈迪-温伯格（Hardy-Weinberg）平衡定律，我们可以计算这三种基因型的频率为 p_A^2，$2p_A \cdot (1-p_A)$ 和 $(1-p_A)^2$，进而计算这三种基因型样品数目的期望值 E_i [$N \cdot p_A^2$，$N \cdot 2p_A \cdot (1-p_A)$ 和 $N \cdot (1-p_A)^2$]。当我们检测样本是否符合哈迪-温伯格平衡时，实际上我们是在比较 O_i 和 E_i 之间是否有显著的差异，我们使用皮尔逊卡方统计：$\chi^2 = \sum \dfrac{(O_i - E_i)^2}{E_i}$，在零假设下，该卡方值符合自由度为 1 的卡方分布。

泊松分布常用来描述一定时间或空间内，某种事件发生的次数。例如我们经常应用细胞计数板对细胞计数，计数区共有 400 个小格子，我们可以数出每个小格子中细胞的数量。我们可以应用皮尔逊卡方检验方法，检验每个格子中细胞数量是否符合泊松分布。首先，我们统计细胞数量出现的频次，即含有某一细胞数量的格子数（如表 9-7 所示），此时细胞数量即为类别；假设细胞数量符合泊松分布，计算出每个格子细胞数量的平均值为 2.44，即 λ 值，根

据泊松分布 $\dfrac{\lambda^k}{k!}e^{-\lambda}$，从而算出观察到某一细胞数目的概率，乘以 400，即可得到细胞数量出现频次的期望值。应用上述卡方计算公式，在零假设下，该卡方值符合自由度为 $n-1-1$ 的卡方分布。

表 9-7　细胞计数与泊松分布

细胞数量	0	1	2	3	4	5	6	7	8	10
格子数	31	66	95	88	55	39	20	4	1	1
期望值	25.5	70.2	96.6	88.7	61	33.6	15.4	6.1	2.1	0.2

关于拟合度检验自由度数目的问题，我们可以从似然率检验方面进行理解。在零假设下，根据假设分布得到样品属于每个类别下的概率，那么综合考虑所有这些类别，它们所包含的样品数则符合多项分布，据此我们可以计算出零假设条件下的似然，对于 HW 平衡，我们需要估计 1 个参数 p_A，对于细胞计数实验我们需要估计一个参数 λ；在备择假设下，我们直接应用多项分布最大似然估计，计算每个类别的频率即 $\dfrac{O_i}{N}$，由于频率总和为 1，我们需要估计 $n-1$ 个参数。从而，我们可以应用似然率检验，$-2\ln\wedge$ 符合卡方分布，其自由度为备择假设下参数数目与零假设下参数数目的差。

二、卡方齐性检验（homogeneity test）和独立性检验（independence test）

我们常用的卡方齐性检验和独立性检验都属于拟合优度检验，他们被用于 $r \times c$ 列联表数据的分析，二者的区别在于实验抽样的方式和零假设的不同，然而其皮尔逊卡方计算公式完全相同。

1. 齐性检验

从 c 个群体中独立的随机抽样，观察或测量一个分类变量（r 个类别），计数每个类别中的样品数目，构建 $r \times c$ 表格，这个分类变量符合一个多项分布。我们欲检验这些样本之间是否有显著差异，其零假设为这 c 个多项分布是同质的，即不同样本的类别概率是相同的，H_0：$\pi_{i1}=\pi_{i2}=\cdots=\pi_{ic}=\pi_{i.}$。根据多项分布，第 i 个类别概率的最大似然估计为：$\hat{\pi}_{i.}=\dfrac{n_{i.}}{n_{..}}$，因此第 j 个样本的第 i 个类别的期望值为 $E_{ij}=\dfrac{n_{i.}n_{j.}}{n_{..}}$，从而我们可以计算皮尔逊卡方 χ^2 值，其自由度为 $c(r-1)-(r-1)=(c-1)(r-1)$。

2. 独立性检验

从一个群体中随机抽样 n 个样品，根据两个分类变量（分别有 r 和 c 个类别），构建 $r \times c$ 列联表。每个格子的样品数目 n_{ij} 符合一个多项分布，其概率分别是 π_{ij}，那么每个类别的边缘概率分别是：$\pi_{i.}=\sum_{j=1}^{c}\pi_{ij}$，$\pi_{.j}=\sum_{i=1}^{r}\pi_{ij}$。我们欲检验这两个分类变量是否相关，其零假设为这两个分类变量是独立的，H_0：$\pi_{ij} = \pi_{i.} \pi_{.j}$，其最大似然估计为 $\hat{\pi}_{ij} = \hat{\pi}_{i.} \hat{\pi}_{.j} = \dfrac{n_{i.}}{n} \times \dfrac{n_{.j}}{n}$，因此 $E_{ij} = n\hat{\pi}_{ij} = \dfrac{n_{i.} n_{j.}}{n}$，从而计算皮尔逊卡方 χ^2 值，其自由度为 $(cr-1)-(r-1+c-1)=(c-1)(r-1)$。

三、2×2 表格

2×2 表格是一种常见的 $r \times c$ 表格，此时，每个分类变量简化到只有两个类别（0 或 1，成功或失败等），即为二元变量，如果两列分别为两组数据（例如对照组和处理组），两行则分别为分类变量的取值。

将这个四格表作为两个二项分布，其取值为 1 的比例分别为 π_1 和 π_2，那么 $\pi_1 - \pi_2$ 表示两组数据之间的差异，我们可以应用 z 检验比较其是否具有统计学显著差异，$\pi_1 - \pi_2$ 的标准误为：$SE = \sqrt{\dfrac{\pi_1(1-\pi_1)}{n_1} + \dfrac{\pi_2(1-\pi_2)}{n_2}}$。

我们也经常使用相对风险系数（relative risk, RR$=\pi_1 / \pi_2$）描述两组数据比例的差异，尤其是当其比例接近 0 或 1 时，使用相对风险系数比差值更加明显。例如 π_1=0.01 和 π_2=0.001，其差为 0.009，而 RR=10。另外一个描述两组数据比例的差异的统计量是比值比（Odds Ratio, OR），每组数据的 odd 为 $\pi / (1-\pi)$，那么其 OR 为 $\dfrac{\pi_1 / (1-\pi_1)}{\pi_2 / (1-\pi_2)}$。根据多项分布或二项分布，OR 值最大似然估计为 $\dfrac{n_{11} n_{22}}{n_{12} n_{21}}$，很明显 OR 值大于 0，是一个右偏态分布，而对其取自然对数后，$\ln(OR)$ 近似正态分布，其标准误为 $SE = \sqrt{\dfrac{1}{n_{11}} + \dfrac{1}{n_{12}} + \dfrac{1}{n_{21}} + \dfrac{1}{n_{22}}}$。

当两组数据没有差异或两个类别变量相互独立时，OR 或 RR 接近于 1，我们可以应用上述的皮尔逊卡方检验，其自由度为 1。值得注意的是，对于皮尔逊卡方检验，当某个格子中的期望值小于 5 时，所计算的 χ^2 不再近似于卡方分布，我们需要应用费舍尔精确检验（Fisher's exact test）。

对于独立性检验，当两个类别变量相互独立时，四格表中的数据符合多项分布，如果四格表每行和每列的和是固定的，确定了 n_{11} 后，另外三个数据也就确定了，这时我们可以用超几何分布（hypergeometric）来描述该四格表，$P(n_{11}) = \dfrac{\dbinom{n_{1.}}{n_{11}} \dbinom{n_{2.}}{n_{21}}}{\dbinom{n_{..}}{n_{.1}}}$。费舍尔精确检验法根据超几何分布概率，计算每一种可能的 n_{11} 取值的概率，将概率大于等于 n_{11} 观察值概率的所有概率加在一起，即为独立性检验的 P 值。

根据超几何分布，n_{11} 的期望值为 $E(n_{11}) = \dfrac{n_{1.} n_{.1}}{n_{..}}$，其方差为 $Var(n_{11}) = \dfrac{n_{1.} n_{.1}}{n_{..}} \left(1 - \dfrac{n_{1.}}{n_{..}}\right) \dfrac{n_{..} - n_{.1}}{n_{..} - 1}$，当 $n_{..} \to +\infty$，$Var(n_{11}) = n_{..} \pi_{1.} \pi_{.1} (1-\pi_{1.})(1-\pi_{.1})$，从而我们可以计算 $Z = \dfrac{n_{11} - E(n_{11})}{\sqrt{Var(n_{11})}}$ 符合标准正

态分布，$Z^2 = \dfrac{\left(n_{11} - \dfrac{n_1 . n_{.1}}{n_{..}}\right)^2}{n_{..} \pi_{1.} \pi_{.1} (1 - \pi_{1.})(1 - \pi_{.1})} = \dfrac{n_{..}\left(\dfrac{n_{11}}{n_{..}} - \dfrac{n_{1.} n_{.1}}{n_{..} n_{..}}\right)^2}{\pi_{1.} \pi_{.1} (1 - \pi_{1.})(1 - \pi_{.1})} = n_{..} r^2$ 服从自由度为 1 的 χ^2 分布，

而其中的 r^2 实际上是两个二项分布变量的相关系数。

四、2×2×k 表格、辛普森悖论及 CMH 检验

我们有时会收集到 k 个 2×2 表格，例如多批次实验、不同群体的样本数据及多中心疾病对照研究等，此时我们不可以将这些数据合并成一个 2×2 表格。这是由于数据合并前后的 OR 值可能会发生显著性的改变，甚至会出现正相关和负相关之间转化，这称之为辛普森悖论（Simpson paradox）。例如，分别在两家医院通过临床试验检验某一药物的效果，如表 9-8 所示。

表 9-8　某一药物在两家医院的临床试验效果

医院	处理	效果		康复比例	OR
		康复	未康复		
A	药物	18	12	0.6	1.0
	安慰剂	12	8	0.6	
B	药物	2	8	0.2	1.0
	安慰剂	8	32	0.2	
总和	药物	20	20	0.5	2.0
	安慰剂	20	40	1/3	

很明显，该药物与安慰剂相比，无论医院 A 和医院 B 的试验都无差异；然而将数据合并后，药物组具有更高的康复比例，OR 值也大于 1。产生这种矛盾的原因在于医院成为一种混杂因子（confounder），它既影响到药物或安慰剂的选择使用（A 医院中药物组人数比例较 B 医院高），也同时影响到了治疗效果（A 医院总体的康复效率高于 B 医院），所以为了准确的研究药物的治疗效果，我们不能合并数据，而是需要控制医院这个因素。在随后的章节中，应用逻辑线性回归，将医院作为一个变量，可以很好地解决这个问题。

对于此种 2×2×k 表格，我们可以应用 Cochran-Mantel-Haenszel（CMH）检验。该检验方法假设每个 2×2 表格数据都符合超几何分布，据此我们可以计算出第 k 个表格 n_{11k} 的期望值 $E(n_{11k})$ 和方差 $Var(n_{11k})$。整合这些数据计算 CMH 统计量：$\text{CMH} = \dfrac{\left[\sum_k (n_{11k} - E(n_{11k}))\right]^2}{\sum_k Var(n_{11k})}$，

CMH 符合自由度为 1 的卡方分布。很明显，当每个四格表的 OR 值都大于 1 时，$\sum_k (n_{11k} - E(n_{11k})) > 0$；当每个四格表的 OR 值都小于 1 时，$\sum_k (n_{11k} - E(n_{11k})) < 0$；而当每个四格表的 OR 值接近于 1，或者一部分表格大于 1，另一部分表格小于 1 时，$\sum_k (n_{11k} - E(n_{11k})) \approx 0$。也就是说，每个表格都具有相同的趋势时，CMH 就会越显著。生存分析中的 Log-rank 检验即为 CMH 检验。

Box 9-3: Log-rank 检验

在生物医学研究中，我们经常比较两组或多组样本（药物处理、基因突变、表达水平等）疾病发作、治疗效果等数据之间的差异，往往需要长时间的跟踪记录，一些样品数据会存在删失情况。这时，我们需要使用生存分析，首先绘制 Kaplan-Meier 生存曲线（图 9-7），然后应用 log-rank 检验分析样本之间是否具有显著差异（注意此处 log 不是取对数的运算）。对于每一段生存时间，都可以得到一个 2×2 四格表，综合这些四格表，可以应用 CMH 检验给出 P 值。

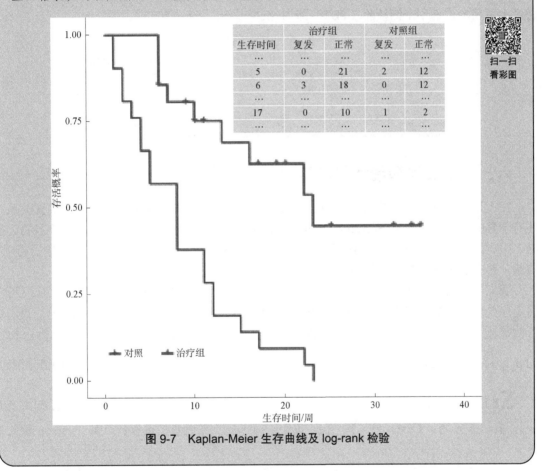

| | 治疗组 | | 对照组 | |
生存时间	复发	正常	复发	正常
…	…	…	…	…
5	0	21	2	12
6	3	18	0	12
…	…	…	…	…
17	0	10	1	2
…	…	…	…	…

扫一扫
看彩图

图 9-7 Kaplan-Meier 生存曲线及 log-rank 检验

五、配对卡方检验

为了消除这些混杂因子的影响，我们可以采取配对设计，对其中一个变量进行配对，然后针对另一个变量的四种组合统计其匹配对的数目。如药物试验，可以根据年龄、性别、体重等各种因素对接受药物和安慰剂处理的个体一一匹配，那么每对接受药物/安慰剂处理的个体有四种可能（康复/康复、康复/未康复、未康复/康复及未康复/未康复）（表 9-9），数出其配对的数目。对于回顾性的病例对照研究，我们可以将病例及对照样本进行配对，根据是否存在风险因素（遗传突变或环境因素等），病例-对照对同样可以分为四种可能。

对于这种实验设计，由于样本是配对数据，它们之间并不是独立的，我们不可以直接采用上述的卡方检验，而是需要应用 McNemar 检验。在零假设下，两个变量无关，那么 $a+b=b+c$，并且 $b+d=d+c$，很明显 $b=c$，即在给定 $b+c$ 的前提下，b 服从二项分布 $b \sim \text{binom}\left(b+c, \frac{1}{2}\right)$，其期望值为 $E(b)=\frac{1}{2}(b+c)$，方差为 $Var(b)=\frac{1}{4}(b+c)$，从而 $Z=\dfrac{b-E(b)}{\sqrt{Var(b)}}$

服从标准正态分布，因此 $Z^2=\left(\dfrac{b-(b+c)/2}{\sqrt{(b+c)/4}}\right)^2=\dfrac{(b-c)^2}{b+c}$ 服从自由度为 1 的 χ^2 分布。医学遗传学上常用的传递不平衡检验（TDT）即为 McNear 检验的一种应用。

表 9-9　配对卡方检验四格表

		药物					对照	
		康复	未康复				+	−
安慰剂	康复	a	b		病例	+	a	b
	未康复	c	d			−	c	d

六、变量表格和线性趋势检验

在上述卡方检验中的分类变量均是定类(nominal)变量，各类别之间没有任何数量关系；还有一种分类变量称为定序(ordinal)变量，其各类别存在一定的顺序，例如成绩（不及格、及格、中、良、优）。对于定序变量，我们同样可以构建列联表，但如果我们直接应用上述卡方检验，将会丢失这些类别之间的顺序信息。

我们可以对定序变量的类别进行赋值，其数值反映各类别之间的距离或等级，从而可以将定序变量看作数值型变量，分析列联表中两个定序变量之间的线性相关（表 9-10）。我们对行的赋值为 $u_1 \leqslant u_2 \leqslant \cdots \leqslant u_r$，对列的赋值为 $v_1 \leqslant v_2 \leqslant \cdots \leqslant v_c$，每个格子中样本的数目为 n_{ij} 比例为 $p_{ij}=\dfrac{n_{ij}}{n..}$，每一行的比例为 $p_{i.}=\dfrac{n_{i.}}{n..}$，每一列的比例为 $p_{.j}=\dfrac{n_{.j}}{n..}$，这两个变量的平均值分别为：$\bar{u}=\sum_i u_i p_{i.}$ 和 $\bar{v}=\sum_j v_j p_{.j}$，其方差分别为：$Var(u)=\sum_i (u_i-\bar{u})^2 p_{i.}$ 和 $Var(v)=\sum_j (v_j-\bar{v})^2 p_{.j}$，其协方差为：$Cov(u,v)=\sum_{i,j}(u_i-\bar{u})(v_j-\bar{v})p_{ij}$，据此我们可以计算其 Pearson 相关系数 $r=\dfrac{Cov(u,v)}{\sqrt{Var(u)Var(v)}}$。在零假设下，两个变量无关，统计量 $M^2=(n..-1)r^2$ 近似于服从自由度为 1 的 χ^2 分布。医学遗传学中疾病对照关联分析中常用的 Armitage 趋势检验（Armitage's trend test）即是此趋势检验，此方法可控制群体分层现象所增加的方差，提高检验的鲁棒性。

表 9-10　定序变量数据表

	v_1	v_1	$\cdots$	v_c
u_1	n_{11}	n_{12}	$\cdots$	n_{1c}
u_2	n_{21}	n_{22}	$\cdots$	n_{2c}
$\cdots$	$\cdots$	$\cdots$	$\cdots$	$\cdots$
u_r	n_{r1}	n_{r2}	$\cdots$	n_{rc}

第六节　线性回归分析

　　线性回归分析是估计因变量和自变量之间定量关系的一种统计学方法，应用所构建的线性模型根据自变量可以预测因变量，如我们经常应用标准曲线方法定量检测某种成分的浓度；回归分析还可用于假设检验，如我们上一小节所述统计检验均可应用线性回归分析方法完成。

一、简单线性回归

　　对于 n 个独立的观察值 (y_i, x_i)，我们可以做出散点图，通过简单线性模型：$y_i = \beta_0 + \beta_1 x_i + e_i$，$e_i \sim N(0, \sigma^2)$，可以将此散点图拟合为一条直线 $y = \beta_0 + \beta_1 x$（图9-8）。在这个线性模型中，$E(y|x) = \beta_0 + \beta_1 x$，$Var(y|x) = \sigma^2$，对于任意给定的 x，其对应的 y 值符合期望值为 $\beta_0 + \beta_1 x$ 且方差为 σ^2 的正态分布。很明显，β_0 为 $x=0$ 时因变量 y 的期望值，而 β_1 为该回归直线的斜率，即自变量每增加一个单位，因变量 y 的期望值增加 β_1。

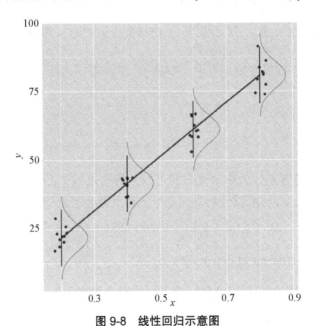

图9-8　线性回归示意图

数据点 x 值分别为0.2、0.4、0.6、0.8，$\beta_0 = 2$，$\beta_1 = 100$，$\sigma = 5$，为了避免数据点覆盖，
对每个 x 值作 jitter 散点图

1. 参数估计

　　在这个模型中，我们需要估计两个未知参数 β_0 和 β_1，以使得观察值与拟合值最为接近，也即是图9-8中各数据点沿与 X 轴垂直方向到红色回归直线的距离。最常用的方法是最小二乘法（ordinary least squares, OLS），即最小化残差平方和（residual sum of squares）：

$$RSS(\beta_0, \beta_1) = \sum \left[y_i - (\beta_0 + \beta_1 x_i) \right]^2 \tag{式 9-1}$$

应用偏导数为零求极值的方法，我们可以计算出：

$$\hat{\beta}_1 = \frac{\sum(x_i - \overline{x})(y_i - \overline{y})}{\sum(x_i - \overline{x})^2} = \frac{SXY}{SXX}, \quad \hat{\beta}_0 = \overline{y} - \hat{\beta}_1\overline{x} \qquad (式9\text{-}2)$$

据此，可以计算y值的拟合值$\hat{y}_i = \hat{\beta}_0 + \hat{\beta}_1 x_i$，$\hat{e}_i = y_i - \hat{y}_i$，$RSS = \sum_{i=1}^{n}\hat{e}_i^2$。

由式9-2，还可以计算出$\hat{\beta}_1$的方差：

$$Var(\hat{\beta}_1) = \frac{\sigma^2}{SXX} \qquad (式9\text{-}3)$$

我们也可以用最大似然法估计β_0和β_1，其似然函数为：

$$L(\beta_0, \beta_1, \sigma^2 | Data) = \prod_{i=1}^{n}\frac{1}{\sqrt{2\pi}\sigma}\exp\left(-\frac{(y_i - (\beta_0 + \beta_1 x_i))^2}{2\sigma^2}\right) = \left(\frac{1}{\sqrt{2\pi}\sigma}\right)^n \exp\left(-\frac{1}{2\sigma^2}\sum_{i=1}^{n}(y_i - \right.$$

$\left.(\beta_0 + \beta_1 x_i))^2\right)$，对其取自然对数后，$\ln(L) = -\frac{n}{2}\ln(2\pi) - \frac{n}{2}\ln(\sigma^2) - \frac{1}{2\sigma^2}\sum_{i=1}^{n}(y_i - (\beta_0 + \beta_1 x_i))^2$，可

以看出$\ln(L)$取最大值等价于$RSS(\beta_0, \beta_1) = \sum[y_i - (\beta_0 + \beta_1 x_i)]^2$取最小值。

σ^2的最大似然法估计为：$\hat{\sigma}^2 = \frac{RSS}{n}$，然而该最大似然估计不是无偏估计，$\sigma^2$的无偏估

计为：$\hat{\sigma}^2 = \frac{RSS}{df}$，由于该线性模型有两个参数$\beta_0$和$\beta_1$需要估计，因此其自由度$df$为$n$-2，

从而$\hat{\sigma}^2 = \frac{RSS}{n-2}$。

2. 回归与相关

类似于本章第三节方差分析中总平方和可以分解为组间平方和与组内平方和，因变量y的总平方和$SYY = \sum(y_i - \overline{y})^2$可以分解为回归平方和及残差平方和：

$\sum(y_i - \overline{y})^2 = \sum(\hat{y}_i - \overline{y})^2 + \sum(y_i - \hat{y}_i)^2$，即$SYY = SS_{reg} + RSS$。

回归判定系数（coefficient of determination）$R^2 = \frac{SS_{reg}}{SYY} = 1 - \frac{RSS}{SYY}$，描述了因变量$y$的变异

由回归方程所能解释的比例，用以判定回归方程的拟合优度。

由式9-1和式9-2，可计算得知：$RSS = SYY - \frac{SXY^2}{SXX}$，因此$R^2 = \frac{SXY^2}{SXX \cdot SYY} = r_{xy}^2$，这说明简单

线性回归的判定系数与两个变量之间的相关系数相同。又由式9-2可以得知：皮尔逊相关系数

$r_{xy} = \frac{Cov(x,y)}{\sqrt{Var(x)Var(y)}} = \frac{SXY}{\sqrt{SXX \cdot SYY}} = \frac{SXY}{SXX} \cdot \sqrt{\frac{SXX}{SYY}} = \hat{\beta}_1\sqrt{\frac{SXX}{SYY}} = \hat{\beta}_1\frac{sd(x)}{sd(y)}$，说明$r_{xy}$与$\hat{\beta}_1$成正

比，自变量x和因变量y呈正相关时，$\hat{\beta}_1 > 0$；二者成负相关时，$\hat{\beta}_1 < 0$；二者没有相关时，$\hat{\beta}_1 = 0$。

3. 假设检验

检验该简单线性回归方程对因变量的拟合是否具有统计意义，其零假设H_0为：$\hat{\beta}_1 = 0$，

备择假设H_1为：$\hat{\beta}_1 \neq 0$。很明显，我们可以应用t检验：

$$t = \frac{\hat{\beta}_1 - 0}{se\left(\hat{\beta}_1\right)} = \frac{\hat{\beta}_1}{\sqrt{\hat{\sigma}^2 / SXX}} \sim t_{n-2}。$$

我们也可以应用方差分析的方法比较零假设 H_0：$y_i = \beta_0 + e_i$ 和备择假设 H_1：$y_i = \beta_0 + \beta_1 x_i + e_i$ 两个模型。SYY 即为零假设 H_0 模型下的残差平方和，在备择假设 H_1 模型下，我们可以将其分解为 $SYY = SS_{reg} + RSS$，如果 SS_{reg} 足够大，那么备择假设模型明显优于零假设模型。根据 Cochran 定理，在零假设下，$\frac{RSS}{\sigma^2} \sim \chi^2(n-2)$，且 $\frac{SS_{reg}}{\sigma^2} \sim \chi^2(1)$，因此我们可以计算 F 值，

$$F = \frac{SS_{reg} / \sigma^2}{RSS / (n-2)\sigma^2} = \frac{SS_{reg}}{RSS / (n-2)} \sim F(1, n-2)。$$

实际上，上面两个检验是等价的：$t^2 = \left(\frac{\hat{\beta}_1}{\sqrt{\hat{\sigma}^2 / SXX}}\right)^2 = \frac{SXY^2 / SXX^2}{\hat{\sigma}^2 / SXX} = \frac{SS_{reg}}{RSS / (n-2)} = F。$

4. 回归与独立样本 t 检验

两个独立样本均值 t 检验，也可以应用简单线性回归来实现。例如，我们分别测得 6 个肿瘤样品和 6 个正常样品某基因的表达量,如图 9-2A 所示表格，这个表格我们称为宽表，应用线性回归时，我们需要将其转换成长表（表 9-11），从而我们可以应用线性模型 $y_i = \beta_0 + \beta_1 x_i + e_i$，这里 y_i 代表每个样品的基因表达量，x_i 代表该样品为肿瘤还是正常样品，检验 β_1 是否显著不等于 0，即等价于两个独立样本的 t 检验。

表 9-11　肿瘤及正常组织某基因表达量

表达量	X（正常=0，肿瘤=1）	表达量	X（正常=0，肿瘤=1）
12.74	1	10.86	0
10.89	1	9.79	0
10.42	1	8.99	0
12.95	1	10.84	0
9.38	1	6.94	0
13.62	1	11.52	0

二、多元线性回归

当有多个自变量时，我们需要应用多元线性回归模型同时考虑这些自变量和因变量的关系：

$$y_i = \beta_0 + \beta_1 x_{i1} + \beta_2 x_{i2} + \cdots + \beta_{p-1} x_{i,p-1} + e_i, \quad e_i \sim N\left(0, \sigma^2\right) \qquad (式9\text{-}4)$$

这是一个加性模型（additive model），可以在控制其他自变量的基础上，显示每个自变量与因变量的关系，可以用于控制混杂变量（confounding variables）。

1. 参数估计

对于式 9-4，我们需要估计 p 个参数 β 及 1 个 σ^2，应用向量和矩阵的运算更加简洁和直观。如果我们有 n 个独立的观察值 $\left(y_i, x_{i1}, x_{i2}, \cdots, x_{i,p-1}\right)$，记为：

$$y = \begin{bmatrix} y_1 \\ y_2 \\ \vdots \\ y_n \end{bmatrix}, \quad X = \begin{bmatrix} 1 & x_{11} & \cdots & x_{1,p-1} \\ 1 & x_{21} & \cdots & x_{2,p-1} \\ \vdots & \vdots & \cdots & \vdots \\ 1 & x_{n1} & \cdots & x_{n,p-1} \end{bmatrix}, \quad \boldsymbol{\beta} = \begin{bmatrix} \beta_0 \\ \beta_1 \\ \vdots \\ \beta_{p-1} \end{bmatrix}, \quad e = \begin{bmatrix} e_1 \\ e_2 \\ \vdots \\ e_n \end{bmatrix} \qquad \text{(式 9-5)}$$

从而我们可以将多元线性模型记为：$Y = X\boldsymbol{\beta} + e$。应用最小二乘法通过最小化 $RSS(\boldsymbol{\beta}) = e'e = (Y - X\boldsymbol{\beta})'(Y - X\boldsymbol{\beta})$，可以计算：

$$\hat{\boldsymbol{\beta}} = (X'X)^{-1}XY, \quad Var(\hat{\boldsymbol{\beta}}) = \sigma^2 (X'X)^{-1} \qquad \text{(式 9-6)}$$

从而，$RSS = \hat{e}'\hat{e} = (y - X\hat{\boldsymbol{\beta}})'(y - X\hat{\boldsymbol{\beta}})$，$\sigma^2$ 的无偏估计为 $\hat{\sigma}^2 = \dfrac{RSS}{n-p}$，带入式 9-6，可得 $\widehat{Var}(\hat{\boldsymbol{\beta}}) = \hat{\sigma}^2 (X'X)^{-1}$。

2. 假设检验

（1）回归方程的拟合优度和总体线性显著性检验。同样地，我们可以分解总平方和为：$SYY = SS_{reg} + RSS$，计算回归判定系数 $R^2 = \dfrac{SS_{reg}}{SYY} = 1 - \dfrac{RSS}{SYY}$，用以判断回归方程的拟合优度。然而，在多元线性回归方程中，随着因变量数目的增加，即使我们加入无关的变量，R^2 依旧倾向于增大，因此，需要对 R^2 进行校正。我们将 RSS 和 SS_{reg} 分别除以它们的自由度，来减少变量数目对 R^2 的影响：$Adjusted\ R^2 = 1 - \dfrac{RSS/(n-p)}{SYY/(n-1)} = 1 - \dfrac{(1-R^2)(n-1)}{n-p}$。

检验此回归方程是否具有显著性，即是比较零假设模型：$y_i = \beta_0 + e_i$ 和备择假设：$y_i = \beta_0 + \beta_1 x_{i1} + \cdots + \beta_{p-1} x_{i,p-1} + e_i$，零假设 H_0 为：$\beta_1 = \cdots = \beta_{p-1} = 0$，备择假设 H_1 为：$\beta_1, \beta_2, \cdots, \beta_j$ 不全为 0。我们可以直接应用 F 检验，在零假设条件下，根据 Cochran 定理，$\dfrac{SS_{reg}}{\sigma^2} \sim \chi^2(p-1)$ 且 $\dfrac{RSS}{\sigma^2} \sim \chi^2(n-p)$，并且这二者是独立的，因此 $F = \dfrac{SS_{reg}/(p-1)\sigma^2}{RSS/(n-p)\sigma^2} = \dfrac{SS_{reg}/(p-1)}{RSS/(n-p)} \sim F(p-1, n-p)$。

（2）单个自变量的显著性 t 检验。对于多元线性回归模型 $y_i = \beta_0 + \beta_1 x_{i1} + \cdots + \beta_{p-1} x_{i,p-1} + e_i$，经过上述 F 检验，接受了备择假设，即至少一个 β_j 不为 0。我们需要知道在考虑其他自变量的基础上，此模型中哪一个自变量的系数不为 0？我们可以应用 t 检验分别检验每个 β_j。零假设 H_0 为：$\beta_j = 0$，备择假设 H_1 为：$\beta_j \neq 0$，我们可以应用 t 检验，$t = \dfrac{\hat{\beta}_j}{se(\hat{\beta}_j)} \sim t(n-p)$。

（3）多个自变量显著性的检验。在考虑其他自变量的基础上，有时我们需要同时检测一组或几个自变量对因变量是否具有显著性影响。如果我们共有 $p-1$ 个自变量，根据需要将这些变量分成两组：A 组包括 q 个变量和 B 组包括另外的 $p-q-1$ 个变量，我们的目标是在考虑 B 组变量的情况下，检测 A 组 q 个变量是否具有显著性影响。

此时我们需要比较简化模型 ω：　$y_i = \beta_0 + \beta_1 x_{i1} + \cdots + \beta_{p-q-1} x_{i,p-q-1} + e_i$ 和完全模型 Ω：$y_i = \beta_0 + \beta_1 x_{i1} + \cdots + \beta_{p-q-1} x_{i,p-q-1} + \cdots + \beta_{p-1} x_{i,p-1} + e_i$，简化模型有 $p-q$ 个参数需要估计而完全模型有 p 个参数需要估计。零假设 H_0 为：$\beta_{p-q} = \cdots = \beta_{p-1} = 0$，备择假设 H_1 为：$\beta_{p-q}, \cdots, \beta_{p-1}$ 不全为0。我们可以应用似然率检验来完成这个假设检验，分别计算简化模型和完全模型下的最大似然，其似然率为：

$$\Lambda = \frac{\max_{(\beta, \sigma) \in \omega} L(\beta|y)}{\max_{(\beta, \sigma) \in \Omega} L(\beta|y)} = \left(\frac{\hat{\sigma}_\omega^2}{\hat{\sigma}_\Omega^2} \right)^{-\frac{n}{2}},$$ 从而 $-2\ln \Lambda = \left(\frac{\hat{\sigma}_\omega^2}{\hat{\sigma}_\Omega^2} \right)^{\frac{n}{2}}$ 符合自由度为 q 的 χ^2 分布。此处，我们实际上是检测 $\frac{\hat{\sigma}_\omega^2}{\hat{\sigma}_\Omega^2}$，在给定 I 类错误 α 下，如果 $\frac{\hat{\sigma}_\omega^2}{\hat{\sigma}_\Omega^2}$ 大于阈值 k，我们即可拒绝零假设。而检测 $\frac{\hat{\sigma}_\omega^2}{\hat{\sigma}_\Omega^2}$ 的大小，等价于检测 $\frac{RSS_\omega}{RSS_\Omega}$，进一步等价于检测 $\frac{RSS_\omega - RSS_\Omega}{RSS_\Omega}$；而我们知道，在零假设条件下根据 Cochran 定理，$\frac{RSS_\omega - RSS_\Omega}{\sigma^2} \sim \chi^2(q)$，$\frac{RSS_\Omega}{\sigma^2} \sim \chi^2(n-p)$，从而我们可以应用 F 检验：$F = \dfrac{(RSS_\omega - RSS_\Omega)/q}{RSS_\Omega/(n-p)} \sim F(q, n-p)$。

很明显，回归方程总体线性显著性检验和单个自变量的显著性检验都是 F 检验的一种特殊形式。

3. 因子型自变量与方差分析

线性回归模型主要建立因变量和自变量之间的线性关系，我们已经知道对于连续数值型自变量，线性回归方程的系数 β 实际上是自变量也即是自变量相差 1 个单位的个体，其因变量差值的期望值。当自变量为因子型或分类变量时，我们需要对其进行编码转换成数值型，以建立线性回归模型，比较该自变量不同水平对应的因变量差异的期望值，从而判断该变量是否对因变量具有显著影响。

在第三节中，我们主要介绍了单因素及多因素方差分析，其中我们应用了一个单因素线性模型：$y_{ij} = \mu_i + \epsilon_{ij}$，$\mu_i$ 代表每个水平组内因变量的平均值，或 $y_{ij} = \mu + \tau_i + \epsilon_{ij}$，$\mu$ 代表所有数据的平均值，τ_i 代表该因子型自变量第 i 个处理水平与平均值 μ 的差异。在线性回归中，我们需要对该自变量应用设计矩阵（design matrix）或编码矩阵（coding matrix）重新编码。假设我们有 k 个水平，则需要 $k-1$ 个新的变量编码。此处，为了叙述方便，我们设定该因素有 3 个水平分别为 a、b 和 c。我们应用偏差编码（deviation coding）矩阵将该因素编码为两个变量 X_1 和 X_2（表 9-12），从而该线性回归方程可写为：$y_i = \beta_0 + \beta_1 x_{i1} + \beta_2 x_{i2} + e_i$，在此模型中 $\beta_0 = \mu$，而 $\beta_1 = \mu_1 - \mu$ 和 $\beta_2 = \mu_2 - \mu$。

表 9-12　三个水平因素变量的偏差矩阵编码

	X_1	X_2
a	1	0
b	0	1
c	−1	−1

实际上，在统计软件 R 中，默认的编码矩阵是虚拟编码（dummy coding），此种编码矩阵更加直观易懂，很容易看出应用此种编码矩阵时，$\beta_0 = \mu_1$，而 $\beta_1 = \mu_2 - \mu_1$ 和 $\beta_2 = \mu_3 - \mu_1$。因此若要检测水平 a 和 b 之间的差异是否显著相当于检验 β_1 是否明显不等于 0（表9-13）。

表 9-13   三个水平因素变量的虚拟矩阵编码

	X_1	X_2
a	0	0
b	1	0
c	0	1

检验该因子型自变量对因变量的影响，我们需要应用多个自变量显著性的检验。至此，我们可以发现我们经常应用的方差分析也可以统一到线性回归中。

4. 自变量之间的互作对因变量的影响

在前面所介绍的多元线性回归模型，各自变量的作用是可加性的（additive），某一个自变量对因变量的效应不随其他自变量的取值而发生变化，然而有些自变量之间存在相互作用，这时我们需要在线性回归模型中增加交叉乘积项（cross-production term）。例如对于线性模型 $y_i = \beta_0 + \beta_1 x_{i1} + \beta_2 x_{i2} + e_i$，如果考虑变量 x_1 和 x_2 之间的相互作用，我们需要应用线性模型 $y_i = \beta_0 + \beta_1 x_{i1} + \beta_2 x_{i2} + \beta_{1,2} x_{i1} x_{i2} + e_i$，在这个模型中自变量 x_1 和 x_2 对于因变量的效应都与另一个自变量的取值相关。我们可以将其转写为 $y_i = \left(\beta_0 + \beta_2 x_{i2} \right) + \left(\beta_1 + \beta_{1,2} x_{i2} \right) x_{i1} + e_i$，很明显可以看出 x_1 对 y 的效应 $\left(\beta_1 + \beta_{1,2} x_{i2} \right)$ 与 x_2 的取值相关，反之亦然。

当自变量 x_1 为连续型变量而 x_2 为因子型自变量时，x_1 和 x_2 的互作相当于 x_2 不同水平取值时 x_1 的斜率差异。如果该因素有 3 个水平 a、b 和 c，我们应用 Dummy Coding 编码矩阵将 x_2 编码成为 x_3 和 x_4，则其线性模型为：$y_i = \left(\beta_0 + \beta_3 x_{i3} + \beta_4 x_{i4} \right) + \left(\beta_1 + \beta_{1,3} x_{i3} + \beta_{1,4} x_{i4} \right) x_{i1} + e_i$，表9-14 显示当 x_2 分别为不同水平取值时的模型。因此，x_1 和 x_2 之间互作具有统计显著性，则意味着 x_2 不同水平取值时 x_1 的斜率具有显著差异。

表 9-14   连续性变量与因子型变量交互作用模型

X_2	X_3	X_4	模型
a	0	0	$y_i = \beta_0 + \beta_1 x_{i1} + e_i$
b	1	0	$y_i = \left(\beta_0 + \beta_3 \right) + \left(\beta_1 + \beta_{1,3} \right) x_{i1} + e_i$
c	0	1	$y_i = \left(\beta_0 + \beta_4 \right) + \left(\beta_1 + \beta_{1,4} \right) x_{i1} + e_i$

当 x_1 和 x_2 都为因子型变量时，x_1 和 x_2 的互作可以理解为差异的差异。假设 x_1 有 2 个水平 A 和 a，x_2 也有 2 个水平 B 和 b。对 x_1 和 x_2 分别赋值0和1后，该线性模型如表9-15所示。

表 9-15   两个因子型变量的交互作用模型

X_1	X_2	模型
a=0	b=0	$y_i = \beta_0 + e_i$
A=1		$y_i = \beta_0 + \beta_1 + e_i$
a=0	B=1	$y_i = \beta_0 + \beta_2 + e_i$
A=1		$y_i = \beta_0 + \beta_1 + \beta_2 + \beta_{1,2} + e_i$

当 x_2 为 b 时，x_1 两水平之间的差异为 β_1，当 x_2 为 B 时，x_1 两水平之间的差异为 $\beta_1 + \beta_{1,2}$，很明显，此时 x_1 和 x_2 之间互作效应 $\beta_{1,2}$ 为差异的差异。我们经常分别比较 x_2 不同取值时，x_1 两水平之间是否具有显著差异，例如，某种药物对于野生型个体无效，而对于突变型个体有效，从而断定该基因突变可影响药物的效果。然而，这种分析是错误的，实际上我们需要分析的是药物对于野生型的效果和对于突变型效果的差异是否显著，这就需要分析药物和基因型这两个变量之间的互作效应是否显著。

三、广义线性回归（generalized linear regression）

在上述线性回归模型中，我们实际上是建立了因变量 y 在给定自变量 x 时的期望值 $\mu = E(y|x)$ 与 x 的线性方程：$E(y|x) = \beta_0 + \beta_1 x$。对于任意 x，其对应的 y 值符合正态分布，而其方差却固定不变为 σ^2。对于该线性模型，我们未对自变量 x 的分布进行约束，可以为连续型或离散型的数值数据，也可以是分类变量数据。

然而在很多情况下，我们的因变量 y 并不符合正态分布。有时我们的数据是二元分类变量，比如个体的正常或患病状态；而有时是计数数据，比如患者的个数等。此时，我们不能直接应用线性回归模型，而是需要使用广义线性回归。

我们需要设计一个函数 $g(\mu)$，对因变量 y 的期望值 μ 作一个变换，从而使得 $g(\mu)$ 与自变量 x 具有线性关系：$g(\mu) = \beta_0 + \beta_1 x$，此函数 $g(\mu)$ 称为连接函数（link function）。

1. 逻辑回归（logistic regression）

如果因变量为二元分类变量，我们通常采用一种称为逻辑回归的分析方法。我们拟研究年龄与冠心病之间的关系，获得了 1000 个冠心病患病情况与年龄的数据（模拟数据）如图 9-9A 所示。很明显，冠心病患病状态为二元分类变量：

$$y_i = \begin{cases} 1, 第i个个体患病 \\ 0, 正常 \end{cases}$$，该变量符合伯努利分布：$Pr(y = y_i) = \pi_i^{y_i} (1 - \pi_i)^{1-y_i}$，其中 π_i 为

第 i 个个体的患病概率。

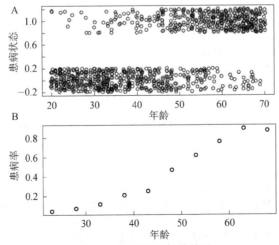

图 9-9 冠心病和年龄关系

1000 个个体的模拟数据，年龄为 20～70 均匀分布；A. jitter 散点图；B. 分组数据患病率和年龄散点折线图

我们将这些个体按照年龄分成 10 组，取每组年龄的中位数为 x，计算患病状态 y 的平均值 $\mu = E(y|x) = P(y=1|x)$，即患病率 $\pi(x)$。分别计数每组个体总数 n_j 和患病个体的数目（Y_j），那么各组内患病个体数目符合二项分布：$Pr(Y_j) = \binom{n_j}{Y_j} \pi_j^{Y_j} (1-\pi_j)^{n_j-Y_j}$。我们可以看出伯努利分布实际上是二项分布的一种特例，即每组个体总数目为 1 时的二项分布。

散点折线图（图 9-9B）显示患病率与年龄的关系呈现 S 形曲线，在数据上经常用到的具有 S 形曲线的函数是 logistic 函数 $f(x) = \dfrac{1}{1+e^{-x}}$，又称为 sigmoid 函数，正是我们此处的逻辑回归模型；另一种常用的函数是随机变量的累积分布函数，用于 probit 回归模型（不在本文讨论范围之内）。我们设患病率 $\pi(x) = \dfrac{1}{1+e^{-(\beta_0+\beta_1 x)}}$，那么 $g(\mu) = \ln\dfrac{\pi(x)}{1-\pi(x)} = \beta_0 + \beta_1 x$，这就是逻辑回归模型。$\dfrac{\pi(x)}{1-\pi(x)}$ 即为本章第五节中的 odd 值，而 $\ln\dfrac{\pi(x)}{1-\pi(x)}$ 被称为 logit 或 log-odds 函数，即为逻辑回归模型的连接函数，e^{β_1} 则为 odds ratio。

我们还有另外一种采用 logistic 函数的解释，在统计学上更具有意义。根据贝叶斯公式 $P(y|x) = \dfrac{P(x|y)P(y)}{P(x)}$，我们可以计算给定 x 值，患病或正常的后验概率为 $\pi(x) = P(y=1|x) = \dfrac{P(x|y=1)P(y=1)}{P(x)}$ 和 $1-\pi(x) = P(y=0|x) = \dfrac{P(x|y=0)P(y=0)}{P(x)}$，其比值即后验 odd 值为：$\dfrac{\pi(x)}{1-\pi(x)} = \dfrac{P(y=1|x)}{P(y=0|x)} = \dfrac{P(x|y=1)}{P(x|y=0)} \cdot \dfrac{P(y=1)}{P(y=0)}$，其中 $\dfrac{P(x|y=1)}{P(x|y=0)}$ 为似然比，$\dfrac{P(y=1)}{P(y=0)}$ 为 y 的先验 odd 值。对后验 odd 值取对数运算后：$\ln\dfrac{\pi(x)}{1-\pi(x)} = \ln\dfrac{P(x|y=1)}{P(x|y=0)} + \ln\dfrac{P(y=1)}{P(y=0)}$，很明显，$\ln\dfrac{P(y=1)}{P(y=0)}$ 与 x 无关，与线性回归模型相似，我们可设 $\ln\dfrac{P(y=1)}{P(y=0)} = \beta_0$，而 $\ln\dfrac{P(x|y=1)}{P(x|y=0)}$ 与 x 线性相关。因此，我们可令 $\ln\dfrac{\pi(x)}{1-\pi(x)} = \beta_0 + \beta_1 x$，从而 $\pi(x) = \dfrac{1}{1+e^{-(\beta_0+\beta_1 x)}}$，通过贝叶斯模型我们可以得出所观测到的 S 曲线。

下一步，我们需要估计逻辑回归模型 $\ln\dfrac{\pi(x)}{1-\pi(x)} = \beta_0 + \beta_1 x$ 中的参数 β_0 和 β_1。一个简单的想法是首先计算 $\ln\dfrac{\pi(x)}{1-\pi(x)}$，然后应用最小二乘法，然而很多情况下我们的数据是非分组数据，每一个 x 值可能只有一个数据，因此不能直接计算 $\ln\dfrac{\pi(x)}{1-\pi(x)}$。实际上对于逻辑回归，我们采用最大似然法估计参数 β 和它的方差，应用二项分布计算观察值的似然值：$L(\beta) = \prod\left[\pi_j^{Y_j}(1-\pi_j)^{n_j-Y_j}\right]$；或应用伯努利分布计算：$L(\beta) = \prod\left[\pi_i^{y_i}(1-\pi_i)^{1-y_i}\right]$。

得到 β 及其方差后，我们可以应用 Z 检验，检验 β 是否显著不等于 0，或者说自变量 x 对 y 是否显著相关，类似线性回归我们也可以应用似然率检验；自然地，可以扩展到多个自变量的多元逻辑回归。我们在第五节卡方检验中的 2×2 和 2×2×k 表格数据可以直接应用逻辑回归解决，如疾病基因关联分析的疾病对照研究中，疾病状态为因变量，基因状态为自变量。

2. 泊松回归（Poisson regression）

当因变量为计数数据时（如细胞数目、每胎幼崽数目、列联表中的数据），我们可假设这些数据符合泊松分布：$Pr(Y = y) = \dfrac{\lambda^y}{y!} e^{-\lambda}$，那么 Y 的期望值和方差均为 λ。以 log 为连接函数，我们可以建立泊松 loglinear 模型：$g(\mu) = \ln(\mu) = \beta_0 + \beta_1 x$，从而 $\mu = e^{\beta_0 + \beta_1 x} = e^{\beta_0} \left(e^{\beta_1}\right)^x$，自变量 x 每增加 1 个单位，因变量 y 的期望值扩大 e^{β_1} 倍，当 $\beta_1 = 0$ 时，因变量 y 与自变量 x 无关。

同样的，我们可以应用最大似然法估计参数 β_0 和 β_1，其似然函数为：$L(\beta) = \prod \left(\dfrac{\mu_i^{y_i}}{y_i!} e^{-\mu_i}\right)$。应用 Z 检验或似然率检验，检验 β_1 是否显著不等于 0。

对于 2×2 和 2×2×k 列联表数据，我们也可以应用 loglinear 模型的泊松回归，但与逻辑回归模型不同，此时的因变量和自变量都发生了变化：因变量为列联表中的数值，自变量为行变量和列变量及其互作。例如，疾病基因关联分析的疾病对照研究中，因变量为列联表中每个格子的数值，而自变量为疾病状态、基因状态及它们的互作，若要检测疾病和基因的相关性，我们需要检测二者的互作是否具有显著性。同样的对于第五节中的定序变量表格和线性趋势检验，我们可以应用 loglinear 模型，需要注意的是因变量之间的互作才是我们所关注的。

四、混合线性模型（linear mixed model）

上述线性模型及广义线性模型中的自变量均为固定效应变量，且每个样本都是独立的。在有些实验中，因子型变量具有较多的处理水平，并且我们的关注点并不是这些处理水平之间的差异，我们可以将此变量视为随机效应。混合线性模型一般分为两大类：①重复测量或纵向数据（longitudinal data）；②巢式数据（nested data）或多层数据（hierachical data）。在混合线性模型中，固定效应变量可以为连续型变量，也可以为因子型变量，而随机效应变量都是因子型变量。

我们以纵向数据为例介绍混合线性模型的原理及建模过程。我们测量了 20 只小鼠生长过程中不同时间点的体重，拟建立小鼠体重（y）和时间（x）的线性关系。然而，此时我们不能简单地应用线性模型 $y_i = \beta_0 + \beta_1 x_{i1} + e_i$，由于这些数据是对每只小鼠的重复测量，每个数据点并不是完全独立的，因此我们需要引入新的因子型变量——小鼠个体（共有 20 个水平），可以应用上述的多元线性模型。此新变量的水平数量过高，并且每个小鼠个体间的差异也不是我们关注的对象，因此我们需要应用混合线性模型，将小鼠个体这个因子型变量作为随机效应变量。对于小鼠 i 的第 j 个测量数据，我们可以建立一般线性回归模型：$y_{ij} = \alpha_{0i} + \alpha_{1i} x_{ij} + e_{ij}$，每只小鼠具有不同的截距 α_{0i} 和斜率 α_{1i}。我们设 $\alpha_{0i} = \gamma_{00} + \upsilon_{0i}$，$\upsilon_{0i} \sim N(0, \tau_0^2)$；$\alpha_{1i} = \gamma_{10} + \upsilon_{1i}$，$\upsilon_{1i} \sim N(0, \tau_1^2)$，则 $y_{ij} = \gamma_{00} + \upsilon_{0i} + (\gamma_{10} + \upsilon_{1i}) x_{ij} + e_{ij} = \gamma_{00} + \gamma_{10} x_{ij} + \upsilon_{0i} + \upsilon_{1i} x_{ij} + e_{ij}$，其中 γ 和 υ 分别为固定效应和随机效应，γ_{00} 和 γ_{10} 分别代表所有小鼠的平均截距和斜率，而 υ_{0i} 和 υ_{1i} 则分别代表每只小鼠特异的截距和斜率，并且该个体特异斜率实际上即是个体和时间两个因素的交互作用。我们可以 LRT 似然率检验、F 检验及 Z 检验，分析固定效应及随机效应是否具有统计显著性。

明显可以看出，第三节中的混合效应模型方差分析就是因子型变量混合线性模型。实际上配对 t 检验也可以统一到混合线性模型，配对 t 检验中的样品对可以看作一个随机效应变量，从而应用混合线性模型 $y_{ij} = \gamma_{00} + \gamma_{10}x_{ij} + \upsilon_{0i} + e_{ij}$，检测 γ_{10} 是否显著不等于 0。

该混合线性模型可以推广到广义线性模型中，而第五节中的配对卡方检验即属于广义混合线性模型，应用逻辑回归模型，并将样品对作为一个随机效应变量。

第七节　检验的功效和样本大小

在第二节中，我们介绍了假设检验的两类错误的概率及检验的功效（power）。当实际情况与备择假设一致，给定假设检验的阈值，如果假设检验不能拒绝零假设，此时我们犯了 II 类错误，设 II 类错误的概率为 β；如果假设检验拒绝零假设，接受备择假设，那么其概率为 $1-\beta$，这就是该假设检验的功效。一般情况下，我们都希望在控制 I 类错误的情况下，尽可能地提高检验的功效，以在科学实验中发现新的规律，在临床检验中诊断疾病，在生产活动中检测异常样品等。检验的功效一般与显著性水平 α（即 I 类错误概率）、样本的大小、效应量和标准差等因素有关。在科学实验中，假设检验的功效分析具有重要的应用价值。①在实验设计阶段，给定检验的功效（如 80%），应用假设检验功效分析，选取合适的实验设计和样本量；分析可检验到显著性差异的效应量的最小值，从而判断该研究的可行性。②在实验及统计分析完成后，尤其是当假设检验不显著时进行功效分析，此时我们已经获得了样本的方差，可以在给定效应量及样本量情况下更加准确地分析检验的功效，如果具有较高的功效，那我们就可以去说服期刊编辑及读者，我们的结果也是有意义的和值得发表的。

假设检验功效分析的一般原理如下：在零假设下，对于给定的显著性水平（α），计算该检验的统计量（如 t 值、χ^2 值等）的阈值；从而在备择假设条件下，计算该统计量比此阈值更为极端的概率，即为此检验的功效。下面我们首先以两个独立样本的 Z 检验为例说明检验功效分析的原理和过程，进而可以推广至其他假设检验。

一、两个独立样本 Z 检验的功效分析

如果我们欲检测两个独立样本（X_1 和 X_2）之间是否存在差异，样品数量分别为 $n_1=10$ 和 $n_2=20$，已知该样本符合正态分布，其标准差 σ 为 10。我们可以应用 Z 检验，其零假设 H_0 为：$\mu_1 - \mu_2 = 0$，备择假设 H_1 为：$\mu_1 \neq \mu_2$。两个样本平均值差值（$\overline{X_1} - \overline{X_2}$）的标准误为：$\sigma\sqrt{\dfrac{1}{n_1} + \dfrac{1}{n_2}} = 10 \times \sqrt{\dfrac{1}{10} + \dfrac{1}{20}} \approx 3.87$，那么在零假设 H_0 下，$\overline{X_1} - \overline{X_2}$ 符合正态分布 $N(0, 3.87^2)$，对其标准化后 $Z^* = \dfrac{(\overline{X_1} - \overline{X_2}) - (\mu_1 - \mu_2)}{\sigma\sqrt{\dfrac{1}{n_1} + \dfrac{1}{n_2}}} = \dfrac{\overline{X_1} - \overline{X_2}}{3.87}$，符合 $N(0, 1)$ 的标准正态分布。假定这两个样本所代表的总体的真实差异（即效应值）为 $d = \mu_1 - \mu_2 = 10$，那么在备择假设 H_1 下，$\overline{X_1} - \overline{X_2}$

符合正态分布 $N\left(10, 3.87^2\right)$，此时 $Z^* = \dfrac{\overline{X_1} - \overline{X_2}}{3.87}$ 则符合正态分布 $N\left(10/3.87, 1\right)$，如图9-10所示。我们选定显著性水平 $\alpha = 0.05$，在零假设 H_0 下，应用双尾检验，Z 值的阈值为 $Z_{\alpha/2} = 1.96$（由于 $d > 0$，阈值 $Z_{\alpha/2}$ 即为大于等于它的概率为 $\alpha/2$ 时所对应的 Z 值），因此 $\overline{X_1} - \overline{X_2}$ 的阈值为 $1.96 \cdot 3.87 = 7.585$。在备择假设 H_1 下，Z^* 值大于等于 1.96 的概率为：$P\left(Z^* \geqslant 1.96\right) =$

$$P\left(Z \geqslant 1.96 - \frac{10}{3.87}\right) = 1 - \left(Z < 1.96 - \frac{10}{3.87}\right) = 0.73，这就是该检验的功效（73\%）；同样可以应用$$

$\overline{X_1} - \overline{X_2}$ 的分布进行计算，$\overline{X_1} - \overline{X_2}$ 大于等于 7.585 的概率为：$P\left(\overline{X_1} - \overline{X_2} \geqslant 7.585\right) =$

$$P\left(Z \geqslant \frac{7.585 - 10}{3.87}\right) = 0.73。因此，我们可以看出，当 d > 0 时，Z 检验的功效为：$$

$$P\left(Z \geqslant Z_{\alpha/2} - \frac{d}{\sigma\sqrt{\dfrac{1}{n_1} + \dfrac{1}{n_2}}}\right)，d 值越大，功效越高；标准差越小，功效越高；样品数越多，平均$$

值差值的标准误就越小，功效越高；显著性水平越大，功效越高。而当 $d < 0$ 时，Z 检验的功

效为：$P\left(Z \leqslant Z_{\alpha/2} - \dfrac{d}{\sigma\sqrt{\dfrac{1}{n_1} + \dfrac{1}{n_2}}}\right)$，此时阈值 $Z_{\alpha/2}$ 即为 Z 值小于等于它的概率为 $\alpha/2$ 时所对应

的 Z 值，d 值越小，功效越高；其他影响因素与 $d > 0$ 时相同。利用这种原理，很容易计算 Z 检验的功效。

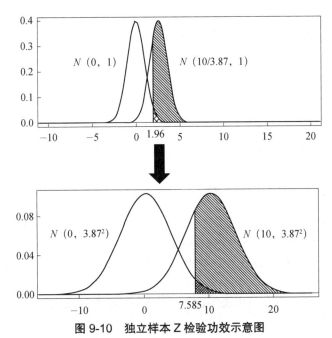

图 9-10 独立样本 Z 检验功效示意图

实验设计时，一个重要的考虑因素即是样本量。假设两个样本具有同样的样品数目 n，给定

显著性水平 α 和检验功效，可以计算实验需要的样品数目。如果 $d > 0$，首先在零假设 H_0 下，Z^* 值的阈值为 $Z_{\alpha/2}$；在备择假设 H_1 下，要达到给定检验功效，Z^* 值的阈值为 $Z_{power} + \dfrac{d}{\sigma\sqrt{2/n}}$。

根据这两个阈值相等：$Z_{\alpha/2} = Z_{power} + \dfrac{d}{\sigma\sqrt{2/n}}$，从而 $n = \dfrac{2\sigma^2\left(Z_{\alpha/2} - Z_{power}\right)^2}{d^2}$，可以看到样品数和标准差、效应值、显著性水平及功效相关。在本例中，若需达到90%的检验功效，则

$$n = \frac{2\cdot 10^2 \cdot\left(1.96 - (-1.28)\right)^2}{10^2} \approx 21 。$$

二、方差分析及卡方检验

在上述 Z 检验功效分析中，我们将两个样本所代表的总体的真实差异 d 作为效应值，计算出 Z 检验的功效为：$P\left(Z \geqslant Z_{\alpha/2} - \dfrac{d}{\sigma\sqrt{\dfrac{1}{n_1} + \dfrac{1}{n_2}}}\right)$。如果我们将 d 值标准化，那么可以定义效应值为：$\Delta = \dfrac{d}{\sigma\sqrt{\dfrac{1}{n_1} + \dfrac{1}{n_2}}}$，从而功效为 $P\left(Z \geqslant Z_{\alpha/2} - \Delta\right)$。此方法可以推广至方差分析和卡方检验中。

我们以单因素方差分析为例说明其功效的计算原理。若共有 k 组，每组有 n 个样品，在第三节中，我们已经知道，方差分析实际上是比较组间平方和 $SS_{Treat} = n\sum_{i=1}^{k}\left(\mu_i - \mu\right)^2$ 和组内平方和 $SS_E = \sum_{i=1}^{k}\sum_{j=1}^{n}\left(y_{ij} - \mu_i\right)^2$。在零假设 H_0 下，$\mu_1 = \mu_2 = \cdots = \mu_k$，$F_0 = \dfrac{SS_{Treat}\big/(k-1)\sigma^2}{SS_E\big/(k-1)\sigma^2} = \dfrac{SS_{Treat}/(k-1)}{SS_E/(kn-k)} = \dfrac{MS_{Treat}}{MS_E}$，符合自由度为 $k-1$ 和 $kn-k$ 的 F 分布。在备择假设 H_1 下，至少有一对处理水平的平均值不相等（$\mu_i \neq \mu_j$），其效应值可以定义为：$\Delta = \dfrac{\sigma_\mu}{\sigma} = \dfrac{\sqrt{\sum_{i=1}^{k}\dfrac{1}{k}\left(\mu_i - \mu\right)^2}}{\sigma}$，那么 $F_1 = \dfrac{MS_{Treat}}{MS_E}$ 符合非中心 F 分布：$F\left(k-1, nk-k, \lambda\right)$，其中 $\lambda = nk\Delta^2$。因此，在给定显著性水平 α 下和效应值 Δ 的情况下，确定零假设分布下的阈值 F_α，计算在备择假设分布下，F 值大于等于 F_α 的概率，即为该方差分析的功效。

同样地，对于卡方检验，共有 N 个样品，分为 k 个类别，零假设 H_0 为：$\pi_{01} + \pi_{02} + \cdots + \pi_{0k} = 1$，$\chi^2 = \sum\dfrac{\left(O_i - E_i\right)^2}{E_i}$ 符合自由度为 df 的 χ^2 分布。在备择假设 H_1 下，各类别的比例不同

于零假设，此时效应值为 $\Delta = \sqrt{\sum_{i=1}^{k} \frac{(p_{1i}-p_{0i})^2}{p_{0i}}}$，$\chi^2 = \sum \frac{(O_i - E_i)^2}{E_i}$ 符合自由度为 df 的非中心 χ^2 分布：$\chi^2(df, N\Delta)$，从而可以在给定显著性水平 α 下和效应值 Δ 的情况下，计算检验功效。

三、蒙特卡罗模拟方法计算检验功效

我们可以应用蒙特卡罗方法，在备择假设 H_1 条件下，模拟 b 组数据，然后对这些数据分别应用选定的假设检验计算 P 值，给定显著性水平 α，计算 $(\#p_i < \alpha/2)/b$ 即为该统计检验（双尾检验）的功效。我们仍然以两个独立样本的 Z 检验为例。首先从 $N(\mu_1, 100)$ 正态分布中随机模拟 10 个 X_1 样品数据，从 $N(\mu_2, 100)$ 中随机模拟 20 个 X_2 样品数据，此处 μ_1 和 μ_2 的取值满足 $\mu_1 - \mu_2 = 10$ 即可，随后对此数据应用 Z 检验，计算其 P 值；重复上述过程 1000 次，统计 $P < 0.025$ 的次数，即可算出功效。

该方法可以方便的应用至各种假设检验，如线性回归对于系数 β 的检验等。

第八节　多重检验校正

在实际工作中，我们经常同时完成多个假设检验，如方差分析后通过两两比较发现具有显著差异的组别，或检验多个 SNP 位点与某一性状的相关性，等等。在高通量生物学飞速发展的今天，我们更是经常通过各种组学技术（基因组、转录组、蛋白质组等）分析基因与各种表型之间的关系，同时进行大量的假设检验。如果我们随机将 10 只小鼠分成两组，对全转录组进行基因表达水平（假设共 10 000 个基因）检测，并进行假设检验比较其表达差异。实际上这 10 000 个基因的表达量应在两组样本之间无差异（符合零假设），那么其 P 值是在区间[0, 1]的均匀分布，如果选取显著性水平 $\alpha = 0.05$，那么我们将期待有 $10\ 000 \cdot 0.05 = 500$ 个基因具有统计显著性差异。很明显，这会积累假设检验 I 类错误，因此我们需要对多重检验的结果进行校正，从而降低 I 类错误。对于给定的假设检验，降低 I 类错误的同时会提高 II 类错误，因此人们需要根据实际情况选择合适的校正方法，在这两类错误之间做出妥协。

一、FWER 控制方法

对于同时进行 m 个独立的假设检验，至少有一个 I 类错误的概率称为 FWER（Family-wise type I error rate），如果给定显著性水平 α，$FWER = 1 - (1-\alpha)^m$。

Bonferroni 校正方法是最简单也是最严格的多重检验校正方法。Bonferroni 校正方法有两种使用形式。①对于 m 个假设检验，分别计算其 P 值，将显著性水平设为 α/m，从而判断是否具有显著差异。全基因组关联分析（GWAS）一般采用 Bonferroni 校正方法，人类 GWAS 研究大约有 $0.5 \sim 2.5$ 百万个 SNP 位点，因此一般需要 P 值小于 10^{-8} 或 5×10^{-8}。②直接计算 $P_c = min(P \cdot m, 1)$，然后与给定的显著性水平 α 比较。

如果 Bonferroni 校正方法对于我们的研究过于严格，那么可以采用 Holm 方法（Holm's sequential Bonferroni procedure）。该方法的基本过程为：对 m 个 P 值按升序排列，

$P_{(1)} \leqslant P_{(2)} \leqslant \cdots \leqslant P_{(m)}$，计算 $P_{c(i)} = min\left[\left(m - i + 1 \right) \cdot P_{(i)}, 1 \right]$ 为校正后的 P 值见表 9-16。

表 9-16 多重检验 P 值校正

序号	P 值	Bonferroni	Holm	FDR
1	0.002	0.02	0.02	0.02
2	0.005	0.05	0.045	0.025(0.023)
3	0.007	0.07	0.056	0.023
4	0.012	0.12	0.084	0.03
5	0.02	0.2	0.12	0.04
6	0.034	0.34	0.17	0.057
7	0.04	0.4	0.16(0.17)	0.057
8	0.08	0.8	0.24	0.1
9	0.12	1	0.24	0.133
10	0.25	1	0.25	0.25

二、FDR（false discovery rate）

在有些情况下，假设检验的数目较多，并且我们可以明确知道其中一部分检验应该是显著的，比如比较对照组和药物处理组的基因表达时，肯定有一些基因会发生表达量变化。上述控制 FWER 的 P 值校正方法过于严格，导致检验功效偏低，此时我们可以应用控制 FDR 的方法。

假设我们共有 m=10 000 个基因，如果有 10%的基因（1000）表达量发生了变化，没有发生变化的基因数为 m_0=9000 个，显著性水平 $\alpha = 0.05$，单个检验的功效为 80%，那么我们可检测出 1250 个基因具有显著差异，其中假阳性（false positive）也就是 I 类错误的数目为：V=$m_0 \cdot$ 0.05=450，真阳性（ture positive）数目：S=$m_1 \cdot$ 0.8=800，那么 FDR 为具有显著性的检验中假阳性所占的比例：$FDR = \dfrac{V}{V + S} = \dfrac{450}{1250} = 0.36$，也就是说在检测到显著性的基因中有 36%是错误的。应用这些数据，我们还可以计算 FPR、FNR、TRP（即 power）。

为了显示多重检验 P 值的分布，我们模拟了肿瘤和正常样品（各 16 个）10 000 个基因的表达量，其标准差为 10，其中 10%的基因（1000 个）在两组样本间差异的期望值为 10，其他 90%基因（9000 个）无差异。应用 Z 检验，其 P 值分布如图 9-11A 和 B 所示。对于实际没有发生变化的基因，其 P 值符合均匀分布，共有 429 个基因具有显著差异（$P \leqslant 0.05$），约占 4.77%；而对于实际发生变化的基因，其 P 值分布明显偏向于 0，共有 816 个基因具有显著差异（$P \leqslant 0.05$），占 81.6%。所有这些基因 P 值（即我们的观察值 P 值）分布实际上是这两种分布的叠加，是一个混合分布。

我们可以应用 BH 方法（Benjamini & Hochberg）来估计 FDR，即 q 值。首先将 P 值按升序排序，$P_{(1)} \leqslant P_{(2)} \leqslant \cdots \leqslant P_{(m)}$，计算 $q_{(i)} = \dfrac{mp_{(i)}}{i}$（如表 9-16 所示），如果 $q_j > q_k$ 且 $j<k$ 时（即排序后面的 q 值更小时），需要将 q_j 替换为 q_k。

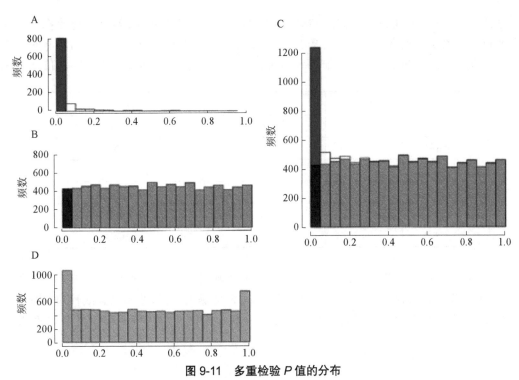

图 9-11　多重检验 P 值的分布

A. 1000 个实际发生变化基因 P 值分布；B. 9000 个实际无发生变化基因 P 值分布；
C. 所有 10000 个基因的 P 值分布；D. P 值的不正常 U 型分布

　　根据上述原理，在进行 FDR 分析之前，我们需要绘制 P 值的概率密度分布，检查其是否符合图 9-11C 所示的模式。有时，我们的观察值 P 值的分布是 U 型，如图 9-11D 所示，这时如果应用 FDR 分析，往往获得显著性差异的数目很少。这种分布可能是由于如下两种原因导致：①应用单尾检验，然而真实的效应值是双向的（比如基因表达可能上调也可能 下调）；②不同检验的样品数目不等，有些检验样品数目特小，导致这部分检验的功效很低，P 值偏向于 1。

【延伸阅读】

Agresti A. 2007. An introduction to categorical data analysis. 2nd edition. New Jersey: John Wiley & Sons, Inc.

Montgomery D C. 2017. Design and analysis of experiments. 9th edition. New Jersey: John Wiley & Sons, Inc.

Rice J A. 2006. Mathematical statistics and data analysis. 3rd edition. Belmond: Thomson Higher Education.

Weisberg S. 2014. Applied linear Regression. 4th edition. New Jersey: John Wiley & Sons, Inc.

【思考练习题】

　　1. 在遗传学中我们经常需要检验某位点在某群体中是否符合 Hardy-Weinberg 平衡检验，一般我们可以应用卡方检验（本章第五节拟合度检验部分）。Wigginton 等人发表了一种精确检验方法（Am J Hum Genet,2005,76:887），根据此方法，可以计算出所有可能的基因型数目组合的概率。假设我们有 8 个个体，等位基因 A 有 8 个，即 $P_A=0.5$，那么我们共有 6 种基因型数目组合，其概率如下表所示。如果我们的观察值是（1,8,1），那么该检验的 P 值是多少？

AA	Aa	Aa	概率
0	10	0	0.005542
1	8	1	0.124705
2	6	2	0.436467
3	4	3	0.363723
4	2	4	0.068198
5	0	5	0.001363

2. 在第六节中我们给出了纵向数据小鼠生长与时间混合线性模型，现在有一巢式数据（如本章第三节混合线性模型方差分析中的定量 PCR 数据），请推导出混合线性回归模型。

3. 如果设计的实验需要用到 t 检验或方差分析，我们可以从哪些方面提高假设检验的功效？

第十章　利用 Excel 进行统计分析

通过试验、网络或文献获得数据后，需要对数据进行统计分析。首先，需要判断数据是否需要转换。例如，百分比数据需要反正弦平方根转换后再进行方差分析；多元回归分析时也常利用对数转换缩小各变量值之间的差距。其次，需要选用合适的统计分析方法。再次，利用合适的图表呈现结果。

第一节　Excel简介及常见操作技巧

一、Excel 简介

Excel 是微软办公软件套装的一个重要的组成部分，它可以进行各种数据的处理、统计分析和辅助决策操作等。以 Windows 系统中 Excel 2013 版本为例，其主菜单包括文件、开始、插入、页面布局、公式、数据、审阅和视图等。其中，"文件"菜单的主要功能包括新建、打开、保存和打印文件，以及选项（可用于加载数据分析模块）等。"开始"菜单的主要功能包括剪切、复制、删除等编辑功能，以及单元格格式、排序、查找等。"插入"菜单的主要功能包括插入图片、图表、文本框、公式、符号等。"页面布局"菜单的主要功能包括效果、纸张方向、网格线等与打印效果相关的功能。"公式"菜单的主要功能包括插入函数、自动求和、显示公式等。"数据"菜单的主要功能是数据分析（如方差分析）。"视图"菜单的主要功能包括分页预览、显示比例、冻结窗格（如冻结首行）等。

> **Box 10-1：加载 Excel 数据分析模块的步骤**
>
> （1）在"文件"主菜单点击"选项"；
> （2）在最左列，点击"加载项"；
> （3）在最下方，点击"转到"，出现分析工具库选择；
> （4）勾选分析工具库、分析工具库-VBA，点击"确定"，即完成加载。

二、Excel 常用使用技巧

获得一批数据后，通常先计算其平均数、方差、标准差、标准误等常用特征数。在 Excel 中，平均数和方差的计算函数分别为 average 和 variance。标准差（Sd）是方差的平方根 sqrt（variance），标准误（Se）=sqrt（variance/n），其中 sqrt 是平方根函数，n 为样本容量或重复数。

> **Box 10-2：标准差与标准误的区别**
>
> （1）标准差是描述观察值（个体值）之间的变异程度；标准误是描述样本均数的抽样误差。
>
> （2）标准差一般用于表示一组样本变量的分散程度。标准误一般用于统计推断中，主要包括假设检验和参数估计，如样本平均数的假设检验。

试验中通常有由处理和对照组成的多组数据，有时还有多个观测指标。在计算常用特征值时，需要用到单元格的格式复制和绝对引用等功能。

根据单元格的位置，可采用两种格式复制方式。首先，利用"复制-粘贴"完成格式复制。在数据分析文件 D10_1.xls 中，复制单元格 AF6，然后粘贴在 AF27，即完成单元格 AF6 的格式复制，AF27 即为 30 个昆虫寿命数据的平均值。如果复制格式和粘贴格式的单元格紧挨着，还可利用复制格式单元格右下角+号，按住鼠标左键，拖动鼠标至需要粘贴的单元格，即完成格式复制。在上述数据分析文件中，单元格 B15 是第 1d 产卵量 30 个重复的平均值，选择 B15 单元格，移动鼠标至单元格右下角，出现+时按住鼠标左键，下拉即可获得第 2 至第 6d 以及小计（产卵量）的平均值。

有时，需要在公式中固定引用某一个单元格，则需要利用单元格的绝对引用。在数据分析文件 D10_1.xls 中，如果在计算 Se 时，n 的值通过单元格来输入，则需要利用单元格的绝对引用功能，这时，单元格 C38=sqrt(B38/E38)，其中E38 为单元格 E38 的绝对引用，在下拉复制单元格 C38 时，E38 的值不变。

在 Excel 中，函数 minverse 可用于计算逆矩阵，在偏相关系数的计算中需要用到逆矩阵。基本步骤如下：

（1）输入 $m \times m$ 的原始矩阵，例如 A1:E5；
（2）选择一个 $m \times m$ 的空白区域；
（3）在上述区域左上角第一个单元格处输入=minverse(A1:E5)；
（4）长按 CTRL+SHIFT 键，再点击回车键，即可获得逆矩阵。

图形是呈现结果最主要的形式，作图需要用到"插入"菜单的功能，基本步骤如下：
（1）选定需要作图的区域（包括数据和说明文字）；
（2）选择合适的图形（散点图、柱状图、折线图等）；
（3）添加标准误；
（4）标示统计分析结果；
（5）美化图形。

案例 10-1 利用数据文件 D10_1_昆虫产卵量和寿命.csv，对 3 种赤眼蜂的产卵量和寿命作图。

【解】 在 Excel 中打开上述数据文件，另存为数据分析文件 D10_1.xls。选择作图区域（A2:C5）后，插入柱状图，然后单击鼠标选择数据系列（产卵量或寿命），点击"设计"菜单中的"添加图表元素"，在"误差线"功能中选择"其他误差线选项"，选择"自定义"，利用鼠标在"指定值"处输入数据（标准误），即可添加标准误或标准差。也可点击图形右上角+，在"误差线"功能中选择"更多选项"，其他步骤类似。利用方差分析和多重比较，可获得统计分析结果，详见本章第二节。

Box 10-3：统计分析结果的标示

（1）单击鼠标选择数据系列；

（2）单击鼠标右键或者点击图形右上角+，选择"添加数据标签"；

（3）单击某一数据，把数据改为某个英文字母或*，即可标出显著性差异等统计分析结果。

对图形进行初步美化后，获得图 10-1A。由于产卵量数据和寿命数据相差较大，该图在寿命数据系列上不易看出差异。

利用双坐标可使两类数据都能得到很好展示。选择其中一个数据系列（如寿命），单击鼠标右键，选择"更改系列图表类型"（把柱形图改为折线图），同时选择"次坐标轴"，适当美化后获得图 10-1B。图表的常见规范见本章第五节。

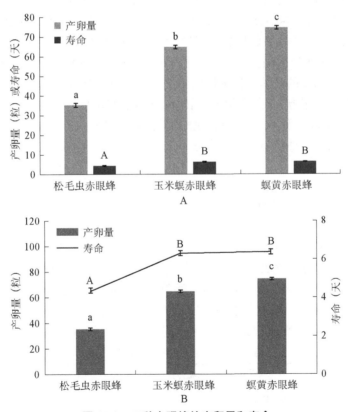

图 10-1　三种赤眼蜂的产卵量和寿命

第二节　方差分析

方差分析是对多个样本平均数差异显著性检验的方法，其基本思想是通过分析不同来源的变异对总变异的贡献大小，从而确定试验因素对研究结果影响力的大小。

试验因素指试验中所研究的影响试验指标的原因或原因组合，简称因素或因子。因素可分为可控因素（固定因素）和非可控因素（随机因素）。根据因素的个数，方差分析可分为单因素方差分析、二因素方差分析和多因素方差分析。在 Excel 中，只能进行单因素方差分析和二因素方差分析，而且二因素只能是固定因素；如果有随机因素，则要自行计算部分结果。

一、方差分析的基本步骤

对数据进行方差分析是有条件的。方差分析的基本假定包括以下几点。

（1）正态性：应用方差分析的数据应服从正态分布，即每一组观测值应围绕相应的平均数呈正态分布。非正态分布的资料在进行方差分析前，应进行数据转换。

（2）可加性：处理效应和误差效应是可加的，并服从方差分析的数学模型。

（3）方差齐性：各处理条件下的样本方差没有显著差异。

方差分析主要有 4 个步骤。

（1）基于上述方差分析的基本假设，判断数据是否需要进行转换。如需要，转换后再进行方差分析。常见的转换有平方根转换、对数转换和反正弦平方根转换等。平方根转换针对泊松分布的数据，反正弦平方根转换针对百分比数据。如果已知资料中的效应成比例而不是可加的，或者标准差（或极差）与平均数大致成比例时，采用对数转换。通常，对数转换对于削弱大的变量值的作用要比平方根转换强。因此，如果两种转换均可使用时，通常选择对数转换。

（2）平方和与自由度的分解。在单因素情况下，两者的分解公式如下：

$SS_T = SS_t + SS_e$（总平方和=处理间平方和+处理内平方和）

$df_T = df_t + df_e$（总自由度=处理间自由度+处理内自由度）

（3）统计假设的显著性检验——F 检验。

$F=S_t^2/S_e^2$

其中，$S_t^2=SS_t/df_t$；$S_e^2=SS_e/df_e$。

如果计算的 F 值大于查表的 $F(df_t, df_e)$ 值（$P=0.05$ 或 0.01），则各处理间的平均数差异显著；否则差异不显著。

（4）多重比较（多个平均数两两间的相互比较）。如果各处理间的平均数差异显著，则需要进行多重比较。这里介绍常见的三种平均数两两间相互比较的方法（表 10-1）。

这三种检验方法的检验尺度不同，LSD 法最低，SSR 法次之，q 法最高。因此，一般试验的多重比较可用 SSR 法，精度要求高的试验选 q 法，试验中各处理皆与对照相比的试验资料可用 LSD 法。无论采用哪种方法获得多重比较结果，都须注明采用的多重比较方法。

表 10-1　三种常见的多重比较方法

名称	计算公式	检验方法
最小显著差数法（LSD 法）	$LSD_{(p)}=t_{(p)} \cdot S_{\bar{x}1-\bar{x}2}$ $S_{\bar{x}1-\bar{x}2} =sqrt(2s_e^2/n)$，当 $n_1=n_2$	将两两平均数的差数与 $LSD_{(p)}$ 进行比较，如差数大于计算值，则差异显著，否则不显著
新复极差检验（SSR 法，又称为 Duncan 法）	$LSR_{(p)}=SSR_{(p)} \cdot sqrt(s_e^2/n)$ $SSR_{(p)}$ 的查表值与 M 值相关。把所有平均数排序，如果两个需要检验的平均数相邻，则 $M=2$，如两者中间隔 1 个平均数，则 $M=3$，以此类推	将两两平均数的差数与 $LSR_{(p)}$ 进行比较，方法同上
q 检验（Newman-keuls 法）	$LSR_{(p)}=q_{(p)} \cdot sqrt(s_e^2/n)$ $q_{(p)}$ 的查表值也与 M 值相关	将两两平均数的差数与 $q_{(p)}$ 进行比较，方法同上

二、方差分析举例

在 Excel 中，方差分析 4 个步骤中的第 2 步和第 3 步，可以通过软件直接获得。如果数据需要转换，利用转换后的数据进行方差分析。

案例 10-2　三种赤眼蜂的产卵量数据见数据文件 D10_1_昆虫产卵量和寿命.csv，试进行方差分析并进行多重比较。

【解】该题采用单因素方差分析，其中的因素是赤眼蜂种类。点击主菜单"数据"，在最右边点击"数据分析"，出现"数据分析—分析工具"，选择"单因素方差分析"，点击"确定"；

在输入区域输入数据，本例的数据为 B5:AE7，在分组方式处选择"行"，点击确定即可获得方差分析结果（表 10-2）。

表 10-2　方差分析结果

差异源	SS	df	MS（S^2）	F	P-value	F crit
组间	24996.62	2	12498.31	427.56	9.9E-46	3.10
组内	2543.17	87	29.23			
总计	27539.79	89				

表 10-2 中，第 1 列的组间表示处理间，组内表示处理内，第 2 和第 3 列分别是平方和与自由度的分解，第 4 列是计算的方差，第 5 列是计算的 F 值，第 6 列是计算的显著性水平，最后一列是 $F(2,87)$ 在 $P=0.05$ 的查表值。根据方差分析结果，3 种赤眼蜂产卵量之间存在极显著差异。

以 SSR 方法为例，检验 3 个平均值之间的差异显著性。通过计算，$LSR_{(0.01)}=3.71$（$M=2$），$LSR_{(0.01)}=3.87$（$M=3$）；将两两平均数的差数与 $LSR_{(0.01)}$ 进行比较，发现 3 个平均数均存在极显著差异，详见数据分析文件 D10_1.xls。

案例 10-3　在例 10-2 中，如果三种赤眼蜂的各 30 次重复是分 3 次完成的，每周开展一次试验，每次 10 次重复，见数据集 D10_2_单因素随机区组_方差分析.csv。试进行方差分析。

【解】该题属于随机区组设计，因此需要把区组（试验时间）看作一个因素，进行有重复观察值的二因素方差分析。由于两个因素均是固定因素，因此该方差分析属于固定模型，可直接利用 Excel 实现。

选择可重复双因素方差分析，输入区域包括数据和文字，本例中为 A5:D35。在每一样本的行数处，输入 10。方差分析结果表明，三种赤眼蜂的产卵量存在极显著差异，详见数据分析文件 D10_2.xls。

Box 10-4：Excel 中的可重复双因素方差分析

（1）只针对两个因素均是固定因素的固定模型；
（2）可重复双因素方差分析的输入区域包括数据和文字，而无重复双因素方差分析的输入区域只包括数据。

案例 10-4　某试验基地测试 5 个水稻品种（用 B1 至 B5 表示）在 3 种种植密度（用 A1、A2

和 A3 表示）下的产量。数据见 D2_1_随机区组_水稻产量.csv，试进行方差分析并多重比较。

【解】该题属于二因素随机区组设计，把区组作为一个因素进行方差分析。

利用可重复双因素方差分析，获得 A 因素、B 因素以及交互作用的平方和、自由度和方差（见数据分析文件 D2_1.xls 工作表中 B66:D68）。

方差分析表中的内部平方和（工作表中 B69）=区组平方和 SS_r +处理内（误差）平方和 SS_e，因此需要把两者分开；类似地，可把方差分析表中的内部自由度（工作表中 C69）也分为两部分。计算过程如下：

$C = T^2/abn$

$SS_r = (\sum T_r^2/ab) - C$

$SS_e =$ Excel 计算的内部平方和$-SS_r$

$df_r = n-1 = 3-1 = 2$

$df_e =$ Excel 计算的内部自由度$-df_r$

从而可获得区组和处理内的方差，进一步可计算 F 值（固定模型）

$S_r^2 = SS_r/df_r$

$S_e^2 = SS_e/df_e$

$F_A = S_A^2/S_e^2$

$F_B = S_B^2/S_e^2$

$F_{A \times B} = S_{A \times B}^2/S_e^2$

$F_r = S_r^2/S_e^2$

查 $F_{(0.01)}$ 表，计算的上述 F 值均大于查表的 F 值，因此，A 因素（种植密度）、B 因素（品种）、交互作用、区组间均有极显著差异。

以 SSR 方法为例，对 A 因素、B 因素以及交互作用的多个平均数进行显著性检验，结果表明：①种植密度 A2 的产量最高，种植密度 A3 的产量最低；②品种 B5 的产量最高，品种 B1 和 B3 的产量最低，与其他品种均有极显著差异；③品种 B5 在种植密度 A3 时的产量最高，品种 B3 在种植密度 A3 时的产量最低。详见数据分析文件 D2_1.xls。

第三节 回 归 分 析

回归分析指的是确定两个或两个以上变量间相互依赖的定量关系的一种统计分析方法。回归分析按照涉及的变量的多少，分为一元回归和多元回归分析；按照因变量的多少，可分为简单回归分析和多元回归分析；按照自变量和因变量之间的关系类型，可分为线性回归分析和非线性回归分析。

在 Excel 中，可利用数据分析模块中的"回归"功能进行线性回归分析，也可利用"趋势线"功能获得线性和非线性回归方程。

利用数据分析模块中的"回归"功能建立回归方程

1. 一元线性回归

首先，作散点图，初步判断两个变量之间是否有线性关系。如果可能存在线性关系，则选择数据分析模块中的"回归"功能，在弹出的窗口中输入因变量 y 和自变量 x 的值，即可获得直线回归方程、回归系数 R^2 和显著性检验结果。

案例 10-5 以数据集 D10_3_线性回归_哺乳动物能量消耗.csv 为例，该数据集包括了 124 种陆生哺乳动物的体重（变量 x, g）和每日能量消耗量（DEE, 变量 y, kJ/d）数据。试求两个变量之间的线性关系。

【解】 由于不同物种的数值差异较大，对数值进行对数（自然对数）转换后再进行回归分析。散点图的结果表明，两个变量之间可能存在线性关系。然后选择"回归"功能，在因变量 y 处输入每日能量消耗量的对数值，在自变量 x 处输入体重的对数值，即可获得回归分析结果。

输出结果包括三部分，详见数据分析文件 D10_3.xls。第一部分是回归统计结果，获得回归系数 R^2=0.9389，观察值（124）可用于判断输入的数据是否完整。第二部分是方差分析结果，用于判断回归方程是否达到显著性水平。本例中，显著性水平 P=6.76·10^{-76}，回归方程极显著；第三部分是回归方程的结果。本例中，方程的截距（intercept）为 1.8713，自变量的回归系数为 0.6709，即可获得回归方程为：

$$\ln(y)=1.8713+0.6709\ln(x), R^2=0.9389$$

在案例 5-5 中，作者利用上述回归方程和测定的大熊猫体重数据计算其每日能量消耗量的期望值，通过比较期望值和实测值来说明大熊猫的能量消耗很低。

应用直线回归时，应注意的问题主要包括：①进行回归分析要有意义，不能把不相干的数据放在一起分析；②两个变量是因果关系；③观察值要尽可能多，一般要有 5 对以上的观察值，同时自变量的取值范围要尽可能大一些；④回归方程要进行显著性检验；⑤预测和外推要谨慎，因为超出自变量的取值范围后，两个变量之间就不一定是线性关系了。

Box 10-5：变量之间的因果关系和平行关系

（1）因果关系。一个变量的变化受另一个变量或几个变量的制约，如昆虫的繁殖速度受温度、湿度和光照等因素的影响。表示原因的变量称为自变量(x)，表示结果的变量称为因变量(y)。自变量是固定的，没有随机误差。

（2）平行关系。两个以上变量之间共同受到另外因素的影响，如昆虫的体重与产卵量之间的关系。变量 x 和 y 无自变量和因变量之分，且都有随机误差。

---

2. 多元线性回归

m 个自变量（x_1、x_2、…、x_m）与因变量 y 的回归分析，称为多元回归分析。选择数据分析模块中的"回归"功能，即可获得回归方程、回归系数 R^2、回归方程的显著性检验结果，以及偏回归系数的显著性检验结果。

$$y=a+b_1x_1+b_2x_2+\cdots b_i x_i+\cdots+b_mx_m$$

案例 10-6 某猪场 20 头育肥猪 4 个胴体性状的数据资料见数据集 D10_4_最优线性回归方程.csv，试建立瘦肉量 y（kg）与眼肌面积（x_1, cm^2）、腿肉量（x_2, kg）和腰肉量（x_3, kg）的最优线性回归方程。

【解】在数据分析模块中选择"回归"功能，在因变量 y 处输入瘦肉量，在自变量处输入眼肌面积（x_1）、腿肉量（x_2）和腰肉量（x_3）的值，获得多元回归分析结果，从而可写出多元回归方程式：

$$y=1.1570+0.0028x_1+2.2431x_2+1.4355x_3 \qquad R^2=0.8979$$

根据方差分析的结果，上述回归方程极显著。而且，在多元回归分析结果中发现，x_1、x_2 和 x_3 三个自变量的偏回归系数的 P 值分别为 0.9353、$9.682 \cdot 10^{-8}$ 和 0.0099，说明 x_1 的偏回归系数不显著，x_2 和 x_3 的偏回归系数极显著。

利用逐步回归分析方法，可获得最优多元线性回归方程。假设有 m 个自变量，可从 m 元回归分析开始，每步舍去一个不显著且偏回归平方和为最小的自变量。每步舍去一个自变量后，重新建立回归方程，并对回归方程和各自变量的偏回归系数进行假设检验。如此反复，直到回归方程所包含的自变量的偏回归系数全部为显著为止。此时所建立的回归方程即为最优多元线性回归方程。在案例 10-6 中，x_1 的偏回归系数不显著，所以舍去 x_1 后重新建立回归方程式：

$$y =1.2076 + 2.2450x_2 + 1.4428x_3 \qquad R^2 = 0.8979$$

根据方差分析的结果，上述回归方程极显著。而且，x_2 和 x_3 的偏回归系数均极显著，所以上述回归方程即为最优线性回归方程。详见数据分析文件 D10_4.xls。

> **Box 10-6：最优多元线性回归方程**
>
> 多元线性回归方程中每一个自变量的偏回归系数均达到显著水平,即为最优多元线性回归方程。

3. 利用添加"趋势线"功能建立线性和非线性回归方程

首先，作散点图，判断两个变量之间的大致关系，如线性关系、指数关系等。然后用鼠标击活散点，在散点图右上角点击+号或者单击鼠标右键，选择添加"趋势线"。趋势线的选项包括：线性、指数、对数、多项式（可选择二阶至六阶）、乘幂、移动平均等。

选择线性，即可获得线性回归方程、回归系数 R^2 和回归直线图。这时，需要计算 F 值，进行回归方程的显著性检验。

$$F=R^2(m-2)/(1-R^2)$$

式中，m 为观察数据的数量（对）。

查表 $F_{(1,m-2)}$，如计算的 F 值大于查表的 F 值，则回归方程是显著的；否则，回归方程不显著。

选择对数、指数、幂函数和多项式等多种曲线回归类型，获得曲线回归方程、回归系数 R^2 和回归曲线图。比较各种曲线回归方程，选择 R 值最大的方程（兼顾复杂程度）。曲线回归方程的显著性检验方法与线性回归方程相同。

案例 10-7 某炼钢厂出钢用的钢包在使用过程中,其容积不断增大。钢包的容积（y, m^3）与相应的使用次数（x）的数据见表 10-3（数据集 D10_5_曲线回归.csv），求 x、y 之间的关系式。

表 10-3 钢包使用次数及容积大小

使用次数（次）	2	3	4	5	7	8	10
容积（m³）	106.42	108.20	109.58	109.50	110.00	109.93	110.49
使用次数（次）	11	14	15	16	18	19	
容积（m³）	110.59	110.60	110.90	110.76	111.00	111.20	

【解】作散点图，判断大致曲线类型，发现对数函数、幂函数等可尝试用于数据拟合。选择添加"趋势线"，分别建立对数函数、幂函数和多项式方程如下：

$$y=106.31+1.71\ln x \qquad R^2=0.8773$$
$$y=106.34x^{0.016} \qquad R^2=0.8747$$
$$y=102.03+3.0437x-0.408x^2+0.023x^3-0.0005x^4 \qquad R^2=0.9639$$

经 F 检验，上述 3 个方程均达到极显著水平。其中，四阶多项式方程的拟合精度最好。详见数据分析文件 D10_5.xls。

4. 可线性化的非线性回归分析

非线性回归可分为已知曲线类型和未知曲线类型两种情况。未知曲线类型，可以利用多项式回归，通过逐渐增加多项式的高次项来拟合，该类型可通过添加"趋势线"功能获得多项式回归方程。已知曲线类型，可通过变量变换，把非线性方程线性化，然后求线性回归方程。以下是常见的一些非线性函数及其线性化方法，其中对数变换最常用。

（1）指数函数 $y=ae^{bx}$

令 $u=\ln y$，获得线性方程 $u=\ln a + bx$。

（2）对数函数 $y=a+b\lg x$

令 $v=\lg x$，获得线性方程 $y=a + bv$。

（3）幂函数 $y=ax^b$

令 $u=\lg y$，$v=\lg x$，获得线性方程 $u=\lg a + bv$。

（4）双曲线 $1/y=a+b/x$

令 $u=1/y$，$v=1/x$，获得线性方程 $u=a+bv$。

（5）S 形曲线

$$y=\frac{K}{(1+ae^{-bx})}$$

$$(K-y)/y = ae^{-bx}$$

令 $u=\ln[(K-y)/y]$，获得线性方程 $u=\ln a - bx$。

当因变量 y 是累积频率（如死亡率）时，y 无限增大的终极量应为 100（%），则 $K=100$（%）；当因变量 y 是生长量或繁殖量时，这时 K 表示环境容纳量。可取 3 对自变量为等间距的观测值 (x_1, y_1)、(x_2, y_2)、(x_3, y_3)，将其代入上述公式中，得到联立方程组，即可计算出 K 值：

$$K=[y_2^2(y_1+y_3) - 2y_1y_2y_3]/(y_2^2 - y_1y_3)$$

第四节　相关分析

相关分析是研究两个或两个以上处于同等地位的随机变量间的相关关系的统计分析方

法。例如，昆虫的体重与产卵量之间的关系、空气中的相对湿度与降雨量之间的相关关系都是相关分析研究的问题。相关分析与回归分析之间的区别：回归分析侧重于研究随机变量间的依赖关系，以便用一个变量去预测另一个变量；相关分析侧重于发现随机变量间的种种相关特性。

两个变量之间的相关程度通过相关系数 r 来表示。相关系数 r 的值在-1 和 1 之间，但可以是此范围内的任何值。正相关时，r 值在 0 和 1 之间；负相关时，r 值在-1 和 0 之间。r 的绝对值越接近 1，两变量的关联程度越强，r 的绝对值越接近 0，两变量的关联程度越弱。

在 Excel 中，可利用数据分析模块中的"相关系数"功能计算两个变量之间的相关系数，并可以此为基础进行偏相关分析。

一、两个变量之间的简单相关分析

在"数据分析"模块中选择"相关系数"功能，按要求输入数据，即可获得两个变量之间的相关系数 r。

利用 t 检验检验相关系数的显著性，t 值的计算公式如下：$t = \dfrac{r\sqrt{n-2}}{\sqrt{1-r^2}}$ 其中，n 为两个变量的数据个数。查自由度为 $n-2$ 的 t 值表，如计算 t 值的绝对值大于查表的 t 值，则相关系数显著。否则不显著。

案例 10-8 通过测定，获得某种昆虫的重量（x_1，mg）与产卵量（x_2，粒）的数据（见数据集 D10_6_相关系数.csv），试分析两个变量之间的相关关系。

表 10-4 某种昆虫的重量与产卵量的数据

虫重（mg）	2.88	2.67	2.90	3.23	3.34	3.20	4.01	3.36	3.55	3.62
产卵量（粒）	270	256	270	298	325	320	420	310	321	390
虫重（mg）	3.37	2.35	2.98	3.12	2.56	3.11	2.08	3.26	3.78	3.68
产卵量（粒）	322	170	316	305	236	331	175	312	380	376
虫重（mg）	3.85	2.75	2.96	2.87	3.21	2.51	3.88	2.93	2.98	3.45
产卵量（粒）	472	288	301	238	336	213	405	309	278	362

【解】在工作表中以列的形式输入表 10-4 中的数据，在"数据分析"模块中选择"相关系数"功能，即可获得变量 x_1 和 x_2 之间的相关系数，$r=0.9384$。

计算 t 值，$t=14.37$。

查自由度为 28 的 t 值表，$t_{0.01}=2.763$，说明相关系数极显著。详见数据分析文件 D10_6.xls。

> **Box 10-7：利用"回归"功能获得相关系数及显著性检验结果**
>
> 尽管案例 10-8 中的变量 x_1 和 x_2 不是因果关系，但是可以利用"数据分析"模块中的"回归"功能获得两个变量之间的相关系数，并根据方差分析结果判别相关系数的显著性。

在进行直线相关分析时，要求两个变量都服从正态分布。如果资料不符合正态分布，则需要通过变量转换，使之正态化，再根据转换值分析其相关关系。

二、偏相关分析

在生物学研究中，由于变量间关系错综复杂，使得任何两个变量间的相关关系常夹杂着其他变量的影响。为了消除这些影响，使两变量间的相关关系能得到真实的反映，必须在排除其他变量影响的条件下进行两变量间的相关分析。排除其他变量影响下的两变量间的相关分析，称为偏相关分析。

在其他变量都保持一定时，表示指定的两个变量之间的相关密切程度的量值称为偏相关系数。偏相关系数用 r 加下标表示。如有 3 个变量 x_1、x_2 和 x_3，则 $r_{12.3}$ 表示 x_3 保持一定时，x_1 和 x_2 的偏相关系数；如有 4 个变量 x_1、x_2、x_3 和 y，则 $r_{23.1y}$ 表示 x_1 和 y 保持一定时，x_2 和 x_3 的偏相关系数。

假设有 m 个变量，用 x_1、x_2、$\cdots$、x_m 表示。偏相关系数的计算可分为三步。首先，计算由简单相关系数构成的相关矩阵，其中 r_{ij} 为变量 x_i 和 x_j 的相关系数。

$$\begin{pmatrix} r_{11} & r_{12} & \cdots & r_{1m} \\ r_{21} & r_{22} & \cdots & r_{2m} \\ \vdots & & \vdots & \\ r_{m1} & r_{m2} & \cdots & r_{mm} \end{pmatrix}$$

其次，利用本章第一节介绍过的计算逆矩阵的方法，获得上述矩阵的逆矩阵。

$$\begin{pmatrix} c_{11} & c_{12} & \cdots & c_{1m} \\ c_{21} & c_{22} & \cdots & c_{2m} \\ \vdots & & \vdots & \\ c_{m1} & c_{m2} & \cdots & c_{mm} \end{pmatrix}$$

最后，计算偏相关系数 r_{ij}。

$$r_{ij} = -c_{ij}/\text{sqrt}(c_{ii} \cdot c_{jj})$$

可用 t 检验对偏相关系数进行假设检验，t 值的计算公式如下，其中 n 为变量的数据个数。

$$t = [r_{ij} \cdot \text{sqrt}(n-m-1)]/\text{sqrt}(1-r_{ij} \cdot r_{ij})$$

$$df = n-m-1$$

如果计算 t 值的绝对值大于查表的 t 值，则偏相关系数 r_{ij} 显著，否则不显著。

案例 10-9　广西某地区 1956～1965 年三化螟越冬虫口密度（x_1，头/亩）、3～4 月日平均降水量（x_2, mm）、3～4 月降水天数（x_3），以及第一代三化螟幼虫发生量（y，头/亩）数据如表 10-5（数据集 D10_7_偏相关分析.csv），求各变量之间的偏相关系数。

表 10-5　广西某地区三化螟越冬虫口密度与降水量、降水天数等的关系

年份	越冬虫口密度 x_1（mm）	3～4 月日平均降水量 x_2（mm）	3～4 月降水天数 x_3	第一代幼虫发生量 y（头/亩）
1956	637	1.9	32	366
1957	1063	4.6	38	213
1958	1492	1.6	18	256
1959	854	7.8	38	36

年份	越冬虫口密度 x_1（mm）	3～4月日平均降水量 x_2（mm）	3～4月降水天数 x_3	第一代幼虫发生量 y（头/亩）
1960	263	2.2	27	178
1961	43	5.2	33	10
1962	786	2.0	29	1262
1963	525	1.4	25	299
1964	729	3.9	35	451
1965	980	3.5	30	587

【解】由于变量 x_1 和 y 的观察值的波动范围较大，因此在相关分析前对数据进行对数转换，使之正态化。

首先，计算由简单相关系数构成的相关矩阵：

$$\begin{pmatrix} 1 & -0.1729 & -0.1249 & 0.7551 \\ -0.1729 & 1 & 0.7642 & -0.7142 \\ -0.1249 & 0.7642 & 1 & -0.5718 \\ 0.7551 & -0.7142 & -0.5718 & 1 \end{pmatrix}$$

其次，利用函数 minverse，获得上述矩阵的逆矩阵

$$\begin{pmatrix} 6.5874 & -4.4561 & -0.6476 & -8.5270 \\ -4.4561 & 6.3278 & -1.3136 & 7.1330 \\ -0.6476 & -1.3136 & 2.4755 & 0.9663 \\ -8.5270 & 7.1330 & 0.9663 & 13.0587 \end{pmatrix}$$

最后，通过计算，获得偏相关系数，并进行显著性检验（表 10-6）。

表 10-6　简单相关系数和偏相关系数的比较

简单相关系数	偏相关系数
$r_{12} = -0.1729$	$r_{12.3y} = 0.6902$
$r_{13} = -0.1249$	$r_{13.2y} = 0.1604$
$r_{1y} = 0.7551^*$	$r_{1y.23} = 0.9184^{**}$
$r_{23} = 0.7642^*$	$r_{23.1y} = 0.3319$
$r_{2y} = -0.7141^*$	$r_{2y.13} = -0.7839^*$
$r_{3y} = -0.5718$	$r_{3y.12} = -0.1698$

注：$*$表示 $P < 0.05$；$**$表示 $P < 0.01$

从表 10-6 中可知，偏相关系数与简单相关系数不仅数值不同，而且显著性结果也可能不同。在本例中，简单相关分析的结果表明，变量 x_2 和 x_3 存在显著相关关系；但是，偏相关分析的结果表明，变量 x_2 和 x_3 不存在显著相关关系。详见数据分析文件 D10_7.xls。

偏相关系数与简单相关系数相比，能排除假象，反映变量间真实的相关密切程度。因此，对于多变量资料，必须采用偏相关分析。

第五节 试验结果解读与呈现

一、试验结果解读

对试验数据进行统计分析后，通常就需要对试验结果进行解读，即给出一个结论。对研究者来说，希望研究结论的适用范围比较广，以提高研究结论的价值。需要注意的是，研究结论必须基于充分的数据（证据），否则就会面临挑战或质疑。对研究生来说，下结论时更要谨慎。

例如，水稻新品种的田间测试通常需要在多个地区进行。如果水稻品种'A-23'在广东省种植后的亩产为 1200kg，那么可下结论：品种'A-23'在广东省的亩产达 1200kg。但是，我们不能外推至其他地区，也就是说，"品种'A-23'的亩产达 1200kg"这样的结论是没有充分证据的，因为尚缺乏其他地区的试验数据。

又如，研究温度对某微生物生长速率的影响，可设 5 个温度梯度：19℃、22℃、25℃、28℃和 31℃。如果通过回归分析发现该微生物的生长速率与温度存在直线回归关系，那么可下结论：在 19℃至 31℃之间，该微生物的生长速率与温度存在直线关系。但是，也不能把结论延伸至其他温度范围，也就是说："该微生物的生长速率与温度存在直线关系"这样的结论是证据不足的，因为超出自变量的取值范围后，两个变量之间就不一定是线性关系了。

案例 10-10 以"天空是什么颜色的？"为例来讨论如何设计试验，以及如何解读试验结果。

【解】 首先需要定义术语，定义颜色为"可见光"；还要定义"天空"，例如，仪器是指向正上方还是指向水平线的？本例中仪器指向正上方。

其次，中午时测量所有可见光的波长，发现天空是蓝色的。

这样，是否可以得出结论：天空是蓝色的。

答案是不一定，因为试验没有重复，因此改进试验方案如下：①连续测量 30 天，其中 27 天是蓝色，3 天是灰色的（阴天）；②显著性检验的结果表明，两者差异显著。这样，是否可以认为：天空是蓝色的。

或许仍然有人质疑，因为上述测量从来没有在夜间进行，甚至，在正午以外的时间也没有进行过。所以，只能给出一个有限的结论："天空在正午是蓝色的"。

二、试验结果呈现

试验结果通常以图表的形式呈现，而且优先使用图。一般来说，同一批数据只需要选用图表中的一种方式呈现即可。常见的图表规范包括：表头在表格之上，图题在图下方；表格一般采用三线式；图表达到自明性（只看图表即能明白，Box 10-8）等。

> **Box 10-8：图表的自明性**
>
> 图表中应该说明数据的含义（如平均值±标准误）、重复数、统计分析方法、统计
> 分析结果，以及其他影响自明性的细节。

例如，本章第一节的图 10-1B 是不完整的，应该增加一些说明，使之达到自明性（图 10-2）。

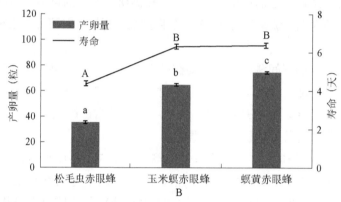

图 10-2　三种赤眼蜂的产卵量和寿命（补充说明后）

数据为平均数±标准误（$n=30$），同一指标数据上的不同字母表示差异极显著（$P<0.01$，Duncan法）

在案例 10-4 中，有水稻品种（B 因素）和种植密度（A 因素）两个因素，在方差分析和多重比较后，可用表格呈现不同条件下的水稻产量（表 10-7）。从表 10-7 中可以看出，B1 和 B2 品种在 A2 密度下的产量最高，B3 和 B4 品种在 A1 密度下的产量最高，B5 品种在 A3 密度下的产量最高，说明不同品种水稻的最优种植密度不同。

表 10-7　水稻品种在不同种植密度下的产量比较

	B1	B2	B3	B4	B5
A1	7.43±0.67 dB	9.13±0.68 abB	8.67±0.69 cA	8.86±0.79 bcA	9.40±0.60 aC
A2	7.90±0.80 bA	10.43±0.82 aA	7.73±0.43 bB	7.70±0.60 bB	10.67±0.68 aB
A3	6.50±0.75 cC	7.90±0.57 bC	5.97±0.55 dC	6.77±0.59 cC	12.80±0.75 aA

注：B1~B5 表示水稻品种，A1~A3 表示种植密度；表中数据为平均数±标准误（$n=3$），表示小区水稻产量。小写字母用于同一行之间的平均数比较，大写字母用于同一列之间的平均数比较，不同字母表示水稻产量差异显著（$P<0.05$，Duncan法）

根据研究目的，有时需要构思比较复杂的图来呈现试验结果。例如，3 个褐飞虱种群在 5 个抗虫水稻品种上的检测指标值的趋势是否一致？针对该问题，可把褐飞虱 TN1 种群（P-TN1，对照种群）在敏感水稻品种 TN1 上的指标值设为 1，褐飞虱胁迫种群（P-ST）和褐飞虱适应种群（P-AD）在某一抗虫水稻品种上的指标值均转换为上述指标值的倍数。这样，在消除不同量纲影响的基础上，可通过查看褐飞虱胁迫种群或适应种群在 5 个品种上的指标值是否在虚线（倍数=1）的同一侧（上方或下方），从而判断褐飞虱种群在 5 个品种上的指标值趋势是否一致。从图 10-3 中可以看出，所有 15 个指标值的趋势均一致，说明褐飞虱种群在所检测的 5 个抗虫水稻品种上表现出类似的规律。

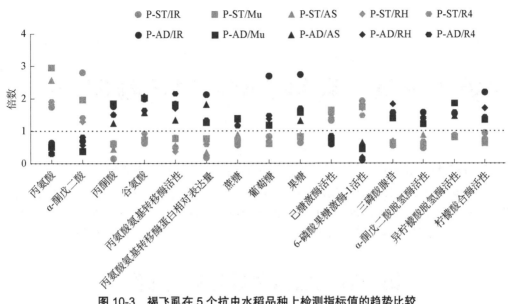

图 10-3 褐飞虱在 5 个抗虫水稻品种上检测指标值的趋势比较

IR、Mu、AS、RH 和 R4 为 5 个抗虫水稻品种，P-ST/IR 表示在抗虫品种 IR 上的褐飞虱胁迫种群，
P-AD/IR 表示在抗虫品种 IR 上的褐飞虱适应种群，其他类似

【延伸阅读】

李云雁，胡传荣. 2017. 试验设计与数据处理. 3 版. 北京：化学工业出版社.

【思考练习题】

1. 现有五个作物品种 A、B、C、D 和 E，小区试验后测定其产量和结实率，数据如下。试对五个品种的产量和结实率进行统计分析（含多重比较），并用双坐标轴呈现结果。

	品种 A	品种 B	品种 C	品种 D	品种 E
重复 1	8.3（95.2）	6.6（85.0）	8.9（98.2）	5.5（78.6）	8.5（95.1）
重复 2	7.1（89.3）	6.1（81.6）	8.2（96.3）	5.8（76.4）	8.9（95.8）
重复 3	8.5（96.0）	5.9（77.3）	9.2（98.8）	4.8（71.2）	8.0（94.3）
重复 4	6.9（88.1）	5.9（81.0）	9.5（98.0）	6.4（86.6）	9.3（96.4）

注：每个品种的一个重复有 2 个数据，括号外的为产量（kg），括号内的为结实率（%）

2. 什么是最优多元线性回归方程？如何获得最优多元线性回归方程？

3. 利用数据集 D11_6_多元回归.csv，试对其中的六个变量进行偏相关分析。

第十一章 利用 SASs 进行数据分析

统计分析软件 SAS（statistical analysis software）是一个集管理数据、分析数据、编写和打印各种形式报告于一体的软件包。SAS Institute Inc 为在校大学生和教师免费提供基于虚拟机和网页的 SAS 环境，即 SAS® OnDemand for Academics，简称 SAS 学术版（SAS Studio，SASs）。本章以免费的 SASs 为基础，结合实例，介绍该软件的基本特点和使用方法。

第一节 SASs 背景与基础操作

SASs 包括 SAS 的基础功能，能满足教学、研究和个人学习领域的基本统计分析要求。SASs 操作简单，无须编程，其基本语法原则与 PC 版相同。

一、SASs 软件安装

SASs 刚推出时需要安装虚拟机和下载软件，目前其安装已经进一步简化，只需注册，即可使用。可从以下链接进入 SAS 公司提供的免费软件平台。SASs：https://welcome.oda.sas.com/login。进入 SAS 公司提供的学术版注册页面后，若无 SAS 账号，需要先行注册。进入系统后，选择 SAS®Studio，进入主界面（图 11-1）。

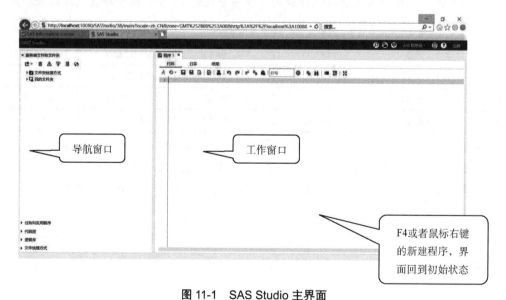

图 11-1　SAS Studio 主界面

> **Box 11-1：SAS 学术版软件的适用范围**
>
> 免费的 SAS 学术软件，仅用于学术和非商业用途。可在多种领域中使用：经济学、心理学和其他社会科学、计算机科学、商业、医学/健康科学、工程学等。

二、SASs 界面

（一）SASs 的启动和退出

SASs 支持多个 Web 浏览器，如 Microsoft Edge、Microsoft Internet Explorer、Apple Safari、Mozilla Firefox 和 Google Chrome。登录 SAS Studio 后，系统将弹出带空编程窗口的 SAS Studio 主窗口。退出 SAS Studio，点击工具栏上的注销，勿使用 Web 浏览器上的"后退"按钮。

（二）SASs 窗口

SASs 主窗口由左侧的导航窗口和右侧的工作窗口组成（图 11-1）。导航窗口包括 5 个部分，服务器文件和文件夹、任务和实用程序、代码段和逻辑库。系统默认显示的是服务器文件和文件夹部分。

工作窗口用于显示数据、代码、任务、日志和结果，缺省弹出带空编程窗口的 SASs 主窗口。该区域的代码、日志和结果组合出现，是最常用功能。各窗口的功能和显示的内容如下。

1. 导航窗口

（1）服务器文件和文件夹：通过导航窗格中的服务器文件和文件夹部分，可以从 SASs 服务器和有帐户的任意远程 FTP 服务器访问文件和文件夹。可以创建文件夹和文件夹快捷方式、下载和上传文件以及创建新的 SAS 程序。

（2）任务和实用程序：系统中附带有若干个可运行的预定义任务。也可编辑这些预定义任务的副本，使之成为自己的程序。

（3）代码段：可插入其他来源的 SAS 程序，是兼容其他版本 SAS 代码的常用手段。系统中附带有若干个可使用的预定义代码段。也可编辑这些代码段的副本，使之成为自己的代码段。

（4）逻辑库：数据表储存在逻辑库中。可将逻辑库中的表和列拖至程序，系统会将拖动项的代码添加至程序中。如果希望在每次使用 SASs 时访问选定的逻辑库，则选择启动时分配元数据逻辑库，也可创建新的逻辑库并分配现有逻辑库。

逻辑库可展开来，并查看该表中列的属性，列名前的图标表示数据类型。常见图标示例有，🅐：字符；⑫③：数值；📅：日期；📅⏰：日期时间。

2. 工作窗口

工作窗口是 SASs 应用程序的主要部分，用于访问程序和任务，以及查看数据。系统始终显示工作区域，且无法最小化。当打开程序、任务或表时，窗口将作为新的选项卡在工作区域打开。与程序和任务相关联的代码窗口、日志窗口和结果窗口将组合在一起，列于该程序或任务的主选项卡下。

工作窗口下有设置、代码/结果和拆分 3 个文字选项，任务和实用程序状态下，通常缺省是拆分状态，即工作窗口拆分分为两个部分。左侧部分显示正在执行的任务，包括数据、选项、输出和信息等窗口。右侧显示代码、日志和结果，具体说明如下。

（1）代码窗口：系统默认提供的程序编辑窗口，编辑 SAS 应用程序。编辑窗口的使用类似于常用的文本处理软件，可以在其中编辑文本，如：窗口中键入，插入新行用回车，插入点光标（闪动的竖线）可用光标键（上下左右箭头、Home、End）移动或用鼠标单击到某一处。可用 Ctrl+V 键从 word 等文档拷贝程序至此窗口，鼠标右键的粘贴不可用。若要存储源程序，代码窗口上端有保存和另存等按钮，单击保存按钮，输入文件名，选择"保存"，程序文件类型".sas"。运行执行程序，按 F3 键或者选择按钮中的第一个 ☂ ，运行全部或者选定代码。

为便于进行程序的语法检查，编辑窗口自动以不同的颜色反映 SAS 程序中不同的部分。如用深蓝色表示数据或者程序步开始、蓝色表示关键字、棕色表示字符串、浅黄色表示数据块、红色表示可能的错误等。

（2）日志窗口：日志窗口显示程序运行情况，通过字体颜色逐条显示各行程序的执行信息，程序行为黑色，记录执行过的每一条语句；提示信息为蓝色，提供系统或程序运行的一些常规信息。日志窗口显示具体的 ERROR 信息，为快速调试程序提供方便。警告为绿色，以 Warning 开始，一般在程序中含有系统可以自动更正的小错误时出现，此时会提供错误序列号；错误为红色，以 Error 开始，表明程序有错误，无法继续执行或执行的结果不正确。日志窗口内容可保存为扩展名为".log"的文本文件。

（3）结果窗口：在 SASs 中运行任务或程序时，结果将显示在工作区域中。结果除了可以在此窗口进行游览，也可全选后拷贝到其他文档中保存。系统还可以生成 HTML🝖、PDF🝖和 RTF🝖输出，这些选择目前的版本中可见但不可用。也可通过电子邮件，将结果的副本以及相关的代码和日志文件发送给另一用户，或者直接打印结果。

三、SAS 程序的构成与基本语法

SASs 不需要编程即可使用，但是了解基本的 SAS 程序结构对将来进一步使用 SAS 的复杂功能有很大帮助。本部分简单介绍 SAS 程序的基本构成和语法规则，更多的信息请查阅相关资料。

1. 数据步与过程步

使用 SAS 软件编程，基本统计过程都是模块化，只需确定自己的目的，选择符合试验设计要求的模块，将数据和模块提交给 SAS 进行计算分析，即可显示统计结果。SAS 中主要使用两种程序过程步骤：数据步（data step）创建和管理用于统计分析的数据集；过程步（proc step）将数据集按照用户要求的模块完成相应统计分析。

2. SAS 语句基本结构

SAS 语句是自由格式，由若干条语句组成，多数语句由特定的 SAS 关键字开始，语句中可包含变数名，运算符等，它们之间以空格分隔，最终以分号"；"结束。一个语句可以写成多行，多个语句也可以写成一行，可以从一行的开头写起，也可以从一行的任一位置写起。

每一数据步都以 DATA 语句开始，RUN 语句结束。而每一过程步则都是以 PROC 语句开始，RUN 语句结束。当有多个数据步或过程步时，由于后一个 DATA 或 PROC 语句可以起到前一步的 RUN 语句的作用，两步中间的 RUN 语句也可以省略。但是最后一步的后面必须有RUN 语句，否则不能运行。

为增加程序的易读性，在 SAS 程序中可以加入注释，注释使用 C 语言语法，用/*和*/在两端界定注释，这种注释可以出现在任何允许加入空格的位置，可以占多行。

一个完整的 SAS 过程步必须有 PROC 后给出的过程名，其后有不同的语句和选择项，一般形式为：

```
PROC   过程名   DATA=输入数据集选项;
       过程语句   /   选项;
       过程语句   /   选项;
       ……
RUN;
```

3. SAS 操作符和表达式

SAS 操作符包括算术操作符、比较操作符和逻辑操作符。

（1）算术操作符：加 "+"、减 "−"、乘 "*"、除 "/"、乘方 "**"。

（2）比较操作符：等于 "EQ" 或 "="、大于 "GT" 或 ">"、小于 "LT" 或 "<"、不等于 "NE" 或 "^="、大于等于 "GE" 或 ">="、小于等于 "LE" 或 "<="。

（3）逻辑操作符："AND" 或 "&"、"OR" 或 " | "、"NOT" 或 "^"。

SAS 表达式用来赋值新的变量、转换变量、计算结果、建立条件表达式等，如：

赋值变量： $Y=100$;

转换变量： $X2=\mathrm{LOG}(X1)$;

计算结果： $Y=35.12+X1*2.58/100$;

条件表达式： $G=\mathrm{AGE}<65$，$Y=X1=X2$，

$$\mathrm{AGE}<15 \quad \mathrm{OR} \quad \mathrm{AGE}>64，$$

$$\mathrm{SEX}=1 \quad \mathrm{AND} \quad \mathrm{AGE}<60。$$

四、建立 SASs 数据文件

1. SASs 数据集和数据库

SASs 系统能够方便地存取存储在多种主流数据库管理系统中的数据，如 ORACLE、SYBASE、DB2 和 INFORMIX 等，也能够读取几乎任何格式的外部文件，并转换为 SAS 数据集的形式。

SASs 数据集以记录（Observation）为行，以变量（Variable）列。变量的特征信息包括：变量名（Name）、类型（Type）、长度（Length）、输出格式（Format）、输入格式（Informat）和标签（Label）。

SASs 文件名命名规则：SASs 名字由英文字母、数字和下划线组成，第一个字符必须是字母或下划线，名字最多用 8 个字符，不区分大小写。

比如，name、abc、aBC、x1、year12、_NULL_ 等是合法的名字，且 abc 和 aBC 是同一个名字，而 group-1（不能有减号）、a bit（不能有空格）、group#（不能有特殊字符）、Documents（超长）等不是合法的名字。

缺失值：字符型变量的缺失值用空格符表示，数值型变量的缺失值用句号 "．" 表示。

SASs 数据文件（集）的特点：SAS 必须通过逻辑库和文件名两个层次来定位文件，逻辑库是高一级的层次，低一级的层次就是 SAS 文件本身。因此，每个 SASs 文件都有一个两级名，第一级是逻辑库标记，第二级是文件名，中间用 '.' 隔开。SASs 的逻辑库分为临时库和永久库两种，SASs 数据文件（集）存储在逻辑数据库中。程序中通过指定两级名来识别 SASs 文件，而缺省的库标记为临时库 WORK。

SASs 每次启动时会自动打开多个系统库和使用者自己已经建立的库，系统库主要有 Maps、Sasuser、Sashelp、Work 和 Webwork 等，其中 Work 是临时库，存放在 Work 中的即是临时文件，当退出 SASs 系统时临时文件会被自动删除。

2. 创建 SASs 数据库和文件

自定义创建 SASs 逻辑库（指永久库）：首先在 myfolders 文件夹下建立子目录，拷贝入或者上载需要的文件。具体操作：点击导航窗口中的服务器文件和文件夹，在我的文件夹下，点击新建按钮，或者鼠标右键菜单中选择 "新建"。

选择导航窗口中的逻辑库，在我的逻辑库下，点击新建按钮，或者鼠标右键菜单中选择 "新建"。在出现的新建逻辑库窗口中填入自定的逻辑库名，选择文件夹路径，确定。如果勾选启动时重新创建该逻辑库复选框，则每次打开 SAS 时所建逻辑库都有效。创建数据文件（集）有多条途径，下面是常用的 3 种方法：

（1）工作区域的代码窗口通过 input 语句创建数据集；

（2）转换方式导入 SAS 数据集；

（3）引用某些 SAS 函数或步骤创建新的数据集。

工作区域的代码窗口通过 input 语句创建数据集。例如：建立名为 data1 的数据文件，数据文件中有 x 和 y 两个变量，该数据文件存放在逻辑库 mydata 中，数据文件在 SAS 中的全名即 mydata.data1，具体程序如下：

```
Data mydata.data1;
Input x y @@ ;
Cards;
12 25 13 50 14 34
;
run;
```

程序说明：Data 模块后接需要使用到的数据文件全名（逻辑库名.文件名）；Input 语句表示输入变量，@@ 表示可以连续输入；Cards 语句标志数据块的开始，随后紧跟需要读入的数据，该语句适用于任何版本。datalines 语句的功能和 Cards 相同，但只在 8.0 以后的版本中才适用。数据块必须单独占一行或多行，最后表示数据块结束的分号也必须另起一行书写。

转换方式可以把 xls、txt 和 csv 等多种格式的数据文件导入 SAS 数据集方法中，以常见的 csv 文件为例。导航窗中，在服务器文件和文件夹下的文件（主目录）下建立自己命名的文件夹，点击顶端的上载数据按钮，选择需要导入的 csv 文件。任务和实用程序下点击导入数据，工作窗口中选择上述文件，输出数据下点击更改，把数据导入目标逻辑库，点击运行后，可在目标逻辑库中查看导入的文件。该代码在不编辑的情况下，自动把文件导入 WORK 库中，建议把该文件从 WORK 库拖到自己的逻辑库中。

注意：csv 文件的第一行请输入各数据列的名称，否则 SAS 自动删除第一行数据。

第二节 探索性数据分析

SASs 任务和实用程序下的任务菜单中提供数据探索、汇总统计和分布分析等模块。这些模块将统计方法与交互式的图形显示结合在一起，为用户提供数据、图形和分析结果三方面的内容，便于用户发现异常数据及包含在数据中的模式或规律，探索性地使用各种统计分析方法并观察分析结果。

> **Box 11-2：SASs 的功能限制**
>
> 不包括 GRAPH 模块，只能做简单的统计图；不包括 ODBC 功能，无法进行开放数据库连接。

一、基于图形的数据探索

"数据探索"任务提供散点图矩阵、配对散点图、回归散点图、直方图和盒型图用于探索选定变量间的关系。操作路径从导航窗口开始，点击任务和实用程序、任务、统计分析，点击数据探索。以 SASs 中自带的 class 文件数据为例，演示探索性数据分析功能。该文件的逻辑库名为 sashelp，文件名为 class。数据选项卡下点击"+"选择角色中的连续变量 Height 和 Weight，分类变量选择性别。图选项卡下勾选需要的统计图形，最后点击运行或 F3。

1. 直方图分析

直方图又称质量分布图，提供变量在一个区间的出现的频率。直方图的每一个条形代表了绘图变量（Height）在一个区间的取值情况，比如 55 到 65 之间的条形代表身高在 55 到 65 英寸的人，条形高度为组频数，即取值在这一区间的观测个数。

2. 盒形图分析

盒形图表现数值型变量分布。鼠标停留在盒型图上，可以显示详细的均值、标准差、须值等。盒形的中间粗线是身高分布的中位数位置，盒子上边线是分布的 3/4 分位数，下边线是分布的 1/4 分位数，盒子上下边线包含了分布的中间 50%的观测。盒子的长度为分布的四分位间距，表示数据分布的离散程度。从盒子边线向外延申的是触须线，最长可以延伸到四分位间距的 1.5 倍，但是如果已经到了数据的最小值或最大值处就不再延伸。如果触须线没有达到数据的极端值，则超出范围的数据一般认为是异常值。从盒形图可以看出数据的偏斜情况，比如，若盒子的下半部比上半部长，而且下触须线比上触须线长，说明身高分布略左偏。

3. 散点图分析

散点图表示因变量随自变量而变化的大致趋势。为了解身高和体重的关系，生成以体重为纵轴以身高为横轴的散点图。散点图矩阵可画出多个变量两两间的散点图，以考察多变量间的关系。

二、汇总统计

汇总统计任务为所有观测的变量以及观测组内的变量提供描述性统计量。以 SASs 中自带的 SASHELP.CLASS 文件数据为例，演示汇总统计分析功能。

SASs 用汇总统计（Means 模块）提供数据描述性统计量。

操作过程：导航窗口、点击任务和实用程序、任务、统计分析，最后点击汇总统计。

数据文件选择 class，数据选项卡下点击"+"选择角色中的分析变量 Height 和 Weight，分类变量选择 Sex。选项卡中有统计量和图两项可选。统计量下有基本统计量（均值、标准差、最小值、最大值、中位数、观测数和缺失值数），其他统计量（标准误差、方差、众数、极差总和、权重、均值的置信限、变异系数、偏度和峰度）和百分位数（第 1、第 5、第 10、下四分位数、中位数、上四分位数、第 90、第 95、第 99 和四分位极差），按需选择统计量。图选项卡下勾选需要的统计图形，可提供直方图和比较盒形图，最后点击运行。

运行结果：依次给出每一个变量的观察数，均值、标准差、最小值、最大值、样本数目和均值的 95%置信上下限。

三、分布分析

SASs 软件的分布分析（Univariate 模块）提供有关数值变量分布的信息。该分析使用直方图、概率图和分位数-分位数图等各种图形。

操作过程：导航窗口，点击任务和实用程序、任务、统计分析，点击分布分析。数据选项卡选择数据文件名（class）、变量名和分组变量名。选项选项卡选择输出参数和图形。

运行结果与分析：Height 的拟合正态分布，Kolmogorov-Smirnov 检验，$P>0.15$。如果 $P>0.05$，说明检验结果不显著，不能否定正态假设，即：正态分布成立。

第三节　参数估计与假设检验

统计推断包括假设检验和参数估计两个方面，它们的任务是分析误差产生的原因，确定差异的性质，排除误差干扰，从而对总体的特征做出正确的判断。描述总体参数的区间估计计算方法有所不同，但基本原理都是用样本统计数的抽样分布来计算相应参数的置信区间的上限和下限。由于试验数据统计分析过程中区间估计与假设检验是结合在一起的，SASs 系统把两者作为一个问题的两个方面同时给出分析结果。

一、检验效能

理论上验证处理与对照之间的差异时，样本量越大，试验结果越接近于真实值，即结果越可靠。试验样本量过小，无论试验结果是否存在差异，均不能排除因随机误差造成的错误，导致检验效能过低，结论缺乏充分依据。但样本量过大，则增加试验难度，或者造成浪费。对于任何一次假设检验，不论其结论是拒绝 H_0，还是接受 H_0，都有判断错误的可能，即可能犯两类错误。第一类错误（也称 I 型错误，检验水准）是指拒绝了实际上成立的 H_0，其概率大小用 α 表示。假设检验时，可根据研究的目的来确定 α 值的大小。如规定 $\alpha=0.01$(即犯第一类错误的概率为 0.01)，当拒绝 H_0 时，则理论上 100 次抽样检验中平均有 1 次发生这样的错误。第二类错误（也称 II 型错误，把握度）是指接受了实际不成立的 H_0，其概率大小用 β 来表示，β 值的大小一般很难确切估计，只有与特定的 H_1 结合起来才有意义。通常把 $1-\beta$ 称为检验效能（也称把握度），表示当两总体确有差别时，按规定的检验水准 α，需要多大的样本数量才能发现该差别。SASs 用功效和样本大小（Power 模块）为多种统计方法提供效能检验方法。本书以最常用的 t 检验结果为基础，为单样本、配对样本和双样本 3 种不同情况下的检验结果提供效能分析或样本大小估计。

案例 11-1　检查发育不良小牛的血红蛋白指标，血红蛋白浓度平均为 200 g/L，标准差 45 g/L。现使用补血药物，如果治疗前后血红蛋白浓度预计上升 25 g/L。设双侧 $\alpha=0.05$，功效值为 0.9 时，试问应治疗多少头牛，可以认为该药是有效的？

此例是样本均数与总体均数比较，属于单样本情况。求错误率为 5%，把握度为 90% 的前提下，需要的样本大小。

操作过程：导航窗口，点击任务和实用程序、功效和样本大小、点击 t 检验，单样本检验；求解勾选总体样本大小；分析详细信息选项，根据数据分布特点，本例勾选正态，均值、原假设均值、标准差和功效等按照实例的具体数据填写。需要提供一定功效范围的样本数量，图选项卡，填入功效最大值 0.95 和最小值 0.7。

运行结果：给出均值样本 t 检验的各项元素，实际功效 0.908；N 合计 37。

结果分析：错误率为 5%，把握度为 90% 的前提下，当实际功效值等于 0.908，即 100 头中最低有效为 90 头的最小取样数量为 37。根据图选项卡填入的数据，软件同时提供功效值从 0.7 到 0.95 的取样大小图（图 11-2）。

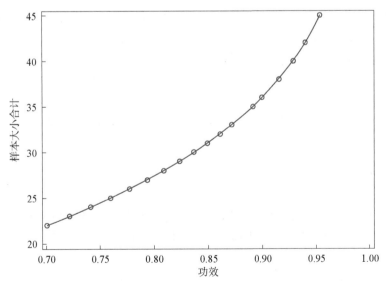

图 11-2　基于均值单样本 t 检验的小牛总体取样数与预设功效值

案例 11-2　为研究维生素 E 缺乏的饲料对家蚕体重的影响，取同龄(3 龄)和同体重正常家蚕配成 10 对，对每对中每只家蚕随机指定给以正常饲料或维生素 E 缺乏饲料，检测结果：平均体重增加的差值为 0.98 g，标准差为 1.53。相关系数为 0.8。设双侧 $\alpha=0.05$，求功效值。

此例属于配对样本检验情况。求错误率为 5%，配对样本大小为 10 的情况下，求试验把握度（功效值）。操作过程：导航窗口，点击任务和实用程序、功效和样本大小，点击 t 检验，配对检验；求解勾选功效；分析详细信息，根据数据分布，勾选正态；均值，选择各均值之间的差值，其他按照实例的具体数据填写。

运行结果：给出均值样本 t 检验的各项元素，功效 0.813。

结果分析：此错误率为 5%，配对样本大小为 10 的情况下，试验实际功效值等于 0.813。

案例 11-3 比较 A 和 B 两种饲料对奶牛产奶量的影响，发现 A 饲料处理后产奶量为 21.1 L/头，标准差为 9.5，发现 B 饲料处理后产奶量为 12.75 L/头，标准差为 9.5，处理间差异显著，当 $\alpha=0.05$，功效值为 0.9 时，需要处理多少例才可以确认饲料 A 有效？

操作过程：导航窗口，点击任务和实用程序、功效和样本大小，点击 t 检验；双样本检验，求解勾选总体样本大小；分析详细信息，根据数据分布，勾选正态，选择检验勾选 Satterthwaite t 检验（萨特恩韦特 t 检验）；均值选择组均值，分别填入每组的均值和标准差，组 1 均值 21.1；组 2 均值 9.5；组 1 标准差 12.75；组 2 标准差 3.6，其他按照实例的具体数据填写。

运行结果：给出具有不等方差的均值双样本 t 检验，N 合计 32；实际 $\alpha=0.0503$；实际功效 0.910。

结果分析：此例是两均数比较，属于双样本检验情况。求错误率为 5%，把握度（功效值）为 90%的前提下，需要检测的样本数量。上述条件下，总体样本需要 32 头牛。

二、置信区间估计

区间估计指在一定概率保证下总体参数的可能范围，所给出的可能范围叫置信区间。SASs 中的汇总统计模块提供置信区间分析。

案例 11-4 现从某批复合饲料中抽取 13 个样本，测得蛋白水解酶活性（E-activity，单位）为：1.50、2.19、2.32、2.41、2.11、2.54、2.20、2.36、1.42、2.17、1.84、1.96、2.39。求测得蛋白水解酶活性平均值的 95%置信上下限。数据文件：D11_1_置信区间.csv。

操作过程：导航窗口，点击任务和实用程序、任务、统计分析，点击汇总统计，其他，统计量勾选均值的置信限。

运行结果与分析：蛋白水解酶活性（E-activity）含量平均值为 2.108，其在 0.10 和 0.05 置信水平下的置信区间分别为[1.938~2.279] 和 [1.900~2.316]。

三、t 检验

SASs 为单样本（one group t test）、配对样本（paired t test）和成组样本（independent two group t test）3 种类型的 t 检验分析提供了不同的数据分析过程。SASs 统计分析下的 t 检验（T test 模块）解决上述 3 种情况下 t 检验问题。

1. 单样本 t 检验

单样本 t 检验适用于单组设计的统计分析，可以比较平均值和给定的标准值（固定值）之间的差异。单组设计不对测定值按任何因素分组，每个定量指标只有一组观测值，若同时测定了多项定量的指标，仅当这些指标在专业上有联系时，才有必要进行多元方差分析。SASs

分析可选择对应的单样本 t 检验。

案例 11-5　已知品牌复合饲料中标准蛋白水解酶活性的值为 1.44 单位，现从某批饲料中抽取 13 个样本，测得酶活为：1.50、2.19、2.32、2.41、2.11、2.54、2.20、2.36、1.42、2.17 1.84、1.96、2.39，现求此批饲料的平均蛋白水解酶活性与正常值间的差异有无显著意义。数据文件：D11_1_置信区间.csv。

操作过程：导航窗口，点击任务和实用程序、任务、统计分析，点击 t 检验。数据选项卡选择数据文件名、角色、t 检验、选择单样本检验。选项卡选择双尾检验或其他，备择假设方框中填入用于比较的标准值（1.44），勾选正态性假设和非参数检验两项。

运行结果：蛋白水解酶活性平均值为 0.668，标准差为 0.344，t 检验，$t=7.002526$，$P<0.0001$。

结果分析：因 $P<0.01$，表明此批饲料蛋白水解酶活性值与正常值间的差异显著。

2. 配对检验

配对设计指将试验对象(植物、动物等)按一定条件配成对，以保证组间一致，提高试验效应。当个体差异较大或不同时期差异较大时，可取配对设计。SASs 分析选择对应的配对样本 t 检验。

案例 11-6　研究维生素 E 缺乏的饲料对家蚕体重的影响，取同龄(1 龄)和同体重正常家蚕配成 10 对，对每对中每只家蚕随机指定给以正常饲料或维生素 E 缺乏饲料。数据文件：D11_2_配对 t 检验.csv。

操作过程：导航窗口，点击任务和实用程序、任务、统计分析，点击 t 检验。数据选项卡选择数据文件、角色、t 检验、选择配对检验，组 1 变量和组 2 变量分别是配对的两个变量（CK 和 VE-）。选项卡选择双尾检验或其他，备择假设方框为 0，勾选整体性假设和非参数检验两项。

运行结果：基本统计测度提供两样本差值的均值为 0.875，标准差为 0.630。正态性检验，Shapiro-Wilk（夏皮罗-威尔克）检验，$W=0.929$，$P=0.436$。t 检验，$t=4.389503$，$P=0.0017$。

结果分析：因 $P<0.05$，即：不同处理间差异显著，维生素 E 缺乏可能导致家蚕体重下降。

3. 双样本检验

双样本 t 检验又名成组 t 检验，也称两独立样本资料的 t 检验，适用于完全随机设计的两样本均数的比较。SASs 分析可选择对应的双样本 t 检验或者卡方检验，并对定量资料可提供方差齐和不齐条件下的 t 检验结果。

案例 11-7　为探讨辐照时间长度对小鼠皮肤病变的影响，收集了多例小鼠数据。辐照时间小于 1 h 的 242 个案中，病变个案 13 个，辐照时间大于 1 h 的 63 个案中，病变个案 7 个，问两种辐照时间小鼠皮肤病变率之间的差别是否有显著意义。数据文件：D11_3_配对卡方检验.csv。

按辐照时间长度分类，由是否病变作为标准进行计数，属于定性资料的 χ^2 检验。

操作过程：导航窗口，任务和实用程序，任务，统计分析，点击表分析。数据选项卡选择数据文件，角色，行变量，选择 time，列变量，选择 ref，其他角色，频数计数，选择 fre。选项卡勾选卡方统计量。

运行结果：费舍尔精确检验（Fisher's exact test），双侧 $P=0.1473$。

结果分析：卡方检验的因 $P>0.05$，表明两种辐照时间小鼠皮肤病变率之间的差别不显著。

案例 11-8 为了解不同程度污染区域（Area）对畜牧业的影响，检测矿区（Pb）和正常区域（Norm）放牧黄牛的血铅值，随机选取同栏、同龄组的 10 头矿区放牧牛与 9 头正常区域放牧牛，分别测得血铅值(H)见数据文件。数据文件：D11_4_双样本 t 检验.csv。

本例是来自两个不同区域的多个随机测量值，即两个独立样本的平均数的差异检验，属于双样本 t 检验。

操作过程：导航窗口，点击任务和实用程序、任务、统计分析，点击 t 检验。数据选项卡选择数据文件名、角色、t 检验，选择双样本检验，分析变量一般指测量值（H），数值型，分组变量指用于归纳的变量（Area）。选项卡选择双尾检验或其他，备择假设方框为 0，勾选整体性假设和非参数检验两项，也可勾选不等方差选项。

运行结果：给出两个变量（Pb 和 Norm）的正态性检验、描述统计结果、t 检验和方差齐性分析结果。

结果分析：正常区域黄牛血铅值为 13.4 ，矿区黄牛血铅值为 31.44。方差齐次性检验的概率 $P=0.2685$，大于 0.05，可认为方差齐次。t 检验结果取 Equal 一栏的 t 值，$P=0.0023$，即矿区放牧对黄牛血铅值有显著影响。

四、方差分析

t 检验仅用在单因素两水平设计（包括配对设计和成组设计）和单组设计的定量资料的均值检验，单因素 k 水平设计（$k \geq 3$）和多因素设计的定量资料的均值检验需要用到方差分析。SASs 的 ANOVA 过程可以分析单因素试验数据，以及配伍组设计、拉丁方设计、重复测量的方差分析、析因设计和正交设计等。

SASs 在计算各因素的离均差平方和时有 SS1/SS2/SS3/SS4 四种方法，即：Type Ⅰ、Type Ⅱ、Type Ⅲ、Type Ⅳ。对于只进行平衡资料方差分析的 ANOVA 过程，四种方法的平方和都是一样的，只有一种类型的平方和。对于可以进行非平衡资料的 GLM 过程来说，四种类型的平方和可能不完全一致。

当使用 GLM 过程分析资料后，只是在不平衡资料时才会面临从 4 种算法中选择一种，通常只需从 SS1 和 SS3 中选择一种。

SS1：强调模型中因素的顺序；SS3: 不平衡的方差分析模型，因素的效应与因素在模型中排列的先后顺序无关。

根据对所研究领域内相关研究的文献检索，参照所研究领域内的惯例选择适当的多重比较方法。SNK（Student-Newman-Keuls）法常用，但当两两比较的次数极多时，该方法的假阳性高。图基（Tukey）法常用于需进行的是多个平均数间的两两比较（探索性研究），且各组样本数相等。新复极差法（DUNNETT）检验常用于一个对照组与多个试验组均效之间差异的显著性检验，需指定具体的对照组。费舍尔最小显著差检验（Fisher's least significant difference）多用于存在明确的对照组，要进行的是验证性研究，即计划好的某两个或几个组间（和对照）的比较。

1. 单因素方差分析

单因素方差分析主要用于多于两个变量间的均数比较，即根据单因素 k 水平设计（$k \geq 3$）的 k 组数据方差的差异来推断该因素的影响。方差的差异来源于两方面：一是由某因素引起的组间偏差；二是由试验误差引起的组内偏差。SASs 用单因子 ANOVA 进行单因素方差分析。

案例 11-9 沿用案例 10-2，三种赤眼蜂的产卵量数据，见数据文件 D10_1_单因素方差分析.csv。

相同条件下，比较三种不同品系赤眼蜂的产卵量平均数之间的差异，即单因素 $k=3$ 水平，适用于单因素方差分析。

操作过程：导航窗口，点击任务和实用程序、任务、线性模型，点击单因子 ANOVA；数据选项卡选择数据文件名、角色、分类变量，此例为寄生蜂种类，选择 Trichogrammatid，因变量，此例为产卵量，选择 egg。选项卡方差的齐性缺省为常用莱文（Levene）检验，多重比较方法缺省为 Tukey。

运行结果：首先给出方差分析表（表 11-1），第一列是变异来源，分别有组间、组内和总体变异；第二列表示自由度，反映了相互独立的样本数，组间自由度为 $2=r-1$，共有 $r=3$ 组试验数据，组内自由度为 $87=n-r$，试验总样本数为 $n=90$；第三列是离差平方和 SS；第四列为均方，即方差值，等于该行平方和除自由度；第五列 F 值反映了组间方差与组内方差的相对大小；第六列是对 F 值大小的显著性检验，即零假设为真的情况下拒绝零假设所要承担的风险水平。显著性由显著性水平及自由度决定，一般显著性水平取 0.05。这里显著性为 0.0001 表明该因素对试验结果无影响的概率只有 0.01%，故零假不设成立。

表 11-1 单因素方差分析总体方差表

源	自由度	平方和	均方	F 值	$Pr>F$
模型	2	24996.6222	12498.3111	427.56	<.0001
误差	87	2543.1667	29.2318		
校正合计	89	27539.7889			

接着给出模型的其他整体统计结果，R 方值为 0.9077，接近 1，说明这个方差模型的解释力强。较大的 R 方值体现试验控制的能力，可以通过随机化和区组化等方法，控制一些次要的因素，提高 R 值。接着给出的是平方和在 Model 的变量间的分解，通常会给出 Type I SS 和 Type III SS。本例是单个变量，且无因素秩序问题，此部分结果同总体方差。

"egg" 的 Levene 方差齐性检验，方差齐次性检验的概率 $P=0.5759$，大于 0.05，可认为方差齐次。

多重比较图基-克莱默（Tukey-Kramer）法给出第一张表是三种赤眼蜂产卵量的效应的最小二乘估计量，第二张表给出两两比较的结果（表 11-2），可以看到 1、2 和 3 之间差异显著。

表 11-2 Tukey 法多重比较结果

效应 "area" 的最小二乘均值 $Pr>|t|$（针对 H_0）：LSMean(i)=LSMean(j) 因变量：H			
i/j	1	2	3
1		<.0001	<.0001
2	<.0001		<.0001
3	<.0001	<.0001	

结果分析：不同种赤眼蜂产卵量之间差异显著，$F=427.56$，$P<0.0001$。

2. 随机区组设计方差分析

分为完全随机区（配伍）组设计和均衡不完全区（配伍）组设计，前者设计完整，比较常用。适合于安排一个试验因素、一个重要的非试验因素，即"区组因素"。实质就是在单因素 K 水平设计基础上，多考察了一个区组因素。当 $K \geq 3$ 时，不考虑区组因素时，是单因素 K 水平设计；考虑区组因素时，是随机区组设计。当 $K=2$ 时，有无区组因素，决定了是配对设计，还是成组设计。SASs 用 N 因子 ANOVA 模块解决随机区组试验数据的方差分析。

案例 11-10 沿用案例 2-2，利用注射法 RNAi 技术研究 5 个基因（A、B、C、D 和 E）对褐飞虱产卵量的影响，数据文件为 D10_2_单因素随机区组_方差分析.csv。 不同基因是主效应，不同时间是区组因素。

操作过程：导航窗口，点击任务和实用程序、任务、线性模型，点击 N 因子 ANOVA；数据选项卡选择数据文件名、角色，因变量一般指测量值，数值型，选择 egg，分类变量指用于归类的变量，选择 Trichogrammatid（3 种不同赤眼蜂）和 Block（3 个不同时间组）；选项模型选项卡、模型效应，点击编辑，出现模型效应生成器，根据具体情况填入变量；选项选项卡，统计量、选择要显示的统计量、选择默认统计量和其他统计量，才可勾选执行多重比较，进一步选择效应和比较方法等。

运行结果：依次给出总体方差分析表（表 11-3），两个因子（Trichogrammatid 和 Block）的分解方差分析结果（表 11-4），最小二乘均值多重比较 Tukey 的结果。

表 11-3　单因素区组设计方差分析总体方差表

源	自由度	平方和	均方	F 值	$Pr>F$
模型	4	24997.97778	6249.49444	208.99	<.0001
误差	85	2541.81111	29.90366		
校正合计	89	27539.78889			

接着给出的是平方和在 Model 的两个变量间的分解，此例属于完全区组，Type I SS 与 Type III SS 的结果相同。不同赤眼蜂（Trichogrammatid）之间的比较结果为：$F=417.95$，$P<0.0001$，区组（Block）之间的比较结果为：$F=0.02$，$P=0.9776$。

表 11-4　单因素区组设计方差分析分解方差表

源	自由度	III 型 SS	均方	F 值	$Pr>F$
赤眼蜂（Trichogrammatid）	2	24996.62222	12498.31111	417.95	<.0001
区组（Block）	2	1.35556	0.67778	0.02	0.9776

结果分析：3 种不同赤眼蜂的产卵量有明显差别。3 种不同化赤眼蜂是试验组，即试验组间 $P<0.0001$，拒绝 H_0，接受 H_1，可以认为 3 种不同赤眼蜂的产卵量有明显的差异。3 个不同时间点是区组因素，区组间 $P=0.9776$，$P>0.05$，不拒绝 H_0，尚不能认为不同时间点数据对总体产卵量有影响。

在随机区组设计中，每一区组内都包含全部的处理。根据具体的试验要求，也可以通过采用减小区组容量的方法，进行不完全区组设计。SASs 用 N 因子 ANOVA 模块解决平衡不完全区组试验数据的方差分析。

案例 11-11 沿用案例 2-4，数据文件：D2_2_平衡不完全区组-昆虫产卵量.csv。

操作过程：导航窗口，点击任务和实用程序、任务、线性模型，点击 N 因子 ANOVA；

数据选项卡选择数据文件名、角色，因变量一般指测量值，数值型，选择 egg，分类变量指用于归类的变量，选择 genes 和 Group；选项模型选项卡，模型效应、点击编辑、出现模型效应生成器，根据具体情况填入变量；选项选项卡、统计量、选择要显示的统计量、选择默认统计量和其他统计量，才可勾选执行多重比较，进一步选择效应和比较方法等。

运行结果：依次给出总体方差分析表，$F=38.42$，$P<0.0001$。两个因子的分解方差分析结果，分别给出了 Type I SS 与 Type III SS，对于平衡不完全区组试验设计的数据，二者并不相等，因为处理变量与区组是没有次序上的先后关系，选择 Type III SS 的结果，变量 genes，$F=58.42$，$P<0.0001$；变量 Group，$F=0.34$，$P=0.8986$。最小二乘均值多重比较法（Tukey 法）的结果（表 11-5）。

表 11-5　多重比较 Tukey-Kramer 结果

	A	B	C	D	E	GFP	Vg
A		0.4696	0.0006	0.0001	0.0106	<.0001	0.0227
B	0.4696		0.0049	0.0008	0.1355	0.0005	0.0023
C	0.0006	0.0049		0.5778	0.2131	0.2963	<.0001
D	0.0001	0.0008	0.5778		0.0210	0.9938	<.0001
E	0.0106	0.1355	0.2131	0.0210		0.0099	0.0002
GFP	<.0001	0.0005	0.2963	0.9938	0.0099		<.0001
Vg	0.0227	0.0023	<.0001	<.0001	0.0002	<.0001	

注：效应"genes"的最小二乘均值，$Pr>|t|$（针对 H_0）：LSMean(i)=LSMean(j)，因变量：egg

结果分析：基因 C 或 D 被 RNAi 后，褐飞虱的产卵量与 GFP 处理组相比没有显著降低，其他 3 个基因被干扰后产卵量与 GFP 处理组相比，均显著降低。5 个基因对产卵量的影响程度均显著小于阳性对照（Vg）。

> ### Box11-3：重复测量方差分析
>
> 　　SAS 线性模型中的混合模型（MIXED），拟合由固定效应、重复效应和随机效应组成的各种线性模型，对数据的方差和协方差以及均值进行建模。

3. 析因设计方差分析

析因设计的方差分析能够区分因素、水平及其交互作用，适用于各试验因素对观测指标影响的重要程度相同，并且所有试验因素同时作用于受试对象的研究。析因试验与单因子试验相比，提高了试验精度，可分析出因子间的交互作用，从而可分析出某因子的效应在不同条件下的反应，这是析因试验的特殊功能或优越性。

用 SASs 分析析因试验资料，可检验各因素之间是否存在交互作用，若交互作用有统计学意义，则需逐一分析各因素的单独效应，即固定一个因素对其他因素进行分析。SASs 用 N 因子 ANOVA 模块进行析因设计的方差分析。

案例 11-12　为了深入了解斜纹夜蛾对有机磷杀虫剂的分解能力，选择两个不同的地理种群（A1 日本种，A2 广东种）各 4 头，夜蛾的两个龄期（B1 低龄，B2 高龄）各 4 头，不同性别（C1 雄性，C2 雌性）各 4 头，共选了 24 头虫，在某种有机磷杀虫剂处理后 3 天测得各虫体内残留农药含量（mg）。问：3 种因素对农药的分解有何影响？两个因素之间是否存在交互作用？数据文件：D11_5_析因设计分析.csv。

此例包括地理种群、龄期和性别 3 个因素，全部因素的组合有 3 个重复，是 3 因素 2 水平的析因设计。

操作过程：导航窗口，点击任务和实用程序、任务、线性模型，点击 N 因子 ANOVA；数据选项卡选择数据文件名、角色，因变量一般指测量值，数值型，选择 mg，因子选择 a、b 和 c。选项模型选项卡，模型效应，点击编辑，出现模型效应生成器，全选 3 个因子，标准模型，N 因子析因，因子数选 2，加入模型效应框；选项选项卡、统计量、选择要显示的统计量，选择默认统计量和其他统计量，勾选执行多重比较，进一步选择效应和比较方法等。

运行结果：依次给出总体方差分析表，总体方差差异显著，F=7.96，P=0.0003。三个因子（A 地理种、B 虫龄和 C 性别）以及各因子间交互作用的方差分析结果，A 地理种群，F=28.60，$P<0.0001$；B 虫龄，F=12.96，P=0.0022；C 性别，F=1.63，P=0.2187；因子间两两交互作用的概率值均大于 0.05（表 11-6）。

表 11-6　单因素区组设计方差分解方差表

源	自由度	Ⅲ 型 SS	均方	F 值	$Pr>F$
c	1	0.06877534	0.06877534	1.63	0.2187
a	1	1.20576561	1.20576561	28.60	<.0001
b	1	0.54636666	0.54636666	12.96	0.0022
c*a	1	0.05631441	0.05631441	1.34	0.2638
c*b	1	0.09886287	0.09886287	2.35	0.1441
a*b	1	0.03692328	0.03692328	0.88	0.3625

结果分析：夜蛾地理种 A、龄期 B 对有机磷农药的分解能力差异显著；性别 C 对有机磷农药的分解能力无显著影响；夜蛾地理种 A、龄期 B、性别 C 间无交互作用。

4. 拉丁方设计方差分析

拉丁方设计要求必须是 3 个因素的试验且水平数相等，列、处理间均无交互作用，且方差齐。根据处理数选定拉丁方，SASs 对试验数据用 N 因子 ANOVA 模块进行方差分析。

案例 11-13　沿用案例 2-6，5×5 拉丁方设计数据用 SASs 做方差分析，数据文件为 D2_4_拉丁方_水稻产量.csv。

操作过程：导航窗口，点击任务和实用程序、任务、线性模型，点击 N 因子 ANOVA；数据选项卡选择数据文件名、角色，因变量一般指测量值，数值型，选择 crop，因子选择 hang、lie 和 treatment。选项模型选项卡、模型效应，点击编辑，出现模型效应生成器，全选 3 个因子，单一效应、添加、加入模型效应框；选项选项卡、统计量，选择要显示的统计量，选择默认统计量和其他统计量，勾选执行多重比较，进一步选择效应和比较方法等。

运行结果：依次给出总体方差分析表（表 11-7），总体方差差异显著，P=0.0257。三个因子（hang、lie 和 treatment）的方差分析结果，hang 处理组间差异不显著，P=0.6318；lie 处理组间差异不显著，P=0.5761；treatment 处理组间差异显著，P=0.0019。最小二乘均值多重比较（Tukey 法）各处理之间的差异。

表 11-7 拉丁方数据总体方差分析表

源	自由度	平方和	均方	F 值	Pr>F
模型	12	112.3968	9.3664	3.25	0.0257
误差	12	34.5648	2.8804		
校正合计	24	146.9616			

结果分析：F 检验结果表明横和列间差异不显著（$P>0.05$），各处理间差异显著（$F=8.34$，$P=0.0019$）。最小二乘均值多重比较法（Tukey 法）比较处理间差异（$P<0.05$），各处理平均单株穗重相互比较的统计分析结果表明：第 3 号挥发物处理下的单株穗重最高，与 1、2 和 5 号挥发物有明显差异，与 4 号挥发物的差异不明显。

5. 正交设计方差分析

正交试验设计结果的方差分析法能估计误差的大小，并能精确地估计各因素的试验结果影响的重要程度。正交设计的方差分析同样用 N 因子 ANOVA 模块，模型选项中自变量数目由因素决定。

案例 11-14 沿用案例 2-7，$L_8(2^7)$ 试验设计数据用 SASs 做方差分析，具体数据文件为 D2_5_正交设计_四因素.csv。

操作过程：导航窗口，点击任务和实用程序、任务、线性模型，点击 N 因子 ANOVA；数据选项卡选择数据文件名、角色，因变量一般指测量值，数值型，选择 crop，因子选择 a、b、c 和 d；选项模型选项卡、模型效应，点击编辑，出现模型效应生成器，同时选 a、b、c 和 d，4 个因子，单一效应、添加、加入模型效应框；同时选 a 和 b，标准模型、N 因子析因、加入模型效应框；选项选项卡、统计量，选择要显示的统计量，选择默认统计量和其他统计量，勾选执行多重比较，进一步选择效应和比较方法等。

运行结果：依次给出总体方差分析表（表 11-8），总体方差差异不显著，$P=0.1270$。四个因子以及 A×B 间交互作用的方差分析结果：A 因子，$F=1.98$，$P=0.2951$；B 因子，$F=4.12$，$P=0.1794$；C 因子，$F=17.78$，$P=0.0519$；D 因子，$F=1.0$，$P=0.3884$；A×B 交互作用 $F=10.76$，$P=0.0817$。最小二乘均值多重比较（Tukey 法）各因子以及各水平之间的差异不显著。

表 11-8 正交试验设计数据总体方差分析表

源	自由度	平方和	均方	F 值	Pr>F
模型	5	183.6250	36.7250	7.17	0.1270
误差	2	10.2500	5.1250		
校正合计	7	193.8750			

结果分析：模型的总体方差不显著，其主要原因是 4 个因子中只有 C 对产量有一定影响，可以去掉不显著的因子，重新进行方差分析考虑，或者增加其他试验因子，重新进行试验。

第四节 相关和回归分析

相关变量间的关系一般分为因果和平行关系两种。因果关系指一个变量的变化受另一个或几个变量的影响，平行关系指变量互为因果或共同受到另外因素的影响。SASs 线性模型下提供线性回归和协方差分析，统计分析下提供相关分析。

一、直线相关

统计学上采用相关分析(correlation analysis)研究呈平行关系的相关变量之间的关系。根据实际观测值计算得来的相关系数 r 是样本相关系数,它是双变量正态总体中的总体相关系数 ρ 的估计值。样本相关系数 r 是否来自 $\rho \neq 0$ 的总体,还须对样本相关系数 r 进行显著性检验。此时无效假设、备择假设为 $H_0:\rho=0$,$H_A:\rho \neq 0$,可采用 t 检验法对相关系数 r 的显著性进行检验。SASs 用统计分析下的相关分析(CORR 模块)进行直线相关分析。

案例 11-15 沿用案例 10-8,某种昆虫的重量(mg)与产卵量(egg)的数据见数据文件:D10_6_相关分析.csv。

操作过程:导航窗口,点击任务和实用程序、任务、统计分析,点击相关分析;数据选项卡选择数据文件名、角色、分析变量,选择 mg 和 egg;选项卡选择选定统计量,勾选相关和显示 P 值,描述性统计量。

运行结果:两个变量间皮尔逊(Pearson)相关系数为 0.9384,检验概率为 $P<0.0001$。

结果分析:因为相关系数为 0.9384,$P<0.0001$,表明该昆虫产卵量和体重之间存在相关性。

二、偏相关分析

对多个变量的资料,采用偏相关分析,能反映变量间真实的相关密切程度。SASs 用统计分析下的相关分析(CORR 模块)进行偏相关分析,需选定偏变量。

案例 11-16 沿用案例 10-9(数据集 D10_7_偏相关分析.csv),用 SASs 分析三化螟越冬虫口密度(x_1)、日平均降水量(x_2)、降水天数(x_3),以及第一代三化螟幼虫发生量(y)四个变量之间的偏相关系数。

操作过程:导航窗口,点击任务和实用程序、任务、统计分析,点击相关分析;数据选项卡选择数据文件名、角色、分析变量[一次选择任意两个,$\lg(x_1)$ 和 $\lg(y)$]、偏变量(选择另外两个,x_1 和 x_2);选项卡选择选定统计量,勾选相关和显示 P 值,描述性统计量。

分析结果与 EXCEL 相同(同表 10-3),但可以给出每一个相关系数的显著性检验概率值。如:$r_{1y.23}=0.9184$,$P=0.0013$。表明在日平均降水量(x_2)和降水天数(x_3)保持定值的情况下,第一代三化螟幼虫发生量(y)与三化螟越冬虫口密度(x_1)密切相关。

三、直线回归

设因变量为 y,自变量为 x,当这两个变量间存在直线回归关系时,表示为 $y=a+bx$。从是否利于回归方程的统计检验等方面考虑,以最小二乘法配合回归方程衡量 n 个观察点离直线回归方程距离为最佳。最小二乘法是通过使 n 对观测值中因变量的估计误差平方和最小,实现对回归方程中 a 与 b 估计。SASs 用线性模型下的线性回归(REG 模块)进行直线回归分析。

案例 11-17 沿用案例 10-5,该数据集包括了 124 种陆生哺乳动物的体重,经对数转换后变量名为 loge(mass),每日能量消耗量,经对数转换后变量名为 loge(DEE)。试求两个变量之间的线性关系。数据文件:D10_3_回归分析.csv。

操作过程:导航窗口,点击任务和实用程序、任务、线性模型,点击线性回归;数据选项卡选择数据文件名、角色、因变量选择 loge(DEE)、连续变量选择 loge(mass);选项模型选项卡、模型效应，点击编辑，出现模型效应生成器，选 loge(mass)、单一效应、添加、加入模型效应框；选项选项卡，按需求进行选择。

运行结果：首先给出选定模型的方差分析表，回归过程给出的关于所拟合的直线回归方程是否显著的检验结果，这里使用的检验方法是方差分析。$F=1873.93$，$P<0.0001$，说明直线回归方程非常显著，此方程的精确度可用决定系数（$R^2=0.9389$）来度量。

关于总体截距和总体斜率的参数估计及其显著性检验结果见表 11-9，方程常数项 Intercept $=1.8713$，Intercept 与 0 的差别显著（$P<0.0001$）。自变量系数 loge(mass)$=0.16709$，与 0 的差别非常显著（$P<0.0001$），可以判断回归方程的系数可接受。

表 11-9　线性回归参数估计结果

参数	自由度	估计	标准误差	t 值	$Pr>|t|$
Intercept	1	1.871306	0.095641	19.57	<.0001
loge(mass)	1	0.670913	0.015499	43.29	<.0001

结果分析：124 种陆生哺乳动物的体重与每日能量消耗量存在线性相关关系，直线回归方程：loge(DEE)$=1.8713+0.6709$ loge(mass)，$R^2=0.9389$。

四、协方差分析

协方差分析将定量的影响因素(即难以控制的因素)看作协变量，是将回归分析与方差分析结合起来使用的一种分析方法。SASs 用线性模型下的协方差分析（GLM 模块）进行分析。

案例 11-18　沿用数据文件 D12_2_协方差分析_树蟋鸣叫.csv，为树蟋鸣叫评率的数据，其中鸣叫频率为因变量、不同的物种为自变量、环境温度为协变量，用 SASs 分析不同物种的鸣叫频率是否有显著差异。

操作过程：导航窗口，点击任务和实用程序、任务、线性模型，点击协方差分析；数据选项卡选择数据文件名、角色，因变量选择 Pluse，分类变量选择 Species，连续协变量选择 Temp；选项选项卡，按需求进行选择。

运行结果：首先给出选定模型的方差分析表，以及多重比较的结果见表 11-10，协方差分析图同图 12-13。

表 11-10　协方差分析最小二乘均值比较

Species	Pluse LSMean	H0:LSMean1=LSMean2
		$Pr>|t|$
ex	78.1105	<.0001
niv	68.2015	

结果分析：在考虑环境温度这样变量的前提下，不同物种间的鸣叫频率平均值具有极显著差异。

第五节　多元统计分析

多元统计分析就是利用统计学和数学方法，将隐没在大规模原始数据群体中的重要信息集中提炼出来。多元统计分析具有简明扼要的提炼系统的本质特征、分析数据系统中的内在规律性、对研究对象进行分类和简化及实现定量分析的特点。SASs 提供主成分分析、因子分析、典型相关、判别分析、对应分析和多维偏好分析。

一、多元回归

当研究变量的相关和回归关系涉及三个或三个以上变量时，称为多元相关和多元回归。多元回归需要选择回归方法，其中逐步选择最为常用，当用此法选进变量时，若模型中已有变量，则用逐步法将模型内所有变量进行逐个检验，看其是否由于新变量的引入而对模型的贡献变得不显著。若是则将其从模型中删除。若无则保留。直至方程外再无对模型有显著影响之变量，而方程内所有变量对方程均显著。逐步法要规定添加/删除效应的起始标准，即选入水平及剔除水平，缺省为 Schwarz Bayesian 信息准则；若选择显著性水平的情况，可自定义效应添加或删除的显著性水平。SASs 提供的其他回归方法为前进法和后退法，参数选择同逐步法。

案例 11-19 测得 30 只患病白羽鸡的血红蛋白（Hemogl）与钙、镁、铁、锰和铜的含量，具体试验数据见数据文件 D11_6_多元回归分析.csv。拟建立各元素与血红蛋白的多元线性回归方程，预测血红蛋白的含量。

根据变量值的特点，对除 Cu 外的各变量进行对数转换，转换后变量名为 loge（原变量名）。操作过程：导航窗口，点击任务和实用程序、任务、线性模型，点击线性回归；数据选项卡选择数据文件名、角色、因变量，选择 Hemogl，连续变量选择 loge(Ca)、loge(Mg)、loge(Fe)、loge(Mn) 和 Cu；选项模型选项卡、模型效应，点击编辑，出现模型效应生成器，因子全选、单一效应、添加、加入模型效应框；选项选项卡，按需求进行选择；选项选择选项卡，模型选择下选择方法，逐步选择，添加/删除效应填入显著水平，停止添加/删除效应填入显著水平，最佳模型的方法选择默认准则。显著水平可以按照要求，自定义水平的大小，此处为 0.15 和 0.15。

运行结果：软件给出多元回归所用的选择方法（逐步），条目显著性水平（SLE=0.15），保留显著性水平（SLS=0.15）。逐步选择汇总，选择停止，因为条目的候选满足 SLE>0.15 且删除的候选满足 SLS<0.15。给出选定模型的方差分析表，R^2=0.7875，F=23.16，P<0.0001。总体截距和总体斜率的参数估计及其显著性检验结果：Intercept=−1.1226，P=0.2045。总体截距的参数估计及其显著性检验结果发现，Intercept 与 0 的差别不显著(P=0.2045)，可不要截距重新拟合直线回归方程。从软件界面的模型处，取消截距选项，新模型的方差更显著，R^2=0.9983，F=3582.03，P<0.0001。总体参数估计及其显著性检验结果见表 11-11。

表 11-11　多元线性回归参数估计结果

参数	自由度	估计	标准误差	t 值	$Pr>|t|$
loge(Ca)	1	−0.5996	0.1308	−4.59	0.0001
loge(Fe)	1	0.6791	0.0851	7.98	<.0001
loge(Mn)	1	−0.0385	0.0181	−2.12	0.0434
Cu	1	0.5029	0.0930	5.41	<.0001

结果分析：微量元素中铁、铜和钙的含量对血红蛋白(Hemogl)的影响有非常显著性意义。铁的吸收量提高后，有助于血红蛋白含量的提高，而钙的吸收量提高后，反而会使血红蛋白含量有减少的趋势。多元回归方程：loge(Hemogl)= −0.5996loge(Ca)+0.6791loge(Fe)− 0.0385loge(Mn)+

0.5029Cu，R^2 =0.9983。

利用逐步回归分析方法，也可获得最优多元线性回归方程。案例 10-6 的数据用 SASs 进行分析的过程同上，线性回归模块，选择逐步选择，分析结果见表 11-12。

表 11-12　最优多元线性回归参数估计结果

参数	自由度	估计	标准误差	t 值	$Pr>|t|$
Intercept	1	1.2076	1.1175	1.08	0.2949
x_2	1	2.2450	0.2375	9.45	<.0001
x_3	1	1.4428	0.4681	3.08	0.0068

二、主成分分析

多指标的主成分分析常被用来寻找判断某种事物或现象的综合指标，并解释综合指标的信息，以便更深刻地揭示事物内在规律。选择新的主成分，一般以累计方差贡献率达到 85% 以上为标准。SASs 用多元统计下的主成分分析（Princomp 模块）完成分析。

适合作主成分分析的资料，也适合作因子分析、对应分析、聚类分析，何时应选择什么方法，取决于研究目的和对结果的要求。主分量的个数可以由用户自己确定，主分量的名字可以用户自己规定，主分量得分是否标准化可自己规定。计算结果有：简单统计量，相关阵或协方差阵，从大到小排序的特征值和相应特征向量，每个主分量解释的方差比例，累计比例等。可生成两个输出数据集：一个包含原始数据及主分量得分，另一个包含有关统计量。

沿用案例 11-19 数据，测得 30 只患病白羽鸡血液中钙、镁、铁、锰和铜的含量，试对 5 种微量元素在该病中的作用大小进行主成分分析。

操作过程：导航窗口，点击任务和实用程序、任务、多元分析，点击主成分分析；数据选项卡选择数据文件名、角色，分析变量 Ca、Mg、Fe、Mn 和 Cu；选项选项卡，默认图和其他图、成分对的评分以及预测椭圆。

运行结果：主要有主成分分析相关矩阵的特征值及累积贡献率（表 11-13），特征值越大，它所对应的主成分变量包含的信息就越多。由此表可知前 3 个主成分就包含了原来 5 个指标 85.05% 的信息，前 4 个主成分就包含了原来 5 个指标 93.49% 的信息。若按照大于 85% 的标准，可从主成分分析特征向量表（表 11-14）中选择用于归纳主成分关系式的向量。 成分模式图和成分评分 95% 预测椭圆图（图 11-3），可用于分析主成分特征及其与原变量之间的关系。

表 11-13　主成分分析相关矩阵的特征值及累积贡献率

	特征值	差分	比例	累积
1	2.4971	1.4177	0.4994	0.4994
2	1.0794	0.4033	0.2159	0.7153
3	0.6760	0.2536	0.1352	0.8505
4	0.4223	0.0970	0.0845	0.9349
5	0.3253		0.0651	1.0000

表 11-14 主成分分析特征向量

	Prin1	Prin2	Prin3	Prin4	Prin5
Ca	0.4979	0.2152	−0.5021	0.3640	0.5666
Mg	0.5376	0.0106	0.2351	0.5323	−0.6101
Fe	0.4467	−0.3344	0.6597	−0.21316	0.4561
Mn	−0.1561	0.8497	0.4657	0.1126	0.1549
Cu	0.4890	0.3460	−0.2011	−0.72530	−0.27339

扫一扫
看彩图

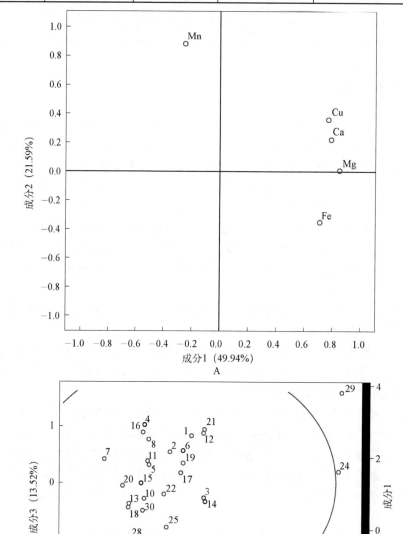

图 11-3 患病白羽鸡微量元素主成分分析图

A. 成分模式图；B. 成分评分 95% 预测椭圆图

结果分析：第一主成分 Prin1 包含了该疾病 49.94%的信息，第二主成分 Prin2 解释了 21.59%，前三个主成分累计解释了 85.05%，因此通过该主成分分析可以很有效地实现数据的降维，将 5 维数据降到 3 维。根据具体的病理参数，现以 85%为标准，则前 3 个主成分入选。Cu、Ca 和 Mg 集中在同一个区域，表明其贡献近似，而 Fe 和 Mn 则可能有不同的生理含义（图 11-3 A）。

成分评分预测椭圆代表高斯分布的等值轮廓线，缺省取 95%置信区间。本例 30 只病鸡微量元素中，只有数据 23、24 和 29 处于 3 个新的成分之外（图 11-3 B）。据特征向量表（表 11-14）可以写出由标准化变量所表达的各主成分的关系式，即：

Prin1=0.4979Ca+0.5378Mg+0.4467Fe−0.1561Mn+0.4890Cu，另外两个主成分 Prin2 和 Prin3 可以依次类推。

三、判别分析

判别分析是研究事物的属性与其特征指标之间依赖关系的多元统计方法。利用判别分析可以在掌握的已确定类别的原始资料中，总结出判定个体类别的规律性，用于以后的分类。SASs 用多元统计下的判别分析（Discrim 模块）完成分析，除最基本的判别分析，也可将判别分析与典型相关分析相结合。

判别分析适用于已经掌握了历史分类的每一个类别的若干样品，从而希望根据这些历史经验（样品），总结出分类的规律性或判别信息，多用判别函数等来指导未来的分类和鉴别。

案例 11-20 为了从不同抗药性昆虫刺吸电位图的 5 项不同波形指标（$X_1 \sim X_5$）中，找出区分敏感品系（Group=1）、中抗品系（Group=2）和高抗品系（Group=3）的方法，对 3 类抗性能力不同的昆虫分别取容量为 N_1=11、N_2=7、N_3=5 的 3 个样本，并假定任何一个昆虫来自 3 类中的任何一类的先验概率相等，试作判别分析。数据文件：D11_7_判别分析.csv。

操作过程：导航窗口，点击任务和实用程序、任务、多元分析，点击判别分析；数据选项卡选择数据文件名、角色、分组变量，选择组，数量变量选择 $X_1 \sim X_5$；选项卡，按需求进行选择。选项选择卡，选择方法（逐步选择），添加变量的重要性水平（0.15），保留变量的重要性水平（0.15），显著水平可以按照实际研究的需求自定义水平的大小，缺省为 0.15。

运行结果：首先给出多元逐步回归结果，X_2 和 X_5 入选。判别分析函数的具体参数见表 11-15。

表 11-15　判别分析函数参数估计结果

变量	1	2	3
常数	−9.2967	−16.4479	−16.7840
X_2	0.0307	0.0694	0.0328
X_5	1.4667	0.9851	2.2303

结果分析：根据判别分析函数的具体参数，得 3 类总体的判别函数式为：

Group=1: Z_1= −9.2967+0.0307X_2+1.4667X_5

Group=2: Z_2=−16.4479+0.0694X_2+0.9851X_5

Group=3: Z_3=−16.7840+0.0328X_2+2.2303X_5

设现测得一昆虫刺吸电位电图上 X_2、X_5 两项指标分别为 X_2=267.88，X_5=10.66，试判断该昆虫属于高抗、中抗和敏感中的哪一种？把 X_2，X_5 的值分别代入所求得的 3 类判别函数，得：$Z_1=14.58$，$Z_2=12.64$，$Z_3=15.77$。因 Z_3 的值最大，故可以初步将改该虫归入第 3 类，即高抗性品系。

【延伸阅读】

Ron Cody. 2016. Biostatistics by Example Using SAS Studio. Chicago: SAS Institute.

【思考练习题】

1. SASs 有多种建立自定义逻辑库的方法，请简述操作过程。
2. SASs 有多种创建数据文件（集）的方法，请简述操作过程。
3. 请用 SASs 软件对第十二章杜河的鱼数据进行数据探索分析。

第十二章　R 语言实践

R 是一个用于统计分析、作图的语言和操作环境，属于 GNU 系统的一个自由、免费、开源的统计软件。R 提供了有效的数据存储和处理功能，以及一套完整的数组（特别是矩阵）计算操作符，拥有完整体系的数据分析工具，可为数据分析和显示提供强大图形功能，是一套完善、简单、有效的编程语言（包括条件、循环、自定义函数、输入输出功能）。R 是一门自学型语言，语法结构简单、通俗易懂，本章将结合具体数据分析实例介绍通过 R 语言实现常用数据统计分析方法。

第一节　R 的原理与基础操作

一、为什么要选择 R

在诸多统计和绘图软件中，R 有几个突出特点。首先，R 作为一个源代码开放的软件，可以免费使用。其次，R 可以提供一整套完整连贯的数据处理、分析计算和统计制图功能，具有绝佳的结果可视化功能。另外，R 语言是开源的，由于各种程序包和函数的透明性极好，使得对函数的调整和改良变得非常便利，只需要把源代码调出来，自己稍微修改一下就可以满足自己的需求，Google 首席经济学家 Hal Varian 曾说："R 最优美的地方是它能够修改很多前人编写的包的代码做各种你所需的事情，实际你是站在巨人的肩膀上"。R 语言中的数据结构非常简洁，主要包括向量（一维）、数组（二维时为矩阵）、列表（非结构化数据）、数据框（结构化数据），适合新手快速操作，并且向量化编程大大减少了循环语句的应用。除此之外，对于大多数的各类模型和复杂公式，都可以找到对应的程序包（package），从而使用几行简单的代码即可解决问题。同时，R 可运行于多种平台之上，包括 Windows、UNIX 和 Mac OS X，具有很好的兼容性。

二、R 软件的安装与使用

1. R 与 RStudio 的安装

R 软件可以在 CRAN（Comprehensive R Archive Network, https://cran.r-project.org）上免费下载，并提供不同系统平台的版本。本书所用版本为 R 4.1.0。

RStudio 软件提供了基于 R 的更为易于使用和操作的集成开发环境，可以在 RStudio 官网（https://www.rstudio.com）下载免费版本 RStudio Desktop。RStudio 的通用界面如图 12-1 所示，集成了包括 R 脚本、控制台、工作环境和脚本运行历史、文件目录/图形/帮助等功能区。

图 12-1　RStudio 通用界面

2. R 程序包的安装与加载

R 软件除了基本的统计分析命令外，还提供了非常多的程序包（packages）用于更加专业和特异性的统计分析与作图。程序包的安装可以直接输入安装命令 install.packages（"ggplot2"）即可，括号内为需要安装的程序包名称，此处以 R 中常用的作图程序包 ggplot2 为例。

程序包安装好之后需要加载到当前工作空间才能使用，可以通过 library() 或者 require() 两个函数来加载程序包，比如：library(ggplot2)。

三、R 语言的基础操作

R 是一种区分字母大小写的解释性语言，其语句由函数和赋值构成，使用<-作为赋值符号。R 语言只支持单行注释，注释由#开头，当前行出现在#之后的任何文本都会被解释器忽略。

1. 数据类型和结构

R 语言可以存储和处理各种不同的数据类型，最常用到的包括数值型（numeric）、字符型（character）和逻辑型（logical）等。常见的数据结构包括向量（vector）、数据集（data.frame）、矩阵（matrix）、列表（list）和数组（array），而数据的属性通常可以分为分类型变量（categorical）、排序型变量（ordinal）以及数值型变量（numeric）。

数值型向量在统计中最为常用，可以用冒号、seq()、rep()、c()等函数来建立。

```
> 1:10
 [1]  1  2  3  4  5  6  7  8  9 10
> seq(1,5,by=0.5)
[1] 1.0 1.5 2.0 2.5 3.0 3.5 4.0 4.5 5.0
> rep(1:5,2)
 [1] 1 2 3 4 5 1 2 3 4 5
```

字符向量在 R 中也广泛使用，比如图表的标签。字符向量由双引号界定，多个字符向量可以通过函数 c()连接。

```
> labs <- c("yellow", "86%", "p")
> labs
[1] "yellow" "86%"        "p"
> labs <- paste(c("x","y","z"), 1:9, sep="")
> labs
[1] "x1" "y2" "z3" "x4" "y5" "z6" "x7" "y8" "z9"
```

因子型向量不仅包括分类变量本身，还包括变量可能的取值水平。利用函数 factor()可以创建因子型向量，也可以通过字符型向量或者数值型向量来转化。

```
> a <- c("red","blue","red","green","blue","red")
> a <- factor(a)
> a
[1] red blue red green blue red
Levels: blue green red
> b <- c(2,3,3,2,4,3,2)
> b <- factor(b)
> b
[1] 2 3 3 2 4 3 2
Levels: 2 3 4
> levels(b) <- c("low", "middle", "high")
> #将数值型因子转换为字符型因子
> b
[1] low middle middle low high middle low
Levels: low middle high
> gl(4,3)      #函数 gl()可以产生规则的因子序列
 [1] 1 1 1 2 2 2 3 3 3 4 4 4
Levels: 1 2 3 4
```

对象的类型和长度可以通过函数 mode()和 length()来查看，缺失数据用 NA（指 Not Available 的意思）来表示，用 NaN（指 Not a Number）来表示不是数字的值。

```
> x <- rep(c(2,6),c(3,6))
> x
[1] 2 2 2 6 6 6 6 6 6
> mode(x)
[1] "numeric"
> length(x)
[1] 9
> x <- 10/0     #R 中 Inf 和-Inf 分别表示正无穷和负无穷
> x
[1] Inf
> 0/0
[1] NaN
```

2. 数据的导入和导出

数据分析时常常需要导入外部保存的数据文件，包括常见的 CSV、TXT 格式以及 Excel、SQL、HTML 等数据文件，并保存为数据框形式。同时，处理好的数据或者结果有时也需要从 R 中导出保存为数据文件。

使用 read.csv()命令可以导入 CSV 格式的数据文件，并存储为 R 的数据集对象。使用 write.csv()命令可以将数据框 data.frame 或其他类型的数据存储为 CSV 文件。CSV 文件结构简单，又可以直接使用 Excel 进行查看和编辑，因此是最为常用的 R 外部数据文件。

Box 12-1：R 中常用运算符

R 中有三种主要类型的运算符：算术运算符、比较运算符和逻辑运算符。

算术运算		比较运算		逻辑运算	
+	加法	<	小于	!x	逻辑非
−	减法	>	大于	x&y	逻辑与
*	乘法	<=	小于或等于	x&&y	逻辑与（仅比较向量的第一个成员）
/	除法	>=	大于或等于		
^	乘方	==	等于	x|y	逻辑或
%%	模	!=	不等于	x||y	逻辑或（仅比较向量的第一个成员）
%/%	整除			xor(x,y)	异或

在算术运算符中存在运算顺序，比如乘(*)的运算优先级就比加(+)的高。在逻辑运算符中同样有优先级，比如与运算的优先级高于或运算。

使用 read.table()命令可以导入 TXT 格式和 DAT 格式的数据文件，并存储为 R 的数据集对象。使用 write.table ()命令可以将数据框 data.frame 或其他类型的数据存储为 TXT 文件。

此外，可以使用 read.delim("clipboard")读取已经复制到剪贴板中的数据，用 read.csv(file.choose())可以弹出对话框手动选择想要读取的数据文件。

3. R 的帮助系统

R 的程序包中包含了大量的用于统计分析的命令和函数，R 提供了一整套的帮助系统用于理解它们的语法和语义，熟悉它们的使用方法。除了随新版本发布的 R 帮助手册和各程序包的帮助文件，可以使用 help(*fun*)命令或者 ?*fun* 来显示对应函数的帮助页面。

第二节　探索性数据分析

当我们拿到一组新的数据时，首先需要进行探索性数据分析（exploratory data analysis, EDA）。EDA 是所有数据分析过程中的重要环节，不仅可以帮助我们熟悉将要分析的数据，考察数据结构和质量，还可以通过对数据进行可视化和数据转化，进而形成对下一步分析的明确规划。探索性数据分析不是具有严格规则的正式过程，而主要是一种思维模式，在此阶段可以进行各种尝试，天马行空地发挥想象力，进而逐渐熟悉数据并锁定适合数据的分析方法和容易产生成果的科学问题，进而找出问题的答案。

一、了解数据和对象的基本格式

获取或录入一套数据之后，我们需要了解和核对数据的结构、所包含的变量的名称和数量、对象的类型，以及数据集的大小等信息。下面以杜河(Doubs)的鱼数据集为例，使用 read.csv 读取数据之后用常规的函数对数据进行整理。该套数据记录了流经法国东部和瑞士西部的杜河上 30 个研究样点的鱼类物种多度、非生物环境和空间位置信息（详见数据文件 D12_1a/b/c）。

```
> # 从 CSV 文件中读取关于杜河的鱼的物种、环境和空间数据
> spe <- read.csv("DoubsSpe.csv", row.names=1)
> env <- read.csv("DoubsEnv.csv", row.names=1)
> spa <- read.csv("DoubsSpa.csv", row.names=1)
```

使用以下一些常用的命令可以了解数据的结构、类型和数据集大小等基础信息：

```
> spe[1:5,1:10]      # 通过下标选定的方法展示数据的前 5 行前 10 列
> head(spe)          # 展示数据集的前 6 行
> nrow(spe)          # 数据集的行数 (样点数)
[1] 30
> ncol(spe)          # 数据集的列数 (物种数)
[1] 27
> dim(spe)           # 数据集的维度 (行数，列数)
[1] 30 27
> colnames(spe)      # 每一列的标签 (变量名称 = 物种)
> rownames(spe)      # 每一行的标签 (对象名称 = 样点)
> summary(spe)       # 每一列数据的描述性统计指标
```

其中，summary ()函数会对每一个变量（每一列）进行描述性统计分析，对于数值型变量会输出最小值、最大值、平均值、中位值和分位值等指标，如果是分类变量则会输出各水平的计数指标。

```
> # 整个数据集中物种多度数据的分布范围（最小值和最大值）
> range(spe)
[1] 0 5
> # 计算每一个多度等级出现的次数，类似于 Excel 中的分类汇总功能
> ab <- table(unlist(spe))
> ab

  0   1   2   3   4   5
435 108  87  62  54  64
```

二、对数据进行可视化表示

对原始数据进行可视化的表示是探索性数据分析中一个很重要的步骤，不仅可以对数据形成更为直观的了解，有助于形成后续分析的思路；还可以检查数据和各变量中是否包含了缺失值、异常值等信息。

所有的变量都具有独特的变动模式，因此变量的变异（variation）情况可以揭示出很多有趣且有价值的信息，理解变异模式最好的方法就是对变量的分布情况进行可视化表示。对单个变量的分布进行可视化的方法取决于变量的类型，分类变量和连续变量往往用不同的图形进行展示。例如，在杜河的鱼这个数据集中，物种多度数据的取值为 0～5 的整数，我们可以将其理解为在较小的集合内取值的分类变量，可以使用条形图来展示其分布情况（图 12-2）：

```
> barplot(ab, main="Distribution of abundance classes", xlab="Abundance class", ylab="Frequency",
col=gray(5:0/5), xlim=c(0,500))
```

对于包含空间位置信息的数据，通常会绘制地图或者采样设计图等来主观展示数据点在空间上的分布，以及各变量在空间上的变异情况。例如，对于杜河的鱼这套数据，我们可以首先划出 30 个调查点在杜河上的空间分布情况（图 12-3），然后还可以作图直观展示物种相对多度和环境因子在河流上下游的分布和变化规律（图 12-4，图 12-5）。

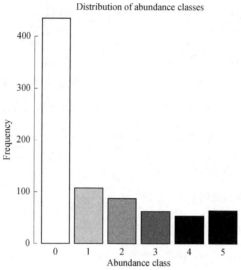

图 12-2　杜河的鱼多度分布直方图

横轴为物种相对多度的组别（Abundance class）；纵轴为频度分布（Frequency）

```
> # 创建一个空的画板（坐标轴比例 1∶1，带标题）
> # x 和 y 的空间信息来自 spa 数据集
> plot(spa, asp=1, type="n", main="Site Locations",
+        xlab="x coordinate (km)", ylab="y coordinate (km)")

> # 添加一条蓝色的线连接所有调查样点 (杜河 Doubs river)
> lines(spa, col="blue")

> # 添加各采样点名称的文本
> text(spa, row.names(spa), cex=0.8, col="red")

> # 添加注明河流上下游的文本
> text(50, 10, "Upstream", cex=1.2, col="red")
> text(30, 120, "Downstream", cex=1.2, col="red")
```

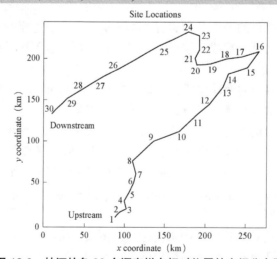

图 12-3　杜河的鱼 30 个调查样点相对位置的空间分布图

横轴为各采样点位置（Site Locations）的 x 坐标（x coordinate）；纵轴为 y 坐标（y coordinate）；
1 到 30 号采样点从河流上游（Upstream）至下游（Downstream）随机分布

```
> # 用气泡图展示部分鱼类相对多度的空间分布
> # 用 par 函数将作图空间划分为 2 行 2 列的 4 个子面板
> par(mfrow=c(2,2))

> # 选择四个物种依次作图，点的位置由 spa 数据确定
> # 气泡的大小使用 cex 参数调用 spe 数据集中对应物种的相对多度确定
> # 运行以下函数，分别将 cex 设为 spe$TRU、spe$OMB、spe$BAR 或 spe$BCO
> plot(spa, asp=1, col="brown", cex=spe$TRU, main="Brown trout",
+      xlab="x coordinate (km)", ylab="y coordinate (km)")
> lines(spa, col="blue")
```

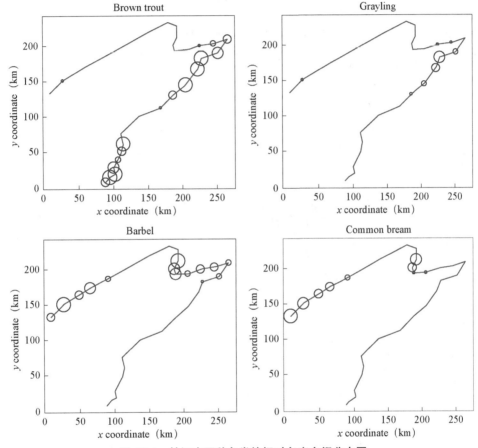

图 12-4　杜河中四种鱼类的相对多度空间分布图

横纵坐标与图 12-3 相同，小图名称为当地四种鱼类的俗名

从图 12-4 可以看出，杜河中不同鱼类的空间分布格局有很大的差异，有些鱼类偏好分布于上游和中游，有些相对多，对较少的稀有鱼类大部分个体可能只分布于中游，而有些鱼类则更多地分布在河流的中下游。据此我们可以直观地发现，鱼类物种和多样性的分布格局有明显的生境偏好性，进一步我们可以将环境因子的空间分布进行可视化展示。

```
> # 部分环境因子变量的气泡图
> par(mfrow=c(2,2))

> # 运行以下函数，分别将 cex 设为 env$alt、env$deb、env$oxy
```

```
> # 或 env$nit，即可直观展示杜河的海拔、流量、含氧量和含氮量。
> plot(spa, asp=1, main="Altitude", pch=21, col="white",
+       bg="red",cex=5*env$alt/max(env$alt), xlab="x",
+       ylab="y")
> lines(spa, col="light blue")
```

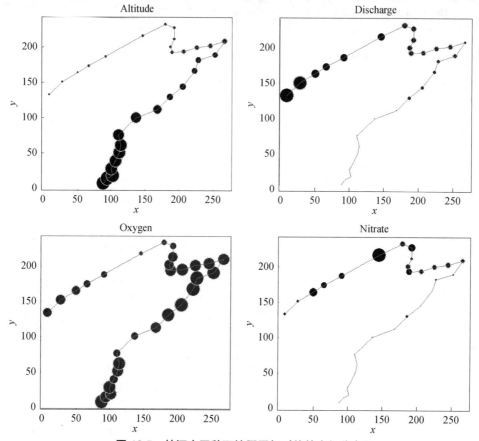

图 12-5　杜河中四种环境因子相对值的空间分布图

横纵坐标与图 12-3 相同；小图名称分别为各采样点海拔（Altitude）、流量（Discharge）、含氧量（Oxygen）和含氮量（Nitrate）

由图 12-5 可知，从上游到下游，各调查样点的海拔逐渐降低、水流量逐渐增加，而水的含氧量在生境复杂的区域更高、含氮量总体上呈现出下游越来越富集的趋势。这些变化趋势也可以通过折线图来展示（图 12-6）：

```
> # 折线图展示环境因子从上游到下游的变化趋势
> par(mfrow=c(2,2))

> plot(env$das, env$alt, type="l", xlab="Distance from the source (km)", ylab="Altitude (m)", col="red",
main="Altitude")
```

此外，我们还可以作图展示不同物种间相对多度的差异，以及比较不同调查样点间物种丰富度的变化（图 12-7，图 12-8），从而形成对目标数据全面且直观的概念。详细作图方法可参加本章附录的 R 脚本文件。

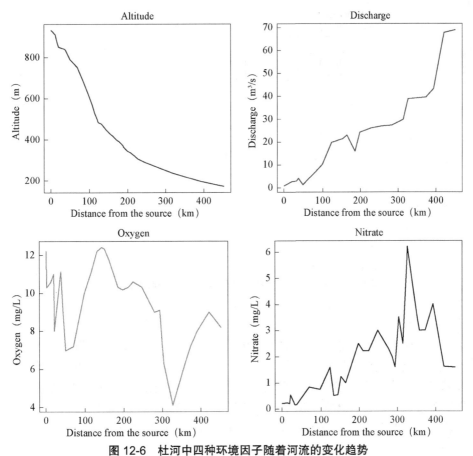

图 12-6 杜河中四种环境因子随着河流的变化趋势

横坐标为从河流源头的距离；小图名称及纵坐标与图 12-5 相同

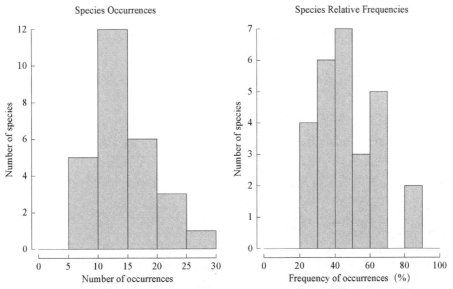

图 12-7 杜河中不同鱼类在 30 个调查点中出现的次数和相对频度的分布情况

左图为物种出现频率图（Species Occurrences）；右图为物种相对多度频率图（Species Relative Frequencies）；
纵坐标为物种数目（Number of species），横坐标分别为物种出现次数（Number of occurrences）和出现频率
百分比（Frequency of occurrences）

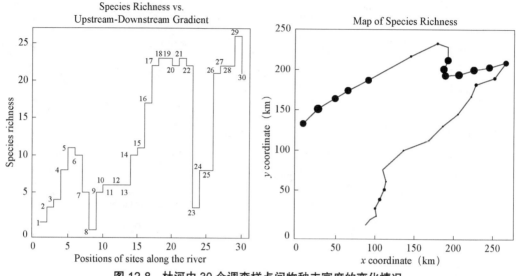

图 12-8   杜河中 30 个调查样点间物种丰富度的变化情况

左图为各样点物种多度在上下游上的分布，横轴为各样点沿着河流的编号（Positions of sites along the river）；
纵轴为物种丰富度（Species richness）；右图为物种丰富度的气泡图，坐标与图 12-3 相同

由此可见，探索性数据分析阶段的可视化展示不涉及任何的统计分析，其主要目的是快速了解数据，获取对数据整体和各变量的理解，从而形成对后续统计分析的思路。对于数据驱动（data-driven）的科学研究来说，探索性数据分析还是提出科学问题的重要过程，其本质上是一个创造性过程，在数据探索的基础上不断解决新的问题发现新的思路，进而快速地获取数据中最令人感兴趣的部分，并总结出一组有创新性且发人深省的问题。

三、数据转换和标准化

在开始正式的统计分析之前，我们往往还需要对数据进行转换。一方面要确保数据类型符合实际情况，例如，常见的代表存活/死亡、出现/不出现的 1/0 数据，虽然该变量用数值 1 和 0 来表示，但其变量属性应该为因子型变量而不是数值型变量。同样的，用数值而不是字符来表示不同水平的排序型变量或者分类变量都属于这种情况，在数据分析前应该转换为正确的变量类别。

数据或变量类型的转换可以用以下的这些函数：as.numeric()，as.character()，as.factor()，as.logical()，as.vector()；as.data.frame()，as.matrix()，as.list()，as.table()。例如，R 自带的数据集 mtcars 记录了不同品牌型号汽车的各项参数，包含了 11 个（数值型）变量、32 个观测对象的数据集。其中，引擎类型、是否自动挡等参数应该在数据分析前转换为因子型变量。

```
> summary(mtcars$am)
   Min.   1st Qu.   Median    Mean    3rd Qu.   Max.
  0.0000   0.0000   0.0000   0.4062   1.0000   1.0000
> class(mtcars$am)
[1] "numeric"
> mtcars$am <- as.factor(mtcars$am)
> summary(mtcars$am)    #汽车传动装置的类型，0 为自动挡，1 为手动挡
  0   1
 19 13
> class(mtcars$am)
[1] "factor"
```

　　另一方面，许多数据分析方法往往对数据的概率分布类型等有要求，只有满足特定要求的数据才能开展这些特定的数据分析。例如，方差分析要求数据需要满足独立性、正态性和方差齐性三个前提要求。数据正态性的检验可以通过 Q-Q 图法（用 qqnorm()函数）或者 Shapiro-Wilk 检验法（用 shapiro.test()函数）等，使用 var.test()函数可以进行方差齐性的 F 检验。因此，我们有时候也需要对数据进行特定的转换，以满足统计分析的前提条件。常用的数据转换方法包括对数转换、反正弦平方根转换、倒数转换、logit 转换等。此外，在进行主成分分析等多元数据分析时，由于涉及的变量较多，且各变量的量纲和数值大小差异较大，也需要进行数据的标准化等转换，以便于进一步的排序分析。

　　分析不同变量或对象之间的差异性或者相关性的时候，我们往往需要先对数据进行标准化处理，一方面消除量纲不同导致的数据变异数量级的差异，另一方面使得变量或对象间相似性（similarity）或相异性（distance）的计算更合乎逻辑。通过以下例子可以直观地了解数据转换和标准化的必要性。

　　表 12-1 中展示了一组物种多度数据，包括 3 个样方和 3 个物种。通过计算各物种相对多度的差异值的累加值，可以比较 3 个样方群落结构差异性的大小。如果不进行任何的数据标准化处理直接进行计算，则样方 1 和样方 2 的距离为 $D_{1-2} = (0-0)+(4-1)+(8-1) = 10$，样方 2 和样方 3、样方 1 和样方 3 的距离分别为 $D_{2-3} = 3$、$D_{1-3} = 13$。因此，基于原始数据计算出的欧氏距离显示，样方 2 和样方 3 的群落相似性最高；样方 1 与其他两个样方的距离相近，都具有比较大的差异（图 12-9A）。这显然是不符合真实情况的，我们通过数据可以看出，样方 2 和 3 之间没有任何一个共有物种，而样方 1 和 2 则具有完全相同的物种组成，只是各物种的相对多度不同。因此，逻辑上应该是样方 1 和 2 相似性较高，与样方 3 有比较大的差异。图 12-9 展示了几种常用的方法进行数据转换之后计算出的 3 个样方间的群落差异性，可以看出不同方法得出的结果略有不同，但均更为合理的展示了 3 个群落间的距离。

表 12-1　一组物种多度的模拟数据

	物种 1	物种 2	物种 3
样方 1	0	4	8
样方 2	0	1	1
样方 3	1	0	0

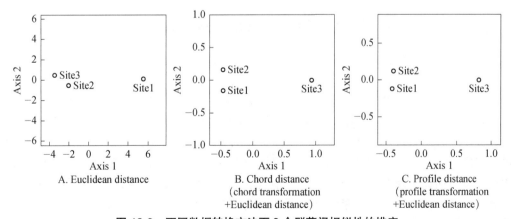

图 12-9　不同数据转换方法下 3 个群落间相似性的排序

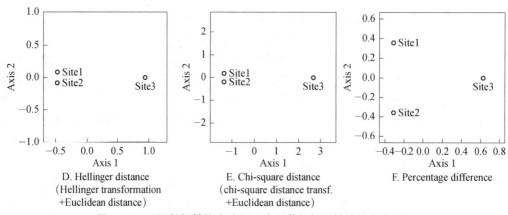

图 12-9 不同数据转换方法下 3 个群落间相似性的排序（续）

横纵坐标为各样方相对距离的一轴（Axis 1）和二轴（Axis 2）。A. 欧式距离；B. 弦距离；
C. Profile 距离；D. Hellinger 距离；E. 卡方距离；F. 百分比差异

Box 12-2：数据转换与标准化

Vegan 程序包中的 decostand() 函数提供了非常全面的数据转换和标准化方法，主要包括：

total：除以行或列的总和，将各变量或对象的总和转换为 1。

max：除以行或列的最大值，将各变量或对象的值转换为 0 到 1 之间。

range：将行或列的数值范围转换为 0 到 1，如果所有数值相同，则它们将会全部被转换为 0。

normalize：使行或列的平方和等于 1。

chi.square：对数据进行卡方转换。

hellinger：对数据进行 hellinger 转换。

log：对数据进行对数转换。

pa：将数据转换为 1/0 形式的出现/不出现数据。

standardize：将各行或列的平均值转换为 0，方差为 1。

在 vegan 程序包中，decostand() 函数可以方便地实现上述数据转换和标准化。

第三节　假设检验与参数估计

根据样本数据推断总体的分布和分布的数字特征称为统计推断（statistical inference），主要包括假设检验（hypothesis test）和参数估计（parameter estimation）两个部分。对总体的分布类型或某个未知参数做出某种假设，然后由随机抽取的样本提供的信息，计算合适的统计量，对所作假设进行检验，以做出统计推断来决定是接收假设还是拒绝假设，即为假设检验，分为参数检验和非参数检验两种类型。推断总体的分布由所含的一个或多个参数决定，在很多实际问题中总体的分布类型已知，需要根据样本估算总体分布的参数数值的大小，即为参数估计。参数估计有两个主要类别，一类是点估计，比如计算一个数值型变量的平均值；一类是区间估计，比如计算该变量的 95% 置信区间。常用的参数估计方法有最大似然法、最小二乘法、矩法估计、贝叶斯定理等。

　　假设检验是一种通过检测一项调查或实验的数据来判断是否获得显著性结果的统计方法，其本质上是通过计算在完全随机的情况下获得该观测或实验结果的概率，进而探讨所得结果是否具有统计上的意义。相对于探索性数据分析来说，假设检验则属于验证性数据分析（confirmatory data analysis）。开展假设检验的主要步骤包括：①提出针对特定问题的零假设 H_0（以及备择假设 H_1）；②选择检验统计量 W 并确定其分布，确定显著性水平；③选择合适的统计分析方法并计算样本点对应的统计量的值；④得出接受或者拒绝零假设的结论。下面将介绍几种最为常见的假设检验方法在 R 中的实现。

一、单样本 t 检验

　　如果你获取了一个数值型变量的单个样本，则可以通过单样本 t 检验（one-sample t-test）来检测该样本的平均数与某个固定常数之间是否具有显著性差异（图 12-10）。单样本 t 检验要求数据满足：①数据点之间是相互独立的；②数据是随机抽样获取的；③数据近似地服从正态分布。在 R 软件中，可以通过 t.test() 函数来实现单样本的 t 检验。

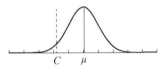

图 12-10　单样本 t 检验可以比较样品平均值 μ 和常数 C 之间的差异显著性

```
> #在接触一个新的函数时，我们都可以用 help() 或者？来获取关于该命令的帮助
> ?t.test

> # 我们通过一套模拟的 10 只老鼠的体重数据来开展 t 检验
> # 使用 rnorm() 产生一组样本数为 10，平均数为 20，方差为 2 的数值型变量，并使用 round() 保留一
位小数
> set.seed(1234)
> weight = round(rnorm(10, 20, 2), 1)

> # 展示该组模拟数据的基本信息
> weight
 [1] 17.6 20.6 22.2 15.3 20.9 21.0 18.9 18.9 18.9 18.2
> # Statistical summaries of weight
> summary(weight)
   Min. 1st Qu.  Median    Mean 3rd Qu.    Max.
  15.30   18.38   18.90   19.25   20.82   22.20

> # 确认数据是否符合 t 检验的前提条件 – 正态性
> shapiro.test(weight)

        Shapiro-Wilk normality test

data:  weight
W = 0.9526, p-value = 0.6993

> # 进行单样本 t 检验并显示结果
> mice <- t.test(weight, mu = 25)
> mice

        One Sample t-test

data:  weight
```

```
t = -9.0783, df = 9, p-value = 7.953e-06
alternative hypothesis: true mean is not equal to 25
95 percent confidence interval:
  17.8172 20.6828
sample estimates:
mean of x
     19.25
```

从上述结果可知，该套数据的平均值与 25 存在显著差异（*df* = 9，*P* < 0.001）。事实上，我们再随机产生这组模拟数据的时候，正态总体的平均值设定的是 20，方差是 2，因此 t 检验的结果符合预期。

二、双样本 t 检验

当我们想要比较两个数值型样本间的平均值是否存在显著差异的时候（图 12-11），可以使用双样本 t 检验来进行分析，在 R 中则仍然使用 t.test()函数来实现。

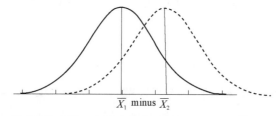

图 12-11 双样本 t 检验可以比较两个样品平均值的差异（$\bar{X}_1 \text{ minus } \bar{X}_2$）显著性

```
> # 录入一组数据，调查某个树种两个种群中个体的胸径大小
> X <- c(20.5, 19.8, 19.7, 20.4, 20.1, 20.0,19.0,19.9)
> Y <- c(20.7, 19.8, 19.5, 20.8, 20.4, 19.6, 20.2)

> #确认数据是否符合双样本 t 检验的前提条件 – 方差齐性
> var.test(X, Y)

        F test to compare two variances

data:   X and Y
F = 0.79319, num df = 7, denom df = 6, p-value = 0.7608
alternative hypothesis: true ratio of variances is not equal to 1
95 percent confidence interval:
  0.1392675 4.0600387
sample estimates:
ratio of variances
          0.7931937

> t.test(X, Y, var.equal = T)

        Two Sample t-test

data:   X and Y
t = -0.85485, df = 13, p-value = 0.4081
alternative hypothesis: true difference in means is not equal to 0
95 percent confidence interval:
  -0.7684249   0.3327106
sample estimates:
mean of x mean of y
  19.92500   20.14286
```

该结果显示，X 和 Y 两个种群的个体大小没有显著差异（$df = 13$，$P = 0.41$）。

当两个样本之间具有一一对应的关联性的时候，我们需要开展配对样本的 t 检验（paired t-test）来比较二者平均值的差异。

案例 12-1　比较小鼠在喂食某种营养品之后的体重是否具有显著差异，在处理前和处理后各进行一次体重测定，因此这两组数据是一一对应的配对样本。

【解】在 R 中，只需要在 t.test()函数中加入 paired = TRUE 参数即可实现配对样本 t 检验。

```
> # 检测针织品样本在 70 和 80 摄氏度两个处理下的抗断强度
> X <- c(20.5, 18.8, 19.8, 20.9, 21.5, 19.5, 21.0, 21.2)
> Y <- c(17.1, 20.3, 20.0, 18.8, 19.0, 20.1, 20.0, 19.1)

> t.test(X,Y,paired = T)

        Paired t-test

data:  X and Y
t = 1.8136, df = 7, p-value = 0.1126
alternative hypothesis: true difference in means is not equal to 0
95 percent confidence interval:
 -0.3341736   2.5341736
sample estimates:
mean of the differences
                    1.1
```

结果显示，两种温度下针织品样本的强度没有显著差异（$P = 0.11$）。值得注意的是，此时的自由度为 7，而不是 15。表明分析的是 8 个样本分别在两个温度处理下获取的配对数据。

三、比例检验

比例数据的检验（test of proportion）用于检测样本的比例是否能够反映总体比例的真实值。比如，人口调查中我们获取了一个城市的新生婴儿中男孩所占的比例，可以通过比例数据的检验来比较该比例是否满足性别比 1∶1 的预期；也可以比较该城市的新生婴儿性别比与其他城市是否具有显著差异。当样本数量相对比较大时，其比例值 P 近似服从正态分布。

案例 12-2　由于男性胚胎期存活率较低、后期寿命较短等原因，为了维持种群中性别比的平衡，人类新生婴儿中男孩数量一般会高于女孩。现随机调查了 25468 个新生婴儿，其中 13173 个为男孩。该样本中男孩的比例为 0.5172。那么该样本的比例是否能够说明新生儿中男孩出生率高于女孩？此时我们可以选择零假设 H_0：$P = 0.5$，备择假设 H_1：$P > 0.5$。由于我们已知 0.5172 不可能小于 0.5，所以此处选用单尾检验更为合理。

【解】使用 prop.test()函数即可完成比例数据的检验，其中可以调用 alternative 参数来设置双尾或双尾检验（"two.sided"，"less"，"greater"），通过 conf.level 参数可以指定显著性水平。

```
> prop.test(13173, 25468, p=0.5, alternative = "greater", conf.level = 0.95)

        1-sample proportions test with continuity correction

data:   13173 out of 25468, null probability 0.5
X-squared = 30.2, df = 1, p-value = 1.949e-08
alternative hypothesis: true p is greater than 0.5
95 percent confidence interval:
```

```
    0.5120657 1.0000000
sample estimates:
          p
0.5172373
```

从运行结果可以看出，这是一个单样本的比例检验，数据为 13173/25468，零假设比例为 0.5，自由度 df 为 1（新生婴儿的性别变量有男孩和女孩 2 个水平）。该样本的男孩比例显著高于 0.5（$P<0.001$），因此可以推断总体新生儿中男孩出生率显著高于女孩。

比例数据检验也可以用于比较两个或多个独立样本间的差异是否具有显著性。

案例 12-3 在大学校园中随机调查了 102 个男生和 135 个女生，发现有 23 个男生和 25 个女生使用的是华为手机。在显著性水平 $\alpha = 0.05$ 的条件下，男生和女生中使用华为手机的比例是否相同？

【解】使用 prop.test() 函数即可。

```
> huawei<-c(23,25)
> total<-c(102,135)
> prop.test(huawei,total)

    2-sample test for equality of proportions with continuity correction

data:  huawei out of total
X-squared = 0.36148, df = 1, p-value = 0.5477
alternative hypothesis: two.sided
95 percent confidence interval:
 -0.07256476  0.15317478
sample estimates:
   prop 1     prop 2
0.2254902 0.1851852
```

运行结果显示，该调查中男生和女生中使用华为手机的比例分别为 22.55% 和 18.52%，二者没有显著差异（$P= 0.55$）。

四、卡方检验（chi-square test）

通过计算卡方统计量，可以进行拟合优度检验（chi-square goodness of fit test）和独立性检验（chi-square test for independence），前者检测一套样本数据（一个分类变量）是否与理论总体相符合，后者则比较列联表数据中两个分类变量之间是否相互独立。这两种检验都可以通过函数 chisq.test() 实现。

拟合优度检验比较实际的观测值与理论值之间是否有显著差异。

案例 12-4 果蝇翅膀的表型分为平滑和褶皱两种类型，根据遗传定律这两种表型个体的比例为 3∶1。现实际观测到 1000 个果蝇中，770 只为平滑型、230 只为褶皱型，试问该观测值是否符合 3∶1 的遗传定律。

【解】可以通过卡方检验比较该样本的表型是否符合理论比值。

```
> observed = c(770, 230)          # 实际观测到的频度
> expected = c(0.75, 0.25)        # 理论预测的比例
>
> chisq.test(x = observed, p = expected)

    Chi-squared test for given probabilities
```

```
data:   observed
X-squared = 2.1333, df = 1, p-value = 0.1441
```

运行结果显示，自由度 $df = 1$，卡方统计量为 2.13，显著性 $P = 0.14$，表明果蝇样本的表型符合理论预测值。

案例 12-5　投掷一个骰子可能得到 1、2、3、4、5、6 这六个不同的点数。理论上，在该骰子的材质是均匀的前提下，一次实验中观测到每个点数的次数相同，现实际观测到一组数据如表 12-2 所示，试问该骰子的材质是否均匀？

表 12-2　投掷一个骰子 204 次的观测结果

#	1	2	3	4	5	6	总计
观测值	22	24	38	30	46	44	204
预测值	34	34	34	34	34	34	204

【解】可以通过卡方检验判断该骰子的六个面出现的概率是否相同，即比较观测值和理论值是否相符，进而判断该骰子的材质是否均匀。

```
> observed = c(22, 24, 38, 30, 46, 44)
> expected = c(1/6, 1/6, 1/6, 1/6, 1/6, 1/6)
> chisq.test(x = observed, p = expected)

        Chi-squared test for given
        probabilities

data:   observed
X-squared = 15.294, df = 5,
p-value = 0.009177
```

运行结果表明，该骰子的观测结果不符合理论预测，观测到六个点数的概率不相同。

独立性检验通常用于分析列联表数据，检测两个名义变量之间的相关性。

案例 12-6　测一组如表 12-3 的数据，分析是否抽烟和是否患支气管炎两个变量之间是否具有相关性。

表 12-3　一组是否患支气管炎的观测结果

支气管炎	患病	不患病	总计
抽烟	50	250	300
不抽烟	5	195	200

【解】通过卡方检验可以判断两个变量之间的独立性。

```
> # 录入数据并转换成列联表形式
> R1 = c(50, 250)
> R2 = c(5, 195)
> rows = 2
> Smoking = matrix(c(R1, R2),
+                  nrow=rows,
+                  byrow=TRUE)
> rownames(Smoking) = c("Smoker", "Nonsmoker")
> colnames(Smoking) = c("Yes", "No")

> Smoking
          Yes  No
Smoker     50 250
```

Nonsmoker   5 195

```
> chisq.test(Smoking)
        Pearson's Chi-squared test with Yates' continuity correction

data:   Smoking
X-squared = 23.174, df = 1, p-value = 1.48e-06
```

结果表明，抽烟与患支气管炎两个变量之间存在极显著的相关关系。

五、方差分析

方差分析（analysis of variance，ANOVA）是最为常用的假设检验方法，用于比较不同组别变量间平均值的差异。根据自变量的数量，可以分为单因素方差分析、双因素方差分析和多因素方差分析，在 R 中都可以通过 aov()函数来实现。

案例 12-7　第 10 章数据集 D10_1_昆虫产卵量数据为例进行方差分析。

【**解**】单因素方差分析（one-way anova）的函数调用格式为 aov(Data～Group)。

```
> X <- c(33,40,40,35,31,38,41,35,39,30,38,37,45,38,32,32,45,
35,30,22,44,35,36,33,36,42,39,26,29,23, 61,56,65,70,71,66,
68,62,58,70,65,69,62,56,73,66,66,69,55,71,59,67,62,64,65,
73,58,59,70,67,76,71,67,68,79,80,82,69,77,72,75,67,77,69,
70,80,81,75,72,74,76,80,68,65,80,81,78,72,74,80)
> A <- factor(rep(1:3,each=30))
> aov.mis <- aov(X～A)
> summary(aov.mis)
             Df Sum Sq Mean Sq F value Pr(>F)
A             2  24997   12498   427.6 <2e-16 ***
Residuals    87   2543      29
---
Signif. codes:  0 '***' 0.001 '**' 0.01 '*' 0.05 '.' 0.1 ' ' 1
> pairwise.t.test(X, A)
        Pairwise comparisons using t tests with pooled SD
data:   X and A

     1        2
2 < 2e-16 -
3 < 2e-16 5.7e-10

P value adjustment method: holm
```

由方差分析运行结果可知，3 个组别间的平均值存在显著差异（$P = 0.016$），因此进一步使用 pairwise.t.test(data, group)函数进行各组别间的成对 t 检验，分别进行两两组别间平均值的比较，结果表明三种赤眼蜂的产卵量均存在极显著差异。

双因素方差分析（two-way anova）有一个数值型的因变量和两个自变量（均为组别变量）。例如，分析工作面试时的焦虑紧张程度（因变量）与收入等级和性别的关系，其中收入可划分为低、中、高收入三个水平，性别一般有两个水平，因此本例中有 6 个处理组合。

双因素方差分析又可以分为没有交互作用和有交互作用两种类型，根据两个自变量对因变量起作用时是否具有交互作用来划分。

案例 12-8　来检验土壤中含氮量有三种方法 N1、N2、N3，现研究出另一种原位便携式检验法 N4，分析该方法所得结果是否与其他三种方法相同，需要通过实验考察。观察的对象是土壤样品，不同的样品当作不同的水平：S1 为森林林下土壤样品，S2 为草地土壤，S3 为农田土壤，S4 为湿地土壤，S5 为滩涂土壤，S6 为灌丛土壤（表 12-4）。本实验中，土壤含氮量的检测方法不受土壤类型的影响，即不存在某种检测方法对某个特定类别土壤的氮含量更为敏感，因此应该采用无交互作用的方差分析。

表 12-4　无交互作用的方差分析示例——土壤氮含量数据

检测方法	土壤类型					
	S1	S2	S3	S4	S5	S6
N1	2.31	1.76	3.83	1.75	2.68	1.62
N2	2.24	1.74	3.58	1.73	2.87	1.51
N3	2.19	1.80	3.46	1.69	2.81	1.46
N4	2.17	1.89	4.13	1.65	2.75	1.43

【解】

```
> soil<-data.frame( X = (2.31,1.76,3.83,1.75,2.68,1.62,2.24,1.74,3.58,1.73,
+ 2.87,1.51,2.19,1.80,3.46,1.69,2.81,1.46,2.17,1.89,4.13,1.65,2.75,1.43),
+ N = gl(4, 6), S = gl(6, 1, 24) )
>
> soil.aov<-aov(X~N+S, data=soil)
> summary(soil.aov)
            Df      Sum Sq    Mean Sq    F value    Pr(>F)
N           3       0.039     0.0130     0.659      0.59
S           5       14.296    2.8593     144.710    3.85e-12 ***
Residuals   15      0.296     0.0198
---
Signif. codes:  0 '***' 0.001 '**' 0.01 '*' 0.05 '.' 0.1 ' ' 1
```

运行结果表明，四种检测方法对土壤氮含量没有显著影响，而不同土壤来源的类型极显著地影响了土壤氮含量。

案例 12-9　在 R 自带的数据集中，有一个名为 ToothGrowth 的数据记录了 60 只小猪的牙齿数据。该实验通过在食谱中添加维生素 C 来检测其对牙齿生长速度的影响，实验处理包括三个不同水平的剂量（0.5、1 或 2 mg/d，因素 A），两种不同的添加方式（橙汁或抗坏血酸，因素 B），因此本实验共有 6 个不同的处理组别，每个组别有 10 个重复。试分析不同水平添加剂量和不同添加方式对小猪牙齿生长的影响。

【解】由于不同的维生素 C 添加方式可能跟剂量有交互作用，即某种添加方式在某个特定的剂量下效果最好，所以本实验适宜采用有交互作用的方差分析。

```
> pig.aov <- aov(len ~ supp * dose, data = ToothGrowth)
> # pig.aov <- aov(len ~ supp + dose + supp:dose, data = ToothGrowth)
> summary(pig.aov)
            Df      Sum Sq    Mean Sq    F value    Pr(>F)
supp        1       205.4     205.4      12.317     0.000894 ***
dose        1       2224.3    2224.3     133.415    < 2e-16 ***
supp:dose   1       88.9      88.9       5.333      0.024631 *
Residuals   56      933.6     16.7
---
Signif. codes:  0 '***' 0.001 '**' 0.01 '*' 0.05 '.' 0.1 ' ' 1
```

结果表明，添加维生素 C 的方法和剂量都对小猪的牙齿生长有极显著的影响，同时二者的交互作用也对牙齿生长有显著影响。

六、简单线性回归分析

简单线性回归（simple linear regression analysis）与方差分析一样，都要求数据符合独立性、正态性和方差同质性的前提条件。根据自变量个数的不同，可以分为一元线性回归和多元线性回归等类型，在 R 中都可以通过 lm()函数实现。

案例 12-10 R 自带的数据集 mtcars 记录了 32 种不同品牌型号汽车的功能参数，试分析车辆自重 wt 是否影响车辆油耗 mpg？

【解】通过散点图可以发现车辆自重 wt 与油耗 mpg 之间可能存在显著的相关关系（图 12-12），进一步可以通过简单线性回归来检验。

```
> plot(mtcars$wt,mtcars$mpg)      # Plot the data
> mtcars.lm=lm(mpg~wt, data=mtcars)   # One step fitting
> abline(mtcars.lm)        # Plot the fitted line
> summary(mtcars.lm)         # View the regression outputs
```

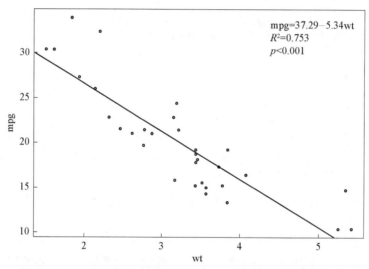

图 12-12　汽车自重（wt）与油耗（mpg）之间的简单线性回归

车辆的其他参数也可能影响车辆的油耗，可以用多元线性回归模型进行分析。

```
> #将以数值表示的分类变量转化为因子型（vs、am、gear 和 carb 等变量同理）
> mtcars$cyl = as.factor(mtcars$cyl)

> #利用 lm()进行多元线性回归分析
> mtcars.lm2 = lm(mpg~wt+cyl+disp+hp+drat+qsec+vs+am+gear+carb, data = mtcars)
> summary(mtcars.lm2)
```

运行结果显示，尽管模型整体的 R^2 比较高，但是没有一个自变量对因变量有显著性的影响，因此该完整模型不是最优模型，需对多元回归模型进行模型筛选，可以通过 step()函数来实现。该函数基于赤池信息量准则（AIC）来逐步比较包含不同自变量的回归模型，并最终挑选出 AIC 值最低的最优模型。

```
> step(mtcars.lm2)
> mtcars.lm.best = lm(mpg  ~  wt + qsec + am,data=mtcars)
> summary(mtcars.lm.best)
```

由以上函数运行结果可知，AIC 值最小的最优回归模型为 mpg = 9.62 – 3.92wt + 1.23qsec + 2.94am。

七、协方差分析

简单来说，协方差分析（analysis of covariance）是方差分析与线性回归分析的综合，用于比较一个变量中两组或多组数值间平均值的差异，并同时控制协变量的影响。例如，动物饲养实验中，我们想要比较不同的饲料处理组别（自变量）间体重增加量（因变量）的差异情况，而各组动物个体的初始体重（协变量）对体重的增加量（因变量）也可能有较大的影响。可以看出，自变量为有多个组别的分类变量，与方差分析类似。协变量为一个数值型连续变量，且该变量在实验中没有办法完全消除而客观存在，比如我们在实验开始时很难找到几十头初始体重一模一样的猪作为实验对象，而只能找初始体重尽量相同的个体，并对其初始体重进行记录。又例如，降压药物疗效的临床试验中，患者的初始血压水平对服药一段时间后血压下降程度的影响不可忽视，因此血压下降数值为因变量、不同降压药物的处理组别为自变量，患者的初始血压数值为协变量。

案例 12-11　附录中数据集 D12_2 提供了一组树蟋鸣叫频率的数据，其中鸣叫频率为因变量，不同的物种为自变量，环境温度为协变量，试分析不同物种的鸣叫频率是否有显著差异。

【解】协方差分析可以使用 HH 程序包中的 ancova()函数来实现。

```
> # 读取数据集 cricket 后，即可调用 ancova()函数进行协方差分析
> library(HH)
> ancova(Pulse ~ Species*Temp,data=cricket)
```

结果表明，在控制了环境温度对树蟋鸣叫频率的显著影响后，不同物种间的鸣叫频率平均值具有极显著差异（图 12-13）。

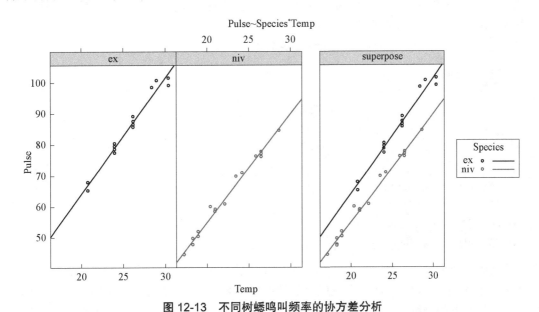

图 12-13　不同树蟋鸣叫频率的协方差分析

ex 和 niv 分别为两种树蟋的物种名缩写；Pulse 为鸣叫频率（次/分钟）；Temp 为环境温度（℃），

superpose 为两条回归线的叠加图

第四节 多元统计分析

多元统计分析（multivariable statistical analysis）又称为多因素分析、多重变量分析，是指在一个时点观察并分析多个统计变量的实证分析方法的总称，随着研究方法和技术的发展，以及计算机分析数据能力的提高，目前在应用和理论研究上十分活跃，用于研究客观事物中多变量（多因素或多指标）的相互关系、多对象之间的差异。多元分析中最为常用的包括简单排序分析和限制性排序分析，其中，只使用物种（或基因、功能）组成数据的排序称作非限制性排序（unconstrained ordination），包括主成分分析（principal components analysis, PCA）、对应分析（correspondence analysis, CA）、主坐标分析（principal coordinate analysis, PCoA）和非度量多维尺度分析（non-metric multi-dimensional scaling, NMDS）等。同时使用物种（或基因、功能）和环境因子组成数据的排序叫作限制性排序(constrained ordination)，包括冗余分析（redundancy analysis, RDA）和典范对应分析（canonical correspondence analysis, CCA）等。

如本章第二节所述，多元统计分析前一般都需要对数据进行标准化，以满足使用多变量计算对象间相似性或相异性的前提条件。本节以主成分分析和典范对应分析为例，介绍多元统计分析在 R 中的实现。

一、主成分分析（PCA）

主成分分析对应的是一个二维多元数据，由多个调查样点（或多个实验对象）的多个物种（或多个变量指标）组成，该二维矩阵内部则为特定样点中特定物种的相对多度数据，或者特定对象的各测量指标的数值。

案例 12-12 附录中数据集 D12_3 和 D12_4 分别给出了一组蜘蛛调查中 28 个调查地点的 12 个物种多度数据和 4 个环境因子数据，试比较不同样方间物种组成的差异，或者比较不同物种间在不同样点分布的差异。

【解】可以调用 vegan 程序包中的 rda()函数进行主成分分析。

```
> #加载 vagan 程序包
> library(vegan)

> #读取数据并使用 decostand()函数进行标准化
> spiders.spe=read.table(file.choose())
> spiders.hel=decostand(spiders.spe,"hellinger")

> #使用 rda()函数进行主成分分析
> rda.spiders=rda(spiders.hel)
> summary(rda.spiders)

> # 作图展示主成分分析的结果
> biplot(rda.spiders,scaling=2)
```

根据运行结果可知，第一主成分 PC1 揭示了该物种相对多度数据 50.23%的变异，第二主成分 PC2 解释了 24.13%，前三个主成分累计解释了 87.37%，因此通过该主成分分析可以很有效地实现数据的降维，将 12 维数据降为 3 维。图 12-14 直观地展示了各物种和各样点间的相互关系，例如，物种 7 和物种 8 几乎不会在同一个样点内共同出现，表明二者存在强烈的竞争或者对环境条件的要求完全不同，而物种 6 和物种 9 等则往往是同时出现的，可以很好地共存于同一局部群落。不同样方间的距离也展示出各自物种组成的差异程度，比如位于第一象限的 8 个调查样点间距离都很近，表明其物种组成很相似，而与其相反方向的样点 9-12 的物种组成截然不同。

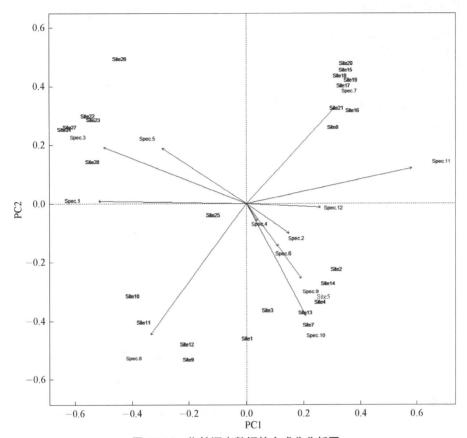

图 12-14　蜘蛛调查数据的主成分分析图

二、典范对应分析（CCA）

典范对应分析通常用于分析两个或多个多元数据矩阵，将对应分析与多元回归分析相结合，每一步计算均与环境因子进行回归，又称多元直接梯度分析。

案例 12-13　上述主成分分析主要通过物种多度组成数据矩阵对不同的样点和不同的物种进行排序，试进一步分析环境因子如何影响群落结构和物种（功能、基因）组成。

【解】 典范对应分析除了物种组成矩阵外，同时还有相对应样点的环境因子矩阵，使用 vegan 程序包中的 cca() 函数即可进行典范对应分析（图 12-15）。

```
> library(vegan)
> spiders.spe = read.table(file.choose())      #数据集 D12_3
> spiders.env = read.table(file.choose())      #数据集 D12_4
> # CCA #

> spiders.cca = cca(spiders.spe,spiders.env)
> spiders.cca
```

```
> plot(spiders.cca, scaling=1)
> summary(spiders.cca,scaling=1,axes=3)

> anova(spiders.cca)
Permutation test for cca under reduced model
Permutation: free
Number of permutations: 999

Model: cca(X = spiders.spe, Y = spiders.env)
          Df ChiSquare      F Pr(>F)
Model      4   0.98647 81.089  0.001 ***
Residual 23   0.06995
---
Signif. codes:  0 '***' 0.001 '**' 0.01 '*' 0.05 '.' 0.1 ' ' 1
```

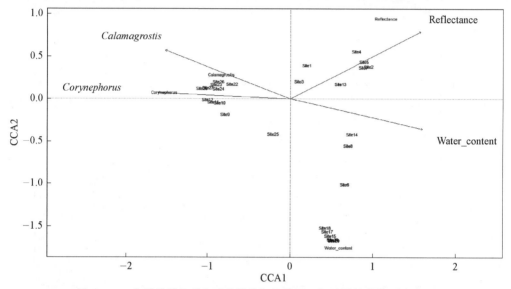

图 12-15　蜘蛛物种组成和群落结构与环境因子相关性的典范对应分析

四种环境因子分别为土壤含水量（Water_content）、Reflectance（反射率）、拂子茅属（*Calamagrostis*）植物和棒芒草属（*Corynephorus*）植物

【延伸阅读】

Robert I. Kabacoff. 2016. R 语言实战. 2 版. 王小宁、刘撷芯、黄俊文等译，北京：人民邮电出版社.

Winston Chang. 2014. R 数据可视化手册. 肖楠、邓一硕、魏太云译. 北京：人民邮电出版社.

【思考练习题】

1. 简述如何通过 R 语言完善的帮助系统自主学习和使用新的程序包和函数。

2. 阐述如何将 R 语言强大的作图功能与其数据分析功能相结合，并结合自身课题数据练习图形参数调整和美化功能。

3. 探讨 R 语言是如何处理数据缺失值 NA 的？并与其他数据分析软件进行对比。

主要参考文献

储诚进, 王酉石. 2016. 生态学导论——揭秘生态学模型. 4 版. 北京: 高等教育出版社.

樊龙江. 2021. 生物信息学. 2 版. 北京: 科学出版社.

胡良平. 2000. 现代统计学与 SAS 应用. 北京: 军事医学科学出版社.

李春喜, 姜丽娜, 邵云等. 2005. 生物统计学. 3 版. 北京: 科学出版社.

李金明. 2018. 高通量测序技术. 北京: 科学出版社.

李云雁, 胡传荣. 2017. 试验设计与数据处理. 3 版. 北京: 化学工业出版社.

刘文卿. 2005. 实验设计. 北京: 清华大学出版社.

庞超明, 黄弘. 2018. 试验方案优化设计与数据分析. 南京: 东南大学出版社.

任顺祥, 陈学新. 2012. 生物防治. 北京: 中国农业出版社.

汤银才. 2008. R 语言与统计分析. 北京: 高等教育出版社.

张文庆, 王桂荣等. 2021. RNA 干扰——从基因功能到生物农药. 北京: 科学出版社.

Agresti A. 2007. An Introduction to Categorical Data Analysis. 2nd edition. New Jersey: John Wiley & Sons, Inc.

Alberts B, Johnson A, Lewis J, et al. 2018. Molecular Biology of the Cell. 6th edition. New York: Garland Science.

Begon M, Townsend C R, Harper J L. 2016. 生态学——从个体到生态系统. 4 版. 李博, 张大勇, 王德华译. 北京: 高等教育出版社.

D J 格拉斯. 2016. 生命科学实验设计指南. 丛羽生等译. 北京: 科学出版社.

Montgomery D C. 2017. Design and Analysis of Experiments. 9th edition. New Jersey: John Wiley & Sons, Inc.

Rice J A. 2006. Mathematical Statistics and Data Analysis. 3rd edition. Belmont: Thomson Higher Education.

Ron Cody. 2016. Biostatistics by Example Using SAS Studio. Chicago: SAS Institute.

Watson J D, Baker T A, Gann A, et al. 2013. Molecular Biology of the Gene. 7th edition. New York: Cold Spring Harbor Laboratory Press.

Weisberg S. 2014. Applied Linear Regression. 4th edition. New Jersey: John Wiley & Sons, Inc.

附　　录

附录1　数据文件及电子文档（可扫描二维码下载）

序号	名称	功能描述	数据分析的软件展示		
			Excel	SASs	R
1	D2_1_随机区组_水稻产量.csv	对两因素随机区组设计的数据进行方差分析	√	√	√
2	D2_2_平衡不完全区组_昆虫产卵量.csv	对平衡不完全区组设计的数据进行方差分析	√	√	—
3	D2_3_裂区设计_燕麦产量.csv	对裂区设计的数据进行方差分析	—	—	√
4	D2_4_拉丁方_水稻产量.csv	对拉丁方设计的数据进行三因素方差分析	—	√	√
5	D2_5_正交设计_四因素.csv	对四因素两水平正交设计的数据进行方差分析	—	√	√
6	D10_1_昆虫产卵量和寿命.csv	作图，含双坐标轴图	√	—	√
7	D10_2_单因素随机区组_方差分析.csv	单因素随机区组的方差分析	√	√	√
8	D10_3_线性回归_哺乳动物能量消耗.csv	线性回归	√	√	√
9	D10_4_最优线性回归方程.csv	最优线性回归方程	√	—	√
10	D10_5_曲线回归.csv	曲线回归	√	—	√
11	D10_6_相关系数.csv	相关系数	√	√	√
12	D10_7_偏相关分析.csv	偏相关分析	√	√	√
13	D11_1_置信区间.csv	一定概率保证下总体参数的置信区间；比较平均值和给定的标准值之间的差异	—	√	√
14	D11_2_配对 t 检验.csv	对按照一定条件配对的定量数据进行 t 检验	√	√	√
15	D11_3_配对卡方检验.csv	对按照一定条件配对的定性资料的 χ^2 检验	—	√	√
16	D11_4_双样本 t 检验.csv	完全随机设计的两样本均数的比较	√	√	√
17	D11_5_析因设计方差分析.csv	三因素两水平全因子组合试验数据方差分析	—	√	√
18	D11_6_多元回归.csv	根据自定义显著性水平，对五个变量进行逐步回归分析或主成分分析	√	√	√
19	D11_7_判别分析.csv	根据自定义显著性水平，从五个变量中建立用于指导未来的分类和鉴别的判别函数	—	√	√
20	D12_1a_DoubsSpe_杜河的鱼物种数据.csv		—	—	√
21	D12_1b_DoubsSpa_杜河的鱼空间数据.csv	探索性数据分析	—	—	√
22	D12_1c_DoubsEnt_杜河的鱼环境数据.csv		—	—	√
23	D12_2_协方差分析_树蟋鸣叫.csv	协方差分析	—	√	√
24	D12_3_主成分分析_蜘蛛物种数据.csv	主成分分析	—	—	√
25	D12_4_冗余分析_蜘蛛环境数据.csv	典范对应分析	—	—	√

注：（1）利用 Excel 处理这些数据文件时，请首先另存为扩展名为 xls 或 xlsx 的文件；

（2）利用 SASs 或 R 处理这些数据文件时，请首先删除前 3～4 行的中文说明文字，以便于软件直接导入数据。部分数据文件需要调整变量名和数据列的格式

附录2　Box汇总表

章	编号	名称
第一章	1-1	研究基因功能时常花费大量时间构建对照
	1-2	确定因素水平值的三种方法
第二章	2-1	常用的抽样单位
	2-2	成对试验
	2-3	完全随机设计
	2-4	随机区组的裂区试验设计步骤
	2-5	不完全拉丁方设计
	2-6	重复试验和重复取样的正交试验
	2-7	八瓶水的二进制与十进制编码
	2-8	确定理论样本量的意义和作用
第三章	3-1	生物群落基本特征
	3-2	种-面积曲线
第四章	4-1	"杂交水稻之父"袁隆平
	4-2	打破有害和优良等位基因之间的紧密连锁
	4-3	"南中国生物防治之父"蒲蛰龙
	4-4	基于农民实践及面向产业需求
	4-5	Bt作物
	4-6	水平基因转移
	4-7	全基因组关联分析（GWAS）
第五章	5-1	触角电位技术（EAG）
	5-2	局部控制原则的应用
	5-3	回归分析结果的利用
第六章	6-1	翻译后修饰是增加蛋白质组多样性的关键机制
	6-2	gain-of-function 和 loss-of-function 研究
第七章	7-1	同位素标记的应用
	7-2	双阻断法细胞同步化
	7-3	基因功能研究的因素设计
	7-4	基因表达调控研究策略
第八章	8-1	ployA+RNA-seq 与 Total RNA-seq
	8-2	生物学重复
	8-3	RNA-seq 文库构建和测序过程中引入的偏好
	8-4	TCGA 和 GTEx 联合分析
	8-5	RNA-seq 质量控制
第九章	9-1	似然和最大似然法
	9-2	进化树与自展法
	9-3	Log-rank 检验

续表

章	编号	名称
第十章	10-1	加载 Excel 数据分析模块的步骤
	10-2	标准差与标准误的区别
	10-3	统计分析结果的标示
	10-4	Excel 中的可重复双因素方差分析
	10-5	变量之间的因果关系和平行关系
	10-6	最优多元线性回归方程
	10-7	利用"回归"功能获得相关系数及显著性检验结果
	10-8	图表的自明性
第十一章	11-1	SAS 学术版软件的适用范围
	11-2	SASs 的功能限制
	11-3	重复测量方差分析
第十二章	12-1	R 中常用运算符
	12-2	数据转换与标准化

附录3　实用价值较大的平衡不完全区组设计方案

（阿拉伯数字表示处理，行表示区组，罗马数字表示重复）

设计 1 $v=4$, $k=2$, $r=3$, $b=6$, $\lambda=1$

I		II		III	
1	2	1	3	1	4
3	4	2	4	2	3

设计 3 $v=5$, $k=2$, $r=4$, $b=10$, $\lambda=1$

I	II		III	IV
1	2		1	3
2	3		2	4
3	4		3	5
4	5		4	1
5	1		5	2

设计 4 $v=5$, $k=3$, $r=6$, $b=10$, $\lambda=3$

I	II	III		IV	V	VI
1	2	3		1	2	4
2	3	4		2	3	5
3	4	5		3	4	1
4	5	1		4	5	2
5	1	2		5	1	3

设计 6 $v=6$, $k=2$, $r=5$, $b=15$, $\lambda=1$

I		II		III		IV		V	
1	2	1	3	1	4	1	5	1	6
3	4	2	5	2	6	2	4	2	3
5	6	4	6	3	5	3	6	4	5

设计 7 $v=6$, $k=3$, $r=5$, $b=10$, $\lambda=2$

1	2	5		2	3	4
1	2	6		2	3	5
1	3	4		2	4	6
1	3	6		3	5	6
1	4	5		4	5	6

设计 8 $v=6$, $k=3$, $r=10$, $b=20$, $\lambda=4$

I			II			III			IV			V		
1	2	3	1	2	4	1	2	5	1	2	6	1	3	4
4	5	6	3	5	6	3	4	6	3	4	5	2	5	6

VI			VII			VIII			IX			X		
1	3	5	1	3	6	1	4	5	1	4	6	1	5	6
2	4	6	2	4	5	2	3	6	2	3	5	2	3	4

设计 9 $v=6$, $k=4$, $r=10$, $b=15$, $\lambda=6$

I, II	III, IV	V, VI	VII, VIII	IX, X
1 2 3 4	1 2 3 5	1 2 3 6	1 2 4 5	1 2 5 6
1 4 5 6	1 2 4 6	1 3 4 5	1 3 5 6	1 3 4 6
2 3 5 6	3 4 5 6	2 4 5 6	2 3 4 6	2 3 4 5

设计 11 $v=7$, $k=2$, $r=6$, $b=21$, $\lambda=1$

I, II		III, IV		V, VI	
1	2	1	3	1	4
2	3	2	4	2	5
3	4	3	5	3	6
4	5	4	6	4	7
5	6	5	7	5	1
6	7	6	1	6	2
7	1	7	2	7	3

设计 12 $v=7$, $k=3$, $r=3$, $b=7$, $\lambda=1$

1	2	4
2	3	5
3	4	6
4	5	7
5	6	1
6	7	2
7	1	3

设计 13　$v=7$,　$k=4$,　$r=4$,　$b=7$,　$\lambda=2$

```
1 2 3 6
2 3 4 7
3 4 5 1
4 5 6 2
5 6 7 3
6 7 1 4
7 1 2 5
```

设计 15　$v=8$,　$k=2$,　$r=7$,　$b=28$,　$\lambda=1$

I	II	III	IV
1 2	1 3	1 4	1 5
3 4	2 8	2 7	2 3
5 6	4 5	3 6	4 7
7 8	6 7	5 8	6 8

V	VI	VII
1 6	1 7	1 8
2 4	2 6	2 5
3 8	3 5	3 7
5 7	4 8	4 6

设计 16　$v=8$,　$k=4$,　$r=7$,　$b=14$,　$\lambda=3$

I	II	III	IV
1 2 3 4	1 2 5 6	1 2 7 8	1 3 5 7
5 6 7 8	3 4 7 8	3 4 5 6	2 4 6 8

V	VI	VII
1 3 6 8	1 4 5 8	1 4 6 7
2 4 5 7	2 3 6 7	2 3 5 8

设计 18　$v=9$,　$k=2$,　$r=8$,　$b=36$,　$\lambda=1$

I II	III IV	V VI	VII VIII
1 2	1 3	1 4	1 5
2 3	2 4	2 5	2 6
3 4	3 5	3 6	3 7
4 5	4 6	4 7	4 8
5 6	5 7	5 8	5 9
6 7	6 8	6 9	6 1
7 8	7 9	7 1	7 2
8 9	8 1	8 2	8 3
9 1	9 2	9 3	9 4

设计 19　$v=9$,　$k=3$,　$r=4$,　$b=12$,　$\lambda=1$

I	II	III	IV
1 2 3	1 4 7	1 5 9	1 6 8
4 5 6	2 5 8	2 6 7	2 4 9
7 8 9	3 6 9	3 4 8	3 5 7

设计 20　$v=9$,　$k=4$,　$r=8$,　$b=18$,　$\lambda=3$

I II III IV	V VI VII VIII
1 2 3 5	1 4 5 8
2 3 4 6	2 5 6 9
3 4 5 7	3 6 7 1
4 5 6 8	4 7 8 2
5 6 7 9	5 8 9 3
6 7 8 1	6 9 1 4
7 8 9 2	7 1 2 5
8 9 1 3	8 2 3 6
9 1 2 4	9 3 4 7

设计 21　$v=9$,　$k=5$,　$r=10$,　$b=18$,　$\lambda=5$

I II III IV V	VI VII VIII IX X
1 2 3 4 8	1 2 4 6 7
2 3 4 5 9	2 3 5 7 8
3 4 5 6 1	3 4 6 8 9
4 5 6 7 2	4 5 7 9 1
5 6 7 8 3	5 6 8 1 2
6 7 8 9 4	6 7 9 2 3
7 8 9 1 5	7 8 1 3 4
8 9 1 2 6	8 9 2 4 5
9 1 2 3 7	9 1 3 5 6

设计 22　$v=9$,　$k=6$,　$r=8$,　$b=12$,　$\lambda=5$

I, II	III, IV
1 2 3 4 5 6	1 2 4 5 7 8
1 2 3 7 8 9	1 3 4 6 7 9
4 5 6 7 8 9	2 3 5 6 8 9

V, VI	VII, VIII
1 2 4 6 8 9	1 2 5 6 7 9
1 3 5 6 7 8	1 3 4 5 8 9
2 3 4 5 7 9	2 3 4 6 7 8

设计 24　$v=10$,　$k=2$,　$r=9$,　$b=45$,　$\lambda=1$

I	II	III	IV	V
1 2	1 3	1 4	1 5	1 6
3 4	2 7	2 10	2 8	2 9
5 6	4 8	3 7	3 10	3 8
7 8	5 9	5 8	4 9	4 10
9 10	6 10	6 9	6 7	5 7

VI	VII	VIII	IX
1 7	1 8	1 9	1 10
2 6	2 3	2 4	2 5
3 9	4 6	3 5	3 6
4 5	5 10	6 8	4 7
8 10	7 9	7 10	8 9

设计 25　$v=10$,　$k=3$,　$r=9$,　$b=30$,　$\lambda=2$

I, II, III	IV, V, VI	VII, VIII, IX
1 2 3	1 2 4	1 3 5
1 4 6	1 5 7	1 6 8
1 7 9	1 8 10	1 9 10
2 5 8	2 3 6	2 4 10
2 8 10	2 5 9	2 6 7
3 4 7	3 4 8	2 7 9
3 9 10	3 7 10	3 5 6
4 6 9	4 5 9	3 8 9
5 6 10	6 7 10	4 5 10
5 7 8	6 8 9	4 7 8

设计 26　$v=10$,　$k=4$,　$r=6$,　$b=15$,　$\lambda=2$

1 2 3 4	1 6 8 10	3 4 5 8
1 2 5 6	2 3 6 9	3 5 9 10
1 3 7 8	2 4 7 10	3 6 7 10
1 4 9 10	2 5 8 10	4 5 6 7
1 5 7 9	2 7 8 9	4 6 8 9

设计 27　$v=10$,　$k=5$,　$r=9$,　$b=18$,　$\lambda=4$

1 2 3 4 5	1 4 5 6 10	2 5 6 8 10
1 2 3 6 7	1 4 8 9 10	2 6 7 9 10
1 2 4 6 9	1 5 7 9 10	3 4 5 7 9
1 2 5 7 8	2 3 4 8 10	3 4 6 7 10
1 3 6 8 9	2 3 5 9 10	3 5 6 8 9
1 3 7 8 10	2 4 7 8 9	4 5 6 7 8

设计 28 $v=10$, $k=6$, $r=9$, $b=15$, $\lambda=5$

1	2	3	5	7	10	1	3	4	5	6	10	2	3	4	6	8	10
1	2	3	8	9	10	1	3	4	6	7	9	2	3	5	6	7	8
1	2	4	5	8	9	1	3	5	6	8	9	2	4	5	6	9	10
1	2	4	6	7	8	1	4	5	7	8	10	3	4	7	8	9	10
1	2	6	7	9	10	2	3	4	5	7	9	5	6	7	8	9	10

设计 30 $v=11$, $k=2$, $r=10$, $b=55$, $\lambda=1$

I	II	III	IV	V	VI	VII	VIII	IX	X
1	2	1	3	1	4	1	5	1	6
2	3	2	4	2	5	2	6	2	7
3	4	3	5	3	6	3	7	3	8
4	5	4	6	4	7	4	8	4	9
5	6	5	7	5	8	5	9	5	10
6	7	6	8	6	9	6	10	6	11
7	8	7	9	7	10	7	11	7	1
8	9	8	10	8	11	8	1	8	2
9	10	9	11	9	1	9	2	9	3
10	11	10	1	10	2	10	3	10	4
11	1	11	2	11	3	11	4	11	5

设计 31 $v=11$, $k=5$, $r=5$, $b=11$, $\lambda=2$

1	2	3	5	8
2	3	4	6	9
3	4	5	7	10
4	5	6	8	11
5	6	7	9	1
6	7	8	10	2
7	8	9	11	3
8	9	10	1	4
9	10	11	2	5
10	11	1	3	6
11	1	2	4	7

设计 32 $v=11$, $k=6$, $r=6$, $b=11$, $\lambda=3$

1	2	3	7	9	10
2	3	4	8	10	11
3	4	5	9	11	1
4	5	6	10	1	2
5	6	7	11	2	3
6	7	8	1	3	4
7	8	9	2	4	5
8	9	10	3	5	6
9	10	11	4	6	7
10	11	1	5	7	8
11	1	2	6	8	9

附录4　常用标准拉丁方

3×3

A	B	C
B	C	A
C	A	B

4×4

标准方 1

A	B	C	D
B	A	D	C
C	D	B	A
D	C	A	B

标准方 2

A	B	C	D
B	C	D	A
C	D	A	B
D	A	B	C

标准方 3

A	B	C	D
B	D	A	C
C	A	D	B
D	C	B	A

标准方 4

A	B	C	D
B	A	D	C
C	D	A	B
D	C	B	A

5×5

A	B	C	D	E
B	A	E	C	D
C	D	A	E	B
D	E	B	A	C
E	C	D	B	A

6×6

A	B	C	D	E	F
B	F	D	C	A	E
C	D	E	F	B	A
D	A	F	E	C	B
E	C	A	B	F	D
F	E	B	A	D	C

7×7

A	B	C	D	E	F	G
B	C	D	E	F	G	A
C	D	E	F	G	A	B
D	E	F	G	A	B	C
E	F	G	A	B	C	D
F	G	A	B	C	D	E
G	A	B	C	D	E	F

8×8

A	B	C	D	E	F	G	H
B	C	A	E	F	D	H	G
C	A	D	G	H	E	F	B
D	F	G	C	A	H	B	E
E	H	B	F	G	C	A	D
F	D	H	A	B	G	E	C
G	E	F	H	C	B	D	A
H	G	E	B	D	A	C	F

9×9

A	B	C	D	E	F	G	H	I
B	C	E	G	D	I	F	A	H
C	D	F	A	H	G	I	E	B
D	H	A	B	F	E	C	I	G
E	G	B	I	C	H	D	F	A
F	I	H	E	B	D	A	G	C
G	F	I	C	A	B	H	D	E
H	E	G	F	I	A	B	C	D
I	A	D	H	G	C	E	B	F

附录5　常用正交表

$L_4(2^3)$

试验号	列号		
	1	2	3
1	1	1	1
2	1	2	2
3	2	1	2
4	2	2	1

$L_9(3^4)$

试验号	列号			
	1	2	3	4
1	1	1	1	1
2	1	2	2	2
3	1	3	3	3
4	2	1	2	3
5	2	2	3	1
6	2	3	1	2
7	3	1	3	2
8	3	2	1	3
9	3	3	2	1

$L_{16}(4^5)$

试验号	列号				
	1	2	3	4	5
1	1	2	3	2	3
2	3	4	1	2	2
3	2	4	3	3	4
4	4	2	1	3	1
5	1	3	1	4	4
6	3	1	3	4	1
7	2	1	1	1	3
8	4	3	3	1	2
9	1	1	4	3	2
10	3	3	2	3	3
11	2	3	4	2	1
12	4	1	2	2	4
13	1	4	2	1	1
14	3	2	4	1	4
15	2	2	2	4	2
16	4	4	4	4	3

$L_{16}(4^4+2^3)$

试验号	列号						
	1	2	3	4	5	6	7
1	1	2	3	2	2	1	2
2	3	4	1	2	1	2	2
3	2	4	3	3	2	2	1
4	4	2	1	3	1	1	1
5	1	3	1	4	2	2	1
6	3	1	3	4	1	1	1
7	2	1	1	1	2	1	2
8	4	3	3	1	1	2	2
9	1	1	4	3	1	2	2
10	3	3	2	3	2	1	2
11	2	3	4	2	1	1	1
12	4	1	2	2	2	2	1
13	1	4	2	1	1	1	1
14	3	2	4	1	2	2	1
15	2	2	2	4	1	2	2
16	4	4	4	4	2	1	2

$L_{16}(2^{15})$

试验号	列号														
	1	2	3	4	5	6	7	8	9	10	11	12	13	14	15
1	1	1	1	1	1	1	1	1	1	1	1	1	1	1	1
2	1	1	1	1	1	1	1	2	2	2	2	2	2	2	2
3	1	1	1	2	2	2	2	1	1	1	1	2	2	2	2
4	1	1	1	2	2	2	2	2	2	2	2	1	1	1	1
5	1	2	2	1	1	2	2	1	1	2	2	1	1	2	2
6	1	2	2	1	1	2	2	2	2	1	1	2	2	1	1
7	1	2	2	2	2	1	1	1	1	2	2	2	2	1	1
8	1	2	2	2	2	1	1	2	2	1	1	1	1	2	2
9	2	1	2	1	2	1	2	1	2	1	2	1	2	1	2
10	2	1	2	1	2	1	2	2	1	2	1	2	1	2	1
11	2	1	2	2	1	2	1	1	2	1	2	2	1	2	1
12	2	1	2	2	1	2	1	2	1	2	1	1	2	1	2
13	2	2	1	1	2	2	1	1	2	2	1	1	2	2	1
14	2	2	1	1	2	2	1	2	1	1	2	2	1	1	2
15	2	2	1	2	1	1	2	1	2	2	1	2	1	1	2
16	2	2	1	2	1	1	2	2	1	1	2	1	2	2	1

$L_{25}(5^6)$

试验号	列号					
	1	2	3	4	5	6
1	1	1	2	4	3	2
2	2	1	5	5	5	4
3	3	1	4	1	4	1
4	4	1	1	3	1	3
5	5	1	3	2	2	5
6	1	2	3	3	4	4
7	2	2	2	2	1	1
8	3	2	5	4	2	3
9	4	2	4	5	3	5
10	5	2	1	1	5	2
11	1	3	1	5	2	1
12	2	3	3	1	3	3
13	3	3	2	3	5	5
14	4	3	5	2	4	2
15	5	3	4	4	1	4
16	1	4	4	2	5	3
17	2	4	1	4	4	5
18	3	4	3	5	1	2
19	4	4	2	1	2	4
20	5	4	5	3	3	1
21	1	5	5	1	1	5
22	2	5	4	3	2	2
23	3	5	1	2	3	4
24	4	5	3	4	5	1
25	5	5	2	5	4	3